Internationales Business Development

Hatto Brenner • Cecilia Misu
(Hrsg.)

Internationales Business Development

Export-Märkte, Risikoanalyse, Strategien

Springer Gabler

Herausgeber
Hatto Brenner
Erlangen, Deutschland

Cecilia Misu
Erlangen, Deutschland

ISBN 978-3-658-05658-2
ISBN 978-3-658-05659-9 (eBook)
DOI 10.1007/978-3-658-05659-9

Die Deutsche Nationalbibliothek verzeichnet diese Publikation in der Deutschen Nationalbibliografie; detaillierte bibliografische Daten sind im Internet über http://dnb.d-nb.de abrufbar.

Springer Gabler

Lektorat: Stefanie Brich, Claudia Hasenbalg

Gedruckt auf säurefreiem und chlorfrei gebleichtem Papier

Springer Gabler ist eine Marke von Springer DE. Springer DE ist Teil der Fachverlagsgruppe Springer Science+Business Media
www.springer-gabler.de

Vorwort

13 Autoren aus 7 Ländern – jeder ist seit vielen Jahren in internationalen Märkten tätig – geben praxisorientierte Hinweise zum Thema „Internationale Geschäftsentwicklung". Dieses Fachbuch richtet sich insbesondere an mittelständische deutsche und österreichische Unternehmen, die ihre Exportgeschäfte gezielt auf- bzw. ausbauen wollen. Große Unternehmen beider Länder sind bereits seit vielen Jahren erfolgreich in Auslandsmärkten engagiert. Ihre Exportquote liegt häufig weit über 70 %.

Hier haben viele kleine und mittelständische Unternehmen noch einen deutlichen Nachholbedarf. Sie sind häufig zu stark im heimischen Markt engagiert und haben aus unterschiedlichen Gründen den „Geschäftsaufbau Ausland" mehr oder weniger dem Zufall überlassen.

Bei sehr stark zunehmendem Wettbewerb im heimischen Markt, der in zunehmendem Umfange auch von ausländischen Anbietern bestimmt wird, ist es notwendig, dass auch mittelständische Unternehmen die Geschäftschancen in Auslandsmärkten gezielt nutzen.

Die Marken „Made in Germany" bzw. „Made in Austria" haben speziell auch in internationalen Wachstumsmärkten einen sehr guten Ruf und erleichtern den Einstieg in diese Märkte. Jedoch: Ein systematischer Geschäftsaufbau „Ausland" erfordert vor allem volles unternehmerisches Engagement, ein ausgeprägtes Bewusstsein für die sich bietenden Chancen, aber auch für mögliche Risiken, Geduld und Durchhaltevermögen.

Dieses Fachbuch möchte praxisnahe Ratschläge geben, um die sich bietenden Geschäftsmöglichkeiten in Auslandsmärkten zielorientiert und erfolgreich zu nutzen.

München, im Februar 2015
Internationaler Verband für Business Development
Präsident Dipl.-Wirtsch.-Ing. Hatto Brenner

Erlangen, im Februar 2015
Cecilia Misu, MScEE, LLM, FCIArb
CMSQUARE UG (haftungsbeschränkt)
Contract and Dispute Management

Inhaltsverzeichnis

Besonderheiten internationaler Geschäfte

1

Cecilia Misu

1.1 Einleitung

Die fortschreitende Globalisierung der Wirtschaft und die Liberalisierung der Märkte haben in den vergangenen Jahren zu nachhaltigen Veränderungen im Marktumfeld der unternehmerischen Tätigkeit geführt.

Immer mehr Unternehmen müssen sich auf stetig zunehmende Marktanforderungen einstellen und diese meistern. Dazu gehören auch die Ausweitung ihrer Marktanteile sowie der Aufbau und die Absicherung von Wettbewerbsvorteilen. Dadurch rückt der Eintritt in neue Auslandsmärkte zusehends in den Fokus von Unternehmen.

Die Internationalisierung, die dem Unternehmer entscheidende Perspektiven bietet, ist ein komplexer, jedoch nicht komplizierter Prozess, welcher neben wirtschaftlichen Chancen auch Unsicherheiten und – teils beträchtliche – Risiken mit sich bringt: Sie braucht einen stabilen Ausgangspunkt im Unternehmen, eine gewissenhafte Planung und Koordination von operativen Tätigkeiten, ein adäquates Marketing und vor allem eine systematische Umsetzung.

In diesem Kapitel wird der Entscheidungsprozess der Internationalisierung aus theoretischer Perspektive kurz dargestellt. Dabei werden die Beweggründe und Ziele von Unternehmen zur Ausweitung ihrer Markteinteile über nationale Grenzen hinweg sowie die unterschiedlichen Markteintrittsstrategien und -formen unter Berücksichtigung kultureller Aspekte des Internationalisierungsprozesses erörtert.

Die wirtschaftliche Entwicklung, auf internationalen Märkten tätig zu werden, betrifft nicht nur die großen, sondern auch viele kleine und mittlere Unternehmen (KMU), deren Aktivitäten nicht mehr allein für heimische Märkte konzipiert werden, sondern zunehmend nationale Grenzen überschreiten. Aus diesem Grund werden im letzten Abschnitt dieses Kapitels die Wachstumschancen und Risiken ausländischer Engagements für kleine und mittlere Unternehmen aufgezeigt.

1.2 Die Internationalisierung der Unternehmenstätigkeit

Der vorliegende Abschnitt befasst sich mit der „Internationalisierung“ von Geschäftsaktivitäten.

Eine exakte Definition des Wortes „Internationalisierung“ kann schwer festgelegt werden, da dazu die unterschiedlichsten Ansätze in der Literatur zu finden sind.[1],[2] Demgemäß wird dem Begriff in diesem Kapitel eine weit gefasste Definition zugrunde gelegt, nach der alle Unternehmen als international bezeichnet werden, deren Geschäftstätigkeit grenzübergreifend angelegt ist, unabhängig davon, ob diese Auslandsaktivitäten nur in Form von Direktgeschäften abgewickelt, oder über Direktinvestitionen getätigt werden.

Die unternehmerische Internationalisierung stellt das Ergebnis von strategischen Entscheidungen über zukünftige Entwicklungen und Geschäftsperspektiven dar. Solche Entscheidungen werden über die Zeit getroffen mit dem Zweck, eine nachhaltige, grenzüberschreitende Markterweiterung zu erzielen.

Darum ist die mit wirtschaftlichen Chancen, aber auch mit Unsicherheiten und – nicht selten – mit beträchtlichen Risiken verbundene Internationalisierung der Unternehmenstätigkeit nicht einfach als ein vom geänderten Marktumfeld einer globalisierten Wirtschaft geprägter Zustand zu verstehen. Die unternehmerische Internationalisierung ist vielmehr ein dynamischer Prozess steigender grenzüberschreitender Geschäftstätigkeit, der auf Basis der spezifischen Bedürfnisse und Eigenschaften des jeweiligen internationalisierenden Unternehmens aktiv gestaltet wird.[3,4]

Die Grundsatzentscheidung eines Unternehmens zum Schritt in ausländische Märkte kann als eine geplante langfristige Evolution grenzüberschreitender Unternehmensaktivitäten und deren Einbindung in die Politik des Unternehmens angesehen werden. Eine solche Entscheidung wird in der Regel getroffen, wenn sich aufgrund produkt- oder betriebsbedingter Vorteile gegenüber lokalen Mitkonkurrenten reale Gewinnchancen für ein Unternehmen bieten. Zudem bildet sie den Ausgangspunkt eines mehrstufigen „Internationalisierungsprozesses“.

In Abb. 1.1 wird dieser Prozess graphisch dargestellt. Die Planungs- und Entscheidungsetappen stehen in ihrer Abfolge nicht zwingend hintereinander, vielmehr sind gegenseitige Einflussnahmen und Rückkopplungen zwischen den einzelnen Etappen zu erwarten.

---

1 Vgl. Glaum (1996) S.10.

2 Z.B. Kutschker und Schmidt (2005) definieren die Internationalisierung als den Prozess, durch den Unternehmen ihre grenzüberschreitenden Beziehungen und Transaktionen verändern und der durch die Schaffung internationaler Institutionen stabilisiert wird.

3 Vgl. Welch/Luostarinen 1988, S. 35.

4 Es ist anzumerken, dass dieser Prozess einen zirkulären Charakter haben kann. „Zirkulär“ bedeutet in diesem Zusammenhang, dass nach Abschluss einer Etappe die vorhergehenden Etappen überprüft bzw. aktualisiert werden können.

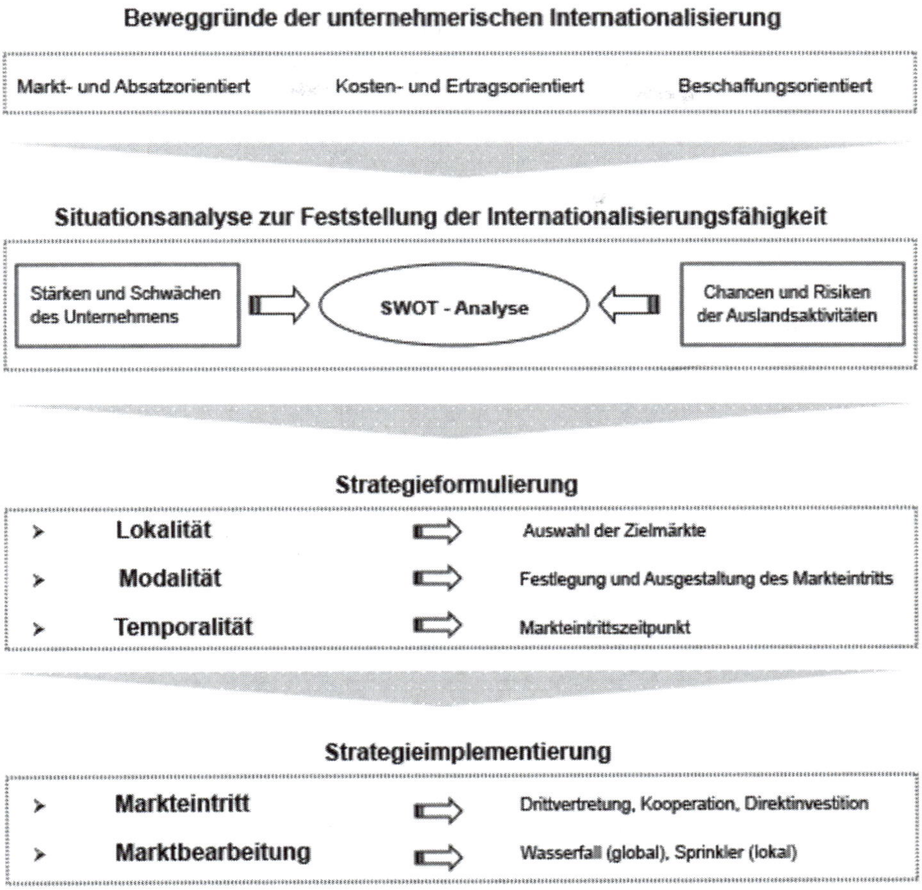

Abb. 1.1 Phasen des unternehmerischen Auslandsauftritts

Nach einer positiven Entscheidung bzgl. Entfaltung unternehmerischer Auslandsaktivitäten und unabhängig von den Beweggründen des internationalisierenden Unternehmers ist eine systematische, planvolle Überprüfung der eigenen Internationalisierungsfähigkeit von essentieller Bedeutung, um kostspielige Fehler zu vermeiden.

Die Durchführung einer strategischen Analyse der Unternehmenssituation eignet sich gut, um eine Antwort auf die Frage zu geben, ob das Unternehmen über die Grundvoraussetzungen für eine erfolgreiche Absatzinternationalisierung verfügt. Berücksichtigt werden bei einer solchen Analyse die Stärken und Schwächen eines Unternehmens, sowie mögliche Produktpaletten für die potentiellen Märkte, die Produktionskapazitäten und Ressourcen (personeller und finanzieller Natur), die bestehenden Wettbewerbsvorteile und mögliche interne und externe Barrieren.

Bei der Feststellung der Internationalisierungsfähigkeit[5] muss auch berücksichtigt werden, dass eine Internationalisierung mit Kapitalbedarf verbunden ist, d.h. die finanziellen Ressourcen des Unternehmens müssen innerhalb dieser Phase so erweitert werden, dass sie mittelfristig die Planungskosten decken und längerfristig die gesamte Expansion finanzieren können.

Vor der Zielplanung einer Auslandsexpansion wird eine Überarbeitung der strategischen Pläne für die bisherige inländische Geschäftstätigkeit des Unternehmens im Kontext der geplanten Internationalisierung benötigt. Außerdem sind wichtige Faktoren hinsichtlich der internationalen Wettbewerbsfähigkeit zu berücksichtigen.

Zusätzlich müssen grundlegende strategische Entscheidungen bzgl. der Lokalität (*Auswahl der Zielmärkte*)[6], Modalität (*Festlegung und Ausgestaltung des Markteintritts*) und Temporalität (*Markteintrittszeitpunkt*) der Unternehmung getroffen werden. Diese Entscheidungen stehen jedoch in enger Verbindung mit der Unternehmensstrategie.

Es ist anzumerken, dass das Internationalisierungsverhalten von Unternehmen vielfältig ist, so dass die Dynamik des unternehmerischen Internationalisierungsprozesses starke Unterschiede aufweisen kann. In den letzten Jahren beispielsweise sind vermehrt Unternehmungen entstanden, die schon ab ihrer Gründung eine internationale Ausrichtung aufweisen. Diese sogenannten „Born Globals" sind in der Regel Kleinst- oder Kleinunternehmen, die keinen Internationalisierungsprozess durchlaufen, die sich durch einen hohen Innovationsgrad und Technologieniveau auszeichnen und die über eine Produktpalette verfügen, die direkt für den internationalen Absatz entwickelt wurde. Damit erzielen sie bereits kurz nach ihrer Gründung einen hohen Anteil an Ausfuhren in ausländische Märkte.

1.2.1 Beweggründe der unternehmerischen Internationalisierung

Die Motivation der Internationalisierung ist mannigfaltig und lässt sich in mehrere Kategorien differenzieren.

Für Unternehmen, die einer aktiven Internationalisierungsstrategie folgen, ist der Schritt in fremde Märkte das Ergebnis strategischer, aus eigenem Antrieb heraus getroffener, unternehmerischer Entscheidungen, die eine neue Phase in der Unternehmensentwicklung einleiten.

Oftmals aber sehen sich Unternehmen gewissermaßen gedrängt, eine Entscheidung zur Absatzinternationalisierung zu treffen, aufgrund von Umständen wie beispielsweise:

- zunehmender Wettbewerbsdruck von inländischen Konkurrenten,
- Marktsättigung im bestehenden Markt,

---

[5] Kompetenz-Check International, Online: http://www.rkw-kompetenzzentrum.de/nc/multimedia/online-tools/?tx_rkw[check_id]=2; Stand: 10.1.2014.

[6] Vor- und Nachteile sowie Kosten sind zu berücksichtigen.

- Abhängigkeit von international tätigen Abnehmern (z.B. bei Zulieferern),
- steigende Produktions- und Lieferkosten aufgrund von veränderten unternehmerischen Umfeldbedingungen,
- sich verschlechternde Profitabilität im bestehenden Markt,
- die Überwindung von Handelshemmnissen oder
- das Umgehen von protektionistischen Schranken.

Im Rahmen der Entscheidungsfindung zur Internationalisierung und unter Betrachtung der von externen Faktoren geprägten Beweggründe wird von den betroffenen Unternehmen eine reaktive Internationalisierungsstrategie verfolgt.

Die Beweggründe, die die Internationalisierung eines Unternehmens auslösen, werden in der Fachliteratur nach unterschiedlichen Kriterien differenziert. Im Wesentlichen kann zwischen drei Kategorien der unternehmerischen Internationalisierung unterschieden werden:

- **Markt- und Absatzorientierte Motive** zielen auf Erschließung bzw. Durchdringung gewählter Zielmärkte
  - Erhöhung der Marktpräsenz in den wirtschaftlich interessanten Zielmärkten,
  - Verringerung der Wettbewerbsvorteile der im Ausland aktiven Konkurrenten durch Verstärkung der bestehenden Absatzstrukturen oder je nach Möglichkeit durch akquisitorische Aktivitäten,
  - Umgehung etatistischer Handelshemmnisse im tarifären und nichttarifären Bereich und/oder Herabsetzung währungspolitischer Risiken,
  - Absatzsicherung bei Verlagerung der Produktion wichtiger oder großen Kunden,
  - Überwindung von Sättigungserscheinungen auf dem einheimischen Markt,
  - Verlängerung des Produktlebenszyklus.
- **Kosten- und Ertragsorientierte Motive**; dabei stellt sich die Frage: Was fördert den Ertrag?
  - Auslastung vorhandener oder zu schaffender Kapazität,
  - Absatzstreuung als Maßnahme gegen heimischen Markteinbruch,
  - Ausgleich von Standortnachteilen,
  - Senkung der Lohn- und Produktionskosten durch Nutzung von niedrigeren Arbeits- und Sachkosten,
  - vorteilhafte Nutzung von Zins- und Steuervorteilen in ausländischen Märkten,
  - Kostensenkung durch steigende Skalenerträge.[7]
- **Beschaffungsorientierte Motive**
  - Erschließung und Sicherung der Rohstoffversorgung,
  - leichter Zugang zu Wissen und Technologie,
  - Verfügbarkeit von Produktions- und Personalressourcen,
  - Verbesserung der Chancen für alternative, späterhin zu realisierende, kooperative Markteintrittsformen.

---

[7] Economies of scale, d.h. sinkende Stückkosten bei einer Ausdehnung der Produktionsmenge.

Natürlich besteht bei den einzelnen Unternehmen hinsichtlich dieser Internationalisierungsziele eine unterschiedliche Gewichtung.

Bei der Benennung der treibenden Kräfte, die für eine Internationalisierung ausschlaggebend sein können, darf der Zufall nicht vergessen werden, z.B. zufälliges Wahrnehmen einer Chance, Nutzung bereits bestehender Kontakte in ausländische Märkte, persönliche Präferenz eines verantwortlichen Managers oder Mitziehen mit internationalisierenden/ internationalisierten Kunden.

1.2.2 Internationalisierungsprozess: Die Auswahl der Zielmärkte

Die Selektion geeigneter Zielmärkte, eine der relevantesten Entscheidungen, die ein internationalisierendes Unternehmen zu treffen hat, wird anhand von diversen Einflussfaktoren unter Beachtung der strategischen Unternehmensplanung und der vorhandenen Ressourcen durchgeführt.

Mit der Problematik, einen Absatzmarkt zu finden, in dem die bestehenden Wettbewerbsvorteile optimal übertragen werden können und somit die höchste Erfolgswahrscheinlichkeit für die spezifischen Unternehmensziele erwartet werden kann, sehen sich internationalisierende Unternehmen sowohl beim Markteintritt sowie oft im Rahmen der Bearbeitung eines bestehenden Marktes (z.B. bei einer Erweiterung der ausländischen Geschäftsaktivitäten) und der Expansion in neue Märkten konfrontiert.

Durch die Auswahl der Ländermärkte, die oft unter Risiko und Unsicherheit getroffen wird, werden die externen Marktbedingungen zum Zeitpunkt des Eintritts in den jeweiligen Markt festgelegt.

Zur Festlegung der Zielmärkte erscheint der nachfolgend beschriebene stufenartige Prozess mit Grob- und Feinselektion sowie die Bewertung potentieller Zielmärkte sinnvoll.

1.2.2.1 Systematische Auswahl und Analyse der Zielmarktalternativen

Als Modell für eine Marktauswahl im Kontext von Internationalisierungsprozessen wird ein stufenartiges Vorgehen ausgeführt, in dem anhand immer detaillierter Kriterien Länder bzw. Zielmärkte eliminiert werden, die unattraktiv erscheinen. Der Vorteil eines solchen Entscheidungsablaufs besteht darin, dass am Anfang relativ wenige Informationen benötigt werden, um das Suchfeld einzugrenzen. Der Informationsbedarf über die Ausprägung der als relevant angesehenen Beurteilungskriterien nimmt aber mit abnehmender Anzahl der Zielmärkte deutlich zu (s. Abb. 1.2).

Im Vorfeld soll von den Entscheidungsträgern geklärt werden, in welche Länder generell nicht expandiert werden soll, beispielweise aufgrund politischer, wirtschaftlicher und weiterer Rahmenbedingungen oder individueller Vorbehalte. Sinnvoll ist es weiterhin, eine Liste von potenziellen Auslandmärkten unter Berücksichtigung der unternehmerischen Ziele, Ressourcen und des Produkts- und Leistungsangebots aufzustellen. Als Hilfe für die Listenerstellung können grundsätzliche Überlegungen zur Einschätzung des potentiellen Aktionsradius dienen, z.B. in welchen Regionen/Ländern:

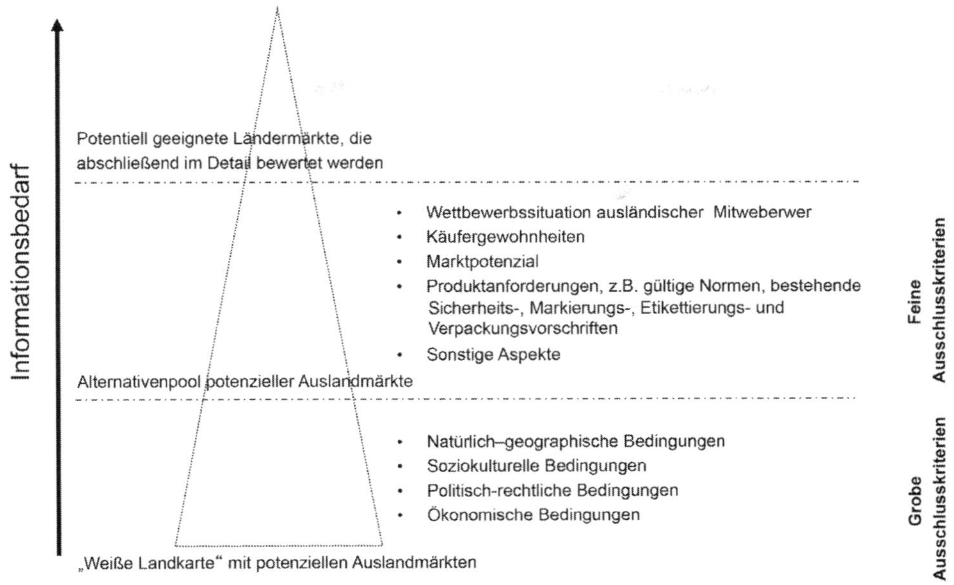

Abb. 1.2 Hierarchische Darstellung der Kriterienblöcke

- Bedarf für die Marktleistung des Unternehmens besteht,
- ein kostendeckendes Preisniveau erzielt werden könnte,
- das Unternehmen mit der eigenen Produkt- und Leistungspalette eine starke Wettbewerbsposition erreichen könnte.

Ausgehend von einer „weißen Landkarte", die alle vorgewählten Zielländer umfasst, wird ein vorformulierter Katalog der Eigenschaften eines idealen Expansionsmarktes, nachfolgend auch Kriterienkatalog genannt, angewendet, nach dessen Anwendung sich eine reduzierte Anzahl potentiell geeigneter Zielmarktalternativen identifizieren lässt. Tabelle 1.1 gibt einen Überblick über die zu betrachtenden Marktumfeldbedingungen.

Aufbauend auf den in der Tabelle 1.1 vorgestellten natürlich–geographischen, politisch-rechtlichen, soziokulturellen und wirtschaftlichen Umfeldbedingungen, können weitere Kriteriengruppen vorbereitet und nach Priorität sortiert dargestellt werden.

Neben den Risiken aus dem politisch-rechtlichen Raum, z.B. politische Stabilität eines Landes, institutionelle bzw. regulatorische Faktoren, Korruptionsniveau sowie Ausmaß der Kriminalität, können wirtschaftliche Einschränkungen und Ausschlusskriterien, z.B. bestehende Handelshemmnisse und Marktbarrieren,[8] Rating bzw. Bonitätsstufung des

---

[8] Externe oder interne Einflussfaktoren bei der Bestimmung der Markteintrittsstrategie, die eine bestimmte Entscheidung von vornherein ausschließen oder begrenzen. Man kann einerseits zwischen strukturellen, d.h. natürlichen, und strategischen, d.h. von anderen Marktparteien bewusst

Tab. 1.1 Umfeldbedingungen für eine unternehmerische Marktselektionsentscheidung. (Eigene Darstellung in Anlehnung an BDO International Business Compass)

Natürlich-geographische Bedingungen
– Größe des Landes
– Geographische Lage und Struktur des Landes
– Klima
– Bodenschätze und natürliche Ressourcen
– Ökologische Belastung
Soziokulturelle Bedingungen
– Sprache(n) und sprachliche Distanz zum Heimatmarkt, Ästhetik, Symbolik
– Glaubensrichtung(en) und religiöse Konflikte
– Ethnische Gruppe(n) und ethnische Konflikte
– Werte, Normen, Gepflogenheiten und Einstellungen inkl. Nationalismus
– Lebensstil und -standard, Bildungsniveau
– Soziale und regionale Mobilität
Politisch-rechtliche Bedingungen
– Politisches System und politisches Risiko
– Rechtsystem und Rechtspraxis, z.B. Schutz des geistigen Eigentums
– Politische Stabilität (wirtschafts-, innen-, außenpolitisch)
– Mitgliedschaft an supranationalen Organisationen (z.B. WTO)
– Staatliche Regulierungen und Regelungsintensität unternehmerischer Aktivitäten
– Zentralisationsgrad der politischen Macht
– Korruptionsniveau
Ökonomische Bedingungen
– Wirtschaftssystem
– Wirtschafts- und Außenwirtschaftspolitik (v.a. Schutz der ausländischen Investitionen)
– Zugehörigkeit regionaler Wirtschaftsgemeinschaften
– Ausstattung mit Produktionsfaktoren
– Infrastruktur
– Pro-Kopf Einkommen
– Marktvolumen
– Preisniveau und Währungsstabilität
– Wettbewerbsfähigkeit
– Internationale Zahlungsfähigkeit und Kreditwürdigkeit

Landes, Transfer- und Konvertierungsrisiko, usw. im Vordergrund stehen, durch deren Anwendung die Anzahl der zu betrachtenden potentiellen Zielmärkte eingegrenzt werden kann, weil sich immer mehr Ländermärkte ausschließen lassen.

aufgebauten Marktbarrieren sowie andererseits zwischen ökonomischen (z.B. Währungsrisiko), protektionistischen (z.B. Kontingentierungsvorschriften, tarifäre Handelshemmnisse) und verhaltensbedingten (z.B. soziokultureller Natur) Markteintrittsbarrieren unterscheiden.

Es ist empfehlenswert, in diesem Grobauswahlverfahren nur Ausschlusskriterien anzuwenden, die in öffentlichen, zugänglichen und allgemein akzeptierten Datenerhebungen zur Verfügung stehen. Dabei können beispielsweise Daten von statistischen Ämtern, Außenhandelskammern, Forschungsinstituten und sonstigen allgemein verfügbaren Wirtschaftsinformationssystemen genutzt werden.[9]

Nach dieser groben Marktselektion, und trotz Anwendung unterschiedlicher Ausschlusskriterien, können möglicherweise immer noch zahlreiche attraktive Zielmärkte verbleiben, die in einem „Alternativenpool" gesammelt werden, um in einem weiteren Schritt eine Bewertung der noch in Frage kommenden Märkte vorzunehmen.

Dazu müssen diese attraktiven Ländermärkte vergleichbar gemacht werden. Die Problematik der Vergleichbarkeit potentieller Auslandsmärkte stellt sich zusehends komplexer dar, wenn die Vorteilhaftigkeit unterschiedlicher Zielmärkte weitgehend durch Beschaffung detaillierter Markt- und Wettbewerbsinformation ermittelt oder durch persönliche Eindrücke vor Ort verifiziert wird.

1.2.2.2 Bewertung potentieller Zielmärkte bzw. -länder

Bei der internationalen Marktauswahl ermöglicht die Nutzwertanalyse,[10] auch Multifaktorentechnik oder Punktwertverfahren genannt, die Berücksichtigung mehrerer Beurteilungskriterien, wobei die Ergebnisse zu einem dimensionslosen Punktwert für jede Alternative zusammengefasst werden.[11]

In der Regel werden folgende Schritte durchlaufen:

1. **Kriterienermittlung**
   Die unternehmensspezifische Zielplanung bestimmt die Anforderungen an die Zielmärkte. Dementsprechend müssen die Entscheidungsträger die einzelnen ökonomischen Marktumfeldbedingungen festlegen, die für die Aufnahme einer Geschäftstätigkeit in einem bestimmten Markt oder Land relevant sind und die Einfluss auf die Zielsetzung des internationalisierenden Unternehmens haben, u.a. Marktvolumina, Marktstruktur, Markteintrittsbedingungen, Stärke und Verhalten möglicher Konkurrenten, Zahlungs- und Währungsrisiken.
   Auch Mindestanforderungen an die Wirtschaftlichkeit der Unternehmung müssen als Ausschlusskriterien definiert werden.

---

[9] Siehe z.B. vorhandenes Ranking von Agenturen (Moodys, S&P etc.) oder der Business Risk Service (BRS) von Business Environment Risk Intelligence, http://www.beri.com/Services.aspx, Stand: 12.1.2014.

[10] Zangemeister definiert die Nutzwertanalyse als „die Analyse einer Menge komplexer Handlungsalternativen mit dem Zweck, die Elemente dieser Menge entsprechend den Präferenzen des Entscheidungsträgers bezüglich eines multidimensionalen Zielsystems zu ordnen. Die Abbildung dieser Ordnung erfolgt durch Angabe der Nutzwerte Ni (Gesamtwerte) der Alternativen Ai". (vgl. Zangemeister (1971) S. 161).

[11] Herbertz, Frank. Einflussfaktoren bei internationalen Entscheidungsprozessen, Frankfurt/Main 2002, S.122 ff.

2. **Kriteriengewichtung**
   In einer Marktselektion haben Entscheidungskriterien üblicherweise unterschiedliche Bedeutung und Relevanz. Die relativen Bedeutungsunterschiede zwischen den einzelnen Umfeldbedingungen innerhalb einer Kriteriengruppe sowie zwischen den unterschiedlichen Kriteriengruppen werden durch Gewichtung nach spezifischen Präferenzen der Entscheidungsträger ermittelt.
   Die Gewichtungsfaktoren können als Multiplikatoren, z.B. von 1 (niedrigste Gewichtung) bis 5 (höchste Gewichtung), oder als Prozentangaben gewählt werden.
3. **Alternativenbeurteilung**
   Die Bewertung potenzieller Zielmärkte erfordert für jede der Landmärkte im Alternativenpool und für jede der Entscheidungskriterien die Vergabe einer dimensionslosen Punktezahl, wobei die Auswahl des entsprechenden Skalentyps, z.B. Punktwerte von 10 (vorteilhaft für das Unternehmen) bis 1 (nachteilig für das Unternehmen), oder ein Ranking vom 1. Platz bis n-ten Platz, ein zentrales Problem darstellt.
   Es ist strikt zu beachten, dass die Alternativbeurteilungen und die Kriteriengewichtung gleichgerichtet sind, d.h. den Zahlen muss derselbe Standard zugrunde liegen.
4. **Ergebnisermittlung**
   Die Zielwerte jeder Alternative werden mit Hilfe einer vorzugebenden Entscheidungsregel unter Berücksichtigung der gewichteten Entscheidungskriterien zu einem Ergebnis zusammengefasst. So erfüllt beispielsweise die nachfolgende Ergebnisermittlung die Aufgabe, die eindimensionalen Präferenzordnungen aller Alternativen bezüglich der Entscheidungskriterien, logisch und operational zu einem Gesamtwert jeder einzelnen Alternative zusammenzufassen:
   1. Multiplikation der Kriteriengewichtung mit der jeweiligen Beurteilung der Entscheidungsträger,
   2. Aufsummierung der Multiplikationsergebnisse für jeden Zielmarkt.

Auf Basis dieser Vorgehensweise kann einer Rangfolge der Länder hinsichtlich der Vorziehenswürdigkeit des Eintrittes gebildet werden, so dass abschließend ein bestimmter Eintrittsmarkt, z.B. die Alternative mit dem höchsten Gesamtwert, für den Internationalisierungsstart feststeht.

Eine Gruppierung der Zielmärkte nach Attraktivität, z.B. Kern-, Hoffnungs- und Peripheriemärkte, kann ebenso aus den ermittelten Gesamtwerten vorgenommen werden.

1.2.3 Internationalisierungsprozess: Die verschiedenen Markteintrittsformen und -strategien

Nach der Auswahl des relevanten Ländermarktes muss die grundsätzliche Markteintrittsstrategie bei der Internationalisierung festgelegt werden.

Dabei werden die einzelnen strategischen Optionen alternativer Geschäftsarten analysiert und unter Beachtung der individuellen Strukturen und spezifischen Besonderheiten ausgewertet. Erst danach soll die Art der Marktbearbeitung ausgewählt werden, die die besten und günstigsten Erfolgsaussichten bietet.

Das Spektrum von Markteintrittsarten und -formen im Rahmen der Internationalisierung von Unternehmen reicht vom traditionellen, relativ risikolosen und kostengünstigen Absatz von im Stammland produzierten Gütern (Export/Import) in ausländischen Märkten über die Vergabe von Nutzungsrechten von betrieblichem Know-how an ausländische Unternehmen, die Verlagerung von Teilprozessen ins Ausland oder den gezielten Auf- und Ausbau von Produktionsstätten in der Nähe von Großkunden durch Gründung von Zweigniederlassungen oder Tochtergesellschaften bis hin zu komplexeren Formen grenzüberschreitender Kooperationen, Allianzen oder Joint Ventures mit ausländischen Unternehmen.

Unter Berücksichtigung der Größe, Geschäftsfeld(er) und des Wertschöpfungsschwerpunkts des internationalisierenden Unternehmens, lassen sich folgende Markteintrittsstrategien und -formen unterscheiden:

1. Stammland-zentrierte Markteintrittsstrategie („funktioneller Markteintritt"), bei der der Wertschöpfungsschwerpunkt im Ausland liegt, mit folgenden Markteintrittsoptionen:
   - Direkter und indirekter Export von inländisch hergestellten Produkten in ein anderes Land,
   - Lizenzierung[12] oder Franchising[13], charakterisiert durch die längerfristigen Beziehungen zwischen international tätigen Unternehmen und Partner im Gastland mit einem eventuellen Technologie- oder Know-how-Transfer - ohne Vermögenstransfer oder Kapitalbindung - zwecks Leistungserstellung im ausländischen Markt,
   - Auftragsfertigung im Ausland, charakterisiert durch die Übertragung bestimmter Stufen der Herstellung eines Produkts, z.B. Vorproduktion, Endfertigung oder Veredelung an einem im Ausland ansässigen Produzenten.

   Diese Strategie weist folgende Vorteile für die international tätigen Unternehmen auf:
   - Relativ geringe Kosten bei der Erschließung eines neuen Marktes,

---

[12] Bei dieser Markteintrittsform wird der Unternehmer sein Know-how (z.B. Produkte, Produktionstechnologien, Patente etc.) nicht selbst in einem ausländischen Markt verwerten, sondern überträgt durch die Vergabe einer Lizenz dieses Recht gegen Entgelt an eine ausländische Firma („Lizenznehmer"), die dann für die Vermarktung der Produkte in einem bestimmten Markt verantwortlich ist. Der Lizenznehmer hat Anspruch auf die in diesem Markt realisierten Gewinne, trägt aber gleichzeitig das wirtschaftliche Risiko.

[13] Franchising ist eine Sonderform der Lizenzierung, die insbesondere im Bereich der Internationalisierung von Dienstleistungen zunehmend an Bedeutung gewinnt. Beim Franchising werden nicht einzelne Vermögenswerte sondern ein unternehmerisches Gesamtkonzept transferiert. Dadurch besteht eine engere Bindung des Geschäftspartners, „Franchisenehmer", an das Franchisegebende Unternehmen und der Einfluss des Franchisegebers (Kontroll- und Weisungsrechte) auf den Partner ist höher als bei der reinen Lizenzierung.

- Geringeres Risiko, da in der Regel kein Vermögenstransfer ins Ausland stattfindet,
- Geringeres Kapitalaufwand und Komplexität sowie
- Geringerer Bedarf an Informationsbeschaffung über den Zielmarkt.

Die Wechselkursproblematik und die fehlende Kontrolle über die Aktivitäten des Geschäftspartners im Ausland, speziell bei der Nutzung von Marken- oder Namensrechten, stellen relevante Nachteile dieser Strategie dar.

2. Zielmarkt-zentrierte Markteintrittsstrategie („institutioneller Markteintritt"), bei der der Wertschöpfungsschwerpunkt im Ausland zu finden ist. Zu diesen „internationalen Direktinvestitionen"[14],[15] gehören:
   - Mergers & Acquisitions durch Übernahme eines bestehenden Unternehmens im Zielland.[16]
   - Joint Ventures, d.h. die Gründung eines neuen Unternehmens im Zielland durch mindestens zwei rechtlich und wirtschaftlich unabhängige Unternehmen unterschiedlicher Nationalitäten zwecks Verfolgung und Betreibung eines gemeinsamen Zieles.[17] Durch diese Markteintrittsart wird der Kapitaltransfer, der in manchen Ländern strengen Regelungen und Bestimmungen unterliegt, erleichtert.
   - Auslandsniederlassung, bei der die Verantwortung bzgl. Haftung und Versteuerung von Gewinnen beim inländischen Unternehmen liegt, oder Gründung eines rechtlich völlig selbstständiges Tochterunternehmens[18] im jeweiligen Zielmarkt.

   Diese Strategie weist folgende Vorteile für international tätige Unternehmen auf:
   - Schneller und umfassender Markteintritt und schnellere Marktdurchdringung,
   - Verbesserter Zugang zu Ressourcen und dadurch kostengünstigere Produktion im Ausland,

[14] Kapitaltransfer ins Ausland, der vom Investor in der Absicht vorgenommen wird, einen unmittelbaren Einfluss auf die Geschäftstätigkeit des kapitalnehmenden Unternehmens zu gewinnen oder einem Unternehmen, an dem der Investor bereits maßgeblich beteiligt ist, neue Mittel zuzuführen; s. Definition der Deutschen Bundesbank (1965, S.25).

[15] Solche Investitionen können sinnvoll werden, wenn z.B. die Unternehmung im Ausland mit Kostenvorteilen (billigere Arbeitskräfte, Rohstoffe etc.) im Vergleich zum Heimatland verbunden ist, oder wenn der Transport von Gütern die Produktionskosten vor Ort übersteigt.

[16] Unter Acquisitions (auch Unternehmenskauf) wird der Kauf von ganzen Unternehmen, einzelnen Unternehmensteilen (share deal) oder einzelnen Unternehmensgegenständen (asset deal) verstanden. Dadurch wird die Kontrollmacht, d.h. der Einfluss auf die Geschäftsführung des Kaufobjektes, verstärkt, welches die wirtschaftliche Selbstständigkeit verliert.

[17] Unter einem Joint Venture wird eine auf Kapitalbeteiligungen und der Teilung von Geschäftsführung und Risiko beruhende, vertraglich festgelegte und dauerhafte zwischenbetriebliche Zusammenarbeit „verstanden" (Holtbrügge/Welge 2010, S. 114), d.h. zwei Unternehmungen setzen bestimmte Ressourcen, z.B. Know-how oder Erfahrungen, ein, um gemeinsam bestimmte Ziele zu realisieren, die ohne diese Zusammenarbeit nicht zu erreichen wären.

[18] Diese kostenintensivere Form der Internationalisierung ermöglicht das höchste Maß an Kontrolle (bis zur uneingeschränkten Kontrolle im Falle der Gründung einer Tochtergesellschaft, die zu 100 % dem entsprechenden Unternehmen gehört) und ermöglicht eine einfache Durchsetzung der einheitlichen Leitung der Unternehmung.

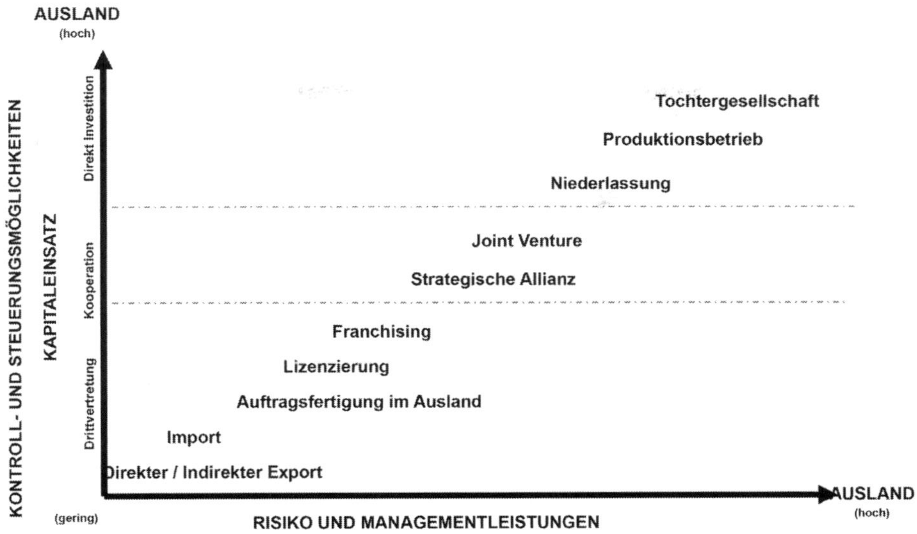

Abb. 1.3 Formen von Auslandsaktivitäten in Abhängigkeit von Kapital- und Managementleistung (Quelle: Eigene Darstellung in Anlehnung an Meissner/Gerber 1980, S. 224)

- Höhere Marktnähe, was eine vereinfachte Bearbeitung von ausländischen Märkten ermöglicht, z.B. geringere Transportkosten,
- Bessere Ausnutzung von Wettbewerbsvorteilen.

Die Strategie weist aber auch Nachteile auf:

- Hoher Bedarf an Kapitalressourcen,
- Integrationsprobleme aufgrund von möglichen strategischen, finanziellen und kulturellen Verschiedenheiten,
- Erhöhte Unternehmenskomplexität, die zu erschwerter Koordination führen kann.

Welche Markeintrittsform mit ihren spezifischen Ausprägungen und Besonderheiten konkret für eine internationale Unternehmenstätigkeit in Frage kommt, kann nur unter Berücksichtigung der spezifischen Besonderheiten des Unternehmens und deren Geschäftsziele entschieden werden.

Abb. 1.3 stellt die unterschiedlichen internationalen Marktbearbeitungsformen in Abhängigkeit von der Beanspruchung der unternehmenseigenen Ressourcen (Management- und Kapitalleistungen), der Kontroll- und Steuerungsmöglichkeiten und der Marktattraktivität dar.

Die Abbildung zeigt, dass Unternehmen, die einen Internationalisierungsprozess durchführen und währenddessen Erfahrungen in grenzüberschreitenden Märkten sammeln, über die Zeit hinweg ihr Auslandsengagement erhöhen. Der dadurch entstehende größere Ressourceneinsatz sowie die mögliche Risikoerhöhung werden durch Ausbau der Kontrolle der Unternehmung ausgeglichen.

1.2.4 Internationalisierungsprozess: Markteintrittszeitpunkt

Nach der Festlegung der zu bearbeitenden Ländermärkte, der Marktformen und -strategien stellt sich die Frage der Planung und Realisierung des unternehmerischen Markteintritts.

Die Wahl eines geeigneten Zeitpunktes für die Aufnahme von internationalen Geschäftsaktivitäten, die unter anderem vom Verhalten der Wettbewerber und von der eigenen Produktentwicklung abhängt, bestimmt, inwieweit der Wettbewerbsvorteil gegenüber Konkurrenten von Bedeutung ist, und beeinflusst die Kosten und Erlöse der unternehmerischen Internationalisierung.

Im Kontext der zeitlichen Planung des Markteintrittes ist zwischen der Festlegung der zeitlichen Abfolge, in der die bereits als Zielländer definierten Auslandsmärkte bearbeitet werden sollen („länderübergreifende Timingstrategie“) und der Entscheidung über das zeitliche Vorgehen bei einem spezifischen Markteintritt („länderspezifische Timingstrategie“) zu unterscheiden .

Für die Fälle, in denen die Auswahl der Zielmärkte zur Identifikation mehrerer geeigneter Ländermärkte geführt hat, muss zusätzlich die zeitliche Abfolge der Markterschließung festgelegt werden. Hierbei kann das Unternehmen zwischen einer sukzessiven oder einer simultanen Erschließung der Zielmärkte entscheiden.

Bei der sukzessiven Erschließung der ausgewählten Ländermärkte („Wasserfallstrategie“) tritt das Unternehmen zuerst in den Auslandsmarkt ein, der ihm am wichtigsten oder am erfolgversprechenden erscheint. Nachdem die Stellung in diesem Markt gesichert ist, wendet sich das Unternehmen dem nächsten Markt zu. Diese Vorgehensweise wird repliziert, bis der Markteintritt in allen Zielmärkten realisiert wurde.

Die Wasserfallstrategie, die eine sukzessive Umsetzung des Internationalisierungsprozesses mit sich bringt, weist einige Vorteile für internationalisierende Unternehmen auf:

- Begrenzung des mit dem Auslandsmarkteintritt verbundenen Risikos bei gleichzeitiger Schonung der vorhandenen unternehmerischen Ressourcen,
- Möglichkeit des Aufbaus von strategischen Brückenköpfen als Vorstufe zum Markteintritt in bestimmte Ländermärkte,
- Möglichkeit der Verlängerung des Produktlebenszyklus.

Nachteile dieser Strategie ergeben sich aus der Tendenz zu „Abbruchentscheidungen“ des Internationalisierungsprozesses im Falle, dass die Bearbeitung des ersten Zielmarktes bereits zu Verlusten geführt hat, sowie aus der Gefahr, dass ähnliche Produkte von Mitkonkurrenten auf Ländermärkten angeboten werden, die vom eigenen Unternehmen erst später erschlossen werden sollen.

Der simultane Markteintritt in mehrere Ländermärkte („Sprinklerstrategie“) sieht eine gleichzeitige Bearbeitung der anvisierten Ländermärkte innerhalb einer relativ kurzen Zeitspanne vor, und wird insbesondere von „Born Global“ Unternehmen favorisiert, die bereits bei ihrer Gründung oder kurz danach in mehreren Ländermärkten tätig sind.

Anhand dieser Strategie können die Abhängigkeit des produktspezifischen Unternehmenserfolges von wenigen Ländern vermieden werden sowie durch Aufbau eines Imagevorteils an einem bestimmten Markt Eintrittsbarrieren für nachziehende Konkurrenten geschaffen werden. Diese Aspekte erweisen sich als vorteilhaft für internationalisierende Unternehmen.

Entscheidende mit dieser Strategie verbundene Nachteile sind neben dem ausgeprägten Kapital- und Personalbedarf im Rahmen des simultanen Markteintritts ein entsprechend hoher Koordinationsaufwand von Aktivitäten in allen Zielmärkten.

1.2.5 Kulturelle Aspekte der internationalen Geschäftstätigkeit

Kultur ist eine wichtige Variable der Unternehmenstätigkeit, die sich in Wertvorstellungen, Verhaltensweisen, Erwartungen und Einstellungen widerspiegelt, die primär durch die Nationalität der Handelspartner sowie deren Volkszugehörigkeit und/oder ethnischer Abstammung geprägt werden.

Für den Begriff „Kultur" finden sich in der Literatur zahlreiche unterschiedliche Definitionen, die ein gemeinsames Merkmal aufweisen: Sie legen fest, dass Kultur das Denken, Handeln und Urteilen von Menschen beeinflusst und von Merkmalen gekennzeichnet wird, von denen einige wichtige im Folgenden aufgezählt werden:

- Kultur ist ein von Menschen geschaffenes soziales Phänomen,
- Kultur ist erlernbar und verhaltenssteuernd,
- Kultur wird durch Symbole übermittelt,
- Kultur ist ein Instrument zur Anpassung der Gesellschaft an ihre Umwelt,
- Kultur ist wandlungs- und anpassungsfähig.[19]

Die Internationalisierung erfordert zwischenmenschliche Kommunikation über kulturelle Grenzen hinaus. Dabei sind nationale Kulturen nicht als Problem, sondern als Teil des jeweiligen Marktumfeldes anzusehen, so dass ein Verständnis für die Grundprinzipien fremder Kulturen zur grundlegenden Anforderung bei der Erschließung internationaler Märkte gehört.

In der Realität ist aber die Beachtung von kulturellen Differenzen einer der am häufigsten übersehenen Aspekte im Internationalisierungsprozess.

Der nächste Abschnitt beschäftigt sich mit den kulturellen Aspekten der internationalen Geschäftstätigkeit, vor allem mit der Bedeutung von kulturellen Unterschieden zwischen dem Heimatmarkt und den potentiellen Zielmärkten.

[19] Perlitz, M. Internationales Management (2004) Stuttgart.

1.2.5.1 Die Auswirkung kultureller Unterschiede auf internationale Unternehmensaktivitäten

Zur Internationalisierung von Unternehmen gehört etwas mehr als eine Handvoll englischsprachiger Mitarbeiter und Geschäftspartner jenseits der (Stamm-)Landesgrenze. Unverzichtbar ist dabei die kritische Auseinandersetzung mit den kulturellen Aspekten der potentiellen Märkte. Die dadurch erworbenen Kenntnisse spielen bei der Entscheidung über geeignete Marktstrategien und lokale Handelspartner eine wichtige Rolle.

Kulturelle Aspekte wie Wahrnehmungs- und Handlungsmuster spiegeln sich u.a. in unternehmensbezogenen Unterschieden (in Unternehmensethik, Verhandlungsstil, Produktgestaltung) wieder.

Obwohl Wirtschaftstätigkeiten prinzipiell auch ohne Kenntnis der Landeskultur am Zielmarkt erfolgen können (und de facto erfolgen), tragen Kenntnis und Verständnis der kulturellen Unterschiede dazu bei, Reaktionen von Geschäftspartnern zu verstehen und einzuschätzen und dadurch Missverständnissen und möglichen Konflikten vorzubeugen.

In den nachfolgenden Abschnitten werden ausgewählte kulturelle Unterschiede aus dem Blickwinkel ihrer Einflüsse für grenzüberschreitende Tätigkeiten anhand von Beispielen veranschaulicht.

Kultureinfluss auf die Sprache

Sprache ist ein kulturspezifischer Prozess zum Ausdruck und Austausch von Gedanken. Sowohl das Sprachlernverhalten als auch die Sprachverwendung werden vom kulturellen Kontext beeinflusst. Selbst wenn in den heutigen globalen Wirtschaftsbeziehungen viele Themen auf Englisch abgehandelt werden, stellen Sprachunterschiede eine Hürde für grenzüberschreitende Unternehmensaktivitäten dar.

Missverständnisse und Reibungsverluste sind vorprogrammiert, wenn kulturbedingte Interpretationsprobleme auftreten, Sprachdefizite den Austausch erschweren oder unterschiedliche Kontextdeutungen zu Fehlschlüssen führen.

In diesem Zusammenhang ist die Sprachkompetenz auf dem internationalen Parkett von Bedeutung, (auch wenn sie in der Praxis nicht immer vorhanden ist), um die Geschäftsaktivitäten in fremden Landmärkten, einschließlich der Kommunikation mit Handelspartnern und Behörden, zügiger und einfacher zu bewerkstelligen.

Die Entscheidungsträger von internationalisierenden Unternehmen sollten sich bewusst sein, dass jeder Kulturraum über eigene Ausprägungen verfügt. Insbesondere bei der Einführung von Produkten in einem ausländischen Markt, die im nationalen Markt erfolgreich sind, muss beachtet werden, dass Elemente (Symbole, Zahlen, Farben, Markennamen) in verschiedenen Ländern unterschiedliche Botschaften transportieren können, die sogar eine Änderung am Produkt erfordern könnten. Als Beispiel wäre hier der Autotyp Pajero zu nennen, mit dem Mitsubishi seit 1983 erfolgreich auf dem Markt vertreten ist. Dieser Geländewagen, der inzwischen in der vierten Generation produziert wird, verdankt seinen Namen einer südamerikanischen Pampaskatze (lynchailurus pajeros). Die Marketingexperten hatten allerdings nicht überprüft, ob dieser Name international ausnahmslos funktioniert. Es stellte sich heraus, dass Pajero auch ein Wort aus der spanischen Vulgärsprache mit einer beleidigenden Bedeutung ist. Mitsubishi hat nachträglich eine Namensänderung in spanischsprachigen Märkten durchgeführt und das Modell in „Montero“ umgetauft, was mit Sicherheit mit Zusatzkosten in unbekannter Höhe verbunden war.

Kultureinfluss auf die Zeitauffassung

Unterschiedliche Kulturen in der Welt haben nicht die gleiche Auffassung von der Zeit wie Mitteleuropäer oder Amerikaner. Das „soziale Tempo“ verschiedener Kulturen ist unterschiedlich. Untersuchungen haben ergeben, dass ein systematisches Industrieländergefälle existiert und dass in „sozial langsamen“, weniger industrialisierten Ländern, Großstadteinwohner im regionalen Vergleich am schnellsten sind. Dementsprechend darf man sich bei Geschäftsbeziehungen in einigen Ländermärkten nicht vom lokalen Zeitverständnis negativ beeindrucken lassen. Fast überall in Mitteleuropa betrachtet man Beschäftigung als etwas Positives, während Nichtstun oft mit Verschwendung und Leere in Verbindung gebracht wird. Andere Kulturen sehen das etwas anders, in einigen südamerikanischen Ländern gilt der Vorsatz nichts zu überstürzen, „Darle tiempo al tiempo“. Interessante Beispiele dazu finden sich in „Eine Landkarte der Zeit. Wie Kulturen mit Zeit umgehen“.[20]

1.2.5.2 Erkennen und Nutzung kultureller Unterschiede

Der Aufbau grenzüberschreitender Geschäftsbeziehungen ist mit der Überwindung von kulturellen Barrieren verbunden. Dies ist besonders der Fall in Kulturräumen, die so verschieden erscheinen, dass es zu Missverständnissen beim geschäftlichen Kontakt mit Partnern der scheinbar fremden Kultur kommen kann. Des Öfteren bereiten ein unterschiedliches Zeitverständnis, unterschiedliche Kommunikationsstile und Mechanismen der Entscheidungsfindung Schwierigkeiten. Dabei ist das bloße Wissen über kulturelle Unterschiede bei der Geschäftsabwicklung nur bedingt hilfreich, denn oft ergibt sich ein oberflächliches stereotypisches Bild, welches allzu schnell dazu verleitet, die kulturellen Ausprägungen zu übersehen und ein mangelndes Verständnis für die Andersartigkeit zu entwickeln.

Deshalb ist es beim Eintritt in einen fremden Markt ratsam, sich im Vorfeld über die Geschichte, Sitten, Gegebenheiten und Religion des Landes zu informieren, um einenmöglichen „Fauxpas“ zu vermeiden.

Richtig verstandenes und eingesetztes Wissen bzgl. kultureller Unterschiede im Entscheidungsverhalten, im Umgang mit Zeit, Konflikten oder Hierarchien kann als Potenzial genutzt werden und zum Geschäftserfolg beitragen.

---

[20] In 31 Ländern hat Robert Levine, amerikanischer Sozialpsychologe mit Lehrstuhl an der California State University, das Lebenstempo der Menschen untersucht, um herauszubekommen, wie verschiedene Kulturen mit Zeit umgehen (Levine 2011). In umfangreichen Studien wurde nach den schnellsten (Schweiz) und den gemächlichsten (Mexiko) Ländern und Städten gesucht, und gar anschaulich dargelegt, welche Faktoren das Lebenstempo beeinflussen, etwa der Grad der Industrialisierung oder die Größe der Städte.

Zusätzlich zum notwendigen Wissen und geschäftlichen Know-how ist eine interkulturelle Kompetenz der Geschäftspartner von großem Nutzen, um interkulturelle (Konflikt-) Situationen zu erkennen und adäquat zu reagieren.[21]

1.3 Besonderheiten der Internationalisierung von Kleinen und Mittelständischen Unternehmen

Kleinstunternehmen sowie kleine und mittlere Unternehmen (KMU) bilden den größten Anteil an den Unternehmen der Europäischen Union und stellen die weitaus meisten Arbeitsplätze. Deshalb haben sie eine hohe Relevanz für die europäische Wirtschaft und werden oft als deren Rückgrat und Motor angesehen.

1.3.1 Definition der KMU - Empfehlung 2003/361/EG der Europäischen Kommission

Zu Anfang des Jahres 1996 wurde von der Europäischen Kommission eine einheitliche, gemeinschaftsweite Definition der „kleinen und mittleren Unternehmen" eingeführt, die in der Europäischen Union auf breiter Basis Anwendung fand.[22] Um den Entwicklungen im Europäischen Wirtschaftsraum Rechnung zu tragen, nahm die Kommission im Mai 2003 die Empfehlung 2003/361/EG betreffend der Definition der Kleinstunternehmen sowie der kleinen und mittleren Unternehmen an. Diese Empfehlung, die maßgeblich für die Einstufung als Kleinstunternehmen bzw. als ein kleines oder mittleres Unternehmen ist und die in allen KMU-spezifischen Politikfeldern, Programmen und Maßnahmen der Kommission Gültigkeit findet, trat am 1. Januar 2005 in Kraft.[23]

Tabelle 1.2 zeigt die Einteilung der kleinen und mittleren Unternehmen nach der o.g. Empfehlung.

---

[21] Schönhuth (2005, S. 102) definiert die interkulturelle Kompetenz als die Fähigkeit „in der interkulturellen Begegnung angemessen Kontakt aufzunehmen, die Rahmenbedingungen für eine für beide Seiten befriedigende Verständigung auszuhandeln und sich mit dem Betreffenden effektiv auszutauschen".

[22] Empfehlung 96/280/EG der Kommission vom 3. April 1996.

[23] Für die EU-Mitgliedstaaten ist die Verwendung der KMU-Definition freiwillig; die Kommission gemeinsam mit der Europäischen Investitionsbank (EIB) und dem Europäischen Investitionsfonds (EIF) fordert die Mitgliedstaaten jedoch dazu auf, die KMU-Definition auf möglichst breiter Basis anzuwenden. Das Institut für Mittelstandsforschung „IfM Bonn" verwendet seit 2002 eine andere Definition für den Begriff „wirtschaftlicher Mittelstand" als die Europäische Union. Nach dieser Definition sind Kleinunternehmer solche, die bei bis 9 Beschäftigten einem Jahresumsatz unterhalb 1 Mio. € aufweisen, und Mittlere Unternehmen sind Unternehmen die keine Kleinunternehmen sind, bis zu 499 Beschäftigte haben und einen Jahresumsatz von höchstens 50 Mio. € erwirtschaften. Siehe http://www.ifm-bonn.org/mittelstandsdefinition/definition-kmu-des-ifm-bonn/, Stand: 12.01.2014.

Tab. 1.2 EU-Einteilung kleiner und mittlerer Unternehmen seit dem 01.01.2005 gemäß Empfehlung 2003/361/EG

Unternehmensgröße	Mitarbeiterzahl	und	Umsatz /Jahr [Mio. €]	oder	Bilanzsumme /Jahr [Mio. €]
kleinst	bis 9		bis 2		bis 2
klein	bis 49		bis 10		bis 10
mittel	bis 249		bis 50		bis 43

Die Schwellenwerte für die Mitarbeiterzahl sind zwingend vorgeschrieben. Darüber hinaus steht den Unternehmen frei, entweder das quantitative Abgrenzungskriterium für den Umsatz oder den Schwellenwert für die Bilanzsumme einzuhalten, d.h. Unternehmen, die die Obergrenzen für den Umsatz oder für die Jahresbilanzsumme nicht einhalten, verlieren nicht den KMU-Status bei Überschreitung in einem dieser Fälle. Die Schwellenwerte für den Umsatz und der Bilanzsumme beziehen sich auf den letzten durchgeführten Jahresabschluss. Bei neu gegründeten Unternehmen, die über keinen Abschluss für einen vollständigen Rechnungszeitraum verfügen, werden diese Schwellenwerte nach Treu und Glauben geschätzt.

Zusätzlich zu der rein quantitativen Abgrenzung werden jedoch qualitative Kriterien berücksichtigt (z.B. die Einheit von Eigentum, Leistung, Haftung und Risiko) zur Typifizierung von Betrieben:

- Eigenständiges Unternehmen, d.h. KMU ist entweder völlig unabhängig oder es bestehen Partnerschaften mit anderen Unternehmen mit einer oder mehreren Minderheitsbeteiligungen von jeweils unter 25 %,
- Partnerunternehmen, falls der gehaltene Anteil 25 % übersteigt, 50 % jedoch nicht überschreitet,
- Verbundene Unternehmen, d.h. unmittelbare oder mittelbare Kontrolle der Mehrheit der Anteile an einem Unternehmen durch ein anderes Unternehmen.

1.3.2 Die Bedeutung der KMU in Europa

Nach den Schlüsselindikatoren des Jahres 2012,[24] die in Tab. 1.3 angeführt werden, entfallen 99,8 % des Unternehmensbestands im nichtfinanziellen Sektor der gewerblichen Wirtschaft in der EU, insgesamt ca. 20 Millionen Unternehmen, auf das Segment der KMU inkl. der Kleinstunternehmen, auch Mikrounternehmen genannt. Diese Indikatoren zeigen auch, dass im Jahr 2012 etwa 66,5% der insgesamt 86,8 Millionen Arbeitsplätze durch

[24] Siehe http://ec.europa.eu/enterprise/policies/sme/facts-figures-analysis/performance-review/index_en.htm , Stand: 08.01.2014 Annual Report on European SMEs 2012/2013.

Tab. 1.3 Schlüsselindikatoren für Unternehmen der gewerblichen Wirtschaft, EU-27[25], 2012 (Quelle: Eurostat, National Statistical Offices, DIW, DIW econ, London Economics)

	KMU				GU	Gesamt
Unternehmen	**Micro**	**Klein**	**Mittel**	**Gesamt**		
Anzahl	18,783,480	1,349,730	222,628	**20,355,839**	43,454	20,399,291
%	92,1	6,6	1,1	**99,8**	0,2	100
Beschäftigte						
Anzahl	37,494,458	26,704,352	22,615,906	**86,814,717**	43,787,013	130,601,730
%	28,7	20,5	17,3	**66,5**	33,5	100
Wertschöpfung						
Mio. €	1,242,724	1,976,388	1,076,270	**3,395,383**	2,495,926	5,891,309
%	21,1	18,3	18,3	**57,6**	42,4	100

KMU gestellt wurden und davon ca. 37,5 Millionen Menschen in Mikrounternehmen beschäftigt waren. KMU steuern etwa 57,6 % der Wertschöpfung in diesem Sektor bei.

Da Unternehmen, die zwar nicht die jährliche Umsatzgröße erreichen, aber aufgrund einer Mitarbeiteranzahl von mehr als 250 Beschäftigten bereits als Großunternehmen gemäß der KMU-Definition der EU gelten, kann man in Europa derzeit von einer Zahl von ca. 43.000 Großunternehmen im Verhältnis zu ca. 20 Mio. kleiner und mittlerer Unternehmen ausgehen.

In den nächsten Abschnitten sind relevante Ergebnisse unterschiedlicher Studien über Internationalisierung von KMU in der EU zusammengefasst. Diese Ergebnisse zeigen, dass KMU nicht nur als Exporteure, sondern auch in differenzierter Art bei der Internationalisierung vorgehen.

1.3.3 Internationalisierungsprofile von KMU

Die Studie zur „Internationalisierung der europäischen KMU" hat ergeben, dass in der EU etwa 44 % der KMU international tätig sind.

Eine Übersicht der verschiedenen Internationalisierungsformen unter der KMU in der EU findet sich in Abb. 1.4, in der die Häufigkeit einiger Markteintrittsformen dargestellt ist. Es ist dabei zu beachten, dass mehrfache Zuordnungen von Unternehmen möglich sind.

Die praktizierten Formen der Auslandtätigkeiten verteilen sich wie in Abb. 1.4 dargestellt.

[25] Belgien, Bulgarien, Dänemark, Deutschland, Estland, Finnland, Frankreich, Griechenland, Irland, Italien, Lettland, Litauen, Luxemburg, Malta, Niederlande, Österreich, Polen, Portugal, Rumänien, Schweden, Slowakei, Slowenien, Spanien, Tschechische Republik, Ungarn, Vereinigtes Königreich und Zypern.

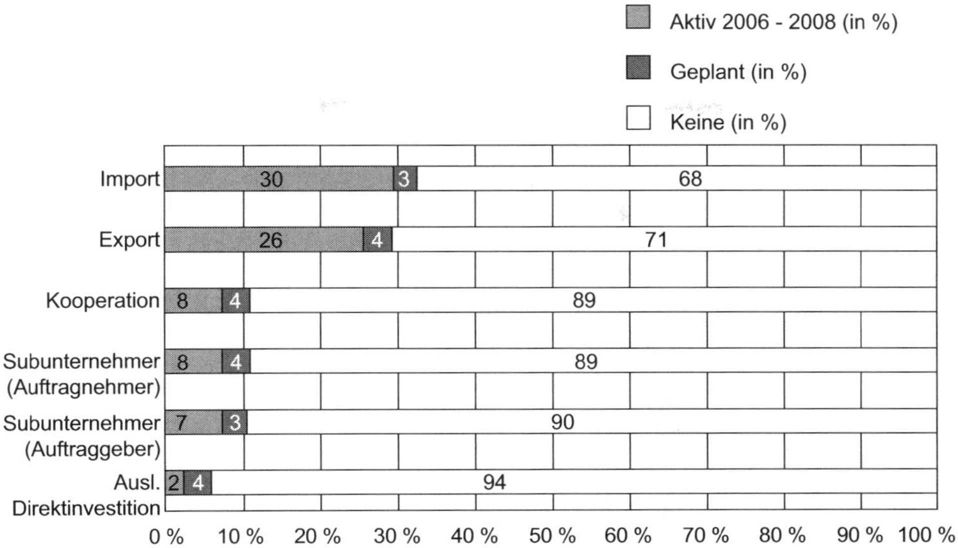

Abb. 1.4 Internationale Geschäftsaktivitäten von europäischen KMU (Quelle: *Survey 2009, Internationalisation of European SMEs EIM/GDCC (N=9480))*

Abb. 1.4 bestätigt, dass absatzorientierte Marktbearbeitungsformen für die KMU am wichtigsten sind. Die häufigste Internationalisierungsform ist der Import (29%), gefolgt vom Export (25%). Weniger verbreitet sind komplexere Formen wie Lizenz- oder Franchiseverträge. Formen, die Auslandsdirektinvestitionen (FDI) erfordern – etwa eine Niederlassungsgründung im Ausland – spielen eine untergeordnete Rolle mit nur 2 % der KMU.

Aus den schwarzen Balken in Abb. 1.4 geht auch hervor, dass Unternehmen, die bisher nicht außenwirtschaftlich tätig sind, sich solche Aktivitäten zukünftig vermehrt vorstellen.

Die Häufigkeit von direktem Export oder Import als Internationalisierungsformen bei KMU wird in der Abb. 1.5 dargestellt. Diese Außenhandelsaktivitäten werden häufig von den KMU aufgrund der geringen Ressourcenbindung genutzt.

1.3.4 Motive und Hindernisse

Die Auslandsorientierung als Motivation für Wachstum und Innovation ist von großem Interesse für Unternehmen aller Größenklassen, insbesondere KMU. Damit reagieren Unternehmen auf die in vielen Branchen quantitativ gesättigten Inlandsmärkte.

Die wesentlichen Antriebskräfte für Internationalisierung der KMU sind die Erschließung neuer Absatz- und Beschaffungsmärkte, Ressourcensicherung und Kostenreduzierung beispielsweise durch eine Produktion in Ländern mit niedrigerem Lohnkostenniveau und erhöhter Kapazitätsauslastung aufgrund größerer Produktionszahlen. Der Reputationsgewinn, den eine internationale Tätigkeit mit sich bringt, wird an untergeordneter Stelle genannt.

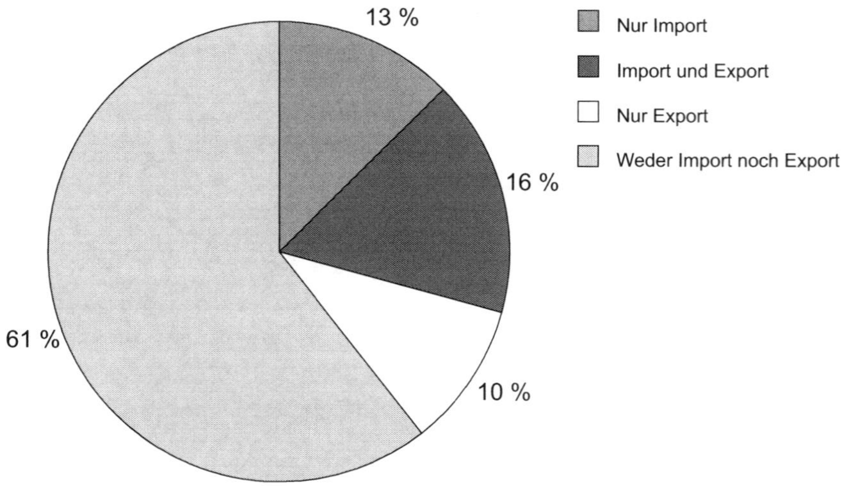

Abb. 1.5 Europäische KMU im direkten Export oder Import (Quelle: *Survey 2009, Internationalisation of European SMEs EIM/GDCC (N=9480))*

Studien in Deutschland[26] haben ergeben, dass vor allem die Auslandsorientierung sowie die persönlichen Eigenschaften und Motive der Unternehmensführung die Entscheidung zugunsten oder gegen eine Internationalisierung beeinflussen.[27] Zur Auslandsorientierung zählen u.a. die Auslandserfahrung des jeweiligen Managements, Sprachfertigkeiten, Kenntnisse über ausländische Märkte und die Bereitschaft, internationale Kontakte im Ausland zu knüpfen. Dynamik, Flexibilität und Kreativität sowie Innovationsgeist und Risikotoleranz sind einige der Persönlichkeitsmerkmale, die eine Managemententscheidung für eine Internationalisierung positiv beeinflussen können.

Hauptmerkmale des Internationalisierungsverhaltens von KMU sind die fehlende strategische Ausrichtung, Engpässe in der Ressourcenausstattung (Management- und Kapitalressourcen, Wissen), unzureichende Managementkapazitäten und Erfahrung im internationalen Geschäft sowie Informationen über die politische, soziale, ökonomische, rechtliche und technologische Situation in den jeweiligen Zielmärkten. Aus diesen Merkmalen ergeben sich Hinderungsgründe und Risiken für das potenzielle Auslandsengagement der KMU, die von den Entscheidungsträgern zu bewerten sind, damit im Bedarfsfall die erforderlichen Ressourcen zur Überwindung bzw. Reduzierung zur Verfügung gestellt werden.

Abb. 1.6 illustriert die Bedeutung von internen Internationalisierungshindernissen aus Sicht von bereits auslandsaktiven KMU.

Beim Eintritt der KMU in einen ausländischen Markt sind primär der Preis der eigenen Produkte und Marktleistungen, der marktspezifische Anpassungsbedarf der Produktpalette

---

[26] Kranzusch, P. und Holz, M. Internationalisierungsgrad von KMU. Ergebnisse einer Unternehmensbefragung. IfM-Materialien Nr. 222 Siehe http://www.ifm-bonn.org/mittelstandsdefinition/definition-kmu-des-ifm-bonn/ , Stand: 12.01.2014.

[27] Dabei ist in KMU der Eigentümer oftmals auch in der Geschäftsleitung aktiv und somit an operativen und strategischen Aufgaben beteiligt.

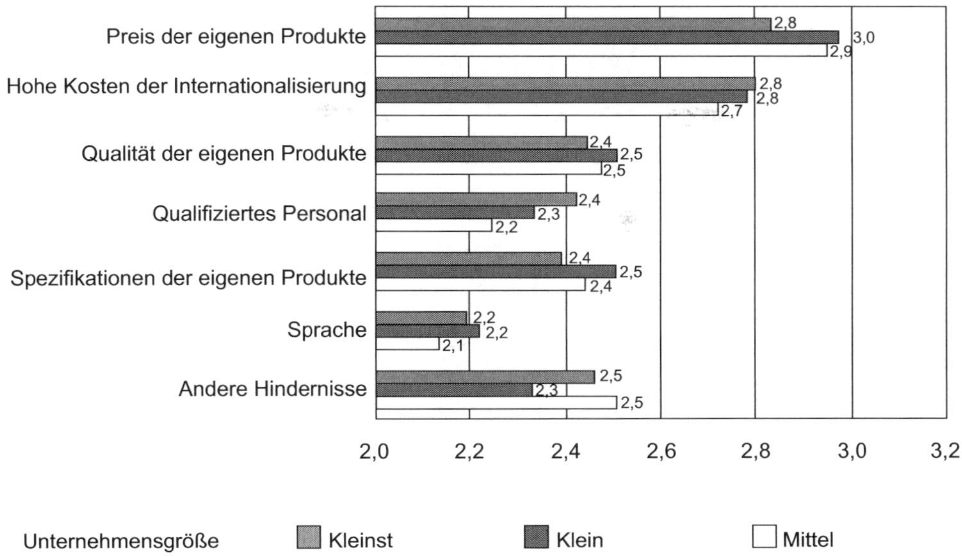

Abb. 1.6 Interne Hindernisse für die Internationalisierung aus Sicht von international aktiven KMU. Skala: 1 – unwichtig, 5 – sehr wichtig. (Quelle: *Survey 2009, Internationalisation of European SMEs EIM/GDCC (N=9480))*

sowie die Gesamtkosten der Internationalisierung von Bedeutung und stehen mit einer durchschnittlichen Gewichtung von 2,8 an den ersten Stellen der Graphik. Zusätzlich haben die befragten Unternehmen dem Fehlen von geeigneten Personen zur Bearbeitung des jeweiligen Marktes eine höhere Wertigkeit bemessen, als mangelnde bzw. fehlende Sprachfertigkeiten.

Die Bewertung der externen Risikofaktoren im Europäischen Wirtschaftsraum aus Sicht auslandsaktiver KMU (s. Abb. 1.7) weist eine starke Konzentration auf die Ressourcenausstattung (Management- und Finanzierungskapazitäten) und Informationsdefizite (u.a. Unkenntnis der lokalen Nachfrage und Marktsituation), die institutionellen Rahmenbedingungen (Mangel an geeigneten Förderungsmassnahmen seitens der öffentlichen Hand, bürokratische Hürden bei Zoll- und Außenwirtschaftsverfahren) und die Rechtssicherheit (Gesetze und Vorschriften) im Zielland hin. Demgegenüber sieht weniger als die Hälfte der Unternehmen ein bedeutendes Risiko für die wirtschaftliche Unternehmertätigkeit in tarifären und nichttarifären Handelshemmnissen oder in Schwierigkeiten mit ausländischen Sprachen, Kulturen und Mentalität. Interessant erscheint auch, dass eine nicht vernachlässigbare Anzahl von international tätigen KMU angibt, keinerlei externe Hindernisse zu erkennen.

1.3.5 Maßnahmen zur Förderung von KMU

KMU verfügen in der Regel über begrenzte eigene Ressourcen. Managementengpässe führen oftmals zu Problemen bei der strategischen Planung und Steuerung von Internationalisierungsvorhaben.

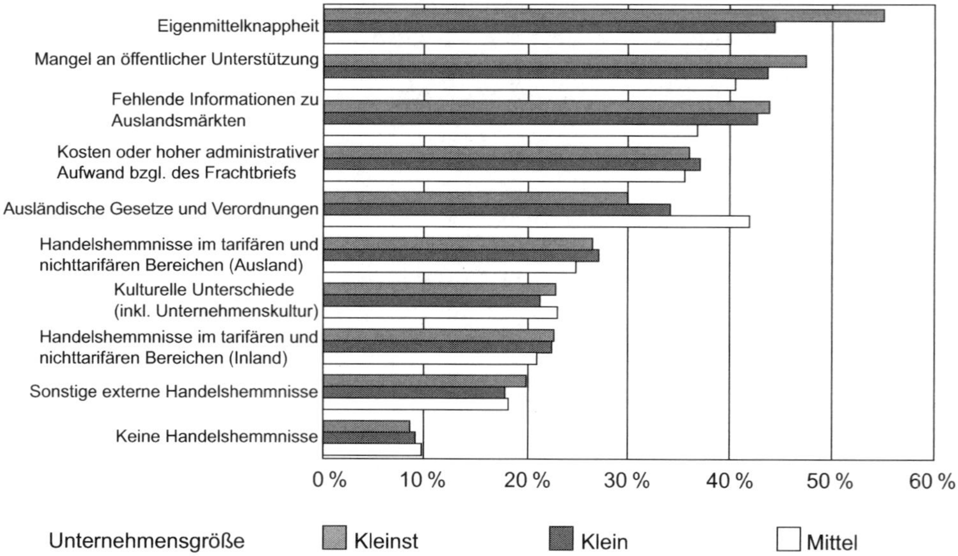

Abb. 1.7 Externe Internationalisierungshindernisse in EWR-Märkte aus Sicht auslandsaktiver KMU. Anteil der Unternehmen in % (Mehrfachnennungen). (Quelle: *Survey 2009, Internationalisation of European SMEs EIM/GDCC (N=9480)*)

Aus diesem Grund sind auslandsinteressierte Unternehmen auf externe – an ihre Bedürfnissen orientierte – Unterstützung angewiesen, insbesondere wenn die gewählte Internationalisierungsform einen großen Informationsbedarf in den Bereichen Recht, Zoll- und Verwaltungsverfahren oder eine Inanspruchnahme von öffentlichen wirtschaftspolitischen Maßahmen erforderlich macht.

Der nachfolgende Überblick fasst privatwirtschaftliche und öffentliche Instrumente zur Förderung von KMU zusammen, die auf regionaler, nationaler und EU-Ebene zu finden sind.[28] Diese Maßnahmen reichen von Informationsleistungen zu Exporttätigkeiten bis hin zur Unterstützung und Beratung für Auslandsinvestitionen.[29]

Die Organisationen umfassen Fachverbände und Handelskammern, Finanzinstitute, nationale staatliche Stellen, Investitions- und Handelsförderungsgesellschaften sowie EU-Initiativen, die eine Anzahl von Unterstützungsdienste erbringen:

---

[28] Die Organisationsstruktur in den jeweiligen Mitgliedstaaten ist höchst unterschiedlich. Einige Länder haben eine Dachorganisation, die alle Unterstützungsmassnahmen abdeckt, während andere Staaten über unterschiedliche sektorspezifische Organisationen verfügen.

[29] Nach den Ergebnissen aus "Study on Support Services for SMEs in International Business" sind in den EU-Mitgliedstaaten 993 wirtschaftliche Dienste und 658 unterschiedliche Organisationen zu finden, die Unterstützung bei der Internationalisierung von europäischen KMU anbieten. Siehe "Study on Support Services for SMEs in International Business". Final Report vom 22.3.2013 unter: http://ec.europa.eu/enterprise/policies/international/files/2013-sme-_internationalisation-final-report_en.pdf ; Stand: 12.01.2014.

- Investitions- und Handelsförderungsgesellschaften (223)
- Handelskammern (169)
- nationale staatliche Stellen (165)
- Fachverbände und/oder Unternehmensorganisationen (130)
- Finanzinstitute (133)
- „EU-Initiativen" (13)

Unterstützungsmaßnahmen, die in allen Mitgliedstaaten zu finden sind, sind Informationsleistungen in Form von Publikationen oder Veranstaltungen, Unterstützung bei der Teilnahme an Messen sowie bei Exportkrediten und Export- bzw. Risikoversicherungen und Garantien. In einzelnen Ländern steht der internationalisierenden KMU zusätzlich auch finanzielle Unterstützung für ausländische Direktinvestitionen sowie zur Beratung über die Errichtung ausländischer Produktionsstätten zur Verfügung.

Allerdings bleibt die Frage offen, ob die europäischen KMU sich nur auf eine starke Unterstützung seitens externer Organisationen verlassen können.[30] Für Unternehmer werden der persönliche Austausch mit anderen Unternehmen über ihre Erfahrungen und Vorgehen im Ausland sowie die Vernetzung in formellen Netzwerken als die wichtigsten und glaubwürdigsten Quellen eingeschätzt.

1.4 Zusammenfassung

Der Aufbau internationaler Geschäftsaktivitäten eröffnet für Unternehmer aller Größenklassen neue Horizonte. Dabei ist die Entscheidung zur Internationalisierung weniger eine Frage der Unternehmensgröße; es sind die eigenen Stärken (und auch Schwächen) des jeweiligen Unternehmens, die zu einem Überdenken der unternehmerischen Internationalisierungsstrategien führen.

Der Auslandsauftritt ergibt sich für KMU oftmals aus rein zufälligen – nicht gezielt akquirierten – Auslandsaufträgen. Aus diesem Grund wird häufig übersehen, dass eine unternehmerische Internationalisierung ein hohes Maß an strategischem, personellem sowie finanziellem Einsatz erfordert, um in einem durch hohe Dynamik und ungeahnte Risiken gezeichnetem Marktumfeld wettbewerbsfähig bestehen zu können.

Bei der Auswahl der Zielmärkte müssen sich internationalisierende Unternehmer darauf einstellen, dass jeder Markt und jede Region Eigenheiten aufweisen und dass die spezifischen rechtlichen und kulturellen Rahmenbedingungen der jeweiligen Absatzmärkte in die unternehmensspezifische Internationalisierungsstrategie einfließen müssen.

[30] In Fachpublikationen werden hier deutliche Verbesserungspotenziale erkannt, denn weder lokale noch internationale Handelskammern, Beratungsunternehmen oder Finanzinstitutionen vermögen einem Unternehmen die nötige, zu den Bedürfnissen der KMU maßgeschneiderte, Starthilfe zu bieten.

Literatur

Business Risk Service (BRS): Business Environment Risk Intelligence, Online im Internet: http://www.beri.com/Services.aspx; Stand: 12.1.2014

Glaum, Martin (1996): Internationalisierung und Unternehmenserfolg - Eine Diskussion theoretischer Erklärungsansätze und empirischer Untersuchungen zur Erfolgswirkung der Internationalisierung von Unternehmungen, Wiesbaden 1996

KMU, Online im Internet: http://www.ifm-bonn.org/mittelstandsdefinition/definition-kmu-des-ifm-bonn/; Stand: 12.1.2014

Kompetenz-Check International, Online im Internet: http://www.rkw-kompetenzzentrum.de/nc/multimedia/online-tools/?tx_rkw[check_id]=2; Stand: 10.1.2014

Kranzusch, P. und Holz, M. Internationalisierungsgrad von KMU. Ergebnisse einer Unternehmensbefragung. IfM-Materialien Nr. 222, Online im Internet: http://www.ifm-bonn.org/mittelstandsdefinition/definition-kmu-des-ifm-bonn/; Stand: 12.01.2014

Kutschker, Michael und Schmid, Stefan (2005): Internationales Management. 4. Auflage, München

Herbertz, Frank (2002): Einflussfaktoren bei internationalen Standortentscheidungsprozessen, 1. Auflage, Frankfurt/Main

Holtbrügge, Dirk und Welge, Martin (2010): Internationales Management, 5. Auflage, Stuttgart

Levine, Robert (2011): Eine Landkarte der Zeit. Wie Kulturen mit Zeit umgehen, 16. Auflage, München

Perlitz, Manfred (2004): Internationales Management, 5. Auflage, Stuttgart

Schönhuth, Michael (2005): Glossar Kultur und Entwicklung, In: Trierer Materialien zur Ethnologie, Ausgabe 4/2005

SME, Online im Internet: http://ec.europa.eu/enterprise/policies/sme/facts-figures-analysis/performance-review/index_en.htm; Stand: 12.1.2014

"Study on Support Services for SMEs in International Business". Final Report vom 22.3.2013 Online im Internet: http://ec.europa.eu/enterprise/policies/international/files/2013-sme-_internationalisation-final-report_en.pdf; Stand: 12.01.2014.

Welch, Lawrence and Luostarinen, Reijo (1988): Internationalisation: evolution of a concept, Journal of General Management, Vol. 14 No. 2

Zangemeister, Christof (1971): Nutzwertanalyse in der Systemtechnik – Eine Methodik zur multidimensionalen Bewertung und Auswahl von Projektalternativen. 2. Auflage, München

Export-Märkte der Zukunft – Internationale Trends erkennen

2

Hatto Brenner

2.1 Internationalisierungsstrategie im Wandel

Wer in Emerging-Markets investiert, tut dies hauptsächlich, um neue Märkte zu erschließen oder Produktionskosten zu senken. In zunehmendem Maße ist zu beobachten, dass absatzorientierte Motive bei der Internationalisierung klar im Vordergrund stehen. Dabei ist Export aufgrund des hiermit verbundenen überschaubaren finanziellen Aufwandes die bevorzugte Marktbearbeitungsform.

Viele Unternehmen aus westlichen Industrienationen verfolgen diese Strategie, sie verstärken ihre Vertriebs- und Serviceaktivität in den Wachstumsmärkten, verlagern aber auch Forschung und Entwicklung wie auch Produktionen in diese Länder, um näher am Kunden zu sein.

Gleichzeitig hat sich der globale Wettbewerb deutlich verschärft, China nimmt hier eine vorrangige Rolle ein. Steigende Löhne und zunehmende Kaufkraft führen dazu, dass China seine Position als verlängerte Werkbank Europas schon seit längerer Zeit verloren hat. Qualitativ hochwertige und technologisch durchaus interessante Produkte „Made in China", tragen zu einer Änderung der Rolle Chinas bei und stärken in zunehmendem Maße den Ruf dieses Landes als wichtiges Exportland.

Die insbesondere von China ausgehende verstärkte Internationalisierung heimischer Wettbewerber macht es notwendig, dass deutsche Unternehmen ihre Internationalisierungsstrategie diesen geänderten Rahmenbedingungen anpassen.

Für den deutschen Unternehmer liegen die Chancen nach wie vor darin, seine Stellung durch führende Technologien und hohe Qualität der hergestellten Produkte und Leistungen insbesondere in Wachstumsmärkten zu sichern, aber auch durch verstärkte und marktorientierte Vertriebs- und Marketingaktivitäten neue Kundenpotentiale zu erschließen.

Vor dem Hintergrund, dass in zunehmendem Umfange Wettbewerber aus Low-Cost-Märkten deutlich international tätig werden, sind für die Internationalisierungsstrategien mittelständischer deutscher Unternehmen geänderte Rahmenbedingungen zu berücksichtigen.

Im Vordergrund dieser Strategien stehen folgende grundsätzlichen Motive:

- Erschließung neuer Absatzmärkte und neuer Kundenbereiche
- Festigung bzw. Ausweitung bestehender Kundenbeziehungen
- Stärkung der Wettbewerbsfähigkeit und Nutzung vorhandener Wettbewerbsvorteile
- Absicherung und Minimierung möglicher Risiken
- Entwicklung marktgerechter Produkte
- Nutzung von Produktionskapazitäten vor Ort
- Aufbau von Forschungs- und Entwicklungskapazitäten im Zielland

2.2 Internationale Trends erkennen

Die 4 Schwellenländer Brasilien, Russland, Indien und China, zusammengefasst unter dem Begriff „BRIC-Staaten", stehen seit mehr als 10 Jahren im Fokus internationaler Marktexpansionen. Gründe hierfür sind die wirtschaftliche Bedeutung dieser Länder, die aufgrund der kräftigen Zuwachsraten der gesamtwirtschaftlichen Produktion zu wichtigen Akteuren im weltwirtschaftlichen Entwicklungsprozess geworden sind.

Der Begriff „BRIC" wurde vom Ökonom der US-Bank Goldman Sachs begründet, der seit 2001 in verschiedenen Berichten einen langfristigen wirtschaftlichen Aufschwung dieser Staaten vorhersagt.

Es wird prognostiziert, dass diese Staaten bis zum Jahr 2039 zusammen die größten sechs Industrienationen (G-6: Japan, Deutschland, Vereinigte Staaten, Vereinigtes Königreich, Frankreich, Italien) gemessen an deren gesamten absoluten Bruttoinlandsprodukt (BIP) überholt haben werden.

Viele der international agierenden Firmen haben insbesondere auch nach der Stagnation in den Industrienationen ihr Augenmerk für Investitionen auf diese BRIC-Staaten gerichtet.

2.3 Exportmärkte der Zukunft

2.3.1 BRIC-Staaten

Die BRIC-Staaten vereinen rund 21 % der weltweiten Wirtschaftsleistung. Ihr Anteil am globalen Bruttoinlandsprodukt hat sich in den letzten 15 Jahren verdreifacht. 43 % der Weltbevölkerung leben in den BRIC-Staaten. Der Handel zwischen den BRIC-Staaten erreichte 2012 einen Wert von 282 Milliarden US-Dollar. Bis 2015 dürfte er auf 500 Milliarden US-Dollar ansteigen. Zum Vergleich: Vor 10 Jahren lag das Volumen lediglich bei 27,3 Milliarden US-Dollar. Obwohl alle BRIC-Staaten kräftig wachsen, sind die Unterschiede zwischen diesen einzelnen Staaten sehr groß. So betrug das Bruttoinlandsprodukt pro Kopf im Jahr 2012 in Russland 13.765 US-Dollar, in Brasilien 12.340 US-Dollar, in China 6.094 US-Dollar und in Indien 1.592 US-Dollar.

2.3.2 NEW-11-Schwellenländer

Seit 2005 werden neben den BRIC-Staaten von Goldman Sachs weitere 11 Länder benannt, die einen ähnlichen wirtschaftlichen Aufschwung erleben können, wie dieser für die 4 BRIC-Staaten vorausgesagt wird.

Bei diesen N-11-Ländern handelt es sich um

- Ägypten
- Bangladesch
- Indonesien
- Iran
- Mexiko
- Nigeria
- Pakistan
- Philippinen
- Südkorea
- Türkei
- Vietnam

Diese Auswahl wurde geschaffen unter Berücksichtigung makro-ökonomischer Faktoren, der gegebenen technischen Infrastruktur und bestimmter politischer Faktoren.

Die meisten der „Next-11"-Länder zeichnen sich durch einen wachsenden Bedarf an technologisch innovativen Investitionsgütern aus. Insbesondere die Absatzchancen für Werkzeugmaschinen steigen, aber auch für Produkte und Leistungen aus dem Bereich Infrastruktur, Chemie und Pharma, der Energietechnik und des Automobilbaus. Eine zunehmende Anzahl der Bevölkerung zeichnet sich inzwischen durch ein hohes Einkommen aus. Die Nachfrage nach Luxusgütern dieser Zielgruppe ist in einigen der benannten BRIC- und Next-11-Länder inzwischen beachtlich.

Für den deutschen Unternehmer bieten die o. g. Länder vor dem Hintergrund Ihres enormen Wachstumspotentiales überdurchschnittliche Chancen für die Realisierung von Internationalisierungsprozessen.

Für den einzelnen Unternehmer gilt es, für die in Frage kommenden Wachstumsmärkte zu überprüfen:

- Welcher Markt bietet die interessantesten Chancen?
- Welche Markteintrittsstrategie hat die größten Erfolgschancen?
- Wie lassen sich politische und rechtliche Unsicherheiten erkennen und managen?

- Welche Voraussetzungen bietet das Land, um das vorhandene Know-how zu schützen?
- Welcher Wettbewerb ist zu berücksichtigen?

Mit Hilfe des globalen Performanceindikators (GBI) können die Unterschiede in der Leistungsfähigkeit von 100 Ländern ermittelt werden. Der GBI wird auf der Basis folgender Indikatoren entwickelt: Handelsentwicklung, Institutionen, Ausbildung, Infrastruktur, finanzielle Ausstattung und Pro-Kopf-Einkommen (PKE). Die Auswertung dieses globalen Performanceindikators (GBI) zeigt, dass Russland, China und Brasilien einen hohen GBI aufweisen, während Indien lediglich Rang 65 einnimmt. Von den Next-11-Ländern zeichnen sich vor allem die Türkei und Mexiko durch eine gute Performance aus, wohingegen Bangladesch, Nigeria, Indonesien und Pakistan relativ schlecht abschneiden.

2.4 10 Schritte für eine planvolle Marktexpansion

Für mittelständische deutsche Unternehmen erfolgt eine Internationalisierungsstrategie im wesentlichen unter dem Gesichtspunkt „Erschließung von neuen Absatzmärkten“ und weniger unter dem Gesichtspunkt „Erschließung von Beschaffungsmärkten zur Kostenreduzierung“. Eine erfolgreiche Internationalisierung setzt auch bei mittelständischen Unternehmen eine fundierte strategische Planung voraus sowie eine systematische zielorientierte Umsetzung dieser Planung.

Hierbei sind folgende Einzelschritte zu berücksichtigen, die jeweils vor dem Hintergrund umfangreicher zu beschaffender Informationen durchgeführt werden können (vgl. Abb. 2.1).

2.4.1 Systematische Analyse der Ausgangssituation, Feststellung der Internationalisierungsreife

In diesem Basisschritt gilt es, folgende Punkte kritisch zu untersuchen: In welchem Umfange liegen bereits Erfahrungen mit Auslandsgeschäften vor, in welchen Zielregionen wurden Vertriebs- und Serviceaktivitäten aufgebaut, welche Kundengruppen wurden beliefert.

Darüber hinaus gilt es, die gegebene Produktpalette zu überprüfen, ob die Produkte und Leistungen hinsichtlich Qualität, Haltbarkeit, Verpackung, Kundendienst usw. tatsächlich exportfähig sind, welche Zertifizierungsvorschriften in welcher Ländergruppe bestehen, welche Produktanpassungen evtl. erforderlich sind, ob das Produktprogramm den in den einzelnen Ländern bestehenden technischen Rahmenbedingungen entspricht.

Auch ist zu prüfen, ob und in welchem Umfange freie Kapazitäten vorhanden sind bzw. ob Produktausweitungen möglich sind, um den Bedarf der ins Auge zu fassenden Zielmärkte zu decken.

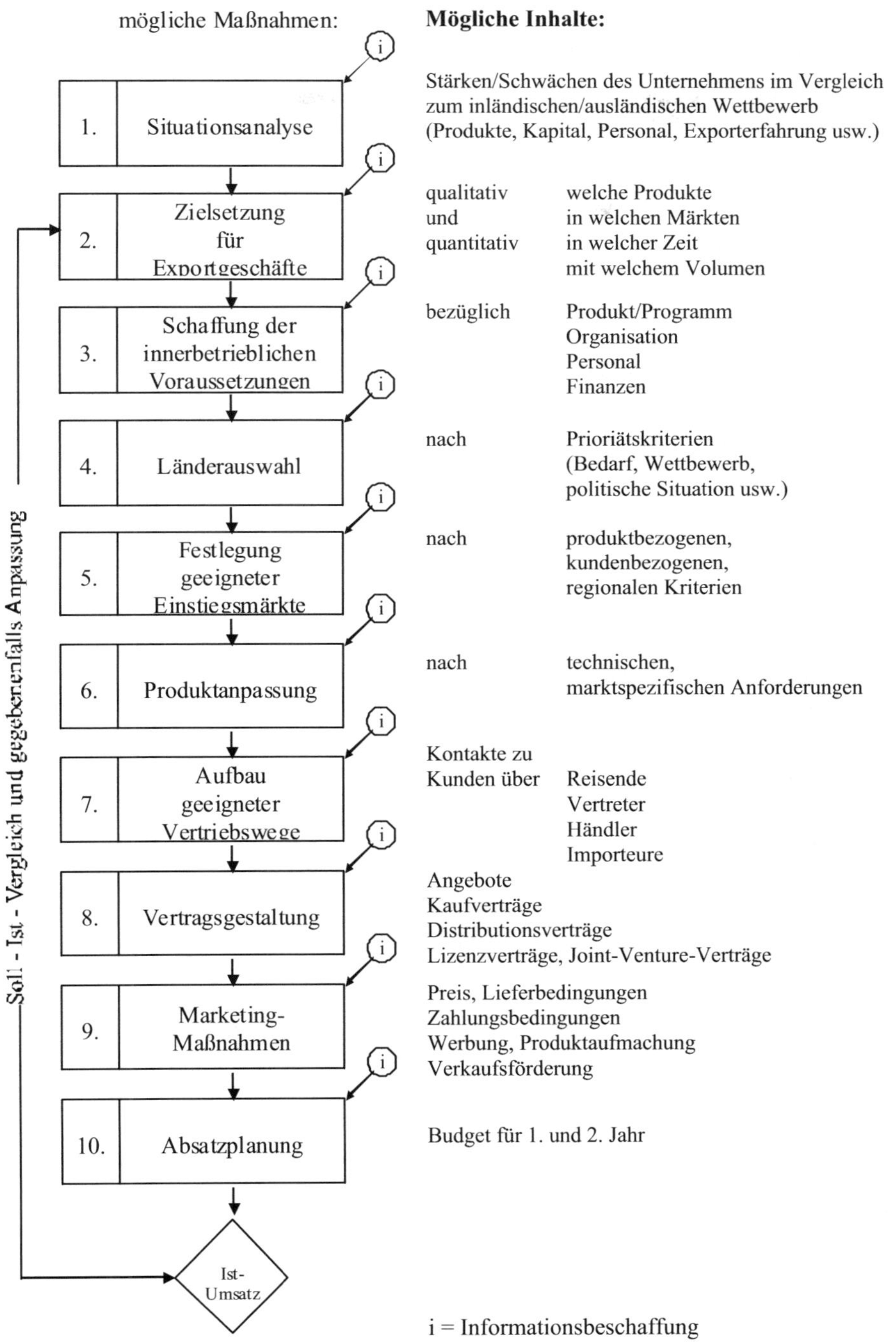

Abb. 2.1 10 Schritte für eine planvolle Marktexpansion

Ebenfalls sind Erfahrung und Eignung vorhandener Mitarbeiter zu überprüfen bzgl. Exportqualifikation, Exporttechnik, Sprache und hinsichtlich kultureller Anfordernisse.

Darüber hinaus ist festzustellen, in welchem Umfange finanzielle Mittel für den Ausbau des Exportgeschäftes zur Verfügung stehen.

Auch ein Blick in den heimischen Binnenmarkt ist erforderlich, um herauszufinden, welche Absatzchancen mittel- und langfristig für die eigenen Produkte erwartet werden können.

Im Wesentlichen gilt es dann aber herauszufinden, in welchen Zielmärkten Absatzchancen für das bestehende bzw. angepasste Produktprogramm gegeben sind. Es ist festzustellen, welche Märkte z.B. aus politischen oder geographischen Gründen prinzipiell ausscheiden bzw. welche Märkte aufgrund von rechtlichen Rahmenbedingungen und technischen Anforderungen nicht bearbeitet werden sollten, welche bürokratischen Hürden in den einzelnen Zielmärkten zu erwarten sind, welche Länder wegen Compliance-Gegebenheiten grundsätzlich für eine Marktbearbeitungsstrategie ausscheiden usw.

Diese Situationsanalyse gibt Aufschluss über die Frage, ob und in welchem Umfang die notwendigen Voraussetzungen für eine erfolgreiche Internationalisierung bereits erfüllt sind bzw. wo noch Nachholbedarf besteht.

2.4.2 Welche Ziele sollen mit der angestrebten Internationalisierung verfolgt werden?

Nach der Analyse zur „Internationalisierungsreife" gilt es, Ziele für die angestrebte Internationalisierung zu definieren. Hierbei kann es sich um sehr unterschiedliche qualitative Ziele handeln, die in einer weiteren Phase durch quantitative Ziele zu ergänzen und abzurunden sind.

So kann es bei stagnierendem heimischen oder europäischen Märkten erforderlich sein, Wachstumschancen in einem der BRIC-Länder, in einem der „Next-11-Länder" oder in einem weiteren Land zu nutzen.

Ebenfalls kann es erforderlich sein, durch zusätzliche Verkäufe auf Auslandsmärkten einen höheren bzw. gleichmäßigen Beschäftigungsgrad der heimischen Produktion zu erzielen.

Auch ist es evtl. erforderlich, für die durch Forschung und Entwicklung entstehenden Kosten eine breitere Umsatzbasis zu erreichen, um die notwendige Kostendegression zu erzielen.

Ebenfalls kann es erforderlich sein, die Abhängigkeit von der Konjunkturentwicklung im heimischen Markt durch neue Absatzmärkte auszugleichen, um hierdurch eine Risikostreuung zu erreichen.

Außerdem kann es notwendig sein, durch Änderung des Verbrauchsverhaltens bzw. der technischen Weiterentwicklung im heimischen Markt die Produktlebensdauer auf andere Märkte zu verlängern, d.h. eine Verlängerung des Produktlebenszyklus zu erreichen.

Eine andere Zielsetzung kann damit verbunden sein, den Markteinstieg eines potentiellen Wettbewerbers im Auslandsmarkt durch eine eigene Marktpräzenz zu erschweren.

Mit der Darstellung einer Präzenz in Auslandsmärkten ist eine Verbesserung des internationalen Images des Unternehmens möglich – auch dies kann Motivation für eine Internationalisierung sein.

Grundsätzlich aber sollte durch eine gezielte Internationalisierung die Gewinnsituation des Unternehmens gefestigt werden, um die Existenzbasis des Unternehmens nachhaltig zu verbessern.

Häufig ist es nicht nur ein Ziel, sondern die Kombination von mehreren Zielsetzungen, die die Motivation für eine Internationalisierung eines Unternehmens darstellen können. Üblicherweise werden beim Aufbau von Auslandsgeschäften qualitative Ziele und mengenmäßige/quantitative Zielvorstellungen miteinander verknüpft. Je klarer die Ziele definiert werden, um so eher lassen sich Wege und Mittel zu Ihrer Verwirklichung formulieren und finden, desto zuverlässiger lassen sich die Ergebnisse überprüfen und Steuermechanismen rechtzeitig aktivieren. Dies unter der Voraussetzung, dass vorrangig eine Marktexpansion angestrebt wird.

Zusammengefasst sollen mit der Formulierung des Exportzieles folgende Haupt-Fragen beantwortet werden:

- Welche Produkte/Leistungen,
- sollen in welchen Märkten,
- innerhalb welcher Zeit,
- mit welchem Volumen abgesetzt werden.

Bevor weitere Schritte der Internationalisierung unternommen werden, ist es erforderlich, zunächst die notwendigen innerbetrieblichen Voraussetzungen festzulegen bzw. zu definieren.

2.4.3 Schaffung der innerbetrieblichen Voraussetzungen

Tabelle 2.1 kann entnommen werden, welche einzelnen Punkte zu überprüfen bzw. festzulegen sind, um den ins Auge gefassten Auslandsmarkt erfolgreich zu bearbeiten

Tab. 2.1 Schaffung der innerbetrieblichen Voraussetzungen

Bereich/ Abteilung	**Wichtige Faktoren**	**Bewertung auf Exporttauglichkeit**
Produktion	Produktionskapazitäten	Der Absatz kann nur gesteigert werden, wenn freie Produktionskapazitäten zur Verfügung stehen.
	Produktionskosten	Niveau bestimmt die preisliche Wettbewerbssituation.
Produkt	Produkteigenschaften	Diese kritisch prüfen und mit den gesetzlichen Anforderungen des ins Auge gefassten Auslandsmarktes vergleichen, z.B. Normen, Sicherheitsvorschriften, Lebensmittelgesetze und Verbraucherschutz.
	Ausfuhrfähigkeit des Produkts nach deutschem Recht	Falls Produkt nach deutschem Recht ausfuhrfähig ist, ggf. Ausfuhrgenehmigung einholen.
Forschung und Entwicklung	Kapazität und Qualität der unternehmenseigenen Forschung und Entwicklung	Diese kritisch prüfen und ggf. auf Wesentliches konzentrieren, um sich dem Wandel der Kundenanforderungen und den Erfordernissen des internationalen Wettbewerbs anpassen zu können.
Finanzen	Eigenkapital und Kreditspielraum	Finanzieller Spielraum ist Voraussetzung für die erforderliche Ausdauer beim Marktaufbau.
	Selbstkosten und Gewinnspannen in anvisierten Auslandsmärkten	Diese ermitteln, um festzustellen, ob der Preis der eigenen Produkte an die Konkurrenz (= Marktpreis) angepasst werden kann.
Vertrieb und Marketing	Vertriebsorganisation im Ausland	Die Vertriebsorganisation im Ausland ist eine unabdingbare Voraussetzung für die erforderliche Marktbearbeitung; evtl. Handelsmittler einschalten.
	Werbung, Verkaufsförderung, Öffentlichkeitsarbeit im Ausland	Diese sind Voraussetzungen, den Absatz der Produkte im Ausland in Gang zu bringen.
	Vertriebskooperation mit anderen Herstellern	Prüfen, um ggf. Vertriebskosten zu senken.
Organisation	Sachgerechte Aufteilung der Kompetenzen, Existenz eines Organigramms	Als Voraussetzung für Wirksamkeit und Schnelligkeit bei notwendigen Entscheidungen im Exportgeschäft.
Personal	Anzahl und Eignung des Personals für Exportaktivitäten	Geeignetes Personal mit Fachkompetenz, wie Kenntnissen im Exportvertrieb, Welthandels- oder Landessprachen, Technik der Auftragsabwicklung und Verhandlungsgeschick als Voraussetzung für den Exporterfolg.

2.4.4 Analyse, Auswahl und Bewertung geeigneter Wachstumsmärkte

Wie schon dargestellt, gibt es derzeit mindestens 20 interessante bevölkerungsreiche Wachstumsmärkte mit einem hohen Nachholbedarf an technologisch innovativen Produkten „Made in Germany".

Es gilt nun die geeigneten Absatzmärkte auszuwählen, innerhalb dieser Märkte den bestmöglichen Absatzweg zu definieren und innerhalb dieses Absatzweges Strukturen zu organisieren, mit denen es am ehesten möglich erscheint, die geplanten Absatzziele zu erreichen.

In Abb. 2.2 ist eine stufenweise Vorgehensweise dargestellt, die je nach betrieblichen Gegebenheiten und in Abhängigkeit von der Zielsetzung abgeändert werden kann.

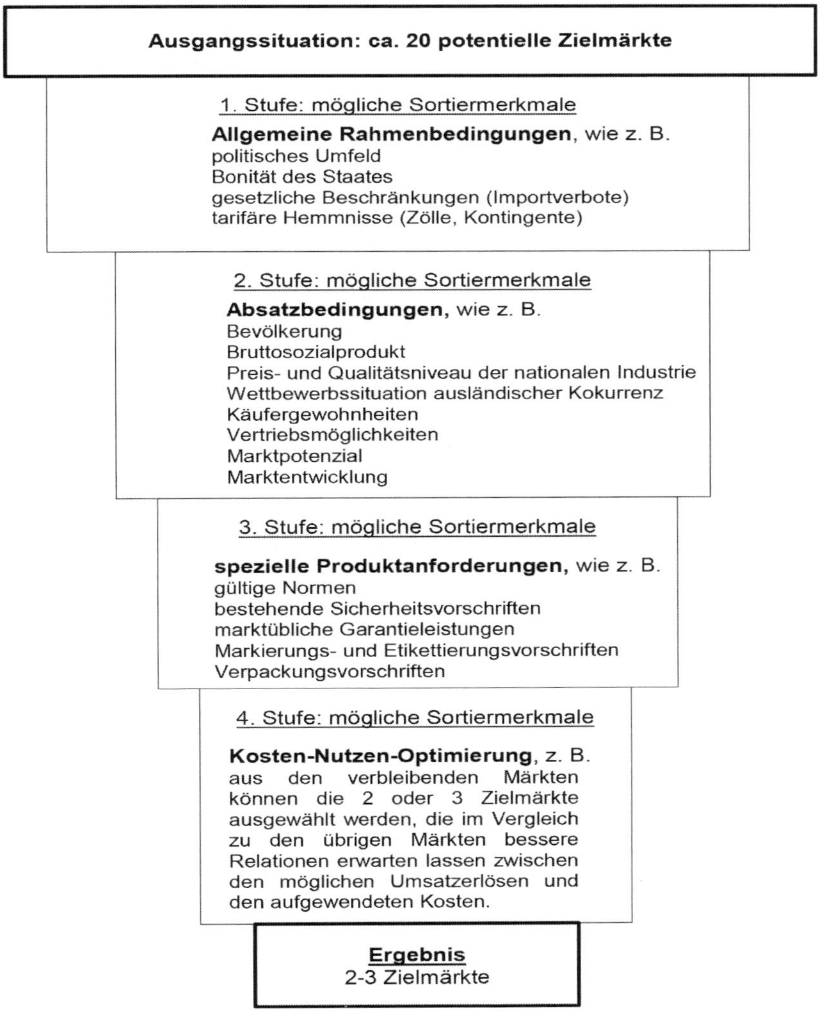

Abb. 2.2 Stufenweise Auswahl von Zielmärkten

Hierzu sind umfangreiche aktuelle Informationen erforderlich, um diese Marktauswahl zuverlässig und unter Berücksichtigung der gegebenen Rahmenbedingungen durchzuführen. In Deutschland gibt es eine Vielzahl von Möglichkeiten in Form von Fachverbänden, statistischen Institutionen, Kammern, um diese Informationen aktuell und zuverlässig zu gewinnen.

Im Zusammenhang mit der Auswahl geeigneter Zielmärkte ist auf jeden Fall auch eine Risikoanalyse erforderlich. Diese hat sich zunächst vorrangig zu erstrecken auf die Abschätzung politischer Risiken, auf gegebene oder mögliche Ein- und Ausfuhrvorschriften sowie auf die Möglichkeiten derartige Risiken abzusichern (siehe Tab. 2.2).

2.4.5 Marktsegmentierung

In einem weiteren Schritt ist zu entscheiden, ob im Rahmen der geplanten Internationalisierung der in die engere Wahl gezogene Zielmarkt insgesamt erschlossen und bearbeitet werden soll oder man zunächst nur ein bestimmtes Marktsegment bearbeiten und bedienen möchte. Sowohl unter geographischen Gesichtspunkten wie auch unter Berücksichtigung von Kundengruppen, aber auch unter Beachtung vorhandener Wettbewerbsstrukturen ist es evtl. sinnvoll, zunächst nur innerhalb eines Marktsegmentes mit einem bestimmten definierten Produktprogramm tätig zu werden. Hierzu kann es sinnvoll sein, im Rahmen einer Marktanalyse den bestgeeigneten Einstiegsmarkt auszuwählen, der die größten Chancen für eine erfolgreiche Marktbearbeitung bietet. Kriterien für eine derartige Analyse sind bereits in Kapitel 1 dargestellt.

2.4.6 Erforderliche Produktanpassung

Nach erfolgter Marktsegmentierung gilt es für den Zielmarkt bzw. für die Zielkunden festzustellen, welche Anforderungen das Produkt erfüllen muss, um eine erfolgreiche Markteinführung und Marktbearbeitung zu ermöglichen. Welche Überlegeungen hierzu u.a. anzustellen sind, zeigen die Tab. 2.3 und 2.4.

2.4.7 Aufbau geeigneter Vertriebsstrukturen

Ein weiterer notwendiger Schritt im Rahmen der Internationalisierungsstrategie ist die Definition und der Aufbau geeigneter Vertriebsstrukturen (siehe hierzu auch Kapitel 11 und 12). Tab. 2.5 zeigt, welche Möglichkeiten hierzu grundsätzlich in Frage kommen.

Für die Entwicklung einer Vertriebsstrategie ist eine klare Festlegung bzgl. der erforderlichen Exportmarketingaktivitäten zu treffen.

Tab. 2.2 Kriterien für die Auswahl von Zielmärkten

Rahmen-bedingungen	Kriterien	Zu erfassende Faktoren	Auswertung
Politische Faktoren	Hemmnisse für den Markteintritt	Tarifäre Handelshemmnisse: Zollsätze and andere Eingangsabgaben Nichttarifäre Handelshemmnisse: Importlizenzen, Kontingente, Einfuhrverbote, Normen, der Zwang zu Kompensationsgeschäften Rechtlicher Rahmen: Steuergesetzgebung, Beschränkungen der Währungskonvertibilität, Devisenkontrollgesetzgebung u.a.	Nur wenn die Bewertung positiv ist, wenn z.B. die Zollsätze nicht zu Preisen führen, die die Wettbewerbsfähigkeit verhindern, wenn Kontingente nicht ausgeschöpft sind, bestehen Exportchancen
	Bonität des Landes	Zahlungsbilanzsituation (Defizite bzw. Überschüsse) Zuwachs oder Abnahme der Devisenreserven	Nur bei positiver Bewertung bestehen wirkliche Exportmöglichkeiten
	Stabilität des politischen Systems	Häufigkeit bzw. Seltenheit von Demonstrationen, Streiks u.a. Regierungsumstürze, Bürgerkrieg u.a.	Hinweise auf Dauerhaftigkeit der Geschäfte
Wirtschafts-entwicklung	Volkswirtschaftliche Gesamtgrößen und deren Entwicklung	Größe des Bruttosozialprodukts (BSP) – Wachstumsraten des BSP – nominal und real – Entwicklung des Sozialprodukts pro Kopf Demografische Daten wie Geburts- und Sterberaten, Raten der Ein- und Auswanderung, Grad der Alphabetisierung und der Bildungsabschlüsse	Abschätzung von Zukunftschancen der Marktgröße
	Wirtschaftsplanung Finanzhilfe des Auslands	Ausmaß der staatlichen Wirtschaftsplanung, Budgets für Planungsprojekte Entwicklungshilfe der Bundesrepublik Deutschland (liefer-/projektgebunden), Hilfen der Weltbank (Intern. Bank for Reconstruction and Development), ihrer Unterorganisationen, Hilfen der Europäischen Gemeinschaft sowie der Regionalbanken	Aus Prioritäten der Regierung im In- oder Ausland sowie der internationalen und supranationalen Institutionen zeichnen sich Chancen für das eigene Unternehmen ab

Rahmen-bedingungen	Kriterien	Zu erfassende Faktoren	Auswertung
Marktdaten und Konkurrenz-situationen	Marktgröße	Marktvolumen	Bestimmung der produktbezogenen Markt- bzw. Absatzchancen
	Markt-wachstum	Zuwachsrate des Marktvolumens	
	Konkurrenz	Analyse der Hauptlieferländer und Analyse nationaler Hersteller	Erfassung der Stärke der Konkurrenz im jeweiligen Lande; ggf. Produktanalyse der Hauptkonkurrenten und deren Marketingstrategien

Tab. 2.3 Erforderliche Produktanpassung

Produktanforderung
Besteht generell ein Bedarf für das Produkt im ausländischen Markt?
Erfüllt das Produkt alle technischen Voraussetzungen, die in diesem Markt gefordert werden?
Welche Anpassungen des Produktes an den Absatzmarkt sind erforderlich, abhängig von: - Lebensstandard - Kaufkraft - Bildungs- und Ausbildungsniveau - Gewohnheiten - Wertvorstellungen - staatlichen Vorschriften - religiösen Verboten und Einflüssen - technischen Normen - gültigen Maßsystemen - Klima - Entfernungen - Oberflächenbeschaffenheit - Form - Farbe - Geruch - Geschmack - Verpackung - Markierung - Etikettierung - Bedienungsanleitung - Montageanleitung - Servicefreundlichkeit - Wartungs- und Reparaturdienst

Tab. 2.4 Erforderliche Produktanpassung

Produktanforderung – spezielle Anforderungen	
Bei der Ausfuhr von	**sind andersartige Daten zu berücksichtigen für**
Elektrogeräten	– Stecker – Spannung – Sicherheitsvorschriften
Kleidung	– Klima – Konfektionsgrößen – Geschmack – Symbolgehalt von Farben
Nahrungsmitteln	– Zusammensetzung – Geschmack – Haltbarkeit – Verpackung – Etikettierung
Maschinen	– Ausbildungsniveau des Bedienungspersonals – Verfügbarkeit von Energie – Servicemöglichkeiten – Normen
Fahrzeugen	– Kaufkraft – Wertbeständigkeit – Straßenverhältnisse
pharmazeutischen Produkten	– Arzneimittelgesetze – Absatzwege
Bei der Festlegung der	**sind zu berücksichtigen**
Verpackung	– Eichgesetze – Größe, Normen – Form – Schutzwirkung (Klima, Transport usw.) – Deklarationsvorschriften – Verbrauchergewohnheiten – Symbolgehalt von Farben
Markierung/Etikettierung	– Schutz des Markenzeichens – Lesbarkeit – Aussprechbarkeit – Vorschriften
Bei der Gestaltung von	**sind zu berücksichtigen**
Prospekten/Bedienungsanleitungen	– Symbolgehalt von Farben – Verständlichkeit – Einprägbarkeit

Tab. 2.5 Aufbau geeigneter Vertriebsstrukturen

Vertriebsformen	
1. Indirekter Export	– Vorvertrieb über ein inländisches Handelshaus, welches im ausländischen Zielmarkt vertreten ist
2. Direkter Export	– Vertrieb direkt an ausländische Unternehmen/Kunden – Vertrieb an Großhändler/Händler im Ausland – Vertrieb an ausländische Importeure (für diese Vertriebsformen werden häufig Handelsvertreter/Agenten oder eigene Reisende eingeschaltet)
3. Lizenzvergabe	– Vertrieb über ausländische Lizenznehmer
4. Joint Venture	– Vertrieb über ausländische Gemeinschaftsunternehmen (die ihrerseits Reisende oder Handelsvertreter einsetzen)
5. Eigene Auslandsgesellschaft	– Vertrieb über eigene Reisende oder Handelsvertreter

2.4.8 Berücksichtigung rechtlicher Rahmenbedingungen

Vor dem Hintergrund unterschiedlicher internationaler Rechtsnormen ist zu prüfen, welche rechtlichen Rahmenbedingungen beim Aufbau von internationalen Vertriebsaktivitäten berücksichtigt werden müssen. Je nach Markteintrittsstrategie ist zu recherchieren, welche rechtlichen Rahmenbedingungen berücksichtigt werden müssen, falls man eine eigene Vertriebstochtergesellschaft gründen möchte, für den Abschluss von Distributionsverträgen, für Lizenzverträge, insbesondere aber für Kaufverträge (siehe hierzu Kapitel 5 und 6).

Verschiedene Wachstumsmärkte, die für eine Internationalisierung in Frage kommen, sind inzwischen dem UN-Kaufrechtsabkommen beigetreten oder anerkennen und vollstrecken ausländische Schiedssprüche.

2.4.9 Marktbearbeitungsstrategie

In der Marktbearbeitungsstrategie definieren und bestimmen sie die für eine optimale Auslandsmarktbearbeitung benötigten Marketinginstrumente. Grundsätzlich kommen hierfür in Frage:

1. Produkt- und Produktprogramm
2. Preise und Konditionen
3. Kommunikation
4. Distribution

Die Kombination dieser vier Instrumente wird allgemein als Marketingmix bezeichnet. Prinzipiell muss dieser für jeden einzelnen zu bearbeitenden Auslandsmarkt separat festgelegt werden. Bei der marktspezifischen Festlegung der einzelnen Elemente des Marketingmix sind die in Kapitel 13 dargestellten Rahmenbedingungen und Einflussfaktoren zu berücksichtigen.

2.4.10 Absatzplanung

Es handelt sich um einen sehr bedeutenden Teil der Gesamtunternehmensplanung und beeinflusst einerseits die Produktionsplanung, andererseits die Umsatzplanung. Sie dient dem Unternehmen dazu, die Produktion so effizient wie möglich zu gestalten.

Mit der Absatzplanung legt das Unternehmen die Menge fest, die es voraussichtlich in einem bestimmten Zeitraum und in einzelnen zu bearbeitenden Märkten verkaufen wird. So umfasst die Absatzplanung die Prognose der Marktnachfrage nach einem Produkt, d.h., sie drückt aus, wie viel von dem jeweiligen Erzeugnis in dem jeweiligen Zielland an bestehende bzw. neue Kunden verkauft wird. Im Rahmen der Absatzplanung werden zukünftige Ziele eines Unternehmens bzw. der Vertriebsabteilung gezeichnet, um den Verkauf von Produkten und Dienstleistungen zu steigern.

Um den Absatz zielgerichtet planen zu können, müssen die Unternehmen ihre Märkte genau kennen und schnell auf veränderte Bedingungen reagieren. Die präzise Beurteilung der Marktentwicklung, die Erstellung von Prognosen und Alternativen und darauf aufbauend eine detaillierte Planung der erforderlichen unternehmerischen Aktivitäten sind erforderlich.

Der Absatzplaner nimmt in der Regel die historischen Daten der Vergangenheit und erstellt unter Hinzunahme von aktuellen Informationen Aussagen über die wahrscheinliche Zukunft: = Absatzprognose.

2.5 Zusammenfassung

Die rasante wirtschaftliche Entwicklung, insbesondere in Schwellenländern Asiens, zwingt deutsche Unternehmen, ihre Internationalisierungsstrategie ständig zu überprüfen und rasch den sich ändernden Gegebenheiten anzupassen.

Eine systematische Vorgehensweise ist hierbei erforderlich, um die sich nach wie vor bietenden Chancen für Produkte und Leistungen „Made in Germany“ zu nutzen.

Literatur

Brenner / Langenhagen (2009): Erfolgreich exportieren, 3. Aufl., Bundesanzeiger Verlag, Köln

Brenner / Fuchs / Langenhagen / Sefrin (2013): Export für Einsteiger, Bundesanzeiger Verlag, Köln

Auslands-Strategien entwickeln 3

Rainer Hornschild

3.1 Markteintritt in ein neues Land

3.1.1 Geschichte und Motivation

Schon seit jeher wurden auf der Welt Güter zwischen Regionen, Inseln und Kontinenten getauscht bzw. gehandelt. Dabei kamen immer die unterschiedlichen Interessen zum Ausdruck: Güter, die im einen Landesteil aus Gründen der geografischen, klimatischen oder fachlichen Vorteile vorhanden waren, waren in anderen Landesteilen begehrt und konnten gegen andere Waren getauscht werden.

Schon in der Vorantike wurden daher Produkte über große Distanzen gehandelt, man denke hierbei an Edelsteine, Bernstein, Keramik, Metall oder auch Gewürze, Salz, Wein, Textil etc. Schon bald entwickelten sich die großen Handelsstraßen wie Seidenstraße (über 5.000 km), der Hallweg, Goldsteig, ja auch die großen Prozessionswege entwickelten sich parallel als Handelsstraßen, z. B. Jakobsweg, Via Franca in Europa etc.; auch Schifffahrtsrouten entwickelten sich schon früh; so waren die Ägypter des Frühen und Mittleren Reiches (2.700 bis 1.500 v Chr.) zwischen Afrika und Asien unterwegs[1].

Der Codex Hammurabi, eines der ersten Gesellschaft-Handelsgesetze, regelt die Erhebung von Steuern zur Finanzierung ihrer Wirtschafts- und Verwaltungszentren.

Gefolgt von dieser Entwicklung folgten Handelsorganisationen und Handelsnetze, z.B. die Phönizischen Handelsstützpunkte im Mittelmeerraum[2]. Die Phönizier (ab 1500 v.Chr.) handelten Zedernholz aus dem Libanon, Gold und Silber aus Afrika, Papyrus aus Ägypten, Seide und Gewürze aus Asien.

---

[1] Vgl. Wastlhuber 2011.

[2] Vgl. Sommer 2005.

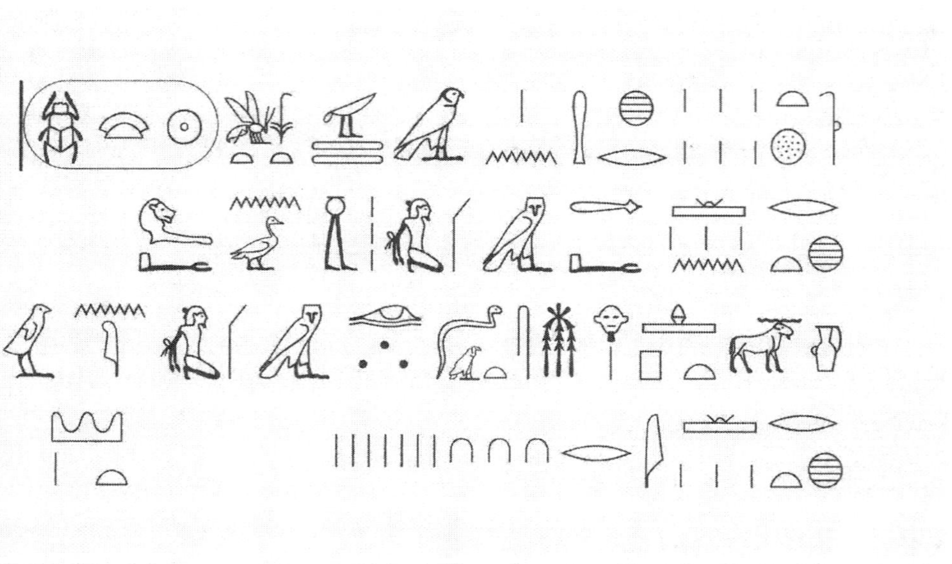

Abb. 3.1 Hieroglyphen, Grabkammer Chnumhoteps (Bildrechte: Wastlhuber, Christian)

In Hieroglyphen aus der Grabkammer des Chnumhoteps II, Beni Hassan Ägypten, um 1900 v.Chr., wird der Handel mit Kosmetika (Schminke) aus Asien beschrieben (vgl. Abb. 3.1).[3]

Im Vordergrund stand immer der Austausch von Bedürfnissen und deren Deckung durch die fremden Waren bzw. des wertmäßigen Ausgleichs, als Handelsgut im Tauschgeschäft oder in Form von währungsähnlicher Kompensation mittels Edelmetall oder Edelsteinen u.v.a.

Es war immer der Kaufmann, der als Erster Kultur- und Sprachbarrieren überwinden musste und als Mittler zwischen den Kulturen agierte. Kenntnisse des fremden Gebiets, der Sprache, der Mentalität und des Aufbaus von Geschäftsbeziehungen in einem damals, verglichen mit den heutigen internationalen Regeln, noch rechtlichen Nirwana, waren geprägt von der besonderen Notwendigkeit ursächlichen Vertrauens und der besonders intensiven Analyse des fremden Umfelds.

Die Entwicklung des Welthandels in der jüngsten Vergangenheit hat eine große Dynamik entwickelt; lag der Gesamtwert aller Weltexporte 1950 noch bei 500 Billionen US$, so liegt er 2012 bereits bei 18.200 Billionen US$[4].

---

[3] Vgl. Wastlhuber 2011, S 86.

[4] WTO, 2014

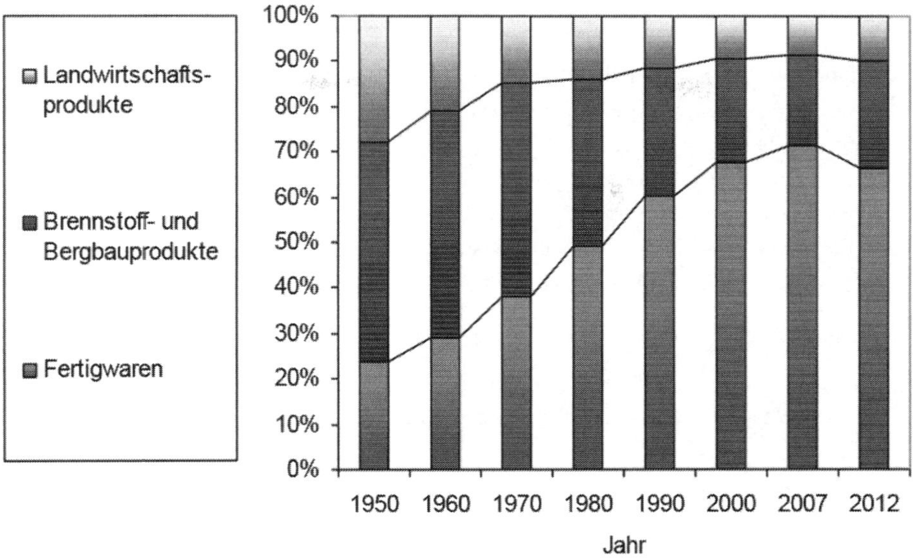

Abb. 3.2 Welthandel nach Warengruppen (Bildrechte: Autor Zahlen nach WTO)

3.2 Abverkauf versus Strategische Vorgehensweise

3.2.1 Abverkauf in Zielmärkte

Der Verkauf außerhalb des eigenen nationalen Absatzgebietes hat meist verschiedene Ausgangssituationen:

1. Der sporadische Verkauf auf Grund der Nachfrage eines Produktes aus dem Ausland
2. Der Verkauf in Märkte mit entsprechenden Volumen zum Ausgleich von Kapazitätsüberhängen
3. Der strategische Verkauf auf Grund der gewollten Ausdehnung des Marktvolumens und/oder der Ausweitung der Markenstrategie
4. Auf Grund demografischer Entwicklungen gehen Käuferschichten verloren, die in anderen Ländern gewonnen werden könnten (z.B. Fashion-Produkte, die auf junge Generation fokussiert sind)

3.2.2 Gelegenheitsverkäufe

Export fängt oft durch Zufall an: Es gibt eine Nachfrage nach einem Produkt, welches im Ursprungsland besonders günstig hergestellt wird oder eine gute Qualität besitzt, die aus dem Produktionsstandard oder dem auffallenden Design resultiert, oder einfach weil ein Spitzenbedarf im Ziel-Inland nicht gedeckt werden kann.

Umgekehrt sind auch Sonderangebote auf Grund von Überproduktionen nicht selten Anlass, dass ausländische Kunden kurzentschlossen zugreifen. Meist kommt es dabei zu einer recht unverhofften und schnellen Auftragslage, die zeitlich in Kürze abgearbeitet wird.

3.2.3 Absatzkanal für Überkapazitäten

Export kann aber auch die Möglichkeit darstellen, Über- oder Auslastungskapazitäten unkonventionell abzuverkaufen, ohne durch den vorhandenen Absatzdruck das inländische Preisgefüge zu stören. Es kann sich dabei um eine strategische Maßnahme handeln. Ein Unternehmen hat z.B. eine neue Produktionslinie erstellt, deren Kapazität allmählich im Inland ausgebaut werden soll; aber effizienter produziert, wenn schon gleich zu Beginn größere Losgrößen produziert werden.

Auch kann ein Ausfall eines bedeutenden Abnehmers durch diese Absatzmöglichkeit kompensiert werden. Lagerbestände können auf diese Weise abgebaut werden oder es gilt als Maßnahme zur Verbesserung der Liquidität eines Unternehmens.

Wichtig bei dieser Art von Verkäufen ist es, Rückkopplungen vom Zielland auf den nationalen Markt vorzeitig zu erkennen und zu vermeiden. Ein Beispiel wäre hier der Exportautomarkt, welcher für die deutschen Automobilhersteller in den letzten Jahren vermehrt Probleme bereitet. Auch nach Einführung des Euro ist die Preisvergleichbarkeit wesentlich transparenter geworden, und gerade im internationalen Einkauf bzw. bei Verkäufen an großen, multilateral agierenden, Handelsunternehmen führt dies immer wieder zu Preisverwerfungen und herben Konsequenzen für die Produzenten.

3.3 Strategischer Ausbau

3.3.1 Marktanalyse im Zielland

Damit der Export in ein Zielland nachhaltig und für das Unternehmen und vor allem für die eigenen Produkte langfristig werthaltig bleibt, ist der Aufbau eines strategischen Exports unabdingbar. Dieser zieht Investitionen (wie eigenes Produktdesign, Listungsgelder, Werbematerial oder auch eigene Niederlassungen, Vertriebsbüros bis hin zur eigenen Produktionsstätte) nach sich.

Aus diesem Grunde muss der strategische Markteintritt in ein Zielland gut vorbereitet werden. Setzt man voraus, dass die Auswahl des Ziellandes und besonders auch die Erwartungen in den neuen Markt genau definiert werden, so ist eine Ist-Analyse des Zielmarktes eine Grundvoraussetzung.

Im Gegensatz zum reinen Abverkauf in ein Zielland ist der strategische Aufbau immer ein Aufbau auf lange Sicht mit einem nicht in unerheblichen Maßen zeitlichen, finanziellen und arbeitsintensiven Einsatz verbunden. Daher ist auch eine Innenanalyse über Finanzen und Kapazitäten im Vorfeld zu empfehlen.

Umgekehrt kann auch ein Zielland dazu dienen, für den eigenen nationalen Markt Produkte und Dienstleistungen zu testen und auszureifen, dies insbesondere, wenn eine ähnliche Verbrauchermentalität vorliegt und man entweder Anfangsrisiken vom heimischen Markt fernhalten will oder in einem kleineren Marktumfeld mit niedrigeren Aufwand prüfen will. So gilt z.B. die Tschechische Republik gerne als europäischer Testmarkt, da für Investitionen überschaubar, um Produkte und Marketingkonzepte auszuprobieren. Der Markt mit ca. 10,5 Mio. Einwohnern gilt in seiner Struktur und Lebensweise als kennzeichnend für die mitteleuropäische Bevölkerung.

Auch für die Vornahme einer Marktanalyse sind verschiedene Möglichkeiten vorgegeben:

1. Unterstützung durch einen Vertriebspartner im Lande z.B. Importeur, Handelsagentur
2. Beauftragung eines unabhängigen Institutes oder Einrichtung, Agenturen, Beratern
3. Eigenrecherche vor Ort, Messen, Store Checks, Auswertungen Fachzeitschriften, Quellenmaterial von Institutionen wie Handelskammern[5], Verbänden

Für die Betrachtung der Ergebnisse, und um erfolgsorientiert zuarbeiten zu können, ist neben „harten Fakten“ auch das kulturelle Gespür zu entwickeln. Nach Quack[6] gibt es für einen ersten Ansatz zwei Modelle, die geeignet erscheinen: das Modell nach Hall[7] und das nach Hofstede[8] (vgl. Tab. 3.1).

[5] Besonders die Deutschen AHKs in den Zielländern bieten bereits gut vorbereitetes Material z.T. auch branchenspezifisch an.

[6] Quack, 2000, S.81ff.

[7] Hall, 1990.

[8] Hofstede, 1992, S. 303-340.

Tab. 3.1 Indikationen zum Kulturverständnis

Modell von Hall	Modell von Hofstede
Zeitverständnis: Lineare Anordnung von Tag, Woche, Monaten als Ordnungssystem vs. der zyklischen Betrachtung (Asien) von dem Heute und der Wiederkehr nach einiger Zeit	**Individualismus vs. Kollektivismus:** Individualistische Gesellschaften sind eher unverbindlich, aufgabenorientiert; kollektivistische Gesellschaften steht eher die Verpflichtung der Gruppe, Freunden, Bekannten, Unternehmen gegenüber im Mittelpunkt; Menschen agieren personenorientiert
Zeitperspektive: Einstellung zu Vergangenheit, Gegenwart und Zukunft; z.B. Lateinamerika sehr vergangenheitsorientiert, USA hier und jetzt, Asien zukunftsorientiert	**Machtdistanz:** Kulturen mit hoher Machtdistanz gehen davon aus, dass genaue Anweisungen gegeben werden vs. niedrige Distanz, Menschen wollen Eigeninitiative zeigen und sind entscheidungsfreudig
Zeiteinteilung: Monochron, eine Handlung folgt der anderen vs. Polychron, viele Dinge gleichzeitig	**Unsicherheitsvermeidung:** Furcht vor Unvorhersehbarkeit der Zukunft, geringe Risikobereitschaft, hohe Planungsaffinität; geringe Unsicherheit, Risiken werden in Kauf genommen, mehr Toleranz in den Lebensstilen
Einstellung zum Raum: High-contact-culture, wie in Japan, China, der räumliche Abstand der Menschen ist gering, schneller Informationsfluss, der Kontakt ist sehr personenbezogen vs. Low-contact-culture, physische Kontakte werden gemieden, Informationen fließen langsam und zielgerichtet, aufgabenorientiert	**Maskulinität vs. Feminität**: Beschreibt die Rollenverteilung der Geschlechter und die Art und Weise des Umgangs miteinander, z.B. USA vs. Arabische Staaten

3.3.1.1 Marktvolumen

Die ersten und wichtigsten Faktoren für die Ermittlung eines Marktvolumens sind natürlich die

- Zahl der Einwohner im Land
- das Bruttoinlandsprodukt (und damit das spezifische BIP)
- die demografische Struktur

Aus diesen Zahlen lassen sich bereits die Potentiale für einen Markteintritt ablesen. Natürlich kommen weitere Faktoren, wie Entwicklungsstand, Verbrauchergewohnheiten, ethnische Besonderheiten (religiös, kulturell, sozial, mentalitätsbedingt) hinzu. Diese sogenannten Softfaktoren sind wichtige Bestandteile einer solchen Betrachtung (siehe Abschn. 1.3.1).

So lassen sich Vergleiche mit dem Ursprungsland nicht ohne weiteres übertragen:

In einer Studie über den Süßwarenmarkt[9] wurde der Pro-Kopf-Verbrauch von Süßwaren in Deutschland von ca. 80 kg/EW*a[10] für einen Vergleich im Zielland V.R. China herangezogen. Bei dieser Studie ging es darum, für eine Spezialität in dem Bereich der gehobenen Einkommen (es gibt 300 Mio. Einwohner mit vergleichbaren und höheren Einkommen als in Mitteleuropa) einen Markt aufzubauen: Dort ist neben Essgewohnheiten und Mentalität auch die Einstellung zu Zucker als Nahrungsquelle vollkommen anders. Ein Vergleich des Benchmarks Deutschland konnte nur bedingt herangezogen werden. Insbesondere auch deswegen, weil die Produkte erst für das Geschmacksempfinden angepasst werden mussten und damit eine andere Ausgangsposition erhielten.

Eine andere Situation ergab sich im Bereich des schnell löslichen Kaffees im gleichen Zielland.

Nestlé begann in der VR China mit dem Verkauf von Nescafé 1995 in einer langen und mit hohen Investitionen verbundenen Kampagne; zunächst als Importprodukt, aber schnell folgend mit eigener Produktion. Damit konnte das Genussmittel Kaffee als solches, und Nescafé im speziellen, als ein nicht mehr wegzudenkendes Gut in der chinesischen Gesellschaft eingeführt werden.

3.3.1.2 Absatzkanäle

Mit der Einschätzung des Marktvolumens für ein Produkt oder eine Produktserie geht natürlich die Frage nach der Erschließung dieses Zielmarktes einher. Konkret: wie erreicht das Produkt den Verbraucher?

Hier ist es erforderlich, sowohl die logistischen Möglichkeiten des Landes, als auch dessen Handelsstrukturen zu analysieren. Meist finden sich folgende Absatzschemata parallel in einem Land:

1. Importeur oder Produzent → Großhändler (überregional, fachspezifisch) → Großhändler (Distrikt, regional) → Einzelhändler, Fachhändler
2. Importeur oder Produzent → Händler mit eigenem Ladennetz (fachspezifisch, regional)
3. Importeur oder Produzent → Handelskette mit Zentrallager und eigenem Ladennetz (landesweit)
4. Importeur mit eigner Distribution → Einzel-, Fachhändler (regional, landesweit)

Neben der Beobachtung der Absatzkanäle ist natürlich auch deren zeitliche Entwicklung bzw. Prognose wichtig.

So flossen nach Typ 1 (2-3stufig) in Polen 1998 noch 60% der Lebensmittel zum Verbraucher, heute überwiegt der Verkauf im Typ 2 und 3 (2014). Ebenso ist das Verkaufsnetz der Einzelhandelsgeschäfte von ehemals 250.000 in 1989 auf über 515 000 in 1991

---

[9] Des Verfassers

[10] Vgl. BDSI, 2013.

gestiegen, die Zahl der Großhändler lag dabei bei 38.000[11]. In 2012 sind noch 292.600 Verkaufsstellen und ca. 25.900 Händler registriert[12].

Es ist also wichtig, auch die zeitliche Entwicklung und ggfs. deren Extrapolation in eine Betrachtung einfließen zu lassen, dies umso mehr, als man die Steuerung der Investitionen (Listungen, Lagerkonzeption) darauf abstimmen muss. Auch beim Thema Preiskalkulation (siehe 3.2.ff) spielt dies eine Rolle. So ist z.B. der Marktauftritt im Ausland von IKEA wesentlich von der logistischen Optimierung beeinflusst worden: Man beschäftigte sich schon früh mit Verpackung und Design und optimierte die Verpackung der Produkte, um wesentliche Frachtvorteile (über weite Strecken) zu bekommen. Hierfür hat IKEA einen wesentlichen Teil der Organisation auf Produktmanagement, Design und Logistik ausgerichtet.

In manchen Fachbereichen und Märkten haben die Infrastruktur und die Organisation des Speditionswesens einen besonders großen Einfluss auf die Gestaltung des Absatzes.

Zunächst zur Infrastruktur: Hier lohnt sich eine Betrachtung der Situation der Entwicklung des Straßen- und Schienennetzes besonders dann, wenn große Entfernungen zu überbrücken sind. Beispiel ist der unterschiedliche Ausbau der Netze in China und Indien. Für einen Transport von Neu-Delhi nach Chennai (ca 2.200 km) oder von Peking nach Guangzhou (2.150 km) liegen im günstigsten Falle zwischen 10-14 h an längerer Transportzeit; abgesehen davon entstehen hier besondere Probleme bei Frische- und TK-Lieferungen.

Bei manchen Regionen hat auch der Schienentransport eine vorangestellte Position, wie z.B. in Russland die Transsib-Transporte. Es ist wichtig, diese Betrachtung für die Versorgung und den Absatz einfließen zu lassen.

Auch die Transporte vom Ursprungs- in Zielland und deren Weitertransport sollte Berücksichtigung finden, z.B. Umladung auf andere LKW-Gewichtsklassen, Verzollungsstellen, Transportlizenzen usw.

Zum Speditionswesen: Augenmerk sollte darauf gerichtet werden, wie das Speditionswesen im Zielland organisiert ist. Viele Staaten haben dieses gesetzlich geregelt bzw. werden Lizenzen nur auf Provinz- oder Distriktebene vergeben. Hier ist es dann entweder notwendig, nach Speditionen mit überregionalen Lizenzen zu suchen oder auch den Ablauf einer durch Umladung unterbrochenen Auslieferung zu analysieren. Speditionen in der VR China z.B. haben meist nur Lizenzen für eine Provinz.

3.3.1.3 Wettbewerbssituation

Der reine Massenmarkt für Grunderzeugnisse und Rohstoffe ist heute bei festgelegten Standards ein reines Preisgeschäft und soll hier nicht näher betrachtet werden. Hier sind die Handelsstrukturen weitgehend vorgegeben, die Produkte werden über Börsen oder Großhändler gehandelt und unterscheiden sich nur in Einzelfällen wirklich von Produkt- oder

[11] Absatzwirtschaft, 1992, S. 114.

[12] Poland Statistic Yearbook 2012.

Servicevorteilen. Verfügbarkeit und Konditionen stehen für die Entscheider dabei an vorderster Stelle.

Anders verhalten sich Produkte für den Einzelkonsumenten, die sich im Feld der Wettbewerbsprodukte unterscheiden. Denn meistens sind es gerade Spezialitäten oder Produkte mit dem besonderen Merkmal (USP), die in den Export gehen und eine erhöhte Wertschöpfung bringen bzw. auf Grund der Aufwandskosten haben müssen.

Hier ist es besonders wichtig, die Position von Produkt und Marke herauszuarbeiten. Diese Produktdifferenzierung kann aus Unterscheidungsmerkmalen von Qualität, Produktsicherheit, Produktimage, Markenrenommee, Gesundheitsaspekt u.v.a. abgeleitet werden.

Ein Ansatz für die Findung der eigenen bzw. der Position des Wettbewerbs sei hier in Tab. 3.2 gegeben.[13]

Bereits der Blick auf den Heimatmarkt kann schon Aufschluss über die Wettbewerbssituation bestimmter Produkte mit eigenem Markt bringen. Denn häufig treffen sich erfolgreiche Produkte in den gleichen Auslandsmärkten wieder.

Hier empfiehlt sich der Ansatz einer intensiven Analyse. Dies ist umso empfehlenswerter, da man im Heimatmarkt ja am besten über das Fachwissen (fremder und eigener Mitarbeiter), Institutionen, Einkäufer, Produktreports und -tests verfügen kann. Diese Analyse ist dann einfacher auf das Zielland übertragbar.

Vorgehensweise: Erster Ansatz einer Wettbewerbsanalyse kann die Recherche in lokalen Lieferantenverzeichnissen sein, gefolgt von sog. „Store Checks" und Testeinkäufen. Gerade bei letzteren zeigt sich relativ schnell eine Positionierung: wie Preisgestellung, Positionierung im Regal (Topplätze oder Sonderangebote), genutzte Regallänge, Handzettelwerbung etc.

Weitere Informationsquellen sind Werbung in Medien, Tageszeitungen, Illustrierten, Rundfunk, Fernsehen, Fachzeitschriften, Verbraucherinformations-Magazinen[14] usw.

Tab. 3.2 Positionierungsoptionen

	Position		
		vorhanden	neuartig
Dimension	*Positionszustand*	Dominanz des Mitwettbewerbs	Kombination an der Marktschnittstelle (Handel)
	Positionsrichtung	Partizipation	Ausweichen in Marktnische
	Positionsart	Nachahmung (me too) Ausrichtung am erfolgreichsten Mitwettbewerber	Subjektiv neues Angebotserlebnis schaffen
	Positionsumfang	Sammeln der Bedarfsabdeckung	Prägnante Angebotsfokussierung

[13] Pepels, 2000, S. 418ff.

[14] Z.B. Warentest, Ökotest, vergleichbare Zeitungen im Ausland, z.B. Consumer Reports Magazine, USA.

Die Produktanalyse soll ggfs. Vor- und Nachteile der Produkte aufzeigen, um diese mit dem eigenen Produkt zu vergleichen.

Bei Konsumgütern hilft schon ein Blick auf die Deklarationen oder Produktbeschreibungen, um sich über Zusammensetzung von Rezepturen und Art und Weise von verwendeten Rohstoffen ein Bild zu machen.

Es empfiehlt sich über die gewonnenen Informationen eine Vergleichsmatrix (siehe Tab. 3.3) zu erstellen, um selbst seine Positionierung bzw. den eigenen USP zu definieren. Dies ist besonders wichtig für die Gespräche mit den möglichen Partnern im Zielland und/oder auch mit den Einkäufern der Verkaufsorganisationen.

3.3.1.4 Preisschwellen

Es gibt in allen Kulturbereichen bzw. Währungsgebieten bestimmte Verbraucherpreise als sogenannte Indikatoren. Diese Preise sind z.T. optisch, aber bilden sich oft auch aus Gewohnheit und Gebrauch, daher spricht man auch von der Preisoptik.

Im Euroraum ist eine solche „magische" Grenze 0.99€ (ebenso wie 0,49€; 1,49€; 4,99€ u.v.a.). Nicht immer ist die Preisschwelle in andern Ländern ähnlich an einer x,x9 Schwelle, die noch in der Vor-Komma-Stelle eine niedrigere Zahl suggeriert. Für den Einstieg in einen neuen Markt ist es unbedingt erforderlich, sich eine Übersicht über diese psychologischen Preisgrenzen zu verschaffen. Für die eigene Kalkulation gilt es dann von diesen Preisen rückzurechnen auf einen Zielproduktionspreis oder Entstehungspreis.

Für die Findung solcher Preisgrenzen ist ein Blick in die Regale der Läden sehr hilfreich, dabei ist unbedingt darauf zu achten, dass man auch das dahinterstehende Vertriebssystem im Auge hat (z.B. Discounter, Supermarkt, Kaufhaus usw.). Beachtung muss dabei auch der Inhalt finden, wie zum Beispiel Gewicht, Volumen oder differenzierte Qualität. Es gibt so z.B. die Preisgrenze von 0,99€ bei Tafelschokolade mit 100g bei Discount, aber 75g im Kaufhaus.

Sehr aufschlussreich ist hierfür auch das Studium von Handzettelwerbung und Inseraten der Tageszeitungen.

Gerade als Neueinsteiger muss man das Thema Preisfairness beachten. Der Konsument beurteilt danach sehr stark, wie er „innerlich" das neue Produkt oder Marke positioniert. Das Merkmal des Preisvertrauens ist beim Verbraucher ein tiefes Bedürfnis, auch mit Langzeitauswirkung, das unmittelbar auch auf die Marke Einfluss nimmt.[15] Einhergehend mit diesem Aspekt ist es wichtig, auf die vertretbare Preisspreizung zu achten. „Preisspreizung ist das am Endkundenmarkt sichtbare Ergebnis, (...) das sich in unterschiedlichen Preisen für identische oder sehr ähnliche Leistungen zeigt".[16] Gerade in mehrstufigen Absatzkanälen wird es schwierig für den Hersteller, in den einzelnen Stufen Einfluss auf die Preisunterschiede zu nehmen.[17]

---

[15] Klante, 2004.

[16] Anselstetter, 2010, S. 8.

[17] Anselstetter, S. 73.

Tab. 3.3 Bsp. Kriterien Matrix Produktposition

Kriterium	Vergleichsprodukt	Eigenes Produkt
Preisstellung	Preis pro Packung, Preise in unterschiedlichen Systemen (Preisspreizung)	Ggfs. Umrechnen auf spez. Preis (je 100g, je kg)
Wertbetrachtung	Vergleiche des Preisniveaus gleicher oder ähnlicher Produkte (z.B. Lebensmittel und Grundnahrung, Elektronik und Möbel etc.) mit der Position der Vergleichsprodukte	Eigene Positionierung im Heimatland mit der Zielpositionierung vergleichen (ein Konsumartikel im eigenen Land kann z.B. ein Luxusartikel im anderen sein)
Produktinhalt, Sicherheit, Qualität	Rezepturen Design, Funktionen, Deklarationen, Lizenzen, Sicherheitsstandards (Normen ISO 9001, ISO 14001,OHSAS, ROHS, REACH, EU2006/122/EG etc.), Qualitätsvergleich	Welche Unterschiede? Resultieren diese aus Kosten-, Geschmacks-, Funktionsgründen? Welche Vorteile bietet das eigene Produkt, erfüllen eigene Produkte die notwendigen Anforderungen?
Design	Farben, Formen, Bilder	Sind diese abweichend von den eigenen Vorstellungen, Geschmack?
Produktvielfalt	Welche verschiedenen Formen werden angeboten, Adaptionen für welchen Nutzen (Groß-, Kleinverbraucher, für junge oder alte Generation)?	Welche Formen bietet das eigene Sortiment, müssen neue für den speziellen Zweck ausgerichtete Produkte abgeleitet werden, können Substitute angeboten werden?
Service	Welcher Service wird gegeben?	Ist das eigene Unternehmen in der Lage, einen vergleichbaren Service im Zielland zu garantieren?
Marketing	Unterstützung mittels TV, Rundfunk, Zeitung, Handzetteln, Präsentationen, Zweitplatzierung (an der Kasse), Aktionen, Sonderangeboten etc.	Was kann man sich leisten? Oder kann man mit besseren Marketing punkten?
Warenzeichen, Produktnamen	Welche Position hat der Markennamen im Land, Produktname?	Eigene Marke, Produktname schon registriert, Prüfung auf Besetzung durch andere (störende) Kategorien
Verbraucherbefragung	Wie sehen Verbraucher im Zielland dieses Produkt, was schätzen sie besonders	Produkttest mit eigenem Produkt durchführen, evtl. auf einer Messe im Bekanntenkreis des Ziellandes oder wenn möglich als Straßentest (Verkostung usw.)

3.3.2 Nachfrage aus dem Ausland

Es kommen häufig auch direkte Anfragen aus dem Ausland, die auf einen Bedarf im Zielland hinweisen. Das sind natürlich die besten Chancen auf einen Einstieg. Hinweise erhalten die Kunden aus dem Ausland durch Firmendatenbanken, Messekataloge,

Außenhandelskammern oder Fachzeitschriften. Es ist daher empfehlenswert, wenn man aktiv die vorgenannten Stellen informiert bzw. seine Einträge regelmäßig aktualisiert (z.B. wegen Produktneuheiten etc.).

Die eigene Internetseite stellt einen wichtigen Anteil an der Vermittlung von Kontakten. Daher ist im internationalen Geschäft eine Parallel-Webseite in Englisch Pflicht, darüber hinaus sollte man für strategische Zielländer auch eine Webseite in der jeweiligen Landessprache unterhalten. Eine eigene Landes-Domain sollte man rechtzeitig besetzen. Das hilft sowohl dem Auftritt im Land, als auch so verhindert wird, dass durch Plagiate oder eine Besetzung durch Branchenfremde der eigene (Marken-)Name geschädigt wird. Ebenso dient der Internetauftritt für jeden potentiellen Geschäftspartner als erste Informationsquelle über das zukünftige Partnerunternehmen und ist sozusagen auch die Visitenkarte des Unternehmens.

Man kann, besonders innerhalb einer Freihandelszone, bis zu einem gewissen Umfang Direktgeschäfte von eigenen Standort betreiben: z.B. innerhalb der EU, oder auch EFTA, APAC, NAFTA, AFTA, Mercosur etc.

Erleichtert wird der Direktvertrieb mit Ländern einer gleichen Sprache oder Sprachgruppe (DACH-Region, GB, USA, Südamerika etc.). Dieser Aspekt ist ebenfalls bei der Suche nach einem Standort für eine Auslandsinvestition von Bedeutung.

Wichtig beim grenzüberschreitenden Direktvertrieb ist nach wie vor die Beobachtung des Zielmarktes und dessen Mitbewerber. So kann es vorkommen, dass Produkte falsch positioniert werden, sowohl preislich, als auch qualitativ oder auch in der Anwendung, und sich diese im Markt soweit etablieren, dass es später nicht mehr möglich ist, die Produkte oder gar den Markennamen neu zu positionieren (siehe Abschn. 1.3.1.3).

Auch kann eine solche Fehlpositionierung auf den Heimatmarkt zurückschlagen. Besonders kommt dies häufig vor, wo Einkauf- oder Handelsorganisationen länderübergreifend tätig sind und eine Rückkalkulation vornehmen.

Eine andere Seite ist die Thematik der Deklaration oder von Sicherheitszertifikaten (wie IFS, DIN, ISO, CE, GOST, CIQ, u.v.a). Hier gilt es, sich rechtzeitig über die notwendigen Bestimmungen zu informieren. Bei Verbrauchsgütern sind hier die Anlaufstellen staatliche Gesundheitsämter, Lebensmittel-Labor-Dienstleister, Fachlabore für Verbrauchsgüter, Verbände, Handelskammern, Freie Fachberater usw.

Typische Fehler sind die Nichtbeachtung (oder auch das Nichtwissen) von landesspezifischen Vorschriften, die im Nachgang zu Rückrufaktionen, Auftragsstornos oder gar Regressforderungen führen.

Eine weitere Thematik ist die Abwicklung des Zahlungsverkehrs, der mit der Einführung des neuen SEPA- und BIC-Verkehrs transnational stark vereinfacht wurde.

Zu unterscheiden ist natürlich der B2B- (business to business = Verkauf an Industriekunden oder Fachhändler) und B2C-Verkauf (business to consumer = Verkauf an Endkunden). Während es sich bei Letzteren um ein eher seltenes Geschäftsmodell (Direktbelieferung Endkunden im Ausland) handelt, bei dem es auf die Risikoeinschätzung des Versenders ankommt, wie man verfährt (Vorauskasse, Kreditkarte, auf Rechnung), ist das B2B-Geschäft komplexer.

Wichtig für die Rechnungslegung sind die Vereinbarungen nach INCOTERMS[18]. Darüber hinaus sollte man sich über die Bonität des Partners informieren, hierzu gibt es genügend Institute, die Hilfe leisten können. Eine Kreditversicherung und eine Versicherung für den Untergang der Ware sollten in jedem Falle bestehen. In erster Linie gilt in der BRD Hermes als eine der wichtigsten Adressen in der transnationalen Kreditversicherung.

In vielen Ländern jedoch gibt es keine zentrale Erfassung von Unternehmenszahlen und -bonitäten, bzw. sind sie nur schwer zugänglich oder sind auch einfach nicht zuverlässig.

In solchen Fälle kann man auf verschiedene Weisen zum Ergebnis kommen:

1. Abfrage von Referenzen; der Partner soll Referenzen von Geschäftspartnern geben, die dann abgefragt werden
2. Interview mit anderen Marktteilnehmern oder Lieferanten und Erfahrungsaustausch
3. Anfrage bei den Export-Abteilungen der IHK
4. Anfrage bei den Außenhandelskammern im Zielland, die oft über ein gutes Informationsnetz verfügen und auch Einzelanfragen gezielt verfolgen können
5. Abfrage bei Banken

(Weitere Details dazu: siehe Kap. 15)

Letztlich sollte unbedingt eine Kreditversicherung abgeschlossen werden. Es gibt aber auch Fälle, wo eine solche vom Versicherer verweigert wird; dies kann ein Hinweis auf die Volatilität des Geschäftes, des Landes oder des Geschäftspartners sein, aber ausdrücklich *muss* es das nicht sein.

Hier sind ein guter Sachverstand und eine eigene Einschätzung notwendig, um die Entscheidung für oder gegen das Geschäft vorzunehmen. In den meisten Fällen lässt sich auch eine Vorauskasse-Zahlung vereinbaren, zumindest für die ersten Transaktionen. Besonders empfiehlt sich dies bei fehlender Deckung durch einen Kreditversicherer oder besonders bei Einzelgeschäften.

3.3.3 Export als Abwehrstrategie

Export kann auch im Rahmen von Abwehrstrategien erfolgen. Ausgang solcher Maßnahmen sind Marktausweitungen eines ausländischen Wettbewerbers im Heimatmarkt, d.h. verlorenes Marktvolumen zurück zu gewinnen, oder Domestizierung eines Wettbewerbers, indem man sich in dessen Heimatmarkt eine Marktposition aufbaut und gewissermaßen als Gegenspieler Preise, Konditionen und Qualitäten beeinflussen kann.

Es kann auch aufgrund einer ursächlichen oder drohenden Patent- oder Warenzeichen-Verletzung notwendig sein, in einem Zielland seine Rechte durchzusetzen und dies mit Marktpräsenz zu unterstützen. Besonders gilt das für Länder, in deren Rechtssystem

[18] INCOTERMS = International Commercial Terms, regelt die Art und Weise von Lieferungen.

das Immaterialgüterrecht nicht speziell ausgeprägt ist oder umgesetzt wird. Hierbei ist natürlich der Schwerpunkt auf der rechtlichen Situation gelegt und die Umsetzung von dieser stark gesteuert.

Ein weiterer Aspekt ist eine Präventivstrategie gegenüber einem ausländischen Wettbewerber, zum Beispiel, wenn dieser plant, neue Kapazitäten zu erstellen, und die Bedrohung steigt, dass dieser kostengünstiger produzieren kann oder Überkapazitäten im Heimatmarkt zu Lasten des dortigen Marktgefüges absetzen wird.

3.3.4 Marken- und Markterweiterung

Im globalen Wettbewerb spielt die Stärke einer Marke eine enorme Rolle. Bekanntheitsgrad und Anzahl der beworbenen Verbraucher definieren nicht nur deren Potenz, sondern auch den Wert der Marke. Jeder Markeninhaber, der seinen Markenkern kennt, wird nach Möglichkeiten der Ausweitung seiner Marke auch in anderen Bereichen und Regionen suchen und dies besonders dann schnell umsetzen, wenn der Markenkern die Mentalität, das Verständnis und den Bedarf eines Ziellandes trifft. Nicht unerheblich spielen dabei auch die Migrationsbewegungen der letzten Jahrzehnte eine Rolle (z.B. Markenetablierung türkischer Marken in Deutschland oder deutscher Produkte in den USA).

Besonders größere Unternehmen betrachten daher ihre Markt- und Marken-Strategie als globale Herausforderung und betreiben sie systematisch.[19]

Gerade ein Eintritt in einen neuen Markt fordert für einen Markenhersteller erhöhte Aufmerksamkeit und intensive Analytik. Neben den Besonderheiten eines Ziellandes muss auch der Wettbewerb intensiv beobachtet werden. Handelt es sich um einen Nischenmarkt, können besondere nationale Präferenzen oder kleine Marktvolumina zu Wettbewerbsverzerrungen führen. Die Beispiele sind ungezählt und zum Teil skurriler Art, wenn gute Beziehungen eines Konkurrenten zur Regierung schnell zu Handelsbarrieren durch Zoll oder Landesvorschriften für den ausländischen Wettbewerb führen. Solche Protektionen können auch subversiv erfolgen, indem inländische Subventionen (Energie, Agrarprodukte, Vorschriften, Zertifikate etc.) dem etablierten Wettbewerb Vorteile verschaffen.

Aus diesem Grunde ist auch die Untersuchung des Subventions-, Steuer- und Rechtssystem von einer gewissen Bedeutung[20].

Umsteuern der Position kann u.U. auch in einem neuen Markt zum Erfolg führen. Dabei kann man sich als Neuankömmling auch in einem schon dominant bestehenden Markt behaupten. Verbrauchernahe Befragungen, z.B. auch gemeinsame Einkäufe und Verbrauchertests, zeigen oft interessante Aspekte, die als Produktcharakter neue Marktmöglichkeiten schaffen.

---

19 Porter, 1983, S.366.

20 Dto. S. 364

3.3.5 Ethnische Versorgung und Marktverlagerung

Die in Abschnitt 3.3.4. angesprochenen Migrationsbewegungen des 20. und 21. Jahrhunderts verursachen einen neuen Marktbedarf in den Zielländern. Marken und Produkte wandern quasi mit den Einwanderern mit und bilden einen z.T. nicht unerheblichen Binnenmarkt. Damit kommen neben fremden Marken auch neue Produkte in den Markt, zunächst fokussiert auf die Einwandererkolonie, später aber im ganzen Land.

Ein Produkt wie Ayran war bis 1970 in der BRD unbekannt, heute befinden sich Produkte in fast jedem Supermarkt. Pizza war bis in die erste Hälfte des 20. Jahrhunderts eine italienische Tagesspeise – und ist heute nicht nur in Deutschland und den USA ein Standardgericht. Der Bäckereisektor in China wächst exponentiell, eine bis dato fast kaum wahrgenommene Produktgruppe, und bringt u.a. deutsches Brot, französische Croissants u.v.a ins Land.

Es gilt also, die Bevölkerungsentwicklungen in Zielländern unter die Lupe zu nehmen und diese auf die Chancen für seine eigenen Produkte zu untersuchen. Klassische Einwanderungsländer wie USA, Kanada, Australien, aber auch die Länder Südamerikas bieten hier beste Möglichkeiten.

Oft hat sich in diesen Ländern ein Fachhandel entwickelt, der sich mit der Versorgung mit Spezialitäten und deren Import aus den Auswanderungsländern befasst. Lokale und auch Fachmessen zu diesem Thema bieten da den ersten Ansatz.

Eine andere Problematik ist die der Marktverlagerung. Ein Beispiel ist der Urlaubstrieb der Deutschen.

Seit etwa den 60er-Jahren des vorigen Jahrhunderts hat die Zahl derer, die im Ausland ihren Jahresurlaub verleben, enorm zugenommen. Für manche deutsche Brauerei war mit dieser Ausreise auch die sommerliche Absatzspitze abhanden gekommen. Eine Gegenstrategie der Brauereien bestand in dem Eintritt in den Markt der Reisezielländer. Es galt, Marke, Vertriebsnetz und Logistik aufzubauen und mit viel Werbung zu unterstützen. Heute sind die Marken in den Urlaubsländern etabliert und nicht mehr wegzudenken.

Auch hier ist noch zu bemerken, dass manche Markenhersteller im Zielland auch einen Wechsel ihres Markenkerns vornehmen oder vornehmen müssen. So vertritt Oettinger Brauerei (in Deutschland bekannte Discount-Marke) in Chinas Nobeldiscos die teure Traditionsmarke aus dem Land der Brauereien.

3.3.6 Markenwertmanagement

Die Marke ist das Juwel eines Unternehmens und gehört in die oberste Prioritätenliste der unternehmerischen Strategie. Die Markenstrategie bzw. der Bezug zur eigenen Marke hat in den letzten Jahrzehnten einen signifikanten Bedeutungszuwachs erfahren; die Marke wurde und ist einer der Hauptbestandteile des Unternehmenswerts[21]. Die Verkaufserlöse

[21] Sattler, 2005.

der letzten 10 Jahre zeigen zwischen Nicht-Marken und Markenunternehmen einen Unterschied von bis zu 500%, im Durchschnitt 200%. Es ist nachgewiesen, dass starke Marken die Rentabilität der wirtschaftlichen Aktivitäten eines Unternehmens stark erhöhen oder gar den höchsten Beitrag des Unternehmenswertes leisten [22]. Beispiele hierfür sind Apple, BMW, Porsche, Wrigley u.v.a.

Ein nicht unerheblicher Anteil des Markenwertes wird auch in den Auslandsmärkten gebildet, man denke hier nur an die Automobilindustrie, die ohne ihren Namen in USA oder Asien nicht diesen Börsenwert widerspiegeln könnten.

Für das Markenwertmanagement ist daher wichtig, den Marktauftritt im Ausland vorzubereiten und zu steuern. Aus Abschnitt 3.3.4. kommt der Marktanalyse auch für das Markenmanagement größte Bedeutung zu. Aussagen zum Markenkern oder Markenimage müssen zunächst am Markt des Ziellands überprüft werden, z.B. ist der Name positiv besetzt, sind Logo und Design dem anderen Kulturkreis gerecht etc. Hier ist dann ggfs. eine Anpassung bzw. Adaption nötig: So ist z.B. eine Marke oder Markenzusatz *4you* in chinesischer Übersetzung 四你 phonetisch <Se ni> auch klanglich gleichbedeutend mit 死你 übersetzt <*Dein Tod*>, also durchaus nicht zu empfehlen.

Entsprechend stellt die Exportthematik die Aktivitäten des Marketingverantwortlichen vor neue Herausforderungen, gemäß dem Motto „you can't sell what people won't buy" müssen sie die Markenführung so gestalten, dass sie die lokale Nachfrage deckt[23].

Zu berücksichtigen ist auch die Tatsache, und das gilt vor allem bei großen Marken, dass sich durch eine Minderansprache des Publikums und dessen Bedürfnisse schnell Mindererträge ergeben. Das ist dann besonders der Fall, wenn man spezifiziert oder standardisiert Produkte in einen fremden Markt bringen will.

U.U. ergibt sich aus der Sichtweise des Markenmanagements eine andere Betrachtungsweise für ein Marketingbudget. So kann es durchaus sinnvoll erscheinen, einen höheren Werbeetat für den Start zu investieren, da damit der Wert der Gesamtmarke auch weltweit schneller gehoben werden kann.

Ggf. lässt sich ein solcher Start auch in Form einer Lizenzierung im Zielland vorbereiten, oder es besteht gar die Möglichkeit, produktfremde Artikel mit der Marke zu versehen, um

- einen Markenamen schneller einzuführen
- Werbekosten durch Umlage für sein eigenes Produkt zu minimieren
- Chancen zu nutzen, um eine Diversifikation zu entwickeln

Spätestens nach der Startphase ist das Markenmanagement gefragt. Neben dem eigentlichen Controllingprozess sollte auch die Markenwertentwicklung im Vordergrund stehen. Es ist notwendig, im Vorfeld eine Markenpositionierung zu definieren, deren Entwicklungsstrategie mit Benchmarks versehen dann periodisch geprüft wird. So kann es z.B.

22 Stolle, 2013.

23 Stolle, a.a.O. S.7

Abb. 3.3 Übersicht Verfahren zur Markenbewertung nach Gerpott, 2004

nicht vorkommen, dass bei allen guten Zahlen die Marke z.B. ein Renommee als Discountmarke bekommt, obwohl das nicht beabsichtigt war.

Ansätze zu einer Markenbewertung können mit unterschiedlichen Analyseansätzen vorgenommen werden. Dabei unterscheidet man Elemente von finanzorientierten, kundenpsychologischen oder hybriden Verfahren[24] (siehe Abb. 3.3).

3.4 Zusammenfassung

Es gibt aus diversen Gründen durchaus einen nicht unerheblichen Anteil an sporadischen bzw. wenig gesteuerten Export-Verkäufen. Erfahrungsgemäß nehmen die Unternehmen diese Gelegenheiten gerne wahr, jedoch können dadurch Rückkopplungen und Konflikte mit dem nationalen Markt entstehen. Insbesondere sollte man sich darüber im Klaren sein, dass evtl. ein späterer strategischer Marktausbau stark erschwert wird.

Wesentlich effizienter und nachhaltiger ist der strategische, aber komplexere, Aufbau eines Marktes im Ausland. Neben den mentalitäts- und kulturbedingten Besonderheiten

[24] Gerpott und Thomas, 2004, S. 394ff.

sind ungewohnte Vertriebs- und Verkaufsstrukturen zu beachten. Unumgänglich ist eine genaue Analyse dieser Strukturen und Verhaltensmuster.

Der Markteintritt bzw. -ausbau kann sowohl mit Fremdhilfe bzw. fremden Geschäftspartnern erfolgen, als auch in Eigenregie über eigene Organisationen vor Ort. Maßgeblich ist das angedachte strategische Ziel, das *vor* Antritt definiert sein sollte.

Literatur

AHK, die Deutschen AHKs in den Zielländern bieten bereits gut vorbereitetes Material über Kennzahlen und Spezifika Zielländer, z.T. auch branchenspezifisch, an

Absatzwirtschaft, ASW Nr.4 vom 01. April 1992 Seite 114

Anselstetter, S., Diss., Preisspreizung und Preispflege in mehrstufigen Absatzkanälen, Kovac Verlag, Hamburg, 2010, S.8 , A.a.O. S 73

Beck'sches Holding Handbuch, Rechtspraxis der verbundenen Unternehmen Gesellschaftsrecht, Steuerrecht, Rechnungslegung, Arbeitsrecht, Kartellrecht von Dr. Kai Hasselbach, Dr. Christoph; Neugründung im Ausland, Rechtsformwahl S.394ff

Die besten Management-Tools 1: Strategie und Marketing, Campus Verlag 2005, S.148 ff, S.181 ff

Gerpott, Torsten J, Thomas, Sandra E. . Markenbewertungsverfahren: Einsatzfelder und Verfahrensüberblick, Duisburg; WiSt Heft 7 · Juli 2004, S394ff

Hall, Edward t., Silent language, New York , 1990

Herfurth, U., Geschäftspraxis in der EG, Verträge, Unternehmensformen, Wettbewerbsrecht, Economica-Verl., Bonn, 1992

Hofstede, Geert, Die Bedeutung der Kulturen und ihren Dimensionen im Internationale Management, in Kumar, Hausmann (1992) S. 303-340

Bund der Deutschen Süßwarenindustrie, Bonn, Webpage www.bdsi.de, Jahresstatistik, 2013

Klante, O., Diis, Identifikation und Erklärung der Markenerosion, Wiesbaden, 2004

Klein-Blenkers, F., Rechtsformen der Unternehmen, C.F. Müller, Heidelberg, 2009

Morasch, K., Bartholomae, F., Internationale Wirtschaft. Handel und Wettbewerb auf globalen Märkten, München: UVK-Lucius (wisu-Texte), 2011,S.222f.

Morasch, K., Bartholomae, F., Internationale Wirtschaft, UVK Verlag, Konstanz,2011, S.29

Nawroth, Adalbert Rödding, Daniel Döpfner, C.H. Beck Verlag, München, 2011

von Oetinger, B., Das Boston Consulting Group Strategie-Buch, B.v.Oetinger, ECON Verlag, 1993, S.191, S.582ff

Pepels, Werner (Hrsg.), Digitale Fachbibliothek Produktmanagement,; Die Dynamik des Produktwettbewerbs, Tom Sommerlatte, Symposion Publishing GmbH, 40470 Düsseldorf, 2012

Pepels, Werner, Marketing, Ouldenburg Verlag, München-Wien, 3. Aufl., 2000, S. 418ff

Warentest, Ökotest, vergleichbare Zeitungen im Ausland, z.B. Consumer Reports Magazine, USA
Pepels, Werner, Marketing, Oldenbourg Verlag, München-Wien, 3. Aufl., 2000, S.583
Pepels, Werner, Einführung in das Preismanagement, R. Oldenbourg Verlag, München-Wien, 1998, S 121ff
Poland Statistic Yearbook 2012
Porter, Michael E., Wettbewerbsstrategie, Campus Verlag 1983, S.366
Sattler, Markenbewertung State of the Art, Nr 27 der Research Papers on Marketing and Retailing der Universität Hamburg, 2005
Quack, H., Internationale Kooperationen, FAZ-Buch Verlag, 2000, S.81ff, S.123 Quack,
Schenk, Hans-Otto: Vertikale Preisempfehlung. In: Franz Böcker (Hrsg.): Preistheorie und Preisverhalten. Vahlen, München 1982, S. 263–278
Sommer, Michael, Die Phönizier - Handelsherren zwischen Orient und Okzident. Kröner, Stuttgart 2005, ISBN 3-520-45401-7 (Rezension)
Steffenhagen, H., Konditionengestaltung zwischen Industrie und Handel, Ueberreuter Verlag, Wien 1995, S.50 ff
Stolle, W., Global Brand Management, Innovatives Markenmanagement, DOI 10.1007/978-3-8349-4139-8_1, Springer Fachmedien, Wiesbaden; S.1-2, Dto., a.a.O. S.7
Wastlhuber, Christian, Die Beziehungen zwischen Ägypten und der Levante während der 12. Dynastie, Diss. LU München, 2011, S 86
WTO link: www.wto.org/english/res_e/statis_e/statis_bis_e.htm

4 Risikomanagement im Business Development

Ruth Lorenz

„Unternehmer kommt von unternehmen, nicht von unterlassen."

„Stillstand ist Rückschritt!"

„Nicht die Großen fressen die Kleinen, sondern die Schnellen fressen die Langsamen."

Wir würden uns nicht im Business Development zuhause fühlen, würden wir nicht mit diesen oder ähnlichen Weisheiten übereinstimmen. Wir schätzen die zusätzlichen Potentiale, die neue Märkte bieten und wir fiebern nach Umsatzwachstum aus den neuen Projekten.

Das Ziel unserer Reise mag uns klar sein. Doch wir wissen, dass wir uns auf unbekannten Wegen bewegen. Wege, deren Beschaffenheit wir nicht kennen, Wege deren Ausleuchtung schlecht ist oder Wege mit unerwartetem Gegenverkehr. Es besteht die Gefahr in einer Sackgasse zu enden oder einen unschönen Seitenhieb zu bekommen.

Und so befinden wir uns vor unserer SWOT-Matrix und haben den Quadrant „Threats" als großes graues, leeres Feld vor uns stehen und denken uns „Wenn ich das nur wüsste…"

Vielleicht neigen Sie dazu, dieses Kapitel des Buches gleich zu überspringen, denn wer will sich mit Risiken beschäftigen, wenn er Neues wagt. Behindert es doch die Kreativität und bremst die Freude am Neuen.

Ich möchte Ihnen die Freude an den Risiken näher bringen, die Freude an den Herausforderungen und ja – vielleicht sogar das Gefühl von Überlegenheit gegenüber den Unwegsamkeiten. Schäden oder Rückschläge sind nicht auszuschließen, denn eine Fortentwicklung des Business in unbekannte Märkte ohne Risiko gibt es nicht. Aber ein gut ausgestaltetes Risikomanagement erlaubt ein souveränes und schnelles Reagieren auf Gefahren.

Durch die ungewöhnliche Kombination meiner Arbeit im Bereich Business Development und gleichzeitig Revision/Risk habe ich erfahren, wie wunderbar sich Neugierde und Zweifel, Freude am Wechsel und Freude an Sicherheit gegenseitig befruchten können.

Risikomanagement bedeutet im ersten Schritt, die Risiken zu erkennen/erahnen (Risikoidentifikation, Abschnitt 4.1), ihnen im zweiten Schritt eine Bedeutung zuzuordnen (Risikobewertung, Abschnitt 4.2). Im dritten Schritt entscheidet man sich für einen gewissen Umgang mit diesen Risiken (Risikohandhabung, Abschnitt 4.3), um im vierten Schritt die Veränderungen nachhaltig zu überprüfen und zu beobachten (Risikokontrolle, Abschnitt 4.4).

Das Hauptaugenmerk in diesem Teil des Buches liegt auf der Identifizierung von Risiken. Denn sie ist die Grundlage allen Risikomanagements, insbesondere im Business Development.

Die folgenden Seiten sind keine wissenschaftliche Abhandlung zum Risk Management im Business Development. Sie sind vielmehr eine „aus dem echten Leben" gegriffene Herangehensweise. Dieses Kapitel soll Ihnen als Landkarte dienen, die den Weg weist und das Auge für den plötzlichen Gegenverkehr schärft.

4.1 Risikoidentifikation

Die Vermeidung von Verlusten, die Absicherung von Schäden und die Machbarkeit der erhofften Umsatzzahlen und EBIT-Margen und damit ein zeitplangerechter Return on Invest stehen im Fokus jedes Unternehmens.

Die größte Gefahr für diese Ziele im neuen Markt besteht im Unterschätzen, im „Nicht-Erkennen", oder – da die Erfahrungen im Auslandsmarkt ja noch fehlen- im „Nicht-Vermuten" der bestehenden Gefahren. Da naturgemäß neue, unbekannte Wege beschritten werden, ist mit Gefahren zu rechnen, die nicht auf den ersten Blick erkennbar sind.

Neben dem Risiko-Identifikationsprozess (vgl. 4.1.1) wird im Nachgang auf spezifische Risiken im Business Development eingegangen, die als operative Checklisten eine Hilfe bieten können.(vgl. 4.1.2)

4.1.1 Methoden zur Identifizierung von Risiken

So mancher Business Development Manager zieht sich nach der Analysephase in sein „stilles Kämmerchen" zurück, erstellt dort eine Zusammenfassung all seiner bisherigen Erkenntnisse hinsichtlich Gefahren und befüllt für die Präsentation vor der Geschäftsführung noch schnell die Folien „Risiken" und „Chancen".

Sollte es sich um ein sehr kleines, in ähnlichen Varianten bereits vollzogenes und daher weitgehend bekanntes Projekt handeln, kann dieses Vorgehen sogar ausreichend sein. Aus meinem Arbeitsalltag weiß ich, dass in vielen Unternehmen bei Expansionsprojekten genau so vorgegangen wird und – das ist meine Vermutung - dass Expansionsprojekte genau deswegen scheitern.

Lassen Sie uns daher adäquate Wege finden, um zu einer fundierten Risikoidentifikation zu gelangen.

4.1.1.1 Interne Befragung

Der Business Development Manager und ggf. Projektleiter eines Expansionsprojektes kann niemals die Verantwortung für die Risiken alleine schultern – und das muss er auch gar nicht.

Aber er muss für eine solide Herangehensweise sorgen, eine ordentliche Methodenkompetenz einbringen und es sich nicht leicht machen, um so die Risiken im Vorfeld zu identifizieren.

Und es wäre fast grob fahrlässig, hierzu nicht das Einbinden mehrerer Köpfe als Regel zu definieren. Grundsätzlich lässt sich sagen: je mehr Fachpersonal an diesem Entscheidungsprozess mitwirkt, desto größer die Erfolgsaussichten. Sei es im Rahmen eines gemeinsamen Workshops oder, wenn es die Umstände nicht anders zulassen, zeitlich und räumlich getrennt voneinander.

Bevor sich ein Projektmanager die Methoden zur Risikoidentifizierung überlegt, sollte er der Zusammensetzung des Teams Beachtung schenken.

Hierzu ein kurzer Ausflug in die Typenlehre: Viele Autoren haben sich dem Thema bereits angenommen – ich habe mich im Folgenden für das Thomann-Riemann-Modell entschieden, weil es der Arbeitswelt sehr nahe und damit gut anzuwenden ist.

Riemann/Thomann[1, 2] charakterisiert die Menschen entlang einer senkrechten Achse, die die Beständigkeit darstellt. Beständigkeit in ihrem einen Extrem als Dauer, in ihrem anderen Extrem als Wechsel. Die waagrechte Achse beschreibt die Kontaktfreudigkeit mit ihren Extremen Nähe und Distanz. Kein Mensch hat nur eine Ausrichtung, er ist immer ein Gemisch aus allen, er hat aber eine Grundausrichtung (vgl. Abb. 4.1).

In diesem Modell gibt es kein „gut" oder „schlecht", sondern prinzipiell ein „gleichwertig". Jede einzelne Grundtendenz ist wichtig und muss in einem Unternehmen vorhanden sein.

Und genau das sollten wir uns zunutze machen. Im Business Development sind häufig die visionären Menschen anzutreffen. Menschen, bei denen Sie so begeisternde Wörter hören wie: *spannend, Herausforderung, neu, Chancen usw.* Umso wichtiger ist es, bei der Erarbeitung der Risiken ganz bewusst die „Revisoren" einzubinden. Personen, die man vielleicht eher mit den Begriffen *Sicherheit, klar, präzise, Vorsicht usw.* in Verbindung bringt.

Achten Sie beim Brainstorming-Workshop auf homogene Gruppen hinsichtlich Hierarchie: Die Teilnehmer sollten etwa gleichgestellt sein oder zumindest eine gleichartige Durchsetzungsfähigkeit bzw. Mitteilungsfreude haben.

---

[1] Riemann, 1961.

[2] Vgl. Thomann, 1988.

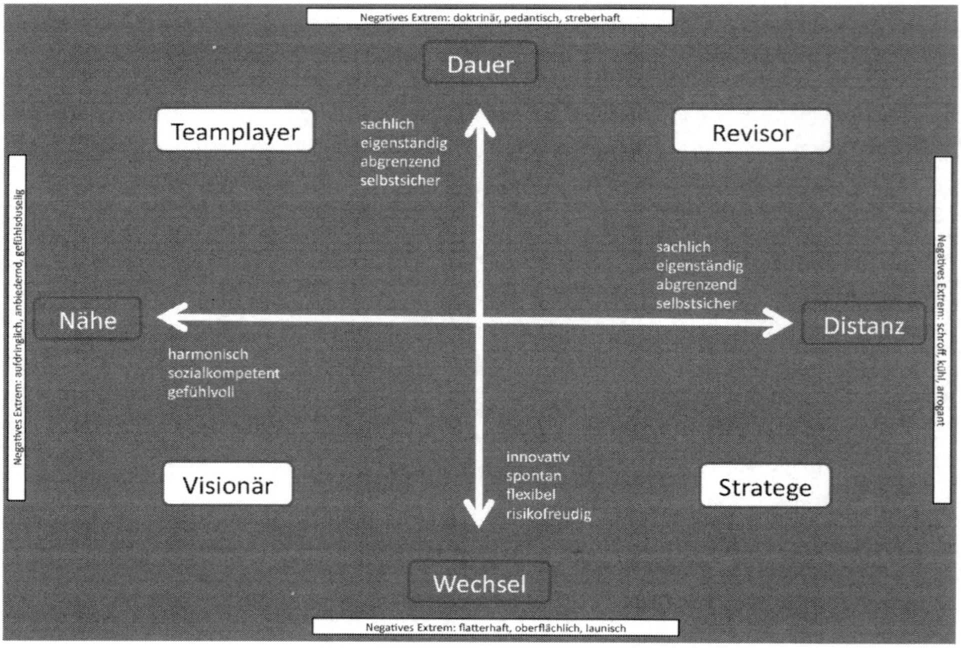

Abb. 4.1 Thomann-Riemann-Modell

Eine idealtypische Zusammensetzung für Risk-Workshops könnte beispielsweise sein:

- Projektleiter für das Expansionsprojekt
- Projektassistent
- Buchhalter/Revisor/Controller
- Vertriebsleiter
- Extern: ein Mitarbeiter eines befreundeten, nicht konkurrierenden Unternehmens, das ähnliche Schritte ins Ausland bereits gegangen ist
- Extern: jemand, der den heimischen und den Zielmarkt kennt, weil er in beiden Ländern Erfahrungen gesammelt hat, im besten Fall kennt er auch die Branche Ihres Unternehmens.
- Extern: beispielsweise ein Rechtsanwalt oder Mitarbeiter der Außenhandelskammer des Landes

Auch wenn Sie schon im Vorfeld vermuten, dass hier viele „Aber"-Sager mit von der Partie sind, die einem die Lust am Neuen verderben, gehen Sie das Wagnis ein und vergessen Sie nie: Eine gute Risikoidentifikation kann gleichzeitig eine gute Chancenidentifikation sein.

Besonders bei mittelständischen Unternehmen stellt sich die Frage häufig, ob die Firmenführung nicht auch Mitglied eines solchen Brainstorming Workshops sein sollte. Eine klare Antwort gibt es hierfür nicht. Es hängt maßgeblich von Charisma und Auftreten des Geschäftsführers bzw. Anpassung der Mitarbeiter zum Firmenchef ab. Ist der Chef im Raum, lässt sich oft ein sehr viel vorsichtigeres, bedachteres Verhalten der Mitarbeiter feststellen, bis hin zum kompletten Verstummen einzelner. Das ist natürlich für einen Workshop zur freien Assoziation hinderlich. Wägen Sie daher gut ab, ob es für die Firmenleitung von Vorteil ist, einem Risk-Workshop beizuwohnen, und wenn ja, ob das Ergebnis dann noch repräsentativ ist.

Auch die Frage nach einem Moderator ist berechtigt. In der Praxis wird dies meist der Projektleiter übernehmen, der vermutlich auch zum Workshop eingeladen hat. Inwiefern das sinnvoll ist, lässt sich anhand der Funktion eines Moderators klären: Er sollte dem Thema gegenüber möglichst neutral sein, muss keine Fachkompetenz zu dem jeweiligen Thema haben, muss auf Zeit und Qualität achten, muss den Teammitgliedern Vorschläge anbieten, aber auch damit leben können, dass seine Vorschläge abgelehnt werden. Er muss darauf achten, dass alle Teammitglieder in etwa gleicher Intensität zu Wort kommen, muss Vielredner einbremsen und Schweiger ermutigen, muss das Gespräch am Laufen halten.

Es ist in der Tat gut zu überlegen, ob der Projektleiter neutral genug für diese Funktion ist, bzw. ob sein wertvolles Wissen als „einfacher" Teilnehmer nicht besser zur Geltung kommt.

Folgende Methoden zur Risikoidentifizierung im Team sind besonders geeignet:

4.1.1.1.1 Brainstorming

Das wohl bekannteste Verfahren zur Ideengenerierung, zur freien Assoziation innerhalb einer Gruppe ist das klassische Brainstorming. Obwohl sicherlich bekannt und vielfach angewendet, sind doch einige Faktoren zu berücksichtigen:

- Es wird vereinfacht die Frage in den Raum gestellt: „Was kann schief laufen?"
- Es sollte eine kreative Arbeitsatmosphäre geschaffen werden.
- Es sollten kreative Arbeitsmittel zur Verfügung gestellt werden (Metawand, Klebezettel, Bewegungsfreiheit im Raum).
- Jeder sollte seine Meinung äußern können und dafür Raum bekommen.
- Ideen dürfen vorerst nicht durch die anderen Teilnehmer gewertet werden.
- Ideen sollten durch die Teilnehmer aufgegriffen und „weitergesponnen" werden.
- In einem weiteren Schritt werden die Ideen geclustert (in zusammengehörige Gruppen gegliedert).
- Im letzten Schritt erfolgt eine nachvollziehbare Dokumentation der Ergebnisse.

Tab. 4.1 Brainstorming: Vor- und Nachteile

Vorteile	– Einfach umsetzbar – Weitgehend bekanntes Tool – Geringer Zeitaufwand
Nachteile	– Auf gleichartiges Mitwirken muss stark geachtet werden – Gute Moderation notwendig

4.1.1.1.2 Brainwriting

Eine leichte Abwandlung des Brainstorming ist das Brainwriting. Wie im Brainstorming geht es darum, Ideen, Assoziationen zu generieren und auf den Gedanken der anderen Teilnehmer aufzubauen, daran „weiterzuspinnen". Im Gegensatz zum kommunikativen Brainstorming ist das Brainwriting ein stillerer Prozess.

Hier haben die Teilnehmer zunächst die Aufgabe, stillschweigend drei Risiken auf einem Blatt oder einem etwas größeren Kärtchen festzuhalten. Sind sie fertig damit, gibt jeder Teilnehmer sein Blatt an den Nebenmann weiter. Jeder lässt sich nun von den Gedanken des Vorgängers inspirieren und spinnt dessen Gedanken weiter, fügt neue Risiken hinzu. Dieser Vorgang wird so lange fortgesetzt, bis jeder sein eigenes Kärtchen wieder in den Händen hält.

Auch hier sind einige Aspekte zu beachten:

- Ideale Teilnehmerzahl: etwa 6 Personen
- Zeitbedarf: ca. 1 Stunde (jeder hat 10 Minuten pro Blatt)
- Vorherige Kategorienbildung: Ohne vorherige Kategorienbildung ist es sehr wahrscheinlich, dass zu viele Mehrfachnennungen entstehen. Beispielsweise ist denkbar, dass jeder Teilnehmer das Risiko „Zahlungsausfall" nennt. Ein Weiterentwickeln dieses Punktes ist dann schwierig, weil er zu häufig vorkommt. Daher kann es – trotz eingeschränkter Kreativität - sinnvoll sein, die Kärtchen bereits im Vorfeld mit Begriffen zu versehen (z.B. „finanzielles Risiko", „personelles Risiko").
- Clustern der Risiken im Gespräch, dadurch ggf. weitere Assoziationen

4.1.1.1.3 Fischgrätdiagramm

Eine weitere Herangehensweise, die sich in der Praxis sehr gut bewährt, ist das Fischgrätdiagramm nach Ishikawa[3], auch Ursache-Wirkungs-Diagramm genannt. Hier werden mögliche Risikofaktoren nach den „6 Ms" unterteilt (siehe Abb. 4.2).

Tab. 4.2 Brainwriting: Vor- und Nachteile

Vorteile	– Gleichartiges Mitwirken sowohl introvertierter als auch extrovertierter Teilnehmer
Nachteile	– Mehrfachnennungen auf den Kärtchen

3 www.wikipedia.de/Ursache-Wirkungs-Diagramm.

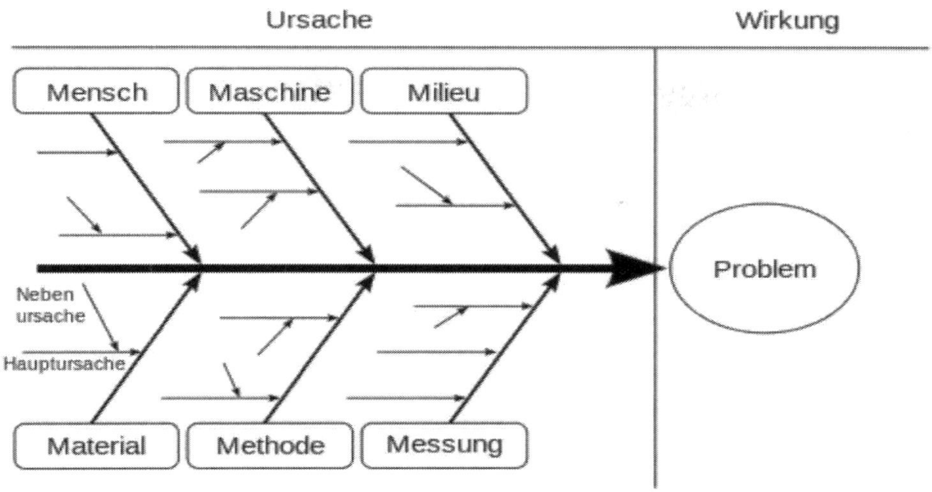

Abb. 4.2 Fischgrät-Diagramm oder Ursache-Wirkungsdiagramm (Quelle: Transferred from en.wikipedia [Original text: SVG version own work. PNG reference version attributed to Fabian Lange at de.wikipedia.])[Original text: SVG version own work. PNG reference version attributed to Fabian Lange at de.wikipedia.])

Nach meiner Erfahrung funktioniert die Ideenfindung am besten, wenn das Fischgrätdiagramm – aufgezeichnet auf einer übergroßen oder zwei Moderationswänden - anfangs lediglich die Überbegriffe enthält. Den jeweiligen „Ms“ setzen Sie ein „Risiko durch …“ voran. Also: Risiko durch Mensch, Risiko durch Maschine, Risiko durch Milieu.

Einige Punkte die hier zu beachten sind:

- Kreative Atmosphäre schaffen
- Genügend Kärtchen für jeden Teilnehmer
- In etwa 20 Minuten Stillarbeit schreibt jeder Teilnehmer die Risiken auf
- Jeder Teilnehmer pinnt seine Risiken an den „Fisch“ und erklärt seine Gedanken
- Wichtig: Ursache und Wirkung nicht verwechseln; am besten die Kärtchen sind zweigeteilt und benennen jeweils beides (vgl. Abb. 4.3)
- Abschließendes Dokumentieren

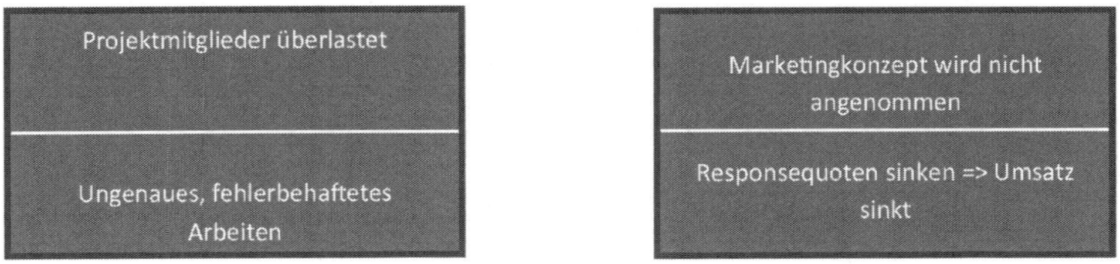

Abb. 4.3 Zweigeteilte Kärtchen für das Fischgrät-Diagramm

Tab. 4.3 Fischgrät-Diagramm: Vor- und Nachteile

Vorteile	– Die vorgegebenen Begriffe (6 Ms) sind abstrakt genug, um die Kreativität nicht einzuschränken und sie sind konkret genug, um Ideen effektiv zu generieren und anschließend leicht und schnell zu clustern. – Durch die Grafik wird der Gesamtzusammenhang anschaulich dargestellt.
Nachteile	– Im Gegensatz zu den Ursachen sind die Auswirkungen im Fischgrätdiagramm schwerer darzustellen (Empfehlung: mit zweigeteilten Kärtchen arbeiten).

4.1.1.1.4 Progressive und Retrograde Methode

Die Differenzierung von Ursache und Wirkung ist von grundsätzlicher Bedeutung in der Risikoidentifikation und sollte deshalb nochmals vergegenwärtigt werden.

Man unterscheidet bei der Risikoidentifikation zwischen der retrograden und der progressiven Vorgehensweise:

Risiken können progressiv erarbeitet werden, also von der Ursache zum möglichen Einfluss auf das Ziel hin.

Risiken können aber auch retrograd erarbeitet werden, also von den gesetzten Zielen rückwärts zur Ursache (vgl. Abb. 4.4).

Die Aufteilung der Brainstorming-Gruppe in eine „retrograd denkende" und eine „progressiv arbeitende" Gruppe ist durchaus sinnvoll und aufgrund der unterschiedlichen Ansätze meist sehr effizient.

An dieser Stelle weise ich auf einen sehr wichtigen Basisfaktor im Business Development hin. Bei der retrograden Methode wird vom Ziel rückwärts gearbeitet.

Das setzt natürlich die Existenz von Zielen voraus!

Das generelle Ziel ist sicherlich klar: „Wir möchten den Auslandsmarkt erobern, um weiteres Wachstum zu generieren." Doch dieses eine Ziel allein ist für eine fundierte Risikoanalyse unzureichend und zu pauschal.

Immer wieder stelle ich fest, dass Unternehmen nur sehr unklare Ziele zu ihren Auslands-Investitionen haben. Ich denke, dass genau darin ein sehr hohes Risiko liegt. Unscharf formulierte Ziele haben meist eine fehlerhafte Risikoidentifikation zur Folge.

Ziele bestehen häufig aus wenigen Zahlen, wie Umsatz, EBIT, Break Even oder Return on Invest. Die Finanzperspektive allein reicht jedoch vermutlich nicht aus. Ein aus meiner Sicht erstklassiges Werkzeug zur Zielformulierung ist die von Kaplan/Norton beschriebene „Balanced Scorecard" (BSC).[4]

Die „Balanced Scorecard" in der Tiefe zu beschreiben, würde hier zu weit führen. Nur so viel: Für viele Firmen ist sie längst zum wertvollen und modernen Führungsinstrument geworden, weil sie mehrere Zielperspektiven gleichzeitig enthält. Frühere Management Tools arbeiteten häufig nur mit Kennzahlen der Finanzperspektive. Die Einseitigkeit

[4] Vgl. Kaplan/Norton, 1996.

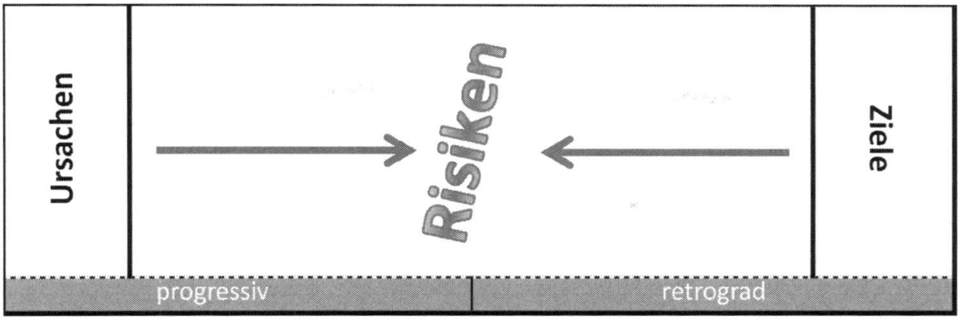

Abb. 4.4 Vorgehensweise retrograd vs. progressiv.

wurde bald erkannt. Die Anfang der 1990er-Jahre von Robert S. Kaplan und David P. Norton entwickelte BSC versucht die Erreichung von strategischen Zielen messbar zu machen, und dies eben nicht nur in der Finanzperspektive.

Sie formuliert auch Ziele aus der Kundenperspektive, der Lern- und Entwicklungsperspektive und der Prozessperspektive. Damit entsteht ein ganzheitlicher Blick auf die Ziele eines Unternehmens (vgl. Abb. 4.5).

Je mehr Ziele Sie pro Perspektive formulieren und mit Kennzahlen hinterlegen konnten, desto leichter wird Ihnen die Risikoidentifizierung fallen.

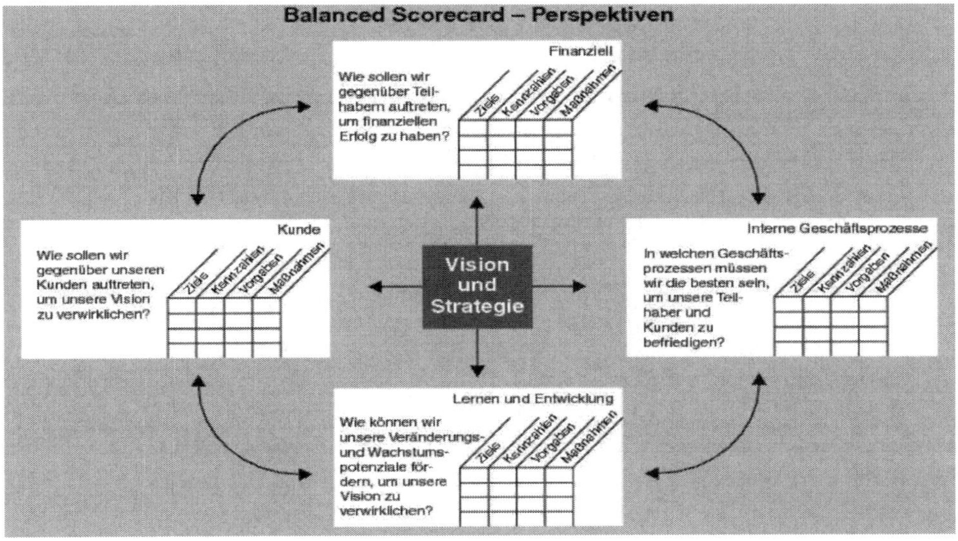

Abb. 4.5 Perspektiven der Balanced Scorecard (Quelle: Springer Gabler Verlag (Hrsg.), Gabler Wirtschaftslexikon, Stichwort: Balanced Scorecard, http://wirtschaftslexikon.gabler.de/Archiv/1856/balanced-scorecard-v7.html)

Eine fundierte Risikoidentifikation sollte aus einem kombinierten Vorgehen bestehen: Neben dem Identifizieren von Risiken durch die beschriebenen kommunikativen Methoden mit Mitarbeitern sollte die Risikoermittlung durch vier weitere Methoden ergänzt werden, die nachfolgend vorgestellt werden:

4.1.1.2 Analysen

Es gibt viele Möglichkeiten, Chancen und Risiken von Auslandsmärkten zu bewerten, selbst ohne das Land zu bereisen. Aufschluss geben zum Beispiel demographische Daten, wirtschaftliche und politische Trendszenarien, branchenspezifische Statistiken, Bilanzen der ausländischen Wettbewerber, Konsumentenverhalten im Zielmarkt, Markt-, Meinungs- und Motivforschungsergebnisse, Dienstleisterindizes, Produktionskostenstatistiken, der „Ease of doing business"-Report, Korruptionswahrnehmungsindizes, um nur einige zu nennen.

Es sei jedoch auf die inhärente Gefahr von Statistiken hingewiesen: Die Art der Datenerhebung ist oft undurchsichtig. Man denke nur an Arbeitslosenstatistiken, die mit oder ohne Saisonbereinigung veröffentlicht werden, an Online-Umsätze, die mit oder ohne Dienstleistungsumsätzen dargestellt werden, an Personalkostenstatistiken, die sich mit oder ohne Lohnnebenkosten erheben lassen. Wenn man vor Augen hat, dass in diese Statistiken auch noch landestypische Faktoren einfließen, dann sollte man den Zahlen die gebotene Vorsicht entgegenbringen. Da unterschiedliche Institute, bzw. internationale Vergleiche zwangsläufig unterschiedliche Ergebnisse liefern, ist ein kritischer Plausibilitätscheck und eine kombinierte Risikoidentifizierung umso wichtiger.

4.1.1.3 Expertenbefragungen

Rechtsanwälte, Steuerberater, Industrie- und Handelskammern sowie Außenhandelskammern sind erste und wichtige Anlaufstellen zur Beantwortung Ihrer Fragen. Die juristische und wirtschaftliche Kompetenz dieser Stellen hilft beim Überwinden der landestypischen Stolpersteine. Da Sie bei einer Firmengründung im Ausland vermutlich ohnehin einen Steuerberater vor Ort benötigen, kann die Beantwortung Ihres gut vorbereiteten Fragenkatalogs gleichzeitig ein Bewertungskriterium für die zukünftige Zusammenarbeit mit dem Steuerberater sein.

Tipps:

- Rechtsanwälte oder Steuerberater im Ausland sollten einen deutschen Hintergrund haben, bzw. deutsche Mandanten. So lassen sich Fehler vermeiden, die typischerweise bei deutschen Firmenkonstrukten auftreten.
- Formulieren Sie Fragen in den ungewissen Bereich: Nicht, bzw. nicht nur: Mit welchen Sozialleistungen ist zu rechnen? Sondern: Gibt es noch etwas, das sich in diesem Land zu den Lohnkosten addiert?

4.1.1.4 Im Ausland tätige, befreundete Unternehmen

Aus eigener Erfahrung kann ich sagen, dass einer der wichtigsten Bausteine im Ländermosaik immer der Austausch mit befreundeten Unternehmen war. Unternehmen, die in Deutschland ihre Wurzeln haben und den Schritt in den anvisierten Zielmarkt bereits vollzogen haben. Wenn man nicht in Konkurrenz zueinander steht, ist ein offener Erfahrungsaustausch für beide Seiten gewinnbringend. Es ist nur von Vorteil, dass Fehler, die andere schon gemacht haben, nicht nochmals wiederholt werden. Fragen wie: „Was war das größte Handicap?“, „Wovon sind Sie am meisten überrascht worden?“ oder „Inwiefern mussten Sie nach dem Start nachbessern?“ eröffnen meist ein weites Diskussionsfeld und führen nicht selten zu erstaunlichen Aha-Effekten. Wenn Sie keine Unternehmen kennen, fragen Sie bei der Außenhandelskammer des Ziellandes nach. Oder bei den Investitionsunterstützungs-Agenturen („Invest in…“). Hierbei handelt es sich meist um staatliche geförderte Unternehmen im Zielland, die ausländischen Investoren wertvolle Unterstützung anbieten. Nicht zu vergessen die teilweise vorhandenen Unternehmerverbände mit deutschen Wurzeln („Verband deutscher Unternehmer in …“).

Die Erfahrung zeigt, dass diese Kontakte nicht nur in der Analysephase von Nutzen sind. Wenn die Chemie und die Balance von gegenseitigem Geben und Nehmen stimmen, kann sich daraus eine vertrauensvolle, langfristige Partnerschaft entwickeln.

Aufschlussreich sind natürlich Unternehmen, die sich aus dem Auslandsmarkt wieder zurückgezogen haben.

4.1.1.5 Besichtigung vor Ort

Nichts ersetzt die Reise ins Zielland.

> „Was soll man denn vor Ort sehen?“

Die Frage ist gerechtfertigt. Doch wenn es hierauf eine eindeutige Antwort gäbe, wäre die Besichtigung vor Ort nicht mehr nötig. Der Sinn einer Besichtigung vor Ort ist das Aufnehmen von Eindrücken mit dem Weitwinkelobjektiv.

Je nachdem, ob Sie ein Büro, eine Firma, ein Einzelhandelsgeschäft eröffnen wollen, ob Sie eine Firmenübernahme planen, ein Logistikzentrum errichten oder mit Distributoren arbeiten möchten, Sie werden am besten bestimmen können, wo der Schwerpunkt und damit auch die größte Unsicherheit liegt: in der Produktion, im Vertrieb, beim Wettbewerb, im Bau?

30 bis 40 Manntage vor Ort nur für die Analysephase inkl. Wettbewerbsbeobachtung, sind keine Seltenheit und meist gut investiert. Nach meiner Erfahrung ist es besser, solche Reisen nicht alleine anzutreten, da der subjektive Eindruck täuschen kann. Ohne Sparringspartner sind die gesammelten Informationen zudem viel schwerer zu bewerten und zu gliedern. Ebenso wenig wie ich zum Alleingang rate, würde ich zu größeren „Reisegruppen“ raten, weil sie zu träge, zu unbeweglich sind und deswegen schwerer zu Ergebnissen kommen. Zweierteams eignen sich aus meiner Erfahrung am besten.

Wichtige Tipps:

- So viel fotografieren wie möglich. Da das Auge sehr selektiv wahrnimmt, werden einem manche Dinge erst beim Betrachten der Fotos bewusst.
- Gesehenes, Erlebtes, Besprochenes sofort in täglichen Berichten dokumentieren. Die Gefahr des Vergessens ist bei der Menge an Eindrücken sehr hoch.

4.1.2 Risiken aus der Praxis eines Business Development Managers

Neben den Werkzeugen zum Erreichen der besten Ergebnisse, ist eine Sammlung von Beispielen aus der Praxis sicherlich ein wertvoller Input für Sie.

Wo können welche Risiken erwartet werden?

Da jedes Unternehmen seinen eigenen Geschäftszweck hat und damit sehr spezifische Ausrichtungen, Ziele und Strukturen, ist sicherlich nur ein Teil der aufgeführten Aspekte für Sie von Relevanz (vgl. Abb. 4.6). Generell liegt es in der Natur von Checklisten, dass sie immer inkomplett und starr sind. Insofern können die nachfolgenden Beispiele nur Gedankenanstöße sein, die in Ihr Geschäftsfeld zu übersetzen sind.

4.1.2.1 Risiko Land

Manche geben sich beim Einschätzen des Länderrisikos mit der Bewertung einer Rating-Agentur zufrieden. Natürlich ist dieser Index geeignet, um einen ersten Eindruck über die Kreditwürdigkeit von Staaten, Unternehmen oder Anleihen und deren

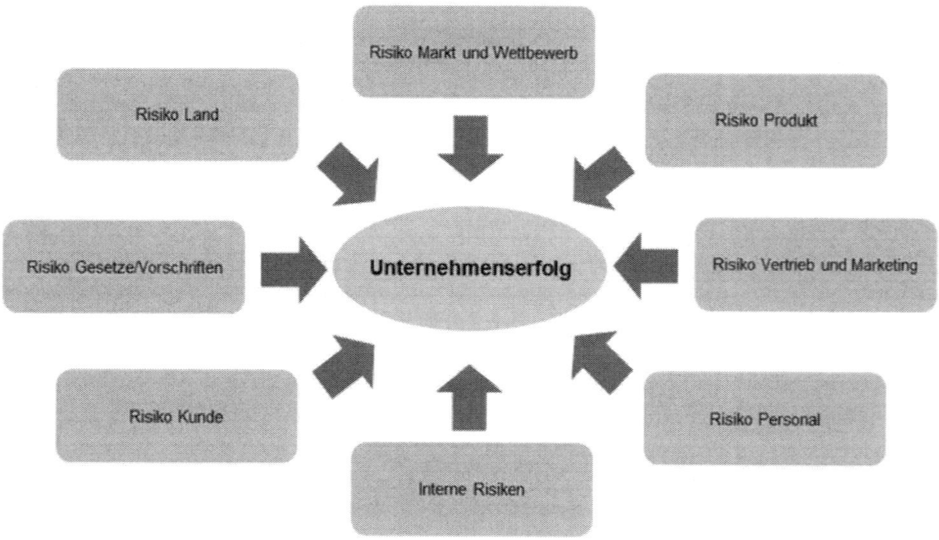

Abb. 4.6 Risikofelder im Business Development

Ausfallwahrscheinlichkeit zu gewinnen. Ist der Staat als Wirtschaftspartner integriert, hat „Triple A" sicherlich eine mittelbarere Bedeutung, als wenn Ihr Kunde der Endverbraucher ist. Jedoch ist es mit der Zahlungsfähigkeit eines Landes im Allgemeinen zum Thema Länderrisiken mit Sicherheit nicht getan.

Das Länderrisiko hat vielfältigste Aspekte und jeder einzelne muss sehr intensiv durchdacht sein.

Aspekte, die Sie zum Länderrisiko untersuchen sollten, sind in Tab. 4.4 aufgeführt.

Tab. 4.4 Risiko Land

Risiko	Mögliche Bedeutung/Zielführende Fragen
Einwohnerzahl	Welche Größe muss ein Land mindestens haben, um Ihrem Produkt, Ihrer Vertriebsform gerecht zu werden? Wenn Sie im B2B tätig sind oder nur eine ausgewählte Zielgruppe ansprechen: Steht die Größe der Zielgruppe in einem plausiblen Verhältnis zur Einwohnerzahl? Z.B. wenn Sie Spielgeräte im B2B vertreiben: Anzahl Kindergärten zur Einwohnerzahl.
Fläche, geographische Gegebenheiten	Inwiefern kann die Landesgröße und Beschaffenheit ein Risiko darstellen? Zollfreie Gebiete, Inselstaaten, schwer zugängliche Gebiete? Ein zerklüftetes Land wie Dänemark mag ggf. schwerer bearbeitbar sein als das Ruhrgebiet. Ich kenne Unternehmen, die sich sogar aus Teilen Österreichs zurückgezogen haben, da eine Zugänglichkeit in manche Täler zu wenig effektiv war.
Bevölkerungsdichte	Kann ein Risiko aus der Bevölkerungsdichte für Ihren Vertriebsweg entstehen? Ein dünn besiedeltes Land wie Nordschweden ist in der Kosten-Nutzen-Rechnung sicherlich anders zu bewerten als im dichter besiedelten Südschweden. Wo liegen in Ihrem Vertriebsweg die Kosten-Nutzen-Grenzen?
Bevölkerungsstruktur- und Entwicklung (Alter, Nationalitäten, Geschlecht, Religion)	Wer in einem streng religiösen Land Reizwäsche verkaufen will, wird auf Gegenwehr stoßen, klar! Aber es gibt auch weniger offensichtliche Faktoren. Wie steht es um die Altersverteilung? Wie hoch ist der Anteil der Frauen an der Bevölkerung? Wie hoch der von Männern? Wurde eine Ein-Kind-Politik verfolgt und welche Auswirkungen hat das in x Jahren? Welche Religion ist die Hauptreligion? Und wie sehen die langfristigen Trends aus?
Aufteilung Stadt/Land	Häufig werden die Metropolen besucht, um sich ein Bild des Landes zu machen. Aber wie sieht es abseits der großen Städte aus? Beispielsweise ist die Gastronomiequalität und -quantität in Deutschland im Stadt-Land-Vergleich sehr homogen. In vielen osteuropäischen Ländern beispielsweise wird man jedoch abseits der Städte und Touristenzentren eine nur sehr geringe Dichte an hochwertiger Gastronomie finden.
Kaufkraft	Die Kaufkraft ist der Indikator für den wirtschaftlichen Wohlstand einer Bevölkerung und damit einer der wichtigsten Indikatoren, wenn es um die Konsumgüterindustrie handelt. Der Kaufkraftindex gibt die Kaufkraft einer Region im Vergleich zum Gesamtland wieder.

Risiko	Mögliche Bedeutung/Zielführende Fragen
Arbeitslosenquote	Welche Risiken (oder auch Chancen) können aus einer hohen Arbeitslosenquote resultieren? Leider ist dieser Index eine Momentaufnahme und nicht als Trend darstellbar. Noch in 2007 galt Spanien mit einer AL-Quote von unter 10% als florierendes und zukunftsträchtiges Investitionsland. Ende 2013 lag sie bei 27%, die Jugendarbeitslosigkeit sogar bei 57%.
Inflation	Neben der sinkenden Kaufkraft, die im Endverbraucherbereich ein Risiko für Ihre Umsatzerwartungen darstellen wird, gelten für Hochinflationsländern sogar eigene Vorschriften zur Rechnungslegung.
Politisches Risiko	Nicht nur die Extremszenarien wie Krieg, politische Umstürze und Konfiskation sollten hier in Betracht gezogen werden. Spielen Sie auch die für Ihr Business spezifischen Risiken durch, die ein ganz „normaler" Regierungswechsel mit sich bringt.
Sozialer Friede	Auch hier ist es wichtig, nicht nur an die Extreme von brennenden Autos, Krawallen und Gewalt auf den Straßen zu denken, sondern auch an die schleichenden Prozesse von sozialem Unfriede, der sich auf Ihre Belegschaft auswirkt und ein erhöhtes Risiko für Demotivation, Mobbing oder dolosen Handlungen darstellt.
Staat als Wirtschaftspartner	Staat als unmittelbarer Wirtschaftspartner: siehe politisches Risiko, Bonität, Transferstopprisiken, Fremdwährungsrisiken. Staat als indirekter Wirtschaftspartner: inwiefern kann er auf Ihre Kunden, auf Ihre Geschäftstätigkeiten Einfluss nehmen?
Kommunikation	Missverständnisse und Konflikte, die auf ein Fehlen von interkultureller Kommunikationskompetenz zurückgehen, können ganze Projekte und Geschäftsabschlüsse zum Scheitern bringen. Besteht bei den involvierten Mitarbeitern ein gewisses Maß an interkultureller Kompetenz oder wird die eigene Kultur als Maßstab aller Dinge betrachtet? Wurde ein interkulturelles Training in Betracht gezogen?
Sprache, Sprachvielfalt	Obwohl Sprache eines der offensichtlichsten Risiken ist, wird sie häufig unterschätzt. Mit nichts identifiziert sich der Mensch so sehr wie mit seiner Sprache. Diese nicht komplett zu treffen, ist einer der stärksten Ablehnungsfaktoren. Negativ-Beispiele aus der Praxis: Der Einsatz von spanischen Mitarbeitern in einem argentinischen CallCenter, weil man aus deutscher Sicht dachte, die Sprache sei ja „das gleiche". Oder sprachliche Unterschiede innerhalb eines Landes „nur" als Dialekt anzusehen, wie catalan und spanisch, wie flämisch und wallonisch in Belgien, schwedisch und finnisch in Finnland.

Risiko	Mögliche Bedeutung/Zielführende Fragen
	Achten Sie auch sehr darauf, dass die Führungskräfte in Ihrem Auslandsmarkt die Deutsche Sprache nicht nur beherrschen, sondern sich fast wie in der Muttersprache bewegen können. Es ist nicht zu unterschätzen, wie viel nicht umgesetzt wird, weil es nicht verstanden worden ist. Und was macht der Mensch, der etwas nicht versteht? Nachfragen? Leider häufig nicht. Er wird es so lösen, wie er es selbst für die beste Lösung hält. Beachten Sie unbedingt, die Bedeutung Ihres Firmennamens oder Ihrer Produktnamen in der Fremdsprache abklären zu lassen. Um sprachliche Risiken zu minimieren, ist es letztlich auch wichtig, die eigenen Mitarbeiter in der deutschen Zentrale auf eine verständliche, deutsche, dialektfreie und abkürzungsfreie Sprache hinzuweisen.
Kultur	Was macht die Kultur eines Volkes aus? In Bezug auf Ihr Produkt? Sind die kulturellen Unterschiede weitgehend bekannt? Inwiefern können diese ein Risiko für Ihre Geschäftstätigkeit darstellen?
Infrastruktur	Inwiefern könnte eine andere, ggf. instabilere Infrastruktur Risiken bieten? Wasser-, Strom-, Erdgasversorgung? Besteht eine belastbare externe IT-Infrastruktur? Wie häufig gibt es Ausfälle? Inwiefern könnte das Ihr Geschäft beeinflussen? Verkehr und postalische Infrastruktur?
Währung	Wechselkursschwankungen können gleichermaßen Chance als auch Risiko sein. Unterscheiden Sie hier das Translationsrisiko (das Umrechnen von buchhalterischen Positionen, das, wenn auch nicht zahlungswirksam zu einem geringeren EBIT der Tochter innerhalb der Konzernkonsolidierung führt) und das Transaktionsrisiko (Forderungen und Verbindlichkeiten in Fremdwährung, deren Kursschwankungen sich direkt auf das Ergebnis auswirken.) Inwiefern kann Ihr Businessplan dadurch entstehende Schwankungen verkraften?
Ease of doing Business	Der „Ease of Doing Business"-Index (ein Ranking der Weltbank aufgrund von 10 Kriterien, die einen Firmenaufbau begünstigen oder beeinträchtigen) ist eine interessante Statistik, deren Inhalte aber dennoch im Gespräch mit dem lokalen Steuerberater diskutiert werden müssen. Trotz eines günstigen Rankings kann ggf. das simple Eröffnen eines Bankkontos unerwartet lange dauern (es gibt Beispiele mit bis zu einem halben Jahr) und damit ein gefährdendes Risiko darstellen.
Zeitzonen	Welche Ihrer Prozesse sind zeitkritisch? Inwiefern kann sich ein ungünstiges Zeitzonenverhältnis auf Ihre Prozesse auswirken?

4.1.2.2 Risiko Gesetze/Vorschriften

Risiken bestehen hier insbesondere in der Unkenntnis der Gesetzeslage. Manche Vorschriften werden lediglich eine Abmahnung, dann ggf. eine zweite und erst dann wirklich ernste Schritte zur Folge haben. Auch ein Bußgeldbescheid wird noch kein existenzielles Risiko darstellen. Aber es gibt natürlich Vorschriften, die im schlimmsten Fall den sofortigen Stopp Ihrer Geschäftstätigkeiten bedeuten oder hohe Strafen nach sich ziehen. Verzichten Sie nicht auf juristische Unterstützung.

Tab. 4.5 zeigt mögliche Gesetze und Vorschriften. Diese Liste hat natürlich keinen Anspruch auf Vollständigkeit, sondern dient lediglich der Gedankeninspiration für Ihr Brainstorming.

4.1.2.3 Risiko Kunde

Warum sollte die Zielgruppe im Auslandsmarkt so grundlegend anders sein, als die Zielgruppe in Deutschland? Risiken liegen in anderen Befindlichkeiten, in einer anderen Kultur und letztlich ganz pragmatisch in Zahlen rund um die Zielgruppe (siehe Tab. 4.6).

Tab. 4.5 Risiko Gesetze/Vorschriften

Risiko	**Mögliche Bedeutung/Zielführende Fragen**
Versand-Transportbestimmungen	Zoll- und Einfuhrbestimmungen, Transportgesetze, Verpackungsverordnungen, Bestimmungen zu Gefahrgütern
Personal	Arbeitnehmer-, Arbeitgebergesetze, Arbeitszeitengesetze, Mutterschutzgesetze, Jugendarbeitsschutzgesetze, Kündigungsschutzgesetze, Vorschriften von Gewerkschaften und Berufsgenossenschaften, Arbeitsplatz- und Arbeitssicherheitsvorschriften
Firmengründung	Subventions- und Firmenförderungsbestimmungen, Baugesetze, Brandschutzvorschriften, Gewerbeordnung, Mietvorschriften, Ladenöffnungsgesetze, HGB, BGB
Buchhaltung	Intrastat-Vorschriften, Gewerbeordnung, Veröffentlichungsvorschriften, Steuergesetze, Umsatzsteuerverordnungen, Bilanzierungsregeln, Bank- und Zahlungsvorschriften
Produkt/Kunde	Markenschutz- und Urheberrechtsgesetze, Geschmacksmustergesetz, Verbraucherschutzgesetze, Haftpflichtgesetz, insbes. Produkthaftungsgesetz, übliche Gesetze in Ihrer Branche, für Ihr Produkt
Kommunikation	Datenschutzgesetze, Telekommunikations- und Telemediengesetz, Impressumspflichten, Wettbewerbsgesetze
Umwelt	Umweltschutzbestimmungen, Entsorgungsgesetze

Tab. 4.6 Risiko Kunde

Risiko	Mögliche Bedeutung/Zielführende Fragen
Kundenanzahl	Wie groß ist Ihre Zielgruppe? Erreicht sie die kritische Größe? Um welche Quote dürfen Sie sich verschätzen, damit der Geschäftserfolg nach wie vor gesichert ist?
Kundenbedürfnisse	Inwiefern könnte ein eklatantes Abweichen der Kundenbedürfnisse Ihren Markterfolg gefährden? Wie sehr akzeptiert der Kunde hierzulande gängige und beliebte Vertriebsformen wie z.B. Versandhandel oder Internethandel? Versandhandel ist Distanzhandel - will das zum Beispiel der portugiesische oder kroatische Kunde? Oder umgekehrt, gibt es Länder, in denen es nicht ohne Distanzhandel funktioniert?
Einkaufsverhalten	Gerade, wenn Sie im Investitionsgüterbereich tätig sind, besteht ein hohes Risiko durch ungeschriebene Gesetze zu Ausschreibungsverfahren. Fragen Sie nach! Wenn Ihr Kunde der öffentliche Sektor ist oder der Staat als Wirtschaftspartner beteiligt ist, ist das Regelwerk umso vielschichtiger.
Einstellung zu ausländischen Produkten	Was bedeutet „Made in Germany" allgemein in Ihrem Zielland und was spezifisch bzgl. Ihres Produkts? Welche Bedeutung hat Deutschland in Ihrem Auslandsmarkt?

4.1.2.4 Risiko Markt und Wettbewerb

Eine fundierte Wettbewerbsbeobachtung gehört mit zu den wichtigsten Aufgaben im Business Development. Wer den Wettbewerb nicht gründlich studiert, arbeitet am Markt vorbei. Man stelle sich vor, der Trainer eines Fußballbundesligisten analysiert den Gegner nicht. Er kennt also weder die gegnerischen Spieler, noch deren Stärken und Schwächen. Jeder, der sich auch nur hobbymäßig mit der Materie beschäftigt, würde diesem Trainer keine großen Zukunftschancen geben. Ähnlich verhält es sich in der Wirtschaft. Betriebe, die ihre Konkurrenten außer Acht lassen, werden früher oder später die Quittung dafür bekommen.

Häufig wird die Frage gestellt, ob man für diese Markt- und Wettbewerbsbeobachtung nicht ein Marktforschungsinstitut beauftragen kann.

Das ist natürlich ein gangbarer Weg, jedoch gibt man damit sehr viel Verantwortung aus der Hand. Deshalb dürfen die eigenen Erfahrungen der Wettbewerbsbeobachtung niemals fehlen. Sie selbst werden mit einem viel weiteren Spektrum Informationen aufnehmen und daher risikoorientierte Handlungsweisen besser ableiten können. Und vor allem: Durch die eigene Wettbewerbsbetrachtung werden sich Fragen ergeben, die Sie vorher noch gar nicht hatten.

Eine Kombination von beauftragter Studie und selbstgenerierten Erkenntnissen ist sicherlich sinnvoll (siehe Tab. 4.7).

Tab. 4.7 Risiko Markt und Wettbewerb

Risiko	Mögliche Bedeutung/Zielführende Fragen
Definieren des Wettbewerbs	Wer ist der maßgebliche Wettbewerb? Wie können Sie sicher gehen, keinen Wettbewerber übersehen zu haben? Aber auch: haben Sie aus der Vielzahl der Wettbewerber die Kernwettbewerber identifiziert, um eine Verzettelung zu vermeiden?
Preis	Wenn Sie marktgerechte Preise machen und sich damit am Wettbewerb ausrichten müssen, ist die Frage, ob Sie Ihre Recherchen wirklich auf den endgültigen Preis gestützt haben. Offizielle Preisauszeichnung vs. was zahlt der Kunde wirklich? (Brutto, Netto, Skonto, Rabatt, etc.) Ein Stützen auf falsche Preise kann verheerende Folgen haben.
Services	Welche Dienstleistungen bietet der maßgebliche Wettbewerb, die für Ihre Kunden wichtig sind?
USPs	Welche „Unique Selling Propositions" haben die Produkte Ihres Wettbewerbs? Warum kaufen die Kunden dort bisher? Was macht Wettbewerber A besser als Wettbewerber B?
Akzeptanz	Warum sind Wettbewerber akzeptiert und andere nicht? Ich habe auf einer Wettbewerbsbeobachtung im Ausland (als Kunde ausgegeben) erlebt, dass ich in jedem zweiten Geschäft gefragt wurde, ob ich mit oder ohne Mehrwertsteuer einkaufen möchte. Dann war klar, warum die Kunden nicht bei uns kauften. Leider ein K.O.-Kriterium für uns als Firma.
Stärken/Schwächen	Setzen Sie alle für Sie maßgeblichen Kriterien in eine Stärken/Schwächen-Matrix und vor allem: Schätzen Sie dazu Ihre eigene Position ein. (Sortimentstiefe, -breite, -qualität, -innovation, Preis, Marketing, Web-Präsenz usw.) Wo können Sie mithalten? Wo müssen Sie sich noch strecken, um mithalten zu können? Und wo wollen Sie gar nicht mithalten? Und warum können Sie sich das leisten?

4.1.2.5 Risiko Produkt

Neben klassischen Produktrisiken, wie Imageverlust, Haftung oder erhöhtem Wartungsaufwand, besteht im Business Development die Gefahr in einer gewissen „Produktverliebtheit". Das eigene Produkt steht in der Selbstwahrnehmung oft über dem Fremdprodukt. Beachten Sie, dass Sie Ihr Produkt von Dritten bewerten lassen sollten. Nehmen Sie einerseits Hilfe von Juristen in Anspruch, die Sie über ein mögliches gesetzliches „No-Go" von Teilen Ihres Produktportfolios aufklären können. Befragen Sie aber auch potentielle Kunden, deren spontane Äußerungen wertvolle Hinweise für Sie sein können (siehe Tab. 4.8).

Tab. 4.8 Risiko Produkt

Risiko	Mögliche Bedeutung/Zielführende Fragen
Akzeptanz	Inwiefern konnten Sie sicherstellen, dass Ihr Produkt im Ausland dieselbe Akzeptanz wie auf bekannten Märkten hat? Inwiefern haben Sie Ihre Umsatzziele einer anderen Produktakzeptanz angepasst? Was könnten Ursachen für eine höhere oder niedrige Akzeptanz Ihres Produktportfolios sein?
Preis	Bevor Sie mit Ihrem Produkt in den Auslandmarkt eindringen, ist festzulegen, welche Preisstrategie für das Produkt verwendet werden soll. Die Gefahr von zu hohen Preisen bedeutet ein „Am-Markt-Vorbeiarbeiten" und damit eine ggf. zu geringe Kundenresponse. Die Gefahr von zu niedrigen Preisen bedeutet ein ggf. zu geringes EBIT oder gar eine zu geringe Wertschätzung Ihres Produktes. Ist die im Heimatmarkt verwendete Preispolitik die richtige oder muss eine andere Strategie entwickelt werden? Inwiefern kann eine falsche Preispolitik Ihren Erfolg gefährden?
Markenimage	Mit welchem Image vermarkten Sie Ihr Produkt im Heimatland? Passt diese Markenstrategie auch für das Zielland? Für den Fall, dass Sie eine andere Markenstrategie wählen, schadet bzw. verwässert das Ihre Markenarbeit im Heimatland?
Service	Welche Services muss Ihr Produkt ggf. im Zielland zusätzlich bieten, um dort erfolgreich zu sein? In welchen Bereichen wird z.B. Customizing im Ausland verlangt, während dieser Aspekt in Deutschland keine Rolle spielt? Inwiefern können Wartung und Reparatur eine andere Rolle spielen und damit ein Risiko bergen?
USP	Ist der hiesige USP tatsächlich auch im Ausland der USP? Wenn eine Metzgereikette beispielsweise fettreduzierte Omega3-Wurst als absoluten Renner in Deutschland verkauft, muss dies nicht im Ausland ebenso sein. Machen Sie sich Gedanken, welches Risiko entstehen kann, wenn Sie „auf das falsche Pferd setzen."
Adaptierbarkeit	Besteht bei Ihren Produkten in gewisser Weise die Notwendigkeit zur Adaptierbarkeit? Stromversorgung (auch Stecker) bei Elektrogeräten, Beschriftungen von Ware, Größenanpassungen bei Kleidung.
Gesetze	Welche Gesetze muss Ihr Kunde beachten, die ihm den Einkauf Ihrer Produkte unmöglich machen? Zum Beispiel können Sie theoretisch nicht kurzärmlige Kochjacken in Italien verkaufen, da die Gastronomiegesetze aus Sicherheitsgründen nur langärmlige Kochjacken vorschreiben. Bestehen in Ihrem Zielland höhere Anforderungen an Zertifizierungen und Prüfplaketten als bei uns?
Produktauszeichnung	Welche Auszeichnungspflichten bestehen für Ihr Produkt im Zielmarkt? Aus eigener Erfahrung kenne ich schlaflose Nächte, weil wir kurz vor Inbetriebnahme einer Niederlassung erst von einem völlig überraschenden Preisauszeichnungsgesetz für Textilien erfuhren, dem wir bedingt durch unser Logistiksystem nicht hätten gerecht werden können. Das komplette Projekt, das bereits enorme Investitionskosten verschlungen hatte, wäre beinahe gekippt.

4.1.2.6 Risiko Vertrieb und Marketing

Die Auswirkung von Fehlern im Vertrieb und Marketing sind in der Regel Umsätze, die unter den Erwartungen liegen. Hierbei handelt es sich nicht zwangsläufig um ein Risiko, sondern um klassisches Unternehmertum. Ob man von einem Risiko, vielleicht sogar von einem existentiellen Risiko sprechen kann, hängt davon ab, wie hoch die Fixkosten bzw. die vorab getätigten Investitionen sind (siehe Tab. 4.9).

Tab. 4.9 Risiko Vertrieb und Marketing

Risiko	Mögliche Bedeutung/Zielführende Fragen
Standort	Je nachdem, ob Ihr Standort für Produktion, Einzelhandel oder lediglich ein Büro ohne Kundenverkehr ist, bestehen die verschiedensten Anforderungen an einen Standort. Es gibt Beispiele, dass nur unter den Gesichtspunkten Vertrieb und Personalrecruiting ausgewählt wurde und zu spät erkannt wurde, dass die Infrastruktur für IT so gut wie nicht vorhanden war und nur mit ungeplanten, erheblichen Mehrkosten und zeitlichen Verzögerungen ein Weg gefunden werden konnte. Ebenso wurden auch schon Regionen ausgewählt, die dem Image für den nationalen Vertrieb nachhaltig schadeten, weil unterschwellige kulturelle Abneigungen vorhanden waren, die nicht von vornherein identifiziert waren.
Vertriebsform	Welches Risiko birgt Ihre Vertriebsform? Einzelhandel, Distanzhandel, Großhandel, Internet-Vertrieb? Was könnten Gründe sein, dass die im Inland gelebte Vertriebsform im Ausland nicht in gleichem Maße akzeptiert oder praktikabel ist?
Vertriebspartner	Inwiefern kann der Vertriebspartner ein Risiko darstellen? Welche Rechte, welche Pflichten haben Sie ihm gegeben? Welche Risiken können Ihnen entstehen aus z.B. Eigentumsvorbehalt, Gerichtsstand, Haftpflicht, Lieferverzug, Gewährleistung, Produkthaftpflicht, Zahlung, Exklusivrechte, um nur einige zu nennen.
Kostenrisiko	Wo liegen die größten Kostenrisiken, die die Expansion zum Scheitern bringen könnten? Welche Missverständnisse in Lieferanten- und Dienstleister-Verhandlungen könnten bestehen, die eine Kostenexplosion in untragbarer Höhe bedeuten würden? Welche Skaleneffekte ergeben sich? Z.B.: Ihr Umsatz liegt unter den Erwartungen, dadurch vermindert sich nicht nur Ihr Ertrag, dadurch erhöhen sich ggf. die mit den Lieferanten verhandelten Preise, da diese auf Grundlage Ihrer erwarteten Umsätze angeboten haben. Inwiefern hat Ihr Business-Plan Spielraum dafür?
Terminrisiko	Welche Deadlines haben welche Bedeutung und welche Dominoeffekte?
Marketingmedien	Welche Medien wurden ausgewählt? Inwiefern sind andere Kommunikationswege sinnvoller? Wie schnell könnten Sie auf andere Medien umsteigen, sollten sich die gewählten Mittel als ungünstig herausstellen?

Risiko	Mögliche Bedeutung/Zielführende Fragen
„Look and Feel"	Inwiefern kann das gewohnte „Look and Feel" ein Risiko sein? Was muss in den verschiedenen Medien adaptiert werden? Layout, Tonalität, Technik?
Imagerisiken	Welche Imagerisiken können entstehen? Nicht nur für das neue Geschäft. Auch Imageschaden, ausgelöst durch das neue Geschäft, jedoch mit Auswirkungen auf den Heimatmarkt. Ich kenne Firmen, die bei sehr großem zu erwartendem Risiko im Ausland einen Firmennamen für das neue Geschäft gewählt haben, der keinen Bezug zu der deutschen Firma herstellen lässt.
Elementarschäden	Inwiefern sind Gefahren für Gebäude und Mensch anders einzuschätzen als im Heimatland? Welche Einwirkungen der Natur sind dort anders einzuschätzen?
Risiko IT	Ausfall von Telefon, Internet, Warenwirtschaftssystem und weiteren existenziellen Technologien? Inwiefern können sich die IT-Risiken im Ausland von den Ihnen bekannten Risiken unterscheiden? Welche Risiken können aus mangelnder Datensicherung entstehen?

4.1.2.7 Risiko Personal

Wer ins Ausland expandieren will, sollte ein hohes Maß an kulturellem Interesse gegenüber Mensch und Land mitbringen. Respekt für andere Lebensweisen, Akzeptanz von Andersartigkeit und Toleranz gegenüber anderen Arbeitsweisen, sollten eine Selbstverständlichkeit sein. Wer diese Bereitschaft nicht mitbringt und lediglich eine deutsche Vorstellung ins Ausland kopieren will, wird sich nicht nur um viele interessante Begebenheiten bringen, er wird auch früher oder später an seine Grenzen stoßen (siehe Tab. 4.10).

Tab. 4.10 Risiko Personal

Risiko	Mögliche Bedeutung/Zielführende Fragen
Produktivität	Inwiefern können Sie von einer ähnlichen Produktivität wie in Deutschland ausgehen? Wie viel mehr Mitarbeiter als in Deutschland werden Sie benötigen? Länder mit geringerer Produktivität haben zwar häufig auch ein geringeres Lohnniveau, dennoch kann sich ein Verschätzen in diesem Bereich eklatant auf die Personalkostenquote auswirken.
Qualitätsverständnis	Qualität ist einer der wichtigsten Wettbewerbsfaktoren. Können Sie davon ausgehen, dass das Qualitätsverständnis im Ausland ähnlich dem Deutschen ist? Dass Ihre Mitarbeiter ein ähnliches Qualitätsverständnis für Service und Kundenberatung haben?

Risiko	Mögliche Bedeutung/Zielführende Fragen
Führungsverständnis	Inwiefern können gelebte Führungsstrukturen und Führungsbeziehungen für das Zielland ungeeignet sein? Man muss nicht nach Ruanda gehen, um festzustellen, dass zum Beispiel der Wunsch zu Teamarbeit als Führungsschwäche des Vorgesetzten ausgelegt wird. Können Sie mit der bewährten Führungskultur auch das ausländische Unternehmen zielgerichtet und erfolgreich steuern?
Prozess-Transparenz	Wie gut sind Ihre Prozesse beschrieben, um im entfernten Ausland richtig verstanden zu werden und damit Anwendung gemäß Ihrer Vorstellung zu finden? Wie gut wurde geschult? Wie langfristig gecoacht? Betrachten die Mitarbeiter die Schulungen als Holschuld oder als Bringschuld? Wie nachhaltig wird kontrolliert?
Philosophietransfer	Was sind die Inhalte Ihrer Firmenphilosophie? Welche weiteren ungeschriebenen Gesetze gibt es? Welches Risiko entsteht, wenn diese „Soft-Faktoren" nicht ankommen und/oder nicht gelebt werden?
Austrittsrisiko	Ich kenne Unternehmen, die stark von Fluktuation betroffene Bereiche ihres Business bewusst vom Hauptstandort der Auslandsniederlassung ausverlagert haben in strukturschwache Gebiete, um so dem Austrittsrisiko (=Knowhow-Verlustrisiko und erhöhte Kosten) entgegenzuwirken. Inwiefern ist der Ausfall von Schlüsselpersonen, von Wissensträgern eine Gefahr für Ihr Unternehmen?
Loyalitätsrisiko	Wie hoch ist die Gefahr für dolose Handlungen? Inwiefern bestehen besondere Gefahrenpotentiale in den Faktoren: Mensch, Gelegenheit, Entdeckungsrisiko und Strafen? Warum könnte die Gefahr anders als im Heimatmarkt einzuschätzen sein?

4.1.2.8 Interne Risiken (Projektrisiken)

Risikomanagement assoziiert man gerne mit weit entfernt liegenden Risiken. Die Risiken, die aus dem allerinnersten Kern der Firma kommen, werden jedoch gerne zu wenig beachtet (siehe Tab. 4.11). Aus eigener Erfahrung würde ich diesem Risiko eine ausreichend hohe Aufmerksamkeit schenken.

Tab. 4.11 Interne Risiken

Mögliches Risiko	Mögliche Bedeutung
„Chefsache"?	Ich kenne Unternehmen, die „auch bisschen Business Development" betreiben wollten und immer einen jungen, erfolgreichen Auszubildenden zum „Leiter Business Development" erhoben haben. Sie wunderten sich, warum es nie zu wirklich durchschlagenden Erfolgen kam. Business-Development-Projekte bedeuten einen extrem hohen Kraftaufwand, extrem hohe Konzentration und Ressourcenaufwand für ein Unternehmen. Es muss in der obersten Hierarchieebene angesiedelt sein.
Kommunikation	Geschäftsfeldentwicklung muss von allen beteiligten Bereichen im Unternehmen als notwendig und gewollt angesehen werden. Stockt die Kommunikation, werden Ablehnung und Verweigerung die Folge sein. Ich kenne Beispiele aus Firmen, wo genau diese Kommunikation auf Mitarbeiterebene fehlte, gleichzeitig der neue Geschäftsbereich von der Führung als "Lieblingskind" dargestellt wurde. Ablehnung auf breiter Ebene war die Folge.
Projektauftrag	Eine große Gefahr besteht in dem nicht sauber beschriebenen Projektauftrag. Es gibt immer wieder Fälle, bei denen die Projektarbeit aufgrund von „ein, zwei Gedanken" des Vorgesetzten startet. Meist stellt man nach mehreren Monaten Analysearbeit im Team fest, dass der Vorgesetzte ganz andere Vorstellungen hatte. Ein fehlender, schriftlich fixierter Projektauftrag mit Zeit- und Kostenrahmen, Meilensteinen, einer klaren Ausgangs- und einer klaren Zielbeschreibung, zu der sich Auftraggeber und Auftragnehmer committen, ist aus meiner Sicht eines der höchsten Risiken.
Projektleiter	Die Rolle des Projektleiters ist in einem Business Development Projekt nicht zu unterschätzen. Er ist verantwortlich für Budget, Ressourcen, Teammotivation. Er muss um Management-Attention kämpfen, frühzeitig auf Risiken oder nicht mehr einhaltbare Ziele hinweisen. Er muss Entscheidungsgrundlagen für das Top-Management generieren. Und: Wenn etwas schief geht, ist immer der Projektleiter schuld. Machen Sie sich Gedanken, welches Risiko hier speziell in Ihrem Firmenkonstrukt zu sehen ist.
Projektteam	Wie intensiv arbeitet das Projektteam mit? Ist es motiviert, nicht nur das nötigste zu tun, sondern mit einer nahezu exzessiven Detailverliebtheit die Aufgaben zu erledigen? Im Business Development besonders wichtig: Ist Energie vorhanden für ein permanentes kritisches Hinterfragen von augenscheinlichen Tatsachen? Hat das Team noch „Hunger" und „Motive" oder ist es „satt"?
Kosten- und Terminrisiko	Inwiefern besteht ein Risiko aus dem nicht Einhalten von gesetzten Fristen? Verschiebt sich „nur" der Starttermin, oder werden Vertragsstrafen auf Sie zukommen? Was sind die zeitkritischen Erfolgsfaktoren?

4.2 Risikobewertung

Ziel dieser Phase ist es, die erkannten Risiken zu strukturieren und zu bewerten. Im schlechtesten Fall kommen Sie gerade aus einem Workshop, dessen Ergebnis eine wilde Sammlung von Klebezetteln ist.

Jetzt gilt es, den Berg an Ideen strukturiert auf Papier zu bringen, bzw. zu digitalisieren.

Natürlich gibt es für Risk Management geeignete Software. Im Normalfall kann jedoch Excel genau das erfüllen, was nötig ist. Selbst in großen Konzernen bildet Excel die Basis für das gesamte Risk Management.

Denn: Risk Management im Business-Development-Projekt sollte nicht als externer Prozess auf externen, komplizierten Plattformen stattfinden, sondern als integriertes Kernelement des unternehmerischen Handelns. Ein pragmatischer und effizienter Zugang zum Risk Management ist daher bedeutend.

Klassischerweise sollte Ihr Risikokatalog so aussehen, wie in Tab. 4.12 dargestellt.

In der Praxis werden häufig noch weitere Spalten hinzugefügt, wie zum Beispiel: Laufende Nummer, Kategorie, Unterkategorie, Datum oder Grund der Erhebung, Herleitung zu Schadensausmaß, Herleitung zu Eintrittswahrscheinlichkeit, Brutto- und Nettorisiko etc.

Die Bedeutung der einzelnen Spalten:

Risiko Das Risiko sollte hier stichpunktartig beschrieben werden, meist in substantivierten Verben plus Objekt, z.B.: „Ausfall von Zahlungen", „Auftreten von gesetzlichen Barrieren", „Wegfall von A-Lieferanten"

Risikobeschreibung Bei der Risikobeschreibung gilt der Grundsatz: Risiken müssen so beschrieben sein, dass sie wehtun. Beispiel: Nicht: „Lieferrisiko" sondern „Unerwartet viele oder hohe Lieferungen treffen verspätet oder zu spät für Prozess xy ein."

Risikoursache Was können die möglichen Auslöser sein? Beispiel: „Ungeahnt lange Bearbeitungszeiten durch den Zoll", „Spediteur kann Ware nicht maschinell lesen."

Konsequenz Die Konsequenz muss deutlich zeigen, was die unmittelbaren und mittelbaren Folgen des Risikos sind: „Wir verärgern und verlieren Kunden".

Eintrittswahrscheinlichkeit und Schadensausmaß Die Basisanforderungen an eine aussagefähige Risikobewertung ist das Auseinandersetzen mit Eintrittswahrscheinlichkeit und Schadensausmaß. Die Größe des Risikos, also der Risikowert, wird in folgender Formel dargestellt:

Risikowert = Eintrittswahrscheinlichkeit * Schadensausmaß

Im Risikomanagement für bestehendes Geschäft kann man sich vielleicht mit Wahrscheinlichkeitsberechnungen, mit Stochastik und Statistik auseinandersetzen. Im Business Development haben wir jedoch Gleichungen mit extrem vielen Unbekannten. Eine mathematische Verknüpfung von mehreren geschätzten Einzelfaktoren, eine Quantifizierung von Korrelationen zwischen Eintrittswahrscheinlichkeiten, deren Sicherheitsgrad bei vielleicht 50% liegt, ist und bleibt doch nur eine Schätzung.

Tab. 4.12 Muster Risikokatalog

Risiko	Beschreibung	Ursache	Konsequenz	Eintrittswahrscheinlichkeit	Schadensausmaß	Risikowert	Maßnahmen	Verantwortlicher	Frist
Stichwort	Welches Ereignis, Sachstand, Tatsache könnte eintreten	Was verursacht das Risiko? Wo liegen die Gründe	Was sind die Folgen? Welche Probleme treten auf?	1 = sehr gering 2 = gering 3 = möglich 4 = hoch 5 = sehr hoch	1 = vernachlässigbar 2 = gering 3 = spürbar 4 = bedrohlich 5 = existenzgefährdend	grün = gringes Risiko gelb = mittleres Risiko rot = hohes Risiko	Wie kann möglichst hohe Sicherheit erreicht werden?	Wer ist für die definierte Maßnahme verantwortlich?	Bis wann haben die Ergebnisse vorzuliegen?

Deshalb ist es im Business Development aus meiner Sicht absolut legitim, wissenschaftliche Berechnungsmethoden außen vor zu lassen und sich dafür einer umso intensiveren gedanklichen Auseinandersetzung mit den möglichen Risiken zu widmen.

Dabei ist fast das wichtigste: den Mut zu Schätzungen zu haben.

Wir haben immer wieder junge Studienabgänger, die an dieser Stelle verzweifeln, weil sie nicht den Mut haben, eine Zahl zu bestimmen, ein Schadensausmaß mit einem Eurowert zu belegen.

Wenn man die einzelnen Werte genauer betrachtet, wird man nur in ganz wenigen Fällen eine absolut aus der Luft gegriffene Schätzung vornehmen müssen. Meist sind Basisfaktoren vorhanden, von denen man eine Schätzung ableiten kann. Zum Beispiel wissen Sie nicht, wie viel Zahlungsausfall Sie haben werden. Sie wissen aber, wie viel Umsatz Sie erwarten und welchen Anteil an offenen (=unsicheren) Zahlungsformen Sie haben. Sie schätzen die Zahlungsmoral Ihrer Zielgruppe im Vergleich zu Deutschland. Dazu kann man einen geringen Anteil aus den angeblich sicheren Zahlungsformen addieren. Und so kommen Sie auf einen relativ plausiblen Eurowert für Zahlungsausfall.

Eintrittswahrscheinlichkeit Die Eintrittswahrscheinlichkeit wird im Allgemeinen auf einer Skala von 1 bis 5 dargestellt, wobei 1 eine relativ geringe Wahrscheinlichkeit darstellt und 5 ein sehr wahrscheinliches Eintreten bedeutet. Natürlich können Sie auch andere Skalen verwenden, aber eine Skala von 1 bis 3 hat den Nachteil, dass man gerne auf der „2" landet, eine Skala von 1 bis 8 macht die Bewertung vielleicht zu aufwändig.

Auch auf dieser Achse ist es wieder nötig, sowohl eine sprechende, als auch eine wertmäßige Legende zu hinterlegen.

Tab. 4.13 zeigt, wie diese beispielsweise aussehen könnte.

Bei der Expansion in einen Auslandsmarkt ist die Eintrittswahrscheinlichkeit natürlich extrem schwer zu bestimmen, da keinerlei Vergangenheitswerte herangezogen werden können. Jedoch kann auch ein Vergangenheitswert letztlich keine Sicherheit bieten. Doch Ihr Bauchgefühl und die Ergebnisse aus ihren Marktbeobachtungen werden Ihnen helfen.

Schadensausmaß Das Schadensausmaß wird meist ebenso in einer Skala von 1 bis 5 dargestellt, wobei 1 das minimale Schadensausmaß und 5 das maximale Schadensausmaß darstellt. Das Schadensausmaß kann aber im Gegensatz zur Eintrittswahrscheinlich in Euro dargestellt werden. Es muss sogar in Euro dargestellt werden, denn nur dann kann später, bei der Risikohandhabung, entschieden werden, bis zu welchen Kosten eventuelle Gegenmaßnahmen eingeleitet werden sollen.

Sinnvoll ist es daher, das Schadensausmaß 1 bis 5 mit einer Legende zu hinterlegen, also wiederum mit einem Wort und einem Eurowert. Die im Muster aufgeführten Werte sind natürlich nur Beispiele hängen ganz von der Größe Ihres Unternehmens ab. (siehe Tab. 4.14).

Risikowert Bleibt man bei diesen in der Praxis recht gut anwendbaren Skalenwerten, ergibt sich bei der Multiplikation als Produkt der Risikowert bei einem minimalen Wert von 1 und einem maximalen Wert von 25. Dieses Spektrum wird meist in drei Intervalle unterteilt.

- Grün geringes Risiko Risikowert 1 bis 8
- Gelb mittleres Risiko Risikowert 9 bis 16
- Rot hohes Risiko Risikowert 17 bis 25

Tab. 4.13 Skala Eintrittswahrscheinlichkeit

Eintrittswahrscheinlichkeit	Beschreibung	Bedeutung (Beispiel)
1	sehr gering	1 x in 10 Jahren
2	gering	1 x in 5 Jahren
3	möglich	1 x in 2 Jahren
4	hoch	1 x pro Jahr
5	sehr hoch	mehrmals pro Jahr

Tab. 4.14 Skala Schadensausmaß

Schadensausmaß	Beschreibung	Finanzieller Verlust von (Beispiel)
1	vernachlässigbar	0,-- bis 50.000,-- Euro
2	gering	50.000,-- bis 100.000,-- Euro
3	spürbar	100.000,-- bis 500.000,-- Euro
4	bedrohlich	500.000,-- bis 1.000.000,-- Euro
5	existenzgefährdend	Über 1.000.000,-- Euro

Maßnahmen Durch die Maßnahmen werden Brutto-Risiken zu Netto-Risiken. Beispielsweise sehen Sie Risiken in der unterschiedlichen Kultur und haben einen Risikowert von 18 festgelegt (Brutto-Risiko). Da Ihr Team interkulturelle Schulungen besuchen wird, setzen Sie den Risikowert auf 15 herab (Netto-Risiko) Letztlich ist es das Netto-Risiko, das behandelt werden muss.

Es ist wichtig zu erwähnen, dass es Interaktionen zwischen Risiken geben kann. Das heißt, mehrere für sich unbedeutende Risiken haben einen Zusammenhang und treten gegebenenfalls gemeinsam gleichzeitig auf. So werden sie, obwohl einzeln als vernachlässigbar eingeschätzt, gemeinsam dennoch zum bedrohlichen Risiko.

Während der Risiko-Katalog besser zum operativen Bearbeiten geeignet ist, lassen sich die Risiken als Management Summary in einer sogenannten Risk Map darstellen (siehe Abb. 4.7)

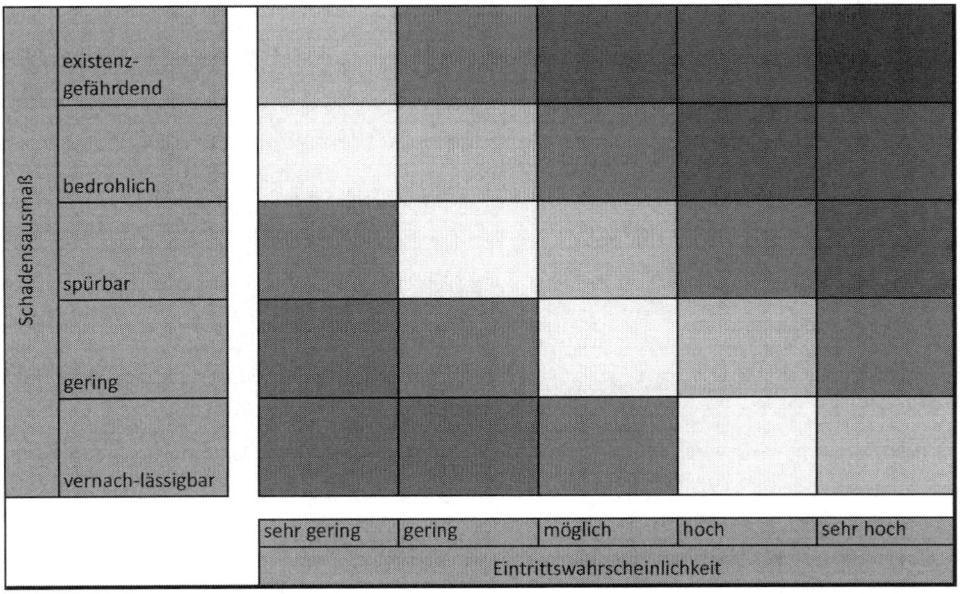

Abb. 4.7 Risk Map

4.3 Risikohandhabung

Sie haben die Risiken identifiziert und bewertet. Nun geht es darum, mit den Risiken richtig umzugehen:

Klassischerweise unterteilt man hier in die 4 Kategorien:

- Risikovermeidung (= Rückzug vom geplanten Vorhaben)
- Risikominimierung (= Reduzierung der risikobehafteten Anteile)
- Risikoüberwälzung (= an Dritte weitergeben)
- Risikoakzeptanz (= Risiko in der vorhandenen Einschätzung eingehen)

Risikovermeidung Dies beinhaltet den Rückzug von Vorhaben, die ein Risiko in sich bergen. Ein Beispiel wäre, keine Immobilie zu kaufen, um damit nicht die rechtlichen und langfristigen Verpflichtungen einzugehen, die ein Immobilienkauf mit sich bringt. Risikovermeidung scheint die Antwort auf alle Risiken zu sein, aber Risiken zu vermeiden, bedeutet natürlich auch die Chance aus einem Vorhaben zu verlieren, die Risikoakzeptanz erlaubt hätte.

Risikominimierung Reduzierung oder Optimierung der Risiken meint die Reduzierung der Schadenshöhe und/oder der Eintrittswahrscheinlichkeit. Beispielsweise kann eine sichtbare Einbruchmeldeanlage die Wahrscheinlichkeit eines Einbruchs reduzieren. Wenn trotzdem eingebrochen wird, reduziert sich aber nicht das Schadensausmaß. Risikominimierung durch geeignete Maßnahmen funktioniert natürlich nur solange Kosten und Nutzen im Verhältnis stehen. Sind die Kosten für eine Einbruchmeldeanlage höher als das Risiko, das damit abgedeckt werden kann, wird es sich nicht um die optimale Strategie handeln.

Risikoüberwälzung Bei der Risikoüberwälzung wird das eigentliche Risiko nicht behandelt, sondern eine dritte Partei gesucht, die dieses Risiko (gegen Kosten) annimmt. Dies können Versicherungen sein oder das Outsourcing von verschiedenen Geschäftsprozessen. Hierbei muss man bedenken, dass man als Unternehmen nie gänzlich aus dem Risiko herauskommt. Selbst wenn eine Versicherung einen Schaden übernimmt, könnte gegebenenfalls ein Imagerisiko am Versicherungsnehmer hängen bleiben.

Risikoakzeptanz Risikoakzeptanz bedeutet das bewusste Eingehen von Risiken. Risikoakzeptanz ist eine praktikable Strategie, wenn es sich um überschaubare Risiken handelt. Das sind Risiken, deren Gegenmaßnahmen teurer als das Risiko selbst sind. Oder der Nutzen aus der Geschäftstätigkeit übersteigt das Risiko und damit wird das Risiko als vertretbar eingeschätzt.

Spätestens an dieser Stelle zeigt sich, dass ein Einbinden der Firmenführung unumgänglich ist. Der Projektleiter hat die Pflicht, die Risiken und deren mögliche Konsequenzen aufzuzeigen. Er wird Fragen beantworten müssen, wie: „Was kann uns im schlimmsten Fall daraufhin passieren?“ Aber er hat nicht die Pflicht, er hat im Allgemeinen auch nicht das Recht, selbständig über die Risikofreudigkeit des Unternehmens zu entscheiden.

Es ist abzuklären, wie risikofreudig die Unternehmensleitung ist:

Risikoavers bedeutet, dass ein Entscheider, wenn er mehrere Alternativen hat, sich eher für den geringstmöglichen Verlust entscheiden wird, auch wenn das gleichzeitig gegebenenfalls einen geringeren, aber sichereren Gewinn bedeutet

Risikoaffin bedeutet, dass der Entscheider eher bereit ist ein hohes Risiko einzugehen, weil dem gegenüber auch der höchstmögliche Gewinn, wenn auch unsicher, steht.

Logischerweise ist Risikoaversion oder Risikofreude nicht mit einer Eigenschaft gleichzusetzen, die ein Unternehmen auf Dauer hat oder nicht hat. Risikoaversion oder -affinität kann ein wechselnder Zustand aufgrund unterschiedlichster interner oder externer Faktoren sein.

4.4 Risikokontrolle

In dieser letzten der vier Phasen wird das Risikomanagement zum Zyklus, zum fortlaufenden Prozess. Im Business Development empfehle ich an dieser Stelle, sich nur rudimentär an die klassische Vorgehensweise aus dem Risikomanagement zu halten.

Im Business Development befinden wir uns nun an der Stelle, wo die Niederlassung eröffnet ist, der Distributeur seine Arbeit aufgenommen hat, der Franchisenehmer seine Tätigkeiten startet, oder der Einzelhandel seinen Eröffnungstag hat.

Jetzt ist man an dem Punkt angelangt, an dem sich zeigt, wie gut und effektiv die Risikoarbeit gewesen ist. Es ist wichtig, jetzt näher denn je am Geschäft zu bleiben.

Spätestens jetzt ist das Aufbauen von Frühwarnindikatoren zwingend notwendig. Der Risikokatalog sollte nun durch die Spalte „Frühwarnindikator" erweitert werden. D.h. zu jedem Risiko sollten Möglichkeiten zum frühzeitigen Erkennen einer Schieflage gefunden werden. Das sicherlich wichtigste Frühwarnsystem ist das klassische Controlling. Planzahlen vs. Ist-Zahlen wird man sicherlich bei einem neuen Geschäft ohnehin stark im Fokus haben.

Doch auch hier sei nochmals darauf hingewiesen, dass es nicht nur um die Finanzziele geht, sondern auch um alle weiteren Zielperspektiven. Es gilt Frühwarnindikatoren zu definieren, die bereits vor dem Abweichen von Soll- zu Ist-Zahlen eine mögliche Schräglage aufzeigen können, wie beispielsweise Kunden- oder Mitarbeiterzufriedenheit.

Die Wunschvorstellung eines ideal ausgestalteten Frühwarnsystems ist sicherlich die Vorstellung von einem Cockpit mit einer Vielzahl von aussagekräftigen Zahlen und Bandbreiten auf Knopfdruck. Bei einer neuen Niederlassung oder neuem Vertriebspartner bin ich mir jedoch sicher, dass dies noch eine gewisse Zeit eine Wunschvorstellung bleiben wird. Hier bedeuten Frühwarnindikatoren

- verschiedenartigste,
- häufig manuelle und
- letztlich auch sehr kreative Anstrengungen,

um auf eine mögliche Schieflage des Schiffes aufmerksam zu werden.

Eine neue gegründete Niederlassung auf die Ferne zu führen, sich mit der Zulieferung von Key Performance Indicators und Service Level Agreements zu begnügen, ist aus meiner Erfahrung definitiv zu wenig.

Aus der Praxis kenne ich verschiedene Vorgehensmodelle: Manche Firmen schulen die neuen Mitarbeiter und den neuen Geschäftsführer vor Start der Geschäftstätigkeit bis zu 3 Monate im Headquarter und gehen dann nur sporadisch vor Ort. Andere Firmen entsenden grundsätzlich einen Mitarbeiter aus dem Business Development für mehrere Jahre ins Ausland, um dort gemeinsam mit der lokalen Geschäftsführung zu steuern.

Warum ist diese intensive Betreuung, diese intensive Kontrolle vonnöten? Ich würde es nicht als Kontrolle bezeichnen. Es ist eine Zeit des Miteinanders, in der das Wissen eines erfahrenen Mitarbeiters aus der Zentrale mit dem landestypischen Wissen des Teams vor Ort verbunden wird. Ein fortlaufender Schulungs-, Begleitungs- und Optimierungsprozess hinsichtlich operativer, strategischer und normativer Firmengrundsätze verflochten mit einem wachen Kontrollblick ist ein optimales Vorgehen.

Vor allem hinsichtlich möglicher Frühwarnindikatoren wird ein erfahrender Manager aus dem Business Development ein sehr viel wacheres Auge haben, als der ggf. noch neue Geschäftsführer.

Jeder dieser „kontrollierend-beratenden" Mitarbeiter wird Ihnen die unglaublichsten Geschichten erzählen können, was vor Ort im operativen Leben wirklich passiert.

Zum Beispiel gibt es den Fall vom Mahnwesen in einer portugiesischen Niederlassung. Kunden bezahlten nicht, bekamen eine Mahnung und im Rahmen einer weiteren telefonischen Mahnstufe erklärten die Kunden, sie hätten nie eine Mahnung erhalten. Dadurch, dass man die Mahnwesen-Mitarbeiterin beobachtete, sah man, dass die Briefe so in die Fensterkuverts gesteckt wurden, dass die Adresse auf der Rückseite des Kuverts und damit nicht lesbar war! Bis dahin hatte man die portugiesische Post als unzuverlässig verdächtigt.

Natürlich mag man darüber schmunzeln, aber was war im Risikomanagement falsch gelaufen? Das Risiko der geringeren Produktivität oder des geringeren Qualitätsniveaus im Ausland war bekannt. Der Fehler war die fehlende Kontrolle.

In derselben Niederlassung wurden die Personalkosten plötzlich zu hoch. Durch eine Prozesskostenrechnung stellte man fest, dass 380 Stunden im Jahr für den täglichen Gang zur Post verbraucht werden, also fast 2,5 Monate nur „zur Post gehen". Wiederum war der Fehler die fehlende Kontrolle. Vielleicht hatte man aber auch mit einem ähnlichen intrinsischen Wunsch zur Effizienz gerechnet wie man es von Deutschland kannte. Hätte man das Ziel „Effizienz" in der Prozessperspektive ausreichend beschrieben und mit Frühwarnindikatoren hinterlegt, wäre es vielleicht früher aufgefallen.

Von anderen Unternehmen kenne ich Beispiele wie:

Risiko Firmenschutz: Die Alarmanlage wurde ordnungsgemäß installiert und auch jeden Abend nach Geschäftsschluss aktiviert. Wäre ein Alarm ausgelöst worden, wäre der Sicherheitsdienst ordnungsgemäß alarmiert worden. Aber die Lücke im System: Wäre die Alarmanlage nach Geschäftsschluss nicht aktiviert worden, wäre auch kein Nachfragen des Sicherheitsdienstes erfolgt. Damit war das Risiko „Einbruch" nicht wirklich minimiert.

Risiko Marge: Durch einen IT-Fehler in einer Niederlassung wurde ein Teil der im Internet angebotenen Produkte auf 0,-- Euro gesetzt. Durch die fehlende Kontrolle fiel es erst dann auf, als bereits mehrere Kunden Ware für 0,-- Euro bestellt hatten.

Risiko durch Missverständnisse: Unternehmen konnten beispielsweise feststellen, dass jahrelang keine Marktforschung betrieben wurde, dass jahrelang keine Weiterbildung stattgefunden hatte, dass eigenmächtige Preiserhöhungen durchgeführt wurden, dass über Jahre keine Dokumentation stattfand. Nicht aus böser Absicht, sondern weil es dort nicht üblich war, und die Zentrale der Meinung war, mit einem einmaligen Hinweis sei es getan.

Risiko IT: Auf dem Papier bestand das IT-Notfallkonzept der ausländischen Tochter. Bei einem Gespräch stellte man zufällig fest, dass die Tochter nur Alarmierungs- und Eskalationspläne darunter verstanden hatte, nicht jedoch wie in der Zentrale verstanden mit entsprechenden Wiederanlaufplänen.

Die Liste würde sich unendlich fortsetzen lassen.

Fazit: Ohne kritische, fortlaufende und detaillierte Risikokontrolle verliert jegliche initial geleistete Arbeit ihren Wert und ihre Kontinuität.

Risikokontrolle bedeutet

- ein Überwachen der bestehenden Risiken. Werden die Maßnahmen umgesetzt? Zeigt die Praxis gar, dass sie gar nicht den gewünschten Effekt haben? Welche neuen Maßnahmen müssen getroffen werden?
- ein Identifizieren von neuen Risiken.

Und Risikokontrolle im Business Development bedeutet in den ersten Jahren schlichtweg 5% Inspiration und 95% Transpiration. Das heißt hartes, oftmals sehr manuelles Kontrollieren, Beobachten und Hinterfragen der möglichen Risikofelder.

Diese Arbeit zu unterschätzen oder zu geringe Ressource dafür einzuplanen wäre ein weiteres Risiko, das Sie sicherlich nicht eingehen sollten.

4.5 Zusammenfassung

Gerade bei den schwer vorhersehbaren Entwicklungen im Business Development ist sowohl das Selbstverständnis als auch die Fähigkeit, adäquat mit Risiken umzugehen, von zentraler Bedeutung.

Risikomanagement darf nicht isoliert betrachtet und nicht als lästige Pflichtübung gesehen werden - weder vom Business Development Manager noch von der Firmenführung. Wenn Sie es als selbstverständliche Kernaufgabe betrachten, dann werden Sie schnell und mit einem hohen Grad an Sicherheit entscheiden können, ob der Schritt in den neuen Markt gewagt werden soll, ob ein Test vorgeschoben werden soll, oder ob man den Schritt bis auf weiteres vertagt.

„*Unternehmer* kommt von *unternehmen*, nicht von *unterlassen*" zitierte ich zu Beginn. Doch unternehmen um des Unternehmens willen wäre falsch verstanden. Tragfähige Entscheidungen treffen und in unternehmerischer Verantwortung handeln – dazu gehört eine solide Risikobetrachtung. Nur so können die prognostizierten Businesspläne richtig eingeschätzt werden und nur so macht Business Development wirklich Freude.

Literatur

Kaplan/Norton: The Balanced Scorecard: Translating Strategy Into Action, Harvard Business Review Press, Eighth Impression (1. September 1996)

Riemann, Fritz: Grundformen der Angst. Verlag Ernst Reinhard, München 1961

Springer Gabler Verlag (Hrsg.), Gabler Wirtschaftslexikon, Stichwort: Balanced Scorecard, http://wirtschaftslexikon.gabler.de/Archiv/1856/balanced-scorecard-v7.html

Thomann, Christoph/Schulz von Thun, Friedemann: Klärungshilfe 1: Handbuch für Therapeuten, Gesprächshelfer und Moderatoren in schwierigen Gesprächen. rororo-verlag, Hamburg 1988

www.wikipedia.de/Ursache-Wirkungs-Diagramm

Risikofaktor: Rechtsumfeld

5

Cecilia Misu

5.1 Einleitung

Die fortschreitende Globalisierung der Wirtschaft, verbunden mit dem weltweiten Abbau von Handelsschranken, der Liberalisierung der Märkte sowie den stetig sinkenden Transaktions-, Transport- und Kommunikationskosten haben in den letzten Jahren die Märkte in erheblichem Maße zusammenwachsen lassen. Diese Entwicklungen haben Unternehmen aller Größenklassen vor große Herausforderungen gestellt, um die eigene Wettbewerbsfähigkeit im In- und Ausland langfristig abzusichern. In diesem Umfeld ist der Ausbau des Auslandsgeschäfts von zunehmender Bedeutung, insbesondere für kleine und mittlere Unternehmen (KMU).

Wie bereits in Kapitel 1 erörtert, gibt es verschiedene Möglichkeiten, einen unternehmerischen „Schritt über die Grenzen" zu tätigen. Die Geschäftsformen reichen von nicht investiven Aktivitäten, z.B. Export und Import von Waren und Dienstleistungen in ausgewählten Zielmärkten, bis zu investiven Tätigkeiten, z.B. Kooperationen mit ausländischen Partnerunternehmen, Gründung oder Akquisition eines Unternehmens im Ausland.

Im Rahmen des ausländischen Engagements und unabhängig von der Markteintrittsform werden Verträge unter länderspezifischen Gegebenheiten gestaltet und verhandelt, da trotz voranschreitender Globalisierung jedes Land seine eigene Rechtsordnung hat. Mangelnde Kenntnisse der Rechtsvorschriften und Zahlungsbedingungen im jeweiligen Zielland stellen Unternehmen jeder Größe vor schwer kalkulierbare Risiken mit möglichen negativen Folgen, insbesondere Fehlinvestitionen.

Aus diesem Grund ist es ratsam, vor Aufnahme oder Intensivierung des Auslandsgeschäfts den rechtlichen Rahmen der internationalen Transaktion[1] klarzustellen und durch entsprechende Verträge dauerhaft und rechtlich abzusichern.

[1] Dieser umfasst Rechtsnormen (Handels-, Wirtschafts-, Gesellschafts-, Wettbewerbs-, Steuer- und Unternehmensrecht sowie das Recht des Währungs- und Kreditwesens und das Arbeits- und Sozialrecht) und gewohnheitsrechtliche Regelungen des Heimat- und Zielmarktes.

Das vorliegende Kapitel stellt eine Einführung in die Problematik dar und zeigt Hürden auf, die Unternehmen aus rechtlicher Sicht im Geschäftsverkehr mit ausländischen Partnern beachten sollten. Hierzu wird zunächst der rechtliche Rahmen in internationalen Verträgen dargestellt, um dann auf die Vertragsgestaltung bei unterschiedlichen Formen des Auslandsgeschäfts einzugehen.

5.2 Der rechtliche Rahmen in internationalen Geschäften

Auslandsgeschäfte müssen sorgfältig vorbereitet werden, um Risiken zu vermeiden.

Im grenzüberschreitenden Geschäftsverkehr findet weder zwingend inländisches (z.B. deutsches, österreichisches, usw.) Recht Anwendung noch sind inländische Gerichte bei Streitfällen zwangsläufig sachlich und örtlich zuständig. Deswegen ist es für Unternehmen ratsam – seien es Exporteure, Importeure oder Investoren – zu vereinbaren, welchem Recht ihr Vertragsverhältnis unterliegt und welcher Gerichtsstand im Streitfall heranzuziehen ist.

Die Abbildung 5.1 zeigt grundsätzliche Aspekte, die im internationalen Geschäftsverkehr berücksichtigt werden müssen.

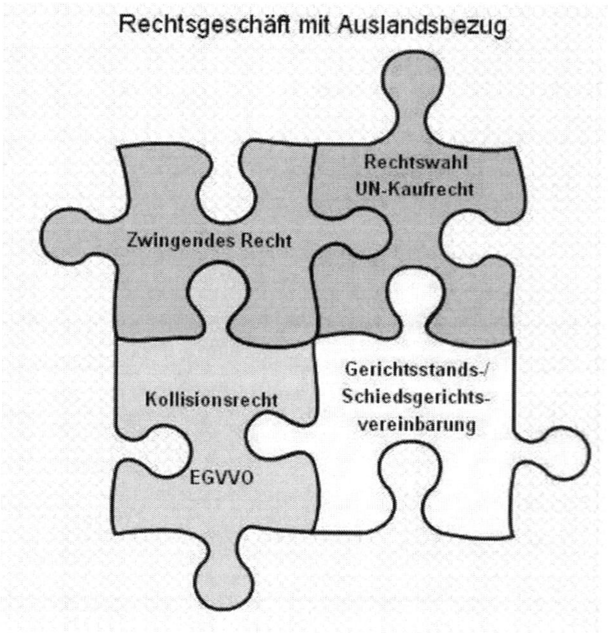

Abb. 5.1 Besonderheiten des rechtlichen Rahmens im Auslandsgeschäft

5.2.1 Die Rechtswahl

Das anwendbare Recht ist die Rechtsordnung, nach welcher ein Rechtsgeschäft zu beurteilen ist. Es bestimmt bei eventuellen Auseinandersetzungen zwischen den Vertragsparteien, ob ein gültiger Vertrag zustande gekommen ist sowie die rechtlichen Konsequenzen bei Verstößen gegen die im Vertrag enthaltenen Verpflichtungen.

Dem in vielen Länder herrschenden Grundsatz der Parteiautonomie zufolge können die Parteien an grenzüberschreitenden Handelsgeschäften das für ihre vertragliche Beziehung maßgebliche Recht frei wählen.[2] Dabei dürfen sie sich – auch nach Vertragsschluss – für ein beliebiges Recht entscheiden, selbst wenn die ausgewählte Rechtsordnung keinerlei objektive Verbindung zum Vertrag aufweist.[3]

Das Fehlen einer ausdrücklichen oder stillschweigenden Rechtswahlvereinbarung bei Geschäften mit Auslandsbezug führt zur Kollision verschiedener nationaler Rechtsordnungen, so dass im Streitfall zwischen den Vertragsparteien erst ermittelt werden muss, welches Landesrecht auf die Auseinandersetzung Anwendung findet. Bei dieser Ermittlung wird auf Basis des sogenannten Internationalen Privatrechtes (IPR) des mit dem Rechtsstreit befassten Gerichts, sofern dies nicht im Vertrag ausdrücklich ausgeschlossen wurde[4], das nationale Recht bestimmt, das zur Anwendung kommen soll.[5] Dieses ist in der Regel das innerstaatliche Recht des Landes, in welchem die vertragscharakteristische Leistung erbracht wird, z.B. würde bei Handelsvertreterverträgen das Landesrecht Anwendung finden, in dem der Handelsvertreter zum Zeitpunkt des Vertragsabschlusses seine Niederlassung hatte. Bei Import- oder Exportgeschäften wäre das Recht des Staates anwendbar, in dem der Verkäufer seinen gewöhnlichen Aufenthalt hat. Dieses kann bei grenzüberschreitenden Export-/Importgeschäften zwischen gewerblich handelnden Parteien („B2B") auch das UN-Kaufrecht sein, sofern dieses von den Parteien für ihr Vertragsverhältnis nicht ausgeschlossen wurde.[6]

---

[2] Ausnahmen gelten z.B. bei Verbraucherverträgen, Arbeitsverträgen sowie sonstigen zwingenden nationalen Vorschriften und Schutzregeln im jeweiligen Zielland. Die Anwendung ausländischer Rechtsordnungen ist jedoch ausgeschlossen, wenn diese Anwendung zu einem Ergebnis führt, das mit wesentlichen Grundsätzen des deutschen Rechts unvereinbar ist, sog. „Ordre Public".

[3] In Lieferverträgen mit internationalem Bezug könnte – auch bei ausdrücklicher Vereinbarung eines sog. neutralen Rechts – nicht das vereinbarte Recht, sondern das UN-Kaufrecht im Vertrag Anwendung finden.

[4] Eine entsprechende Vertragsformulierung könnte lauten: „Die Anwendung des Internationalen Privatrechtsgesetzes (IPRG) und sonstiger Kollisionsnormen ist ausgeschlossen, soweit dies rechtlich zulässig ist".

[5] Maßgeblich hierfür sind die Kollisionsnormen der Verordnung (EG) Nr. 593/2008 des Europäischen Parlaments und des Rates (sog. ROM I-Verordnung), die sowohl für Verträge mit Vertragspartnern in Mitgliedstaaten der EU, als auch in Drittstaaten gelten.

[6] Eine entsprechende Vertragsformulierung könnte lauten: „Dieser Vertrag unterliegt in jeder Hinsicht den Gesetzen der Bundesrepublik Deutschland unter Ausschluss des UN-Kaufrechts".

5.2.1.1 Das UN-Kaufrecht

Das Übereinkommen der Vereinten Nationen vom 11.04.1980 über den internationalen Warenkauf, abgekürzt „UN-Kaufrecht“, nach seiner englischen Abkürzung »CISG«[7] bezeichnet, ist ein einheitliches Völkerrecht, welches nur auf Kaufverträgen (auch Werklieferungsverträgen) anwendbar ist.[8] Es stellt ausführliche Regelungen über das Zustandekommen von Lieferungsverträgen, die Rechte und Pflichten der Vertragsparteien sowie die Rechtsbehelfe für den Fall auf, dass eine Partei ihre Vertragspflichten nicht ordnungsgemäß erfüllt.

Das Übereinkommen enthält unmittelbar anwendbares Recht, d.h. wenn Parteien, die ihre Niederlassung jeweils in einem Vertragsstaat des UN-Kaufrechts[9] haben, einen Kaufvertrag über Waren schließen, so fällt dieser ohne weiteres, sofern nichts ausdrücklich Abweichendes vereinbart wird, in den Geltungsbereich des Übereinkommens. Dabei ist weder erforderlich, dass die verkaufte Ware über eine Grenze geliefert werden soll, noch, dass der Vertrag grenzüberschreitend abgeschlossen wurde. Dementsprechend wird der inländische Kauf mit Lieferung im Inland an eine gewerbliche Partei, die seine Niederlassung im Ausland hat, ebenso erfasst.

Das UN-Kaufrecht findet keine Anwendung bei:

- Warenkauf für den persönlichen Gebrauch oder den Gebrauch im Haushalt, es sei denn, dass der Verkäufer bei Vertragsabschluss weder wusste noch wissen konnte, dass die Ware für einen solchen Gebrauch gekauft wurde,
- Kauf von Wertpapieren oder Zahlungsmitteln,
- Kaufverträgen für Immobilien oder Rechten, z.B. Immaterialgüterrechte oder Know-how,
- Kauf von Schiffen jeglicher Art (Seeschiffe, Binnenschiffe), Luftkissen- oder Luftfahrzeugen,
- Kaufverträgen für elektrische Energie (findet aber auch Anwendung für Kaufverträge für Gas oder Öl).

Relevante Aspekte der UN-Kaufrechtsvorschriften und der Bestimmungen der BGB werden in Tabelle 5.1 aufgezeigt.

---

[7] Convention for the International Sale of Goods.

[8] http://www.uncitral.org/uncitral/en/uncitral_texts/sale_goods/1980CISG.html Stand: 1.3.2014. Texte des CISG in verschiedenen Sprachen: http://www.cisg.law.pace.edu/cisg/text/text.html Stand: 01.03.2014.

[9] In Deutschland am 01.01.1991 in Kraft getreten.

Tab. 5.1 Besonderheiten nach UN-Kaufrecht und BGB

	CISG	**Deutsches Recht**
Pflichten des Verkäufers	Art. 31 ff. Rechtzeitige Lieferung der Ware (Art. 33) an den vereinbarten Ort (Art. 31) bzw. Übergabe zur Beförderung (Art. 32), Übergabe der die Ware betreffenden Dokumente (Art. 34) und Übertragen des Eigentums an der Ware. Der Verkäufer hat Ware zu liefern, die frei von Rechten oder Ansprüchen Dritter ist (Art. 42).	§ 433 BGB Abs. 1 Übergabe der Sache an den Käufer und Übergabe des Eigentums an der Sache. Die Sache ist frei von Sach- und Rechtsmängeln zu verschaffen.
Pflichten des Käufers	Art. 54 i.V.m. Art. 60 Zahlung des Kaufpreises sowie Treffen der die für die Zahlung benötigten Maßnahmen und Erfüllung der Förmlichkeiten, die der Vertrag oder die Rechtsvorschriften erfordern (Art. 54). Abnahme der Ware (zu Annahmeverzug s. Art. 59) und Vornahme der vernünftigerweise nötigen Handlungen, um dem Verkäufer die Lieferung zu ermöglichen (Art. 60).	§ 433 BGB Abs. 2 Zahlung des vereinbarten Kaufpreises, Abnahme der gekauften Sache.
Gefahrübergang	Art. 66 ff. Die Gefahr geht auf den Käufer über, sobald die Ware dem ersten Beförderer zur Übermittlung an den Käufer übergeben wird. Bei Vereinbarung der Übergabe an einem bestimmten Ort, geht die Gefahr erst auf den Käufer über, wenn die Ware dem Beförderer an diesem Ort übergeben wird (Art. 67). In anderen Fällen geht die Gefahr auf den Käufer über, sobald er die Ware übernimmt oder zu dem Zeitpunkt, an dem ihm die Ware zur Verfügung gestellt wird. Bei einer Gattungsschuld geht die Gefahr auf den Käufer über, wenn die Ware eindeutig dem Vertrag zugeordnet ist. (Art. 69).	§ 445 BGB Die Gefahr des zufälligen Untergangs und Verschlechterung geht auf den Käufer über mit der Übergabe der verkauften Sache. Der Übergabe steht es gleich, wenn der Käufer im Annahmeverzug ist (s. § 300 (2) BGB). § 446 BGB Bei Versendung nach einem anderen Ort als dem Erfüllungsort geht die Gefahr auf den Käufer über, sobald der Verkäufer die Sache dem Spediteur ausgeliefert/übergeben hat.

	CISG	Deutsches Recht
Lieferverzug	Art. 47, 48 Der Käufer kann dem Verkäufer eine angemessene Nachfrist zur Erfüllung seiner Pflichten setzen. Der Käufer kann vor Ablauf dieser Frist kein Recht wegen Vertragsverletzung ausüben, außer wenn der Verkäufer mitgeteilt hat, dass er seine Pflichten nicht innerhalb der so gesetzten Frist erfüllen wird. Der Käufer behält das Recht auf Schadenersatz (Art. 47). Falls der Verkäufer innerhalb einer längeren Frist zur Leistung imstande ist und diese nennt, so beginnt die Gegenfrist des Art. 48 (2), (3).	§ 286 ff. BGB Liefert der Verkäufer auf eine Mahnung des Käufers, die nach der Fälligkeit der Leistung erfolgt, nicht, so kommt er durch die Mahnung in Verzug. Die Fristsetzung ist nicht nötig, wenn das Leistungsdatum als ein kalendarischer Termin oder ein Zeitpunkt, der kalendarisch zu berechnen ist, angegeben wurde (§ 286 BGB). Der Verkäufer haftet gem. § 287 I BGB für jede Fahrlässigkeit und auch für den Zufall. Der Käufer kann auch Ersatz der Aufwendungen verlangen (§284 BGB). Der Lieferverzug endet bei Gläubigerverzug (z.B. Zahlungsverzug) oder im Fall, dass der Käufer Schadensersatz statt Leistung verlangt (§ 283 BGB).
Zahlungsverzug	Art. 78 Bei Zahlungsverzug hat die geschädigte Partei Anspruch auf Verzugszinsen vom Tag der Zahlungsfälligkeit an unabhängig von einem Schadenersatzanspruch. Die Aufforderung zur Zahlung ist entbehrlich (Art. 59). Der Verkäufer hat Anspruch auf Verzugszinsen gem. Art. 78. Die Höhe der Zinsen bestimmt sich nach nationalem Recht.	§ 288 BGB Bei Zahlungsverzug hat die geschädigte Partei Anspruch auf Verzugszinsen i.H.v. 8 % für B2B oder 5 % über dem Basiszinssatz.
Abnahmeverzug	Art. 69 Abnahmeverzug liegt vor, wenn der Käufer die Ware zum Zeitpunkt, an dem ihm die Ware zur Verfügung gestellt wird, nicht übernimmt und er durch Nichtabnahme eine Vertragsverletzung begeht. Der Verkäufer hat Anspruch auf Schadensersatz wegen des Verzugs gem. Art. 74 sowie auf Verzugszinsen gem. Art. 78.	§ 293 BGB Der Käufer kommt in Abnahmeverzug, wenn er die angebotene Leistung nicht annimmt. Der Verkäufer hat Anspruch nach § 249 BGB, vom Annahmeverzug freigestellt zu werden. Er hat Anspruch auf Ersatz des Annahmeverzugsschadens nach § 280 ff. BGB sowie auf Ersatz von Mehraufwendungen nach § 304 BGB.

	CISG	Deutsches Recht
Mängelhaftung	Art. 35 Ein Sachmangel ist gegeben, wenn die gelieferte Ware qualitativ und quantitativ den Anforderungen des Vertrages zum Zeitpunkt des Gefahrübergangs (Art. 36) nicht entspricht. Der Verkäufer haftet für einen Sachmangel nicht bei positiver Kenntnis des Käufers des Sachmangels bei Vertragsabschluss. Rechtsmängel sind in Art. 41 (dingliche und obligatorische Rechte Dritter) und Art. 42 (Rechte aus geistigem Eigentum) geregelt. Diese Rechte müssen nicht unbedingt bestehen; es reicht, dass diese Rechte beansprucht werden. Die Rechte des Käufers (wenn der Mangel rechzeitig gem. Art. 39 gemeldet wurde) bei mangelhafter Lieferung (Art. 45 ff.): - Setzen einer angemessenen Nachfrist. - Aufhebung des Vertrages (wenn die Nichterfüllung eine wesentliche Vertragsverletzung darstellt). - Minderung. - Schadensersatz für Verlust, einschl. des entgangenen Gewinns.	§ 434 ff. BGB Sachmangel ist gegeben, wenn die gelieferte Ware bei Gefahrübergang die vereinbarte Beschaffenheit nicht hat. Soweit die Beschaffenheit nicht vereinbart wurde, ist die Sache frei von Sachmängeln, wenn diese sich für die gem. Vertrag vorausgesetzte Verwendung eignet. Gem. § 435 BGB ist die Sache frei von Rechtsmängeln, wenn Dritte in Bezug auf die Sache keine oder nur die im Kaufvertrag übernommenen Rechte gegen den Käufer geltend machen können. Diese Rechte müssen nicht nur behauptet werden, sondern müssen auch objektiv vorliegen. Solange der Verkäufer nicht mängelfreie Ware geliefert hat, hat er nicht i.S.v.. § 362 BGB geleistet. Die Rechte des Käufers bei Mängeln (§437 ff. BGB): - Nacherfüllung, d.h. Lieferung mangelfreier Ware. - Rücktritt vom Vertrag nach § 440, 323 und 325 (5) BGB oder Minderung des Kaufpreises nach § 441 BGB. - Schadensersatz nach §§ 440, 280, 281, 283 und 311a oder Ersatz vergeblicher Aufwendungen nach § 284.

5.2.2 Internationale Rechtsdurchsetzung

Bei grenzüberschreitenden Geschäftsbeziehungen besteht grundsätzlich die Möglichkeit, dass die Parteien die Hilfe von ausländischen Gerichten in Anspruch nehmen, um Streitigkeiten zu entscheiden, die während der Geschäftsabwicklung entstehen, z.B. wenn einer der Vertragspartner seinen vertraglichen Pflichten nicht oder nur teilweise nachkommt oder Schadenersatz- oder Gewährleistungsansprüche geltend macht.

In einem anderen Land klagen zu müssen oder verklagt zu werden verursacht erhebliche Kosten und Erschwernisse: Sprachschwierigkeiten, die eine Übersetzung von Dokumenten und der Anhörung notwendig machen; in der Regel nicht bekannte rechtliche Rahmensbedingungen des Landes, die die Einschaltung eines lokalen Anwalts erforderlich machen; Probleme mit der Beweiserhebung; Reisekosten und häufig unvollständiger Kostenersatz selbst bei Durchsetzung der eigenen Ansprüche; Dauer von Gerichtsverfahren in dem betreffenden Land sowie die Frage der Vollstreckbarkeit eines ausländischen Urteils.

Aus diesen Gründen empfiehlt sich bereits im Vertrag zu vereinbaren, vor welchen Gerichten eventuell auftretende Streitigkeiten ausgetragen werden, z.B. ob ein ordentliches Gericht damit befasst werden soll oder ein privates Schiedsgericht für zuständig erklärt wird.

5.2.2.1 Gerichtsstandsvereinbarung

Unternehmen dürfen grundsätzlich in einer Gerichtsstandsklausel im Vertrag die Zuständigkeit eines bestimmten in- oder ausländischen Gerichts frei vereinbaren.[10]

In diesem Kontext ist es von besonderer Bedeutung, dass:

- Gerichtsstandsvereinbarungen Formvorschriften unterliegen, d.h. sie nur dann gültig sind, wenn sie schriftlich getroffen werden,[11]
- eine Rechtswahlvereinbarung nicht als konkludente Gerichtsstandsvereinbarung ausgelegt werden kann,
- die vertragliche Vereinbarung eines Erfüllungsorts einen Gerichtsstand indirekt bestimmt,
- bei Geschäftsbeziehungen mit Verbrauchern („B2C“) und in Arbeitssachen die Möglichkeit einer Gerichtsstandsvereinbarung nur eingeschränkt besteht.

Wenn keine Vereinbarung zur Gerichtszuständigkeit im Vertrag getroffen wurde, kann eine Klage am allgemeinen Gerichtsstand des Beklagten[12] oder vor einem Gericht am Ort, an dem die Leistung gemäß Vertrag erbracht worden ist bzw. hätte erbracht werden sollen, eingereicht werden.

Zusätzlich zur Frage der Zuständigkeit eines Gerichtes muss bei grenzüberschreitenden Rechtsverhältnissen (insbesondere bei Geschäftsbeziehungen mit Vertragspartnern außerhalb des Europäischen Wirtschaftsraums) auch die Anerkennung und Durchsetzung von „ausländischen“ Gerichtsurteilen berücksichtigt werden. Es kann vorkommen, dass Kläger mit einem gültigen Gerichtsurteil im Land des Beklagten (in welchem dieser über

[10] Bei Geschäftsbeziehungen mit Vertragspartnern außerhalb der EU sind die nationalen Besonderheiten des jeweiligen Landesrechts des Vertragspartners in Betracht zu ziehen, z.B. ob eine Gerichtsstandsvereinbarung überhaupt möglich ist.

[11] In Verträgen mit Auslandsbezug innerhalb der EU, siehe Art.23 der Europäischen Gerichtsstands- und Vollstreckungsverordnung (EuGVVO) auch Brüssel-I-Verordnung genannt.

[12] In der Regel ist dies bei Unternehmen der Sitz der Hauptverwaltung.

Vermögen verfügt) keine Vollstreckungsmöglichkeiten haben und somit Ihre Forderungen nicht durchsetzen können, ohne eine Klage in diesem Land einzubringen. Falls jedoch die Gerichtsstandsvereinbarung ausdrücklich bestimmt, dass Klagen ausschließlich am Sitz des klagenden Unternehmens eingebracht werden können, besteht die Gefahr, dass das ausländische Gericht eine Klage im Land des Vertragspartners nicht annimmt.

Probleme dieser Art können durch die Vereinbarung eines Schiedsgerichtsverfahrens gelöst werden, deren Urteile (fast) weltweit vollstreckbar sind.

5.2.2.2 Internationale Wirtschaftsschiedsgerichtsbarkeit

Die meisten privaten Unternehmen in Europa sind KMU. Diese sind charakterisiert dadurch, dass sie eine geringe Anzahl Beschäftigter haben, eine relativ geringe Bilanzsumme vorweisen und dass sie, obwohl sie teilweise oder überwiegend grenzüberschreitend auftreten, nicht international organisiert sind. Angesichts dieser Umstände potenzieren sich die Risiken von KMU bei Auslandsgeschäften, u.a. aufgrund von interkulturellen Missverständnissen, Unkenntnis der ausländischen Rechts- und Gerichtssysteme und üblicher Gepflogenheiten in ausländischen Märkten. Typische grenzüberschreitende Streitigkeiten entstehen mit am ausländischen Markt ansässigen Partnern, Zulieferern oder Kunden, wenn sie Mängelrechte geltend machen oder wenn eine Vertragspartei den Preis für das gelieferte Produkt oder die erbrachte Dienstleistung nicht bezahlt. Gerade in solchen Situationen sind hohe Anwaltskosten, überhöhte Schadensersatzsummen sowie ungewohnte Ausforschungsbeweise verbunden mit einer Streitaustragung vor ausländischen Gerichten als Risiken für KMU anzusehen.

Die Schiedsgerichtsbarkeit ist daher ein sinnvolles Streitbeilegungsinstrument für grenzüberschreitende Geschäfte. Die Vorteile von Schiedsverfahren gegenüber staatlicher Gerichtsbarkeit sind u.a. die Möglichkeit, Experten mit speziellen Qualifikationen und fachlichem Sachverstand als Richter zu bestellen, das zügigere Vorgehen mit beschränkten Rechtsmittelmöglichkeiten als bei staatlichen Gerichten, die flexible Verfahrensgestaltung sowie die Vertraulichkeit eines Forums fernab der Öffentlichkeit. Ein entscheidendes Argument ist die globale Anerkennung und Vollstreckbarkeit von im Ausland ergangenen Schiedssprüchen gemäß dem New Yorker UN-Übereinkommen von 1958.[13]

5.2.2.2.1 Schiedsgericht und Schiedsklausel

Schiedsgerichte sind private Gerichte, die Streitfälle oder Auseinandersetzungen, die sich zwischen Vertragsparteien aus oder im Zusammenhang mit abgeschlossenen Verträgen oder über ihre Gültigkeit ergeben, unter Ausschluss der ordentlichen Gerichte endgültig entscheiden.

---

[13] Convention on the Recognition and Enforcement of Foreign Arbitral Awards, 1958 (the "New York Convention") http://www.uncitral.org/uncitral/de/uncitral_texts/arbitration/NYConvention.html. Zur Status der Mitgliedländer siehe http://www.uncitral.org/uncitral/en/uncitral_texts/arbitration/NYConvention_status.html Stand: 01.03.2014.

Voraussetzung für die Übergabe einer Streitigkeit zur Verhandlung vor einem internationalen Schiedsgericht ist die Existenz einer Vereinbarung zwischen den Parteien des streitigen Rechtsverhältnisses. Eine solche Schiedsgerichtsklausel besagt, dass alle oder einzelne Streitigkeiten, die zwischen ihnen in Bezug auf dieses Rechtsverhältnis entstanden sind oder künftig entstehen können, der Entscheidung durch ein Schiedsgericht zu unterwerfen seien.[14] In dieser Schiedsvereinbarung können sowohl die Schiedsordnung als auch die Anzahl der Schiedsrichter sowie die Wahl des Schiedssitzes, des Verfahrensrechtes und der Verfahrenssprache bestimmt werden.

Die Parteien haben die Wahl zwischen zwei Arten von Schiedsgerichten:

- Institutionelle Schiedsgerichte werden dadurch gekennzeichnet, dass das Schiedsverfahren durch eine Institution organisiert und beaufsichtigt wird.[15] Der Grad der Beteiligung kann von Institution zu Institution variieren. Um eine effiziente Verfahrensverwaltung durch die jeweilige Schiedsinstitution zu erreichen, werden die Administrationsaufgaben im Rahmen der Schiedsordnung fest verankert, u.a. die Zustellung von Schriftsätzen, die Unterstützung der Parteien bei der Auswahl der Schiedsrichter oder bei der Organisation des Verfahrens.
  Vereinbaren die streitenden Parteien eine institutionelle Schiedsgerichtsbarkeit[16], findet die jeweils aktuelle Schiedsordnung dieser Institution automatisch Anwendung, sofern die Parteien keine anderweitige Vereinbarung treffen.
- Gelegenheitsschiedsgerichte, auch „Ad-hoc-Schiedsverfahren" genannt, werden unabhängig und ohne Einbindung einer Schiedsinstitution geführt. Es ist Aufgabe der Parteien, die Einzelheiten der Bestellung der Schiedsrichter, den Schiedsrichtervertrag, die Zusammensetzung des Schiedsgerichts sowie die Verfahrensordnung und den Ablauf des Schiedsverfahrens in der Schiedsklausel zu bestimmen. Dabei können die Parteien beispielweise vereinbaren, das Verfahren selbst zu administrieren, oder in Verbindung mit der Schiedsgerichtsordnung der UNCITRAL („UAR") zu führen.[17]

---

[14] Schiedsvereinbarungen sind im deutschen Recht nach § 1029 I ZPO definiert.

[15] Zu den bekanntesten internationalen Schiedsinstitutionen zählen: Schiedsgerichtshof der Internationalen Handelskammer (ICC), London Court of International Arbitration (LCIA), Schiedsgericht der Handelskammer Stockholm (SCC), Deutsche Institution für Schiedsgerichtsbarkeit (DIS), Chinesische Internationale Wirtschafts- und Handelsschiedskommission (CIETAC), World Intellectual Property Organisation (WIPO).

[16] Die von den Schiedsinstitutionen jeweils empfohlene Musterschiedsklausel nimmt in der Regel auf die entsprechende Schiedsgerichtsordnung Bezug.

[17] Dies ist eine Schiedsgerichtsordnung, die nicht zur zwingenden Einbindung einer Schiedsinstitution führt. Sie wurde am 15.12.1976 von der UNCITRAL (United Nations Commission on International Trade Law) veröffentlicht.

Den Parteien, die die Anwendbarkeit der UAR vereinbaren möchten, ist zu empfehlen, folgende Musterschiedsklausel in ihren schriftlichen Verträgen zu verwenden:

> „Jede Streitigkeit, Meinungsverschiedenheit oder jeder Anspruch, die sich aus diesem Vertrag ergeben oder sich auf diesen Vertrag, seine Verletzung, seine Auflösung oder Nichtigkeit beziehen, sind durch ein Schiedsverfahren nach der UNCITRAL-Schiedsgerichtsordnung in ihrer derzeit geltenden Fassung zu regeln."

Die Vertragsparteien sollen besondere Sorgfalt bei der Abfassung von Schiedsklauseln verwenden, um unklare oder mehrdeutige Formulierungen zu vermeiden, die ein Schiedsverfahren behindern oder sogar in Frage stellen können.[18]

Parteien, die eine institutionelle Schiedsgerichtsbarkeit in Anspruch nehmen möchten, können die von den Schiedsinstitutionen jeweils empfohlene Musterschiedsklausel in ihre Verträge aufnehmen. Wegen ihres hohen internationalen Bekanntheitsgrades wird nachfolgend die Schiedsklausel der ICC wiedergegeben:

> „Alle Streitigkeiten, die sich aus oder im Zusammenhang mit dem vorliegenden Vertrag ergeben, werden nach der Schiedsgerichtsordnung der Internationalen Handelskammer (ICC) von einem oder mehreren gemäß dieser Ordnung ernannten Schiedsrichtern endgültig entschieden."

Die ICC-Schiedsgerichtsordnung gewährt den Parteien ein großes Maß an Freiheit bei der Gestaltung der Schiedsvereinbarung und des Verfahrens. Die Parteien können beispielsweise die Anzahl der Schiedsrichter vereinbaren (Einzelschiedsrichter oder Dreierschiedsgericht). Fehlt eine solche Parteivereinbarung, wird der Rechtsstreit von einem Einzelschiedsrichter entschieden. Die Parteien können auch die Schiedsrichter frei benennen. Die von den Parteien oder Mitschiedsrichtern bestellten Schiedsrichter müssen von der Schiedsinstitution bestätigt werden. Dabei werden vom Internationalen Gerichtshof der ICC sowohl die Unabhängigkeit der bezeichneten Personen gewährleistet als auch deren zeitliche Verfügbarkeit geprüft.

Es empfiehlt sich, insbesondere bei Verträgen mit Auslandsbezug, folgende Themen in der ICC Musterschiedsklausel ergänzend zu vereinbaren: Sitz des Schiedsgerichts und Ort der Anhörung, Verfahrenssprache sowie das auf die Sachentscheidung anwendbare Recht. Die Parteiautonomie ist jedoch begrenzt; es kann weder auf das Prinzip der Fairness und Gleichheit noch auf das Recht auf rechtliches Gehör, Gleichberechtigung bei der Bestellung des Schiedsgerichts oder Gewährleistung eines unabhängigen und unparteiischen Schiedsspruchs verzichtet werden. Bei nachweisbarer Missachtung dieser Grundsätze kann der betreffende Spruchkörper von einer (oder beiden) Parteien abgelehnt werden.

---

[18] Vgl. http://www.iccwbo.org/Products-and-Services/Arbitration-and-ADR/Arbitration/Standard-ICC-Arbitration-clauses/Standard-ICC-Arbitration-Clauses-in-several-languages/ Stand: 02.03.2014.

Beispielhaft sei auch die Schiedsgerichtsvereinbarung des Deutsch-Chinesischen Standardvertrags für Liefergeschäfte genannt:

> „Alle Streitigkeiten aufgrund dieses Vertrages oder im Zusammenhang damit, einschließlich jeder Frage bezüglich seines Zustandekommens, seiner Gültigkeit oder seiner Beendigung, sind endgültig in einem Schiedsverfahren unter Ausschluss der ordentlichen Gerichte, die für Entscheidungen hinsichtlich des Rechtsstreits an sich zuständig sind, zu regeln.
>
> Ein Fall ist für ein Schiedsverfahren zu unterbreiten:
>
> [ ] der Internationalen Schiedskommission für Wirtschaft und Handel Chinas, wobei das Schiedsverfahren in .... VR China, stattfinden soll.
>
> [ ] der Deutschen Institution für Schiedsgerichtsbarkeit e.V. (DIS), wobei das Schiedsverfahren in .... Bundesrepublik Deutschland, stattfinden soll.
>
> [ ] dem.................................. (einer anderen internationalen Schiedsinstitution, auf die sich beide Parteien geeinigt haben, beispielsweise den Schiedsgerichtshof der Internationalen Handelskammer in Paris oder das Schiedsgericht der Zürcher Handelskammer oder das Internationale Schiedszentrum Hongkong).
>
> Das Schiedsgerichtsverfahren wird in englischer Sprache und nach der Verfahrensordnung der entsprechenden oben genannten, von den Parteien gewählten Schiedsinstitution durchgeführt."[19]

5.2.2.2.2 Übersicht über ein Schiedsverfahren

Die Parteiautonomie ist bei der Gestaltung des Verfahrensablaufs ein wichtiger Eckpfeiler der ICC- Schiedsgerichtsordnung. Dementsprechend können die meisten Bestimmungen dieser Ordnung von den Parteien und Schiedsrichtern in gegenseitigem Einverständnis abgeändert werden.

Abbildung 5.2 zeigt den Ablauf eines institutionellen Schiedsverfahrens gemäß der ICC-Schiedsordnung.[20]

---

[19] Deutsch-chinesischer Standardvertrag für Liefergeschäfte, 2. Auflage 2012. www.gtai.de. Der deutsche Text des Standardliefervertrages ist eine nichtautorisierte Arbeitsübersetzung aus der verbindlichen englischen Originalfassung dieses Vertrages.

[20] http://www.iccwbo.org/products-and-services/arbitration-and-adr/arbitration/icc-rules-of-arbitration/#article_4. Stand 05.03.2014.

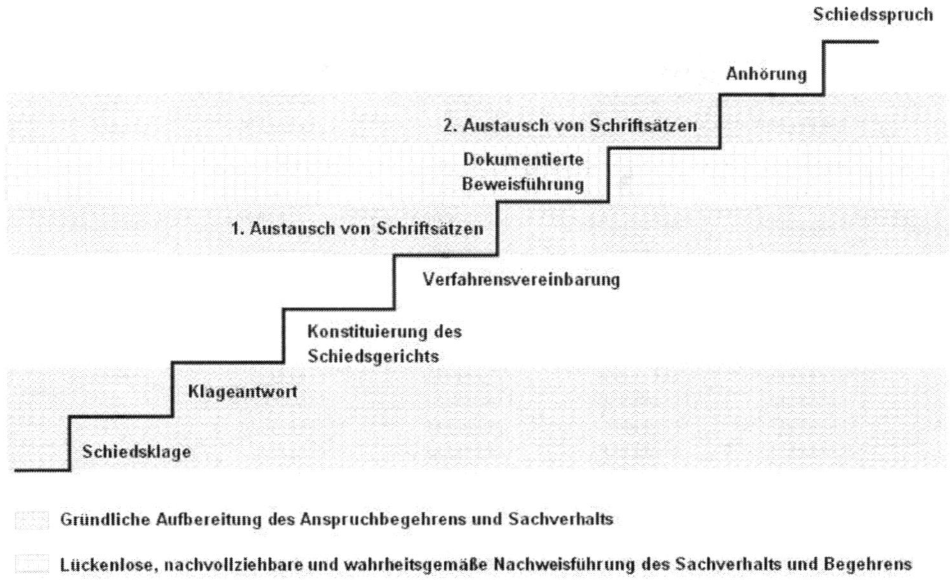

Abb. 5.2 Verfahrensgestaltung

1. Einleitung des Verfahrens
   Das Schiedsgerichtsverfahren wird durch Einreichung einer Einleitungsanzeige der betreibenden Partei („Request of Arbitration") beim Sekretariat der Schiedsinstitution eröffnet.[21,22]
   Der schriftliche Antrag, der in ausreichender Anzahl einzureichen ist[23], hat folgende Angaben zu enthalten:
   - Name, Rechtsform und Adresse der Streitparteien,
   - Angaben zur rechtlichen Vertretung des Klägers und ihre Anschrift(en),
   - Darlegung des Streitgegenstandes und dessen Wert zum Zeitpunkt der Einbringung der Klage,
   - Darstellung der Tatsachen und Umstände, auf die die Klageansprüche gestützt werden,
   - Kopie der Schiedsvereinbarung zwischen den Streitparteien,
   - Angaben zur Anzahl der Schiedsrichter und ihre Wahl sowie die gegebenenfalls erforderliche Benennung eines Schiedsrichters mit Angabe der Anschrift,

[21] Bei UNCITRAL-Ad-hoc-Schiedsgerichten beginnt das Schiedsverfahren erst mit Zugang der Benachrichtigung/Schiedsklage beim Beklagten Art. 3 Abs. 2 UAR.

[22] Der Beginn des Schiedsverfahrens hemmt oder unterbricht in der Regel die Verjährung des Klageanspruches.

[23] Die Schiedsklage sowie die beigelegten Urkunden sind in so vielen Exemplaren einzureichen, dass jede Partei, jeder Schiedsrichter und das Sekretariat je ein Exemplar erhalten können.

- Ausführungen zum Schiedsort, zu den anwendbaren Rechtsregeln und zur Verfahrenssprache.

Ist der Antrag ordnungsgemäß beim Sekretariat der Schiedsgerichtsinstitution eingereicht worden und hat die betreibende Partei auch die Einschreibegebühr geleistet[24], wird dem Beklagten die Schiedsklage samt Urkunden mit der Aufforderung zugestellt, binnen 30 Tagen eine Beantwortung mit folgender Information einzubringen:

- Bezeichnung des Beklagten und ihre Anschrift(en),
- Angaben zur rechtlichen Vertretung des Beklagten und ihre Anschrift(en),
- Angaben zum Streitgegenstand,
- Eine Äußerung zum Vorbringen der Klage,
- Benennung eines Schiedsrichters unter Angabe seiner Anschrift, wenn in der Schiedsvereinbarung die Entscheidung durch ein Dreierschiedsgericht vereinbart worden ist.

Mit dieser Antwort sind grundsätzlich mögliche Unzuständigkeitseinreden und Widerklagen zu erheben.

2. Konstituierung des Schiedsgerichts

Der wichtigste Verfahrensschritt nach Erhebung der Schiedsklage ist die Konstituierung des Schiedsgerichtstribunals. Bei der Vereinbarung von nur einem Schiedsrichter haben sich die Streitparteien über die Bestellung des Schiedsrichters zu einigen. Sollten dagegen drei Schiedsrichter bestellt werden, hat jede Partei einen Schiedsrichter zu benennen. Die beiden so bestellten Schiedsrichter wählen dann den Vorsitzenden des Schiedsgerichts.

Kommt eine Einigung zwischen

- den Streitparteien über die Person des Einzelschiedsrichters binnen 30 Tagen ab Eingang der Schiedsklage beim Beklagten bzw.
- den bestellten Schiedsrichtern über die Person des Vorsitzenden binnen 30 Tagen ab Bestätigung der Parteischiedsrichter

nicht zustande, bedarf es der Bestimmung des Vorsitzenden bzw. des Einzelschiedsrichters durch den ICC-Schiedsgerichtshof.[25]

Bestehen berechtigte Zweifel an der Unparteilichkeit oder Unabhängigkeit eines Schiedsrichters kann jede Partei einen Antrag auf Ablehnung beim Sekretariat des ICC-Schiedsgerichtshofs stellen.[26]

Wenn alle benannten Schiedsrichter das Amt angenommen haben, gilt das Schiedsgericht als bestellt, d.h. die Schiedsgewalt wird auf den oder die Schiedsrichter übertragen.

---

[24] 3000 USD, siehe http://www.iccwbo.org/products-and-services/arbitration-and-adr/arbitration/icc-rules-of-arbitration/#article_c1. Stand: 05.03.2014.

[25] Mangels Vereinbarung einer „ernennenden" Stelle oder bei fehlender Einigung der Streitparteien über die Institution, die die Benennung der Schiedsrichter vornehmen soll, erfolgt bei UNCITRAL-Ad-hoc-Schiedsgerichten eine Bestimmung der „ernennenden" Stelle durch den Generalsekretär des ständigen Schiedsgerichts in Den Haag auf das Ersuchen einer Partei (s. Art. 6 Nr. 2 UAR).

[26] http://www.iccwbo.org/products-and-services/arbitration-and-adr/arbitration/icc-rules-of-arbitration/#article_14. Stand: 05.03.2014.

Zur Abdeckung der voraussichtlichen Schiedsgerichtskosten wird ein Kostenvorschuss vom Sekretariat des Schiedsgerichtes festgelegt. Die Höhe dieser Summe wird gemäß zugehöriger Kostenordnung unter Berücksichtigung des Streitwertes, der von den Schiedsrichtern aufzuwendenden Zeit sowie aller anderen maßgebenden Umstände geregelt.

3. Weiterer Verfahrensablauf
   Die Vorauszahlung der geschätzten Schiedsgerichtskosten, die eine Voraussetzung für die Übersendung der Akte an das Tribunal darstellt, ist von den Parteien zu gleichen Teilen binnen 14 Tagen ab Zustellung der Aufforderung zu erbringen. Haben die Streitparteien den jeweiligen Kostenvorschuss geleistet, werden sämtliche Unterlagen an den/die bestellten Schiedsrichter übermittelt. Das Schiedsgericht und die Parteien können sich darauf einigen, wie das Verfahren strukturiert wird und einen provisorischen Zeitplan über den zeitlichen Ablauf des Verfahrens erstellen.
   Diese Verfahrensvereinbarung („Terms of Reference"), die die Basis für die Führung des Schiedsverfahrens bildet und streng von der Schiedsvereinbarung zu trennen ist, soll folgende Angaben enthalten:
   - Namen und Rechtsform der Streitparteien,
   - Adressen der Parteien, an die alle Zustellungen und Mitteilungen während des Schiedsverfahrens erfolgen sollen,
   - Zusammenfassende Darlegung des Vorbringens der Parteien und ihre Anträge und, soweit möglich, Angaben zum Streitwert der Klage und der Widerklage,
   - eine Liste der zu entscheidenden Streitpunkte,
   - Namen, Adressen und Berufbezeichnungen der bestellten Schiedsrichter,
   - Ort des Schiedsverfahrens und der Verhandlung zur Einvernahme von Zeugen und Sachverständigen,
   - Einzelheiten bzgl. der anzuwendenden Verfahrensbestimmungen, Anzahl der Rechtsschriften, Beweisregeln, Vertraulichkeit von Schiedsgerichtsverfahren, etc.

   Die Verfahrensordnung wird dem ICC-Schiedsgerichtshof zur Überprüfung vorgelegt. Ein Schiedsurteil ist innerhalb von sechs Monaten (verlängerbar) nach Freigabe der Verfahrensordnung zu fällen. Über die mündliche Verhandlung und Beweisaufnahme wird eine Niederschrift gefertigt, die den Ablauf und Inhalt der Verhandlung wiedergibt. Art und Umfang der Protokollierung werden nach Einvernehmung zwischen dem Schiedsgericht und den Parteien bestimmt.
4. Schiedsspruch
   Das schiedsrichterliche Verfahren endet mit:
   - Erlassung eines Schiedsspruches, zu dem auch vorläufige, Zwischen- und Teilschieds-Sprüche gehören können,[27]

[27] Als Besonderheit ist anzuführen, dass im Gegensatz zu anderen institutionellen Schiedsordnungen die ICC eine Überprüfung des Schiedsspruchs vorsieht.

- Abschluss eines Schiedsvergleichs, d.h. die Parteien können eine erzielte Einigung in Form eines Schiedsspruchs protokollieren lassen (Schiedsspruch mit vereinbartem Wortlaut)[28], oder
- sonstige Beendigungsmaßnahmen (z.B. Klagezurückziehung).

Nach Genehmigung des Schiedsspruchs durch den ICC-Schiedsgerichtshof und Unterschrift der Mitglieder des Schiedsgerichts auf der Endfassung wird der Schiedsspruch rechtskräftig und den Parteien zugestellt.

Dieses Urteil ist endgültig, verbindlich für die beteiligten Parteien und theoretisch in allen Mitgliedsländern der New Yorker Konvention vollstreckbar, in denen der Schuldner (eventuell auch temporär) Vermögen hat. So kann beispielsweise ein deutsches Schiedsgerichtsurteil gegen einen brasilianischen Schuldner auch in den USA exekutiert werden, insofern der Schuldner dort (auch temporär) Vermögen besitzt.

5.3 Zusammenfassung

Die Schiedsgerichtsbarkeit gewinnt international immer mehr an Bedeutung. Schnelligkeit, flexible Verfahrensgestaltung, die Bestellung von Schiedsrichtern, die sowohl mit technischen Besonderheiten der Streitigkeit vertraut sind als auch die jeweiligen Handelsgepflogenheiten kennen, und grundsätzliche Vertraulichkeit aufgrund der Nichtöffentlichkeit des Verfahrens gehören zu den großen Vorteilen, auf die kein Wirtschaftsunterunternehmen bei der Gestaltung von grenzüberschreitender Verträge verzichten sollte.

Durch Verwendung institutioneller Schiedsgerichtsbarkeit wird den Parteien internationaler Schiedsverfahren eine anerkannte Verfahrensordnung für die Verwaltung, Überwachung und Unterstützung der Verfahren zur Verfügung gestellt, die einen Mindeststandard in diesen Schiedsverfahren gewährleistet.

Institutionelle Schiedsordnungen, z.B. die Schiedsgerichtsordnung der ICC, sehen verschiedene Mittel und Maßnahmen vor, um den hohen Qualitätsstandard zu sichern, für die die Schiedsgerichtsbarkeit der ICC bekannt ist. Zu erwähnen sind u.a. die Bestätigung von Schiedsrichtern durch das Sekretariat des ICC Gerichthofs, die Überwachung der Konstituierung des Schiedsgerichtes, die Einleitung des Schiedsverfahrens, die Kostenüberwachung und die Erstellung eines Zeitplans für die Verfahren.

[28] Es muss dabei beachtet werden, dass Vergleiche nicht international vollstreckbar sind.

Vertragsgestaltung: Anforderungen an Kauf-, Vertriebs- und Lizenzverträge

6

Michael Berger

6.1 Einführung

Die besonderen Risiken, die im Außenhandel bestehen, erfordern eine sorgfältige Vertragsgestaltung bei der Geschäftsanbahnung mit ausländischen Partnern. Es gilt hierbei Besonderheiten wie Sprache, Mentalität, Rechtsverständnis, Transportrisiko sowie die politischen und wirtschaftlichen Risiken zu berücksichtigen und gebührend zu beachten. Weiterhin gilt es zu beachten, dass beim Abschluss eines internationalen Vertrages eine Vertragspartei häufig eine stärkere Verhandlungsposition als die andere besitzt. So könnten Bedingungen geschaffen werden, die die schwächere Partei überfordern. Eine Regel, an die man immer denken sollte, ist die Tatsache, dass die Partei, die den Vertrag entwirft, die bessere Verhandlungsposition innehat; so kann ein Verkäufer, der den Kaufvertrag entwirft, günstigere Liefer- oder Zahlungsbedingungen vorgeben. Der Versuch aber die stärkere Verhandlungsposition auszunutzen und sich somit einen unlauteren Vorteil zu verschaffen, könnte bei gerichtlichen Streitigkeiten erhebliche Nachteile mit sich bringen, wenn die Vertragsbedingungen nicht gebührend verhandelt wurden. Sittenwidrige oder unangemessene Vertragsbedingungen, die eine Seite einseitig belasten, werden von den Gerichten häufig nicht anerkannt oder im Falle einer mehrdeutigen Klausel, der Partei zur Last gelegt, welche den Wortlaut der Bestimmung verfasst hat. Insbesondere kann dies der Fall bei Ausschlussklauseln der Fall sein, welche aufgrund von Zweifeln über Sinn, Zweck oder Ausmaß der Klausel von Gerichten als nicht durchsetzbar erklärt werden. Dies wird aufgrund der Contra-Proferentem-Regel (lat. gegen den Verwender) vorgenommen. Eine Ausschlussklausel wird demnach im Fall von Unklarheiten gegen ihren Verwender, d. h. Nutznießer, ausgelegt. Aufgrund dieses Prinzips muss der Verfasser beim Schreiben solcher Klauseln so sorgfältig wie möglich vorgehen, um Zweideutigkeiten oder Unklarheiten zu vermeiden.

6.2 Kaufverträge

6.2.1 Wichtige Eckpunkte eines Vertrages

Ein Kaufvertrag ist die individuelle Vereinbarung von Rechten und Pflichten zwischen den beteiligten Parteien, die Waren oder Dienstleistungen gemeinsam kaufen oder verkaufen. Während Kaufverträge zwischen Vertragsparteien im gleichen Land bei Unklarheiten aufgrund der Verkehrssitten bzw. dem Handelsbrauch interpretiert werden können, müssen im Auslandsgeschäft die Geschäftspraktiken und gesetzlichen Vorschriften sowohl des eigenen Landes, als auch des Auslandspartners berücksichtigt werden, insbesodere wenn die Bestimmungen des UN-Kaufrechts nicht gelten. Im allgemeinen ist es sinnvoll, die Vertragsbedingungen im Rahmen internationaler Verträge klar zu regeln, anstatt fehlende Vertragsbedingungen im Wege der Auslegung nach Landesrecht oder UN-Kaufrecht zu ermitteln.

In diesem Sinne ist es wichtig, die Bedeutung von Begriffen in der Vertragsformulierung internationaler Verträge nicht zu unterschätzen, um sicherzugehen, dass die wirklich „wahre" Bedeutung auch erfasst wird. Für einen deutschen Geschäftspartner mag es ungewöhnlich erscheinen, dass internationale Verträge meist sehr umfangreich und allumfassend gestaltet sind; er ist es gewohnt, dass Verträge in der Regel präzise und kurz gehalten werden. Es ist daher wichtig, dass die verschiedenen Ansätze und Unterschiede beider Geschäftsparteien bekannt sein müssen, um gemeinsam ausgewogene und für beide Seiten verständliche und akzeptable Formulierungen zu finden.

6.2.1.1 Zustandekommen des Vertrages

Das Zustandekommen eines Vertrages setzt in jeder Rechtsordnung eine Einigung zwischen den Parteien voraus, in der Regel kommt es zu einer Einigung durch Angebot und Annahme der Vertragsparteien. Ein Angebot muss in Bezug auf die wesentlichen Vertragsinhalte bestimmbar sein und es muss ein Rechtsbindungswille erkennbar sein; die Annahme muss von dem Angebotsempfänger erklärt werden, mit dem Willen vertraglich gebunden zu sein. Ein international anerkannter Grundsatz ist die Tatsache, dass Schweigen nicht als Erklärungsinhalt gedeutet werden darf. Es gibt allerdings Ausnahmen, wonach dem Schweigen ein Erklärungsgehalt zukommen kann. So sieht das französische Recht vor, dass ein schriftliches Angebot, eine Versicherungspolice zu ändern oder zu verlängern, angenommen wird, wenn dieses Angebot nicht binnen zehn Tagen nach Zugang zurückgewiesen wird. In ähnlicher Weise misst auch § 362 HGB dem Schweigen eines Kommissionärs Erklärungsgehalt zu, wenn er den Auftrag seines Geschäftskunden nicht erwidert.

In diesem Zusammenhang ist das kaufmännische Bestätigungsschreiben zu nennen, eine Besonderheit, die es im deutschen- oder österreichischen Wirtschaftsraum gibt. Unter der Voraussetzung, dass die Parteien bereits Verhandlungen geführt haben und dass in dem kaufmännischen Bestätigungsschreiben die Eckpunkte der Vereinbarung einmal zusammengefasst und spezifiziert wurden, gelten diese nach Abgabe des kaufmännischen Bestätigungsschreibens als vereinbart, sofern nicht vorher widersprochen wurde.

6.2.1.2 Notwendige Vertragsbedingungen

Bei der Gestaltung internationaler Kaufverträge ist es zweckmäßig, mit dem ausländischen Geschäftspartner jede wesentliche Bedingung des Vertragsentwurfs durchzugehen und sich zu vergewissern, wie er die Vertragsbedingungen versteht. Nachteile könnten für den Exporteur in vielen Rechtsordnungen entstehen, wenn folgende vier Grundbedingungen nicht enthalten sind:

- Beschreibung der Waren nach Art, Qualität und Menge
- Lieferzeit
- Preisangabe und Währung (US-Dollar, HK-Dollar, CAN-Dollar, statt nur Dollar)
- Zahlungsbedingungen

Weitere wichtige Vertragsbedingungen sind:

- Inkrafttreten des Vertrages
- Kosten/Gebühren für Zölle und Steuern
- Kosten/Gebühren für Versicherungen, Handling und Transport
- Verpackung
- Liefertermin und Lieferort
- Eigentums-und Gefahrübergang der Ware/Incoterms
- Import-/Exportdokumente
- Rechte zur Prüfung der Ware
- Gewährleistung
- Vertragsstrafen
- Höhere Gewalt/Force Majeure
- Gerichtsstand, Anzuwendendes Recht, Rechtsmittel, Schiedsgerichtsverfahren
- Salvatorische Klausel

Im Rahmen des internationalen Kaufvertrags ist es weiterhin wichtig, die Exportanforderungen sowie Risiken zu kennen und diese in den Vertragsverhandlungen zu berücksichtigen. Weiterhin ist bei den Vertragsverhandlungen zu klären, welche Partei für die Beschaffung der Ausfuhrgenehmigung und deren Kosten zu sorgen hat, welche Partei u.U. Exportrestriktionen zu beachten hat (Etikettierung, Verpackung, Schädlingsbekämpfungsmaßnahmen, Kennzeichnung), und wer eventuell anfallende Exportzölle, Gebühren oder Steuern zu zahlen hat. Sehr häufig wird all dies vernachlässigt und es kommt zu Streitigkeiten zwischen den Parteien, da keine festen Regeln für solche Vorkommnisse existieren.

6.2.1.3 Vereinbarungen von Eigentumsvorbehalten

Typisches Merkmal eines inländischen Kaufvertrages über bewegliche Sachen ist die Vereinbarung eines Eigentumsvorbehalts, mit welchem sich der Warenverkäufer das Eigentum an der Ware bis zur vollständigen Bezahlung des Kaufpreises vorbehält. Im internationalen Kontext ist die Sachlage schwieriger, da nicht alle Rechtsordnungen den Eigentumsvorbehalt (EV) in derselben Form wie in Deutschland kennen. Weiterhin besteht die Problematik, dass der sachenrechtliche EV in Bezug auf das anwendbare Recht der Dispositionsfreiheit der Vertragspartner entzogen ist; der Ort, an dem sich die Ware befindet, entscheidet auch über das anwendbare Recht.

Da es keine einheitlichen Eigentumsvorbehaltsregeln in ausländischen Rechtsordnungen gibt, und einige Länder den EV nur in der einfachen Form kennen, soll die Tabelle 6.1 ausgewählter Länder eine kleine Übersicht über die wesentlichen Unterschiede geben.

Tipps für die Vertragsgestaltung: Es empfiehlt sich generell, die Vereinbarung eines EV schriftlich und in einer gesonderten Urkunde oder an exponierter Stelle im Vertrag zu treffen. Dabei sollte dem Käufer auferlegt werden

- alle Maßnahmen zu ergreifen, um sicherzustellen, dass die Ware immer identifizierbar ist
- dem Verkäufer idealerweise entsprechende Kontrollrechte (Besichtigung der Ware, Betretungsrechte) einzuräumen
- dem Käufer zu verbieten, die Ware weiterzuverarbeiten, sie nicht als Sicherungsmittel zu verwenden oder sie zu vermischen

6.2.2 Risiko von Leistungsstörungen

Ein ganz wichtiger Aspekt, der in internationalen Kaufverträgen häufig vernachlässigt wird, ist das Risiko von Leistungsstörungen durch verspätete Annahme, Leistungsverzug oder Unmöglichkeit. Ein nicht vertragsgemäßer Export verursacht Kosten und hohen Zeitverlust. Komplexer wird die Problematik, wenn es darum geht, die Frage des Verschuldens zu klären: Wurden durch den Verkäufer eventuell falsche Etiketten verwendet oder hat der Käufer falsche Informationen geliefert? Hat womöglich keine der beiden Vertragsparteien Schuld?

In solchen Fällen ist es ratsam, eventuelle Fristverlängerungen, Kostenteilungen bzw. Eskalationsstufen in den Kaufvertrag mit aufgenommen zu haben. Auch über Auswirkungen unkontrollierbarer Faktoren, wie geänderte Zollformalitäten oder Beschlagnahme der Ware, sollten die Vertragsparteien gesprochen haben und eine Kündigung oder Neuverhandlungen vorsehen.

Weitere Risiken, die zu einer Leistungsstörung führen können sind Devisenkontrollen, die die Regierung des ausländischen Geschäftspartners kurzfristig erlässt und einen großen Einfluss auf das Auslandsgeschäft haben können. Auch Wechselkursänderungen oder Zahlungsverzögerungen aufgrund politischer Maßnahmen können Probleme auslösen,

Tab. 6.1 Eigentumsvorbehalt in ausgewählten Ländern

Frankreich	Einfacher EV kann schriftlich vereinbart werden, Aussonderungsanspruch von 3 Monaten. Keine Weiterverarbeitung oder Vermischung der Ware.
Belgien	Ein EV ist nicht bekannt und nicht anerkannt. Hohes Risiko!
Vereinigtes Königreich	Einfacher- und erweiterter EV möglich, der verlängerte EV ist schwer durchzusetzen. Ware muss ausdrücklich benannt- und getrennt gelagert werden. Aber: kein Schutz des Verkäufers bei gutgläubigem Erwerb der Ware durch Dritte!
USA	EV bestimmt sich je nach Bundestaat; Verkäufer kann sich zur Sicherung der Forderung ein Security Interest sichern, dieser muss registriert werden. Siehe auch → Uniform Commercial Code – UCC
Österreich	Einfacher und verlängerte EV anerkannt, nicht aber der Erweiterte.
Russland	Einfacher EV anerkannt, der verlängerte EV ist nicht bekannt. Schriftliche Vereinbarung im Kaufvertrag notwendig.
Italien	Bekannt ist ausdrücklich nur der EV bei Abzahlungsgeschäften. EV sollte schriftlich vereinbart werden und vor allem mit einem „ sicheren Datum" (Data Certa) versehen sein, um Wirkung gegenüber Dritten zu entfalten.
VR China	Einfacher EV anerkannt, der erweiterte/verlängerte EV existieren nicht. Dritte können nach chinesischem Kaufrecht das mit dem Eigentumsvorbehalt belastete Gut gutgläubig erwerben.
Spanien, Griechenland	Einfacher EV anerkannt, soll er auch Dritten entgegengehalten werden können, muss er in einer öffentlichen Urkunde vereinbart werden.

hierzu sollte der Exporteur frühzeitig die Auslandabteilung seiner Bank oder Auslandshandelskammern kontaktieren.

6.2.3 Die Wahl des anwendbaren Rechts

Im Falle eines grenzüberschreitenden Kaufvertrages stellt sich häufig die Frage, welches Recht (und vor allem das Recht wessen Staates) auf den Vertrag Anwendung findet und welches Gericht bei Streitigkeiten zuständig sein könnte. Diese Frage lässt sich nicht immer leicht beantworten, da bereits die jeweilige nationale Rechtsordnung je nach Einzelfall unterschiedliche Antworten liefert. Die Parteien sind grundsätzlich gut beraten, in solchen Fällen untereinander individuelle Vereinbarungen zu treffen. Je nachdem, welches Recht die Parteien gewählt haben, kann sich die Bedeutung und Auslegung von Vertragsklauseln entscheidend ändern. Gerade diese Regelung fehlt aber in vielen Verträgen häufig, oder ist auch im grenzüberschreitenden Deliktsrecht ungeklärt, daher muss die Beurteilung anhand bestimmter Kriterien bezüglich des anwendbaren Rechts erfolgen. Weiterführende Informationen in den Absätzen IPR und CISC in diesem Kapitel.

6.2.4 Vertragsbindung oder nicht?

Es kann häufig vorkommen, dass zwei Geschäftsparteien eine längere Zusammenarbeit planen und sich in einem recht frühen Stadium der Verhandlungen noch nicht rechtlich binden wollen; in diesem Falle gibt es verschiedene, international gebräuchliche Instrumente, dies zu bekunden. Der geläufige Begriff ist „Memorandum of Understanding", daneben existieren jedoch diverse andere Bezeichnungen: Letter of Intent, Heads of Agreement, Minutes of Discussion, Instruction to Proceed oder Pre-Contractual Agreement. Die Frage, ob die Beteiligten hier eine rechtliche Verpflichtung eingegangen sind, ist im Auslandsgeschäft nicht eindeutig, wie manch ein Unternehmer denkt. Es ist hierbei auf den genauen Wortlaut der Einzelpunkte der Vereinbarung zu achten, hinter Absichtserklärungen oder Feststellungen können sich durchaus rechtliche Konsequenzen verbergen. Zur Vermeidung ungewollter rechtlicher Bindungen sollte vertragstypische Sprache vermieden werden, es sollte nicht von Verpflichtungen, sondern eher von Absichten gesprochen werden, und am Ende des Memorandums sollte eine Klarstellung eingefügt werden, dass keine vertraglichen Verpflichtungen aus dem unterzeichneten Dokument entstehen sollen.

Bei einem Letter of Intent oder einer Instruction to Proceed ist zu beachten, dass diese sorgfältig gelesen werden müssen um eventuelle Vorabkosten zu vermeiden. Es kommt häufig vor, dass internationale Verträge behördliche Genehmigungen oder Vorfinanzierungen bedürfen und somit ein Letter of Intent den Verkäufer vor Unterzeichnung des Hauptvertrags verpflichtet, auf eigenes Risiko mit den Vorarbeiten zu beginnen. Dies muss man erkennen und vorab ausschließen oder in die Kalkulation mit einbeziehen.

6.2.5 Einbeziehung von Allgemeinen Geschäftsbedingungen

Nach deutschem Recht können Vertragspartner ihre AGB direkt im Vertrag aufnehmen oder ausdrücklich Bezug nehmen, er muss also darauf deutlich hinweisen werden (sog. Möglichkeit zumutbarer Kenntnisnahme).

Im internationalen Geschäftsverkehr aber wird von Gerichten wiederholt gefordert, dass AGB dem Vertragspartner im Ausland bereits vor oder bei Vertragsschluss übersandt werden (Bestellung, Auftragsbestätigung, Rahmenvertrag, etc.), damit dieser in zumutbarer Weise davon Kenntnis nehmen kann. Idealerweise lässt man sich die Bedingungen auch gegenzeichnen, insbesondere wenn sie Gerichtsstands- und/oder Schiedsgerichtsklauseln beinhalten. Anderenfalls kann es schwierig werden, das von der Rechtsprechung aufgestellte Netz zwischen Rechtswahl-, Gerichtsstands- und Erfüllungsortsvereinbarung sicher zu durchdringen.

6.3 Vertriebsverträge

Vertriebsverträge lassen sich dahingehend kennzeichnen, dass sie auf eine dauernde, enge Eingliederung eines interessenwahrenden Vertriebsmittlers in die zentral administrative Absatzorganisation des Lieferanten gerichtet sind. Sie beschäftigen sich mit Vertriebs- oder Absatzmittlungverhältnissen, bei denen auf der einen Seite ein Hersteller, Importeur, Lieferant, Großhändler, Zwischenhändler oder eine Systemzentrale steht, während auf der anderen Seite ein Absatzmittler, wie z.B. ein Handelsvertreter, Vertragshändler oder Franchisenehmer tätig ist.

6.3.1 Vertriebsrecht

Das Vertriebsrecht befasst sich mit den rechtlichen Vorgaben, die die in Vertriebssystemen organisierten Personen in Zusammenhang mit ihren Vertriebsvorhaben beachten müssen. Berührungspunkte gibt es hierbei zum Kartellrecht, da Vermarktungs- und Vertriebssysteme darauf ausgerichtet sein können, mehreren selbständigen Unternehmen eine gemeinsame Marktbearbeitung zu ermöglichen.

Zu den angrenzenden Rechtsgebieten gehört auch das Recht des unlauteren Wettbewerbs, das Patent- und Markenrecht, das Gebrauchsmuster- und Geschmacksmusterrecht sowie das Urheberrecht, da Vertriebsunternehmen zum Zwecke des Wettbewerbs und der Vermarktung mit bestimmten Verhaltensweisen am Markt auftreten.

Im grenzüberschreitenden Business Development muss die gesamte Vermarktungs- und Vertriebsrechtskomponente im internationalen Kontext gesehen werden, hinzu kommen Zertifizierungs- und Zollvorschriften, die beachtet werden müssen. Vertriebsrecht kann daher schnell unübersichtlich werden, denn es macht vertiefte Kenntnisse in verschiedenen Rechtsgebieten notwendig.

Die Einschaltung von Handelsvertretern und Vertragshändlern ist häufig der erste und einfachste Schritt zu Erschließung eines ausländischen Marktes. In den EU-Ländern ist der rechtliche Rahmen für den Einsatz von Handelsvertretern durch die Umsetzung der Richtlinie 86/653/EWG weitgehend harmonisiert worden. Um die rechtlichen Gestaltungsoptionen bei der Zusammenarbeit mit ausländischen Vertriebspartnern effektiv zu nutzen, sollten unter anderem auch aus Gründen der Beweisbarkeit die Regeln für die Zusammenarbeit mit dem Handelsvertreter im EU-Ausland immer schriftlich in Form eines Vertrages niedergelegt werden. Nachfolgend werden die wichtigsten Bestimmungen des deutschen Handelsvertreterrechts nach HGB vorgestellt. Bei der Vertragsgestaltung mit Handelsvertretern im EU-Ausland kann das auf das Vertragsverhältnis abwendbare Recht zwischen den Parteien frei gewählt und somit deutsches Recht vereinbart werden.

6.3.2 Handelsvertretersysteme

Der Handelsvertretervertrag stellt einen gesetzlich typisierten Vertrag dar, der in §§ 84 ff. HGB geregelt ist. Soweit die Vertragsparteien nichts Abweichendes regeln, ergibt sich somit aus § 84 HGB ein gesetzestypischer Mustervertrag. Gemäß Definition ist der Handelsvertreter ein selbständiger Gewerbetreibender, der ständig damit betraut ist, für einen Unternehmer Geschäfte mit Dritten zu vermitteln oder in dessen Namen abzuschließen. Trotz dieser selbständigen Stellung des Handelsvertreters gibt es eine ganze Reihe von Regelungen, die sich als Schutz zu Gunsten des Handelsvertreters verstehen und zwingendes Recht darstellen, so z.B. § 87a Abs. 5 HGB.

Interessant hierbei ist, dass der Handelsvertreter zum einen selbständig ist, zum anderen aber für einen anderen tätig, er soll also den Absatz der Produkte seines Geschäftsherrn fördern, handelt aber nicht selbst mit diesen Produkten, sondern vermittelt die Geschäftsabschlüsse. Der Handelsvertreter ist typischerweise in der Gestaltung seiner Tätigkeit frei, er bestimmt den Arbeitseinsatz und -ort sowie seine Arbeitszeit selbst. Gemäß § 89b HGB kommt dem Handelsvertreter ein Ausgleichsanspruch zu, wenn er verpflichtet ist, seinen Kundenstamm nach Vertragsbeendigung dem Lieferanten zu übertragen. Die Tätigkeit des Handelsvertreters kann zudem unterschiedlich ausgestattet sein, so zum Beispiel exklusiv oder ohne Exklusivität, als Bezirks- oder Alleinvertreter. Der Bezirksvertreter bekommt einen bestimmten Kundenkreis zur Bearbeitung zugewiesen und erhält für jedes abgeschlossene Geschäft innerhalb dieses Bezirks eine Provision, unabhängig davon, ob er das Geschäft vermittelt hat oder nicht. Wenn keine gesonderte Absprache dagegen besteht, kann der Bezirksvertreter in der Regel auch in anderen Bezirken Geschäfte vermitteln. Der Alleinvertreter, der zumeist auch Bezirksvertreter ist, hat das vertraglich zugesicherte Exklusivrecht, seinen Bezirk alleine zu bearbeiten. In der Abgrenzung zu möglichen Arten selbständiger Vertriebskooperationen ist der Handelsvertreter insbesondere von Vertragshändlern, Kommissionären bzw. Kommissionsagenten, Handelsmaklern sowie Franchisenehmern zu unterscheiden.

Der Vertragshändler ist ein Kaufmann, dessen Unternehmen vertraglich fest in das Vertriebssystem eines Herstellers von Markenwaren eingegliedert ist und sich in der Pflicht befindet, den Vertrieb der Waren des Herstellers zu fördern. Seine Tätigkeit nimmt er im eigenen Namen und auf eigene Rechnung wahr; der Ausgleichsanspruch kann auch dem Vertragshändler zugutekommen, wenn er zur Übertragung verpflichtet ist.

Der Kommissionär schließt als selbstständiger Gewerbetreibender, gemäß §§ 383 ff HGB, Geschäfte im eigenen Namen auf fremde Rechnung ab. Ein wesentlicher Unterschied zum Handelsvertreter ist die Tatsache, dass der Kommissionär nur im Einzelauftrag tätig wird, während der Handelsvertreter durch ständige Beauftragung an den Unternehmer gebunden ist. Ist der Kommissionär vertraglich laufend mit solchen Abschlüssen betraut, handelt es sich um einen Kommissionsagenten.

Der Handelsmakler, §§ 652 ff. BGB, ist wie ein Handelsvertreter um den Abschluss von Geschäften für einen Unternehmer betraut. Der maßgebliche Unterschied besteht darin, dass es keine vertragliche Pflicht zum Tätigwerden für ihn gibt, in der Regel wird er also von Fall zu Fall tätig werden und hat wechselnde Auftraggeber. Für jeden Auftrag ist eine gesonderte Bevollmächtigung notwendig. Die Regeln des Handelsvertreterrechts finden hier keine Anwendung.

Franchisenehmer sind ebenfalls im eigenen Namen und auf eigene Rechnung tätig, dies jedoch unter Beachtung des Werbe- und Organisationskonzepts des jeweiligen Franchisegebers gegen eine prozentuale Nutzungsgebühr des Franchisepakets.

Grundsätzlich unterliegen Handelsvertreterverträge keiner gesetzlichen Formvorschrift, sie können also theoretisch auch mündlich oder durch schlüssiges Verhalten abgeschlossen werden; nach § 85 HGB kann aber jede Vertragspartei verlangen, dass der Inhalt des Vertrages sowie spätere Vereinbarungen zu dem Vertrag in eine Urkunde aufgenommen werden, Anspruchsvoraussetzung hierfür ist nur, dass ein wirksamer Vertrag abgeschlossen wurde.

6.3.3 Anwendbares Recht

Liegt ein grenzüberschreitender Kaufvertrag vor, stellt sich als erstes die Frage, welches Recht anwendbar ist und die Gerichte welchen Staates für allfällige Streitigkeiten zuständig sind. Grundsätzlich ist das anwendbare Recht im Vertrag frei wählbar. Somit liegt es für Exporteure nahe, ein Recht zu wählen, das keinen Ausgleichsanspruch für Händler kennt.

Ein Allheilmittel ist dies aber nicht: Gerichte aus Ländern, die einen Ausgleichsanspruch für ihre einheimischen Händler anerkennen, werden die Rechtswahl häufig mit Verweis auf den sog. „Ordre Public" nicht beachten. So beachten z.B. deutsche Gerichte trotz Vereinbarung das abweichende ausländische Recht nicht, wenn ein in Deutschland tätiger Händler dadurch einen nach deutschem Recht bestehenden Ausgleichsanspruch verlöre. Ähnlich protektionistisch wie europäische Gerichte entscheiden auch die Gerichte in vielen Ländern Lateinamerikas und im arabischen Raum.

6.3.4 Ausgleichsanspruch

In manchen Ländern gesteht die Rechtsprechung auch Vertragshändlern unter bestimmten Umständen, insbesondere bei enger Einbindung in die Absatzorganisation des Herstellers, einen Kompensationsanspruch für den Kundenstamm zu. Der Vertragshändler wird also praktisch wie ein Handelsvertreter behandelt. Das ist in Deutschland so, daneben aber auch in Österreich, der Schweiz und Griechenland und in einigen Ländern außerhalb der EU, z.B. in den Vereinigten Arabischen Emiraten. Auch in Italien und Spanien ist ein solcher Anspruch zu befürchten, obwohl dort noch keine einheitliche Rechtsprechung dazu existiert.

Aus Sicht des Herstellers sollte der Händlervertrag daher nach Möglichkeit so gestaltet werden, dass die Kriterien für einen Ausgleichsanspruch nach der jeweiligen Rechtsprechung nicht erfüllt werden. Im deutschen Recht bedeutet das vor allem, dass man den Händler nicht verpflichten darf, offen zu legen, an welche Kunden er die Ware weiterveräußert.

6.3.5 Fallstricke grenzüberschreitender Vertriebsverträge

Grundsätzlich fällt immer wieder auf, dass in der Praxis Unternehmen mit ausländischen Absatzmittlern jahrelang zusammenarbeiten, ohne schriftliche Regelungen getroffen zu haben. Dies kann zwar als Zeichen gegenseitigen Vertrauens gewertet werden, wird aber dann problematisch, wenn zwischen den Parteien Meinungsverschiedenheiten entstehen. Es kann hier ein langwieriger Prozess mit all seinen negativen Konsequenzen folgen. Ein schriftlicher Vertrag hilft jedoch nicht nur, um berechtigte Ansprüche im Streitfall durchzusetzen, er dient auch der Abwehr unberechtigter Ansprüche, die die andere Partei für sich reklamiert und einfordert. Die Empfehlung, Vereinbarungen möglichst immer schriftlich zu schließen, gilt übrigens nicht nur für den Vertragsbeginn; spätere Änderungen und Ergänzungen des Vertrages sollten ebenso in Schriftform festgehalten werden.

Ein schriftlicher Vertrag nützt allerdings wenig, wenn die entscheidenden Punkte nicht klar und vollständig geregelt werden. In Vertriebsverträgen sind das vor allem die zu vermittelnden Produkte, das Verkaufsgebiet und/oder der zu betreuende Kundenkreis, die Aufgaben und Befugnisse des Absatzmittlers, Vergütungsgrundlagen oder Kündigungsfristen. Auch Wettbewerbsverbote oder Vertretungsvollmachten im Krankheitsfall sollten konkretisiert werden.

Ein weiterer wichtiger Aspekt ist die Vermeidung von unpassenden Regelungen, denn oft entscheiden gerade Nuancen in der Regelung eines Vertragsgebietes und der zu zahlenden Provision darüber, ob der Außendienstmitarbeiter nach dem Vertrag auch Provisionen für Folgegeschäfte mit Kunden, die von ihm geworben wurden, oder Provisionen auf alle Geschäfte mit Kunden im Vertragsgebiet beanspruchen kann.

6.3.5.1 Fallstricke im Vertrieb mit Russland

Trotz der großen Vertriebschancen des russischen Marktes ist Vorsicht geboten: Läuft ein Geschäft in Russland richtig gut, kommt irgendwann eine dritte Partei, die es kaufen möchte. Wer darauf nicht eingeht, kann große Schwierigkeiten bekommen, oft mit den Steuerbehörden. Das kann so weit gehen, dass das Unternehmen am Ende nicht mehr zum Arbeiten kommt, an Wert verliert oder gar enteignet wird. Nicht wenige deutsche Unternehmen sind in Konflikt mit den russischen Steuerbehörden geraten, teils wegen der Rückzahlung der Mehrwertsteuer, teils weil zu wenig Steuern bezahlt wurden.

Weiterhin gilt es abzuwägen, ob man sich einen russischen Partner mit in Boot holt; dies kann durchaus sinnvoll sein, weil der russische Partner ein sehr gutes Vertriebsnetz hat oder eine gute Kundenbasis. In diesem Fall muss man sich aber eine sehr klare Exit-Strategie überlegen. Verträge müssen so gestaltet sein, dass es auch im Konfliktfall zu einer gütlichen Lösung kommen kann.

6.3.5.2 Fallstricke mit Vertriebsverträgen im Nahen Osten

Auch in der Region rund um den Persischen Golf ist die Einschaltung von Handelsvertretern und Vertragshändlern ein erster Schritt zu Erschließung eines ausländischen Marktes. Hierbei gibt es allerdings einige Besonderheiten, die unbedingt zu beachten sind. So unterliegen Vertriebsverträge in Ländern wie Kuwait, Bahrain, Katar oder den Vereinigten Arabischen Emiraten grundsätzlich dem jeweiligen Commercial Agency Law und müssen registriert werden. Diese Registrierung dient allerdings ausschließlich dem Schutz des arabischen Vertriebspartners vor Ort, denn Kraft Gesetzes wird diesem die Exklusivität der eingeführten Güter verliehen. Bei Umgehung seiner Exklusivität durch Parallelimporte hat der arabische Vertriebspartner die Möglichkeit, **ein Importverbot** – einen sogenannten **import ban** – bei den Zollbehörden durchzusetzen, mit der Folge, dass der Importeur bis zur Beilegung des Streits mit dem Vertriebspartner keinen Zugang zum jeweiligen Markt hat.

Des Weiteren lassen sich auch bei der Vertragsbeendigung oder dem Ausgleichsanspruch materiell-rechtliche Bestimmungen vorfinden. Die ordentliche Kündigung einer unbefristeten Vertragsbeziehung ist unwirksam, eine Kündigung ist nur aus wichtigem Grund zulässig. Auch muss ein befristeter Vertriebsvertrag fortgeführt werden und kann nur aus wichtigem Grund abgelehnt werden. Aus diesem Grund können Vertriebsverträge häufig nur gegen hohe Ausgleichszahlungen beendet werden.

Es ist auf jeden Fall anzuraten, eine im arabischen Vertriebsrecht erfahrene Kanzlei im Vorfeld zu konsultieren, um angesichts der drastischen Rechtsfolgen einer Registrierung gerüstet zu sein. Es kann insofern sinnvoll sein, trotz der Registrierungspflicht eine Registrierung zu unterlassen, denn auch nicht-registrierte Verträge sind zulässig; so lassen sich die strikten Regelungen etwas mildern, da in solchen Fällen die allgemeinen Vorschriften des jeweiligen Zivil- und Handelsgesetzbuchs gelten.

6.4 Lizenz- und Know-how-Verträge

Lizenzverträge regeln die Nutzung von Immaterialgüterrechten und ermöglichen die Überlassung von Lizenzrechten an Dritten. Als Immaterialgüter kommen insbesondere Marken, Urheberrecht oder Patente Dritter in Betracht. Nachdem es nur sehr wenige gesetzliche Regelungen gibt, werden Lizenzen üblicherweise in individuellen Verträgen, den Lizenzverträgen, geregelt. Der Inhaber von Schutzrechten gewährt dabei dem Lizenznehmer die Verwertung und Nutzung des konkreten Rechts und erhält dafür die Zahlung des vereinbarten Lizenzentgelts.

Beim Lizenzvertrag sind unterschiedliche Gestaltungsmodelle möglich und üblich. Als Lizenzarten lassen sich dabei die einfache und die ausschließliche (exklusive) Lizenz unterscheiden.

6.4.1 Rechtliche Vorgaben und Konsequenzen für die Vertragsgestaltung

6.4.1.1 Einfaches oder ausschließliches Nutzungsrecht

Während der Inhaber eines einfachen Nutzungsrechts lediglich berechtigt ist, das Werk neben anderen zu nutzen, kann der Inhaber eines ausschließlichen Nutzungsrechts jeden Dritten und auch den Inhaber selbst von der Nutzung ausschließen. Welche Rechtsposition dem Abnehmer eingeräumt wird, hängt von der konkreten Interessenlage ab. Die Einräumung eines ausschließlichen Nutzungsrechts ist regelmäßig nur dann gerechtfertigt, wenn ein speziell auf die individuellen Bedürfnisse des Abnehmers zugeschnittenes Werk - wie z.B. Individualsoftware - Vertragsgegenstand ist.

6.4.1.2 Zeitliche, räumliche und inhaltliche Beschränkung

Grundsätzlich besteht die Möglichkeit das eingeräumte Nutzungsrecht zeitlich und räumlich zu beschränken. Daher sollte der Lizenzvertrag stets auch Aussagen über die zeitliche und räumliche Reichweite des Nutzungsrechts enthalten.

Bei einer zeitlichen Befristung des Nutzungsrechts ist zu beachten, dass das Nutzungsrecht mit Fristablauf automatisch erlischt und der Abnehmer dann nicht mehr berechtigt ist, das Werk kommerziell zu nutzen. Möchte er diese Nutzung fortsetzen ist er gezwungen, mit dem Urheber nach-zu-verhandeln, was zumeist zu einer höheren Vergütung und somit Verteuerung führt. Es empfiehlt sich daher aus Sicht des Abnehmers, eine Verlängerungsoption zu den anfänglichen Konditionen in den Vertrag aufzunehmen, sofern er eine längere Nutzung des Werkes plant.

Räumliche Beschränkungen des Nutzungsrechts finden zumeist auf das Gebiet bestimmter Staaten statt. Zu beachten ist hierbei jedoch, dass eine räumliche Beschränkung bei geplanter Online-Nutzung nicht sinnvoll ist, da ein Online-Angebot weltweit abrufbar ist. Soll gleichwohl eine vergleichbare Beschränkung erreicht werden, kommt eine Beschränkung der Nutzung auf einzelne Sprachversionen (z.B. bezogen auf eine deutsch- oder russischsprachige Website) in Betracht.

Inhaltlich kann das Nutzungsrecht auf bestimmte Nutzungsarten beschränkt werden. So kann etwa eine Beschränkung der Werknutzung nur auf Printmedien oder ausschließlich auf die Onlinenutzung erfolgen. Erhebliche inhaltliche Einschränkungen finden sich häufig in Verträgen über Standardsoftware - etwa Einzelplatzlizenzen, Verbot der Nutzung per Datenfernübertragung etc. Für den Fall, dass der Lizenzvertrag keine Aussage über den inhaltlichen Umfang des eingeräumten Nutzungsrechts trifft, kommt nach dem Gesetz die so genannte Zweckübertragungslehre zum Tragen. Hiernach bestimmt sich der Umfang des eingeräumten Nutzungsrechts nach dem mit dem Vertrag verfolgten Zweck. Wird beispielsweise im Zusammenhang mit der Erstellung eine Website ein urheberrechtlich geschütztes Werk - etwa eine individuelle Fotografie o.ä. - geschaffen, ist der Abnehmer nach dem Zweck des Vertrages nur zur Onlinenutzung dieser Fotografie berechtigt. Für eine weitergehende Nutzung z.B. in einem Firmenprospekt bedürfte es einer weitergehenden Berechtigung durch den Urheber. Um in diesem Zusammenhang Streitigkeiten zu vermeiden, ist es stets ratsam, in dem Lizenzvertrag genaue Aussagen über den inhaltlichen Umfang der eingeräumten Nutzungsrechte zu treffen.

6.4.1.3 Einräumung von Unterlizenzen

Der Inhaber eines ausschließlichen Nutzungsrechts ist auch berechtigt, Dritten einfache Nutzungsrechte (Unterlizenzen) einzuräumen. Allerdings bedarf es hierfür der Zustimmung des Urhebers, der diese jedoch nicht entgegen Treu und Glauben verweigern darf. Um Klarheit zu schaffen sollte daher eine Regelung über Unterlizenzen aufgenommen werden. Eine pauschale Abbedingung des Zustimmungserfordernisses in Allgemeinen Geschäftsbedingungen ist jedoch unzulässig.

6.4.2 Arten der Lizensierung

Die Lizenzgebühr stellt in der Regel nur einen kleinen Teil der tatsächlichen Kosten dar, die der Lizenznehmer insgesamt aufbringen muss, um mit der Fertigung des Lizenzproduktes beginnen zu können, das kann daran liegen, dass im Ausland nach anderen Normen und Standards gearbeitet wird und daher Umstellungen bei der Fertigung erfolgen müssen. Für den Lizenzgeber bietet die internationale Vermarktung einen ansonsten nicht erreichbaren Ertrag sowie die Möglichkeit, den Lizenznehmer im Ausland als Vertriebsnetz zu betrachten.

Beim internationalen Lizenzvertrag handelt es sich im weitesten Sinne um einen zwischen Lizenzgeber und Lizenznehmer vereinbarten Technologietransfer, der die Übertragung von Know-how, Kenntnissen und Erfahrungen beinhaltet. Lizenzverträge können sehr unterschiedliche Gegenstände regeln. Typische Lizenzverträge sind:

- Markenlizenzvertrag
- Urheberlizenzvertrag
- Verlagsvertrag
- Patentlizenzvertrag
- Gebrauchsmuster-/ Designvertrag
- Software-Überlassungsvertrag

Exkurs: Der Markenlizenzvertrag

Der Markenlizenzvertrag ist ein spezieller Lizenzvertrag, dessen Lizenzgegenstand Marken sind. Im Markenlizenzvertrag können die Art und Umfang der Rechteeinräumung nahezu völlig frei vereinbart werden. Insbesondere können beliebige zeitliche, räumliche und inhaltliche Beschränkungen vereinbart werden oder neben der einfachen/nicht ausschließlichen auch eine exklusive/ausschließliche Markenlizenz vereinbart werden. Zu unterscheiden ist die Markenlizenz vom Übergang/von der Übertragung der Marke.

Während die Markenlizenz die Markenrechte beim Inhaber belässt und dem Lizenznehmer lediglich mehr oder weniger umfangreich Rechte zur Nutzung einräumt, wird bei einer Übertragung der Marke die Inhaberschaft verändert. Hier gibt der ursprüngliche Markeninhaber sämtliche Rechtspositionen auf und überträgt diese an einen neuen Markeninhaber.

Der Markenschutz lässt sich über verschiedene Möglichkeiten auf das Ausland ausdehnen: auf ausgewählte Länder, die gesamte Europäische Union oder weltweit.

A. Markenschutz in ausgewählten Ländern

Die Marke kann direkt in einzelnen gewünschten Ländern angemeldet werden und ggf. den Zeitrang der deutschen Voranmeldung (sogenannte Priorität) in Anspruch nehmen. Empfehlenswert ist dabei in jedem Fall die Einschaltung eines im jeweiligen Land zugelassenen Rechts- oder Patentanwalts.

B. Markenschutz in der Europäischen Union

Ein Unternehmen kann seine Produkte oder Dienstleistungen im gesamten Gebiet der Europäischen Union (EU) mit einem einzigen Verfahren beim Harmonisierungsamt für den Binnenmarkt in Alicante (Spanien) einheitlich kennzeichnen. Die Eintragung einer Gemeinschaftsmarke ist im gesamten Gebiet der Gemeinschaft wirksam.

Dabei ist zu berücksichtigen, dass nicht nur jeder Inhaber einer älteren Gemeinschaftsmarke, sondern auch jeder Inhaber einer nationalen Marke aus diesen Ländern zum Widerspruch berechtigt ist. Bei dessen Erfolg wird eine Marke für den gesamten EU-Bereich die Eintragung versagt. Anmeldungen für Gemeinschaftsmarken können direkt beim Harmonisierungsamt oder beim Deutschen Patent- und Markenamt eingereicht werden.

C. Internationaler Markenschutz

Wenn der Markenschutz weiter ausgedehnt werde soll, kann die nationale Marke bei der für dieses Verfahren zuständigen Weltorganisation für geistiges Eigentum (http://www.wipo.int) international registriert werden. Dafür gilt ggf. die Priorität der nationalen Basismarke. Damit kann Markenschutz in bis zu 80 Ländern beansprucht werden, zu denen neben den europäischen Staaten auch Staaten aus dem amerikanischen, asiatischen und afrikanischen Raum zählen. In den vom Antragsteller benannten Ländern wird die sogenannte „IR-Marke" jeweils wie eine nationale Markenanmeldung behandelt. Ein Antrag auf eine internationale Registrierung kann direkt beim DPMA eingereicht werden.

D. Patente

Patente schützen neue technische Erfindungen und verleihen dem Rechteinhaber das räumlich und zeitlich befristete Privileg, allein über die Erfindung zu verfügen. Der Patentinhaber erhält damit ein Exklusivrecht für die Verwertung seiner Erfindung. Eine nicht autorisierte gewerbliche Nutzung des Patents kann er verbieten. Das Patent ermöglicht es, wirtschaftlichen Nutzen aus der Erfindung zu ziehen.

Im Gegenzug erwachsen dem Patentinhaber auch gesetzliche Verpflichtungen. Mit der Patentanmeldung stimmt er zu, dass seine Erfindung veröffentlicht wird. Ein Patent kann damit anderen Erfindern als Maßstab und Basis für Weiterentwicklungen auf dem betreffenden Gebiet der Technik dienen.

Patente spielen bei unternehmerischen Entscheidungen eine wichtige Rolle und Recherchen in der Patentliteratur können Unternehmern helfen, teure und unnötige Doppelentwicklungen zu vermeiden. Auch der Gefahr, fremde Schutzrechte zu verletzen, kann so vorgebeugt werden.

Ein Patent muss angemeldet werden, muss ein gesetzlich vorgeschriebenes Verfahren durchlaufen und wirkt ab dem Anmeldetag 20 Jahre lang. Nach Ablauf der maximalen Patentlaufzeit kann es in der Regel unter bestimmten Voraussetzungen mit Ergänzenden Schutzzertifikaten maximal weitere fünf Jahre geschützt werden. Patente gelten nur in dem Land, für das sie erteilt werden (Territorialitätsprinzip).

Sollte Patentschutz auch im Ausland gesucht werden, muss die Erfindung in jedem Fall innerhalb von 12 Monaten nach der deutschen Anmeldung im Ausland angemeldet werden. Die Anmeldung wird demnach so behandelt, als wäre sie bereits zum deutschen Anmeldetag dort eingegangen. Diese Frist darf nicht versäumt werden, da ansonsten das Schutzrecht nicht mehr rückwirkend auf das Ausland ausgedehnt werden kann. Der Anmeldung würde dann der tatsächliche, spätere ausländische Anmeldetag zugeordnet. Dies kann dazu führen, dass die Veröffentlichung der eigenen deutschen Anmeldung bei der ausländischen Prüfung neuheitsschädlich entgegensteht.

Wenn die Erfindung zusätzlich zur deutschen Anmeldung nur in wenigen Staaten geschützt werden soll, können Einzelanmeldungen in den jeweiligen Ländern sinnvoll sein. Ein „Weltpatent" gibt es allerdings nicht.

Zu erwähnen ist, dass auch Erfindungen, die ein Computerprogramm enthalten, patentierbar sind. Voraussetzung ist, dass sie technischen Charakter haben, es sich also um computerimplementierten Erfindungen handelt. Eine computerimplementierte Erfindung hat technischen Charakter, wenn bei ihr Naturkräfte oder technische Mittel zum Einsatz kommen. Beispiele hierfür sind hydraulische Kräfte, elektrische Ströme in Schaltelementen und Regeleinrichtungen oder Signale in Datenverarbeitungs-Anlagen.

E. Gebrauchsmuster

Ein Gebrauchsmuster ist grundsätzlich nur in Deutschland gültig. Der im Vergleich zum Patent schnellere und preiswerte Erfindungsschutz technischer Erfindungen bietet keine Möglichkeit der europäischen Gebrauchsmusteranmeldung. Auch ist eine internationale Gebrauchsmusteranmeldung nicht möglich, zudem bietet sich die Möglichkeit des Gebrauchsmusterschutzes nicht in allen Ländern, so kennt die Schweiz dieses Schutzrecht nicht.

F. Design

Eingetragene Designs schützen die Farb- und Formgebung von nahezu allen industriell oder handwerklich herstellbaren Erzeugnissen, zum Beispiel von Bekleidung, Möbeln, Stoffen, Ziergegenständen oder grafischen Symbolen. Auch Teile von Erzeugnissen können als eingetragenes Design geschützt werden, zum Beispiel die Sohle eines Sportschuhs oder die Kappe eines Schreibgerätes.
Ein Design kann in den Mitgliedsstaaten der EU über ein Gemeinschaftsgeschmacksmuster beim HABM angemeldet werden oder in weiteren Ländern über eine internationale Registrierung vermarktet werden.
Nach dem Haager Musterabkommen (HMA) ist es möglich, ein Design in ein internationales Register eintragen zu lassen. Das Haager System besteht aus verschiedenen Akten (Haager Akte, Genfer Akte), denen einzelne Länder, darunter Deutschland und Frankreich, aber auch die Europäische Union beigetreten sind. Nicht beigetreten sind bislang die USA, Japan, China und Südkorea. Der Schutz gilt nicht „weltweit", sondern in den Mitgliedstaaten, die Sie bei der Anmeldung benennen. Die internationale Anmeldung wird beim Internationalen Büro der Weltorganisation für geistiges Eigentum (WIPO) bearbeitet.

Der Lizenzvertrag ist nicht als spezieller Vertragstyp normiert, so dass spezielle Regelungen für die Rechte und Pflichten der Vertragsparteien und rechtliche Lösungen für typische Problemstellungen in der Vertragsabwicklung fehlen. Soweit Störungen bei Erbringung der vertraglichen Leistungen auftreten, sind daher grundsätzlich die allgemeinen Bestimmungen des Schuldrechts, die für alle nicht speziell geregelten Vertragstypen gelten, anzuwenden. Typische Konfliktfelder bei Lizenzverträgen sind zum Beispiel die Vernichtung des Lizenzgegenstands, dass die erwünschten Ergebnisse nicht erzielt werden oder dass Dritte Rechte am Lizenzgegenstand geltend machen. Die heranzuziehenden

Regeln des allgemeinen Schuldrechts berücksichtigen aber die speziellen Wertungen des Immaterialgüterrechts nicht ausreichend, so dass die Lösungen bei Leistungsstörungen nicht immer zufrieden stellend sind.

Lizenzverträge werden zunehmend grenzüberschreitend abgeschlossen, was die Lösung auftretender Störungen sicherlich erschwert. Sollten die Parteien keine Wahl hinsichtlich des anzuwendenden Rechts getroffen haben, kann es dazu kommen, dass der Vertrag und die Behandlung von Leistungsstörungen nach einem nationalen Rechtsstatut zu beurteilen ist, das dem Willen der Vertragsparteien nicht gerecht wird.

Im Zusammenhang mit Lizenzverträgen sind Einschränkungen der Gestaltungsfreiheit im Wettbewerbsrecht zu nennen, so kann sich die durch Lizenzvertrag vereinbarte ausländische Nachbaumöglichkeit von Inlandsprodukten auf den Wettbewerb in Deutschland auswirken. Auch EU-Recht wirkt auf wettbewerbsrechtliche Aspekte innerhalb der Gemeinschaft, so können Vereinbarungen für rechtwidrig erklärt werden, die den Handel zwischen den Mitgliedsstaaten beeinträchtigen.

Weiterhin können internationale Lizenzverträge bestimmten steuerlichen Vorschriften unterworfen sein, in Form einer Steuer für Lizenzgebühren. Dies wird in vielen Ländern über die Quellensteuer eingezogen. Zu beachten hierbei ist die Tatsache, dass häufig trotz eines Doppelbesteuerungsabkommen zwischen den jeweiligen Staaten eine zusätzliche vertragliche Regelung erforderlich ist.

Um in internationalen Lizenzvertragsverhandlungen erfolgreich zu bestehen, werden die folgenden Inhaltsmerkmale empfohlen.

6.4.3 Inhaltsmerkmale des internationalen Lizenzvertrags

- **Präambel** (Hinweis auf Geschäftsverbindung, Vertragsparteien und Vertragszweck
- **Definitionen** der wichtigsten im Vertrag benutzen Begriffe
- **Geltungsbereich** der Lizenz
  - Sachlicher, örtlicher und persönlicher Geltungsbereich
- **Umfang der Lizenz**
  - Lizenz für Produktion, Fertigung
  - Vertriebslizenz
  - Einfaches oder ausschließliches Nutzungsrecht
  - Zeitliche, räumliche und inhaltliche Beschränkung
- **Form der Know-how-Übertragung**
  - Übergabe der technischen Dokumentation
  - Ausbildung von Mitarbeitern des Lizenznehmers
  - Entsendung eigener Fachkräfte zum Lizenznehmer
  - Technische Unterstützung
- **Gewährleistungsrecht**
  - Know-how-Übertragung, Patentrecht, Design, Produkte

- **Umgang des Lizenznehmers mit der Lizenz**
  - Sorgfaltspflichten, Konkurrenzverbot
  - Keine unautorisierte Weitergabe an Dritte
- **Gegenleistung**
  - Lizenzgebühren, Steuern, Abrechnungsweise, Verzug
- **Rechtswahl und Schiedsgerichtsvereinbarung**

Zusammenfassend kann gesagt werden, dass die Globalisierung viele neue Möglichkeiten auch für kleinere und mittlere Unternehmen gebracht hat, Waren und Dienstleistungen ins Ausland zu vertreiben und ihren Geschäftsradius zu erweitern. Es gilt dabei aber gut vorbereitet zu sein, um Risiken zu erkennen und zu vermeiden. Überlegtes Handeln sowie Kenntnisse im internationalen Vertragsrecht sind von zentraler Bedeutung, um Unsicherheiten bezüglich vertraglicher Rechte und Pflichten zu vermeiden und die unternehmerischen Transaktionskosten zu minimieren. Der im Außenhandel tätige Unternehmer oder Manager muss auf wichtige Fallstricke des internationalen Geschäfts aufmerksam werden, um vertragliche Probleme zu erkennen und entsprechende Strategien zu deren Vermeidung bzw. Lösung zu entwickeln.

6.5 Zusammenfassung

Im Auslandsgeschäft ist das Vertragsrecht von zentraler Bedeutung. Die Unsicherheiten bezüglich vertraglicher Rechte und Pflichten der Geschäftspartner erhöhen die unternehmerischen Transaktionskosten und müssen daher gesondert beachtet werden. Der Kaufvertrag hat im internationalen Kontext eine besondere Bedeutung, da das Geschäft komplexer ist und sich die Vertragsparteien häufig vor Vertragsabschluss nicht treffen. Der Beitrag soll eine Übersicht über aktuelle Problemstellungen geben.

Prävention von Korruption 7

Max Burger-Scheidlin

7.1 Korruption – ein vermeidbares Übel

- Korruption ist – auch in schwierigen Ländern – kein Kavaliersdelikt oder ein „notwendiges Übel“ im Geschäftsleben, sondern stellt einen *kriminellen Tatbestand* dar. Das fast weltweite gesetzliche Umfeld hat sich in letzter Zeit stark gewandelt. 140 Staaten haben mittlerweile die „United Nations Convention against Corruption“ 2005 (UNCAC) unterschrieben (Ausnahme Japan) – so entsteht derzeit ein weltweites juristisches „Level Playing Field“.
- Der „Ultimate Beneficiary“ (also z.B. der Produzent einer Maschine in Deutschland) haftet für seine Vertriebspartner (Agenten, Niederlassungen, Berater, Joint Venture Partner etc. im In- und Ausland) – außer er kann nachweisen, dass er alles getan hat, um Korruption in der Verkaufskette wirksam zu verhindern. Reines „Wegschauen“ *(„Ich möchte gar nicht wissen, wie mein Agent in Russland verkauft“)* stellt strafrechtlich eine „Mittäterschaft“ dar.
- Es ist eine Mär, dass man im Ausland bei Geschäften schmieren „muss“. Bei guter Vorbereitung – wobei dieses „Hausaufgaben machen“ ein Geschäft bis zu 9 Monate verzögern kann – sind wahrscheinlich 99% der Geschäfte zwischen privaten Unternehmen und der größere Teil der Geschäfte, bei denen der Käufer ein Staat oder ein staatsnahes Unternehmen ist, auch in schwierigen Ländern, ohne Korruption machbar. Und dort wo der Partner absolut auf Schmiergelder besteht, ist es vielleicht ratsam das Geschäft aufgrund der hohen Folgerisiken (siehe nachstehend) gar nicht erst abzuschließen.
- Was viele Geschäftsleute in ihrer Argumentation „Man muss schmieren!“ übersehen ist, dass es ja nicht vorrangig um die Unterschrift auf dem Vertrag geht, sondern darum, das Geschäft bis zum Ende – und das können bei Investitionen vielleicht 15 Jahre sein – profitabel abzuwickeln. Wer einmal als „Zahler“ bekannt ist, wird immer wieder zur Zahlung „eingeladen“ (haben Sie das bis zum Ende eingepreist?)

7.2 Definition von Korruption

- Korruption ist der *„Missbrauch von anvertrauter Macht zum eigenen Nutzen* oder Vorteil".

7.3 Wo beginnt Korruption ?

- Wenn man jemandem einen *„Vorteil"* gewährt mit der Absicht, dass dieser eine pflichtwidrige Handlung oder Unterlassung setzt (dies kann theoretisch bei EUR 10.- beginnen).
- Wenn man Umstände setzt, die den Vorteilsnehmer in seiner subjektiven Entscheidungsfreiheit beeinträchtigt.
- Korruption kann schon bei kleinen Gefälligkeiten anfangen!
- Dennoch gibt es weiterhin heimische Betriebe, die selbstverständlich und von sich aus unaufgefordert „Extrazahlungen" in der Höhe von z.B. 3 % und mehr an Käufer ihrer Produkte anbieten. Ein Management, das dies zulässt, oder in manchen Unternehmen noch immer fördert (*„Wie das Umsatzziel erreicht wird, ist Sache des Verkäufers"*), verdirbt nicht nur den Charakter in dieser Geschäftsbeziehung, es schädigt auch den Charakter des Bestechenden selbst. Welchen langfristigen Problemen sich diese Unternehmen intern und extern (indirekt und ungewollt) aussetzen, wird meist verschwiegen.

Praxis

Überlegen Sie, ob das was Sie heute machen, morgen in der Zeitung stehen darf? Wenn Sie hier zögern – setzen Sie diese Handlung lieber nicht!

7.4 Praxis-Beispiel

- Ein deutsches Unternehmen (mit Geschäften in ganz Europa) beginnt nach Indien zu verkaufen. Der in Singapur lebende Agent des deutschen Unternehmens besticht den indischen Einkäufer aus seiner eigenen (sehr hohen) Provision und zahlt US$ 40.000.- auf das Dubai-Konto des Inders ein. Ein koreanischer Konkurrent erhält den Auftrag nicht. Wo und wie kann dieser Fall verfolgt werden?
  - Strafrechtlich: in Indien (Praxis: nicht sehr wahrscheinlich), Singapur, Dubai, USA (wegen US$-Zahlung), UK (weil das deutsche Unternehmen auch Geschäfte in UK macht), Deutschland
  - Wegen Geldwäsche: in Singapur, Dubai, USA, Deutschland
  - Wegen Steuerhinterziehung: Singapur, Deutschland (der deutschen Mutter hätte auffallen müssen, dass das Agentenhonorar überzogen ist und Raum für Bestechung gibt)

  - Wegen Untreue: Deutschland
  - Der Koreaner kann auf Schadenersatz wegen verlorenen Profits klagen: in UK, Deutschland, Singapur
- Wie kommt Bestechung ans Tageslicht?
  - Vor allem durch geschiedene Ehefrauen; unzufriedene und entlassene Buchhalter und Verkäufer; Kollegen, die einen Karrieresprung suchen; Banker; Mitbewerber; Whistleblowing; auch durch die interne Revision und den Staatsanwalt
- Zurück zu obigem Beispiel:
  - In jedem Stadium haben Sie Mitwisser und Mittäter! Können Sie dieses langfristige Risiko überhaupt eingehen? Können Sie noch jemals Ihren Buchhalter entlassen?

7.5 Risiken: „Einmal korrupt – immer erpressbar"

- Geschäftsführer haften persönlich!
- Ihr Vertrag ist vielleicht ungültig und nicht einklagbar (da durch eine Straftat erlangt)?
- Zahlt Ihre Transportversicherung, wenn Sie ein juristisches „Nullum" geliefert haben?
- Ihre Exportversicherung (Euler-Hermes, ÖKB[1], Coface etc.) erlischt, wenn das Geschäft durch Korruption zustande kam – Finanzierungen werden sofort fällig gestellt.
- Weltbank, IFC[2] etc. verlangen eine sofortige Rückzahlung der Kredite bei Ko-Finanzierung von Projekten.
- Weltbank, IFC, EBRD[3], manche Städte führen „schwarze Listen", die korrupte Unternehmen auf Jahre von jedem Geschäft ausschließen.
- Korruptionszahlungen gehen meist vier strafbare Delikte voraus: Untreue gegen das eigene Unternehmen, falsche Buchführung, Steuerhinterziehung und Geldwäsche.
- Korruption: Einmal gezahlt und Sie sind erpressbar! Auch von eigenen Mitarbeitern, Pensionisten, Agenten, Beratern, Bankern. Russische Mafiosi machen daraus einen eigenen Geschäftszweig.
- Wer einmal zahlt, wird immer wieder zur Zahlung „eingeladen".
- „Freunde" des Bestochenen errichten künstliche neue Barrieren – und halten die Hand auf.
- Korruption schafft Unsicherheit und Misstrauen: Bleibt der „Geschmierte" an der Macht? Wird/kann er seine Zusagen auch einhalten? -Was ist, wenn Ihr „Partner" abgesetzt wird?
- Unternehmen, die kein Compliance System haben, werden von Unternehmen wie Siemens, General Electric etc. gar nicht mehr zur Anbotslegung eingeladen.

---

[1] Österreichische Kontrollbank, Wien

[2] International Finance Corporation – eine Tochtergesellschaft der Weltbank für Finanzierungen des privaten Sektors

[3] European Bank for Reconstruction and Development, London

- Manche ausschreibende Stellen verlangen bereits von Unternehmen den Nachweis, firmenintern Antikorruptionssysteme installiert zu haben und deren effiziente Umsetzung zu prüfen (Manchmal werden bereits Zertifizierungen verlangt. Dieser Trend-wird sich in den nächsten Jahren verstärken.) – sonst werden diese Unternehmen gar nicht zur Ausschreibung zugelassen.
- Weder Bestecher noch Bestochener haben Interesse an Aufklärung von Korruption! Neider des Bestochenen oder Mitbewerber des Bestechers haben jedoch größtes Interesse daran!
- Bei Vertreter- und Beraterhonoraren etc. wird auf die Branchenüblichkeit abgestellt. Sollten sie „zu hoch" sein, werden darin versteckte Bestechungsgelder vermutet.
- Über Korruption zu verkaufen ist einfacher, als über die Produktqualität und den Service. Ihre Mitarbeiter verlernen „zu verkaufen", werden aber perfekte Korruption-Experten – als Konsequenz „muss" man dann bestechen.
- Korruption nach außen führt oft auch zu Korruption innerhalb des Unternehmens. Bestecher nach außen führen oft auch nach innen und privat ein „großzügiges Leben" – manche „genehmigen" sich selbst einen Teil der Bestechungssumme.
- Korruption zerstört und beeinträchtigt die geschäftliche Vertrauensbasis
- „Korruption macht abhängig" – d.h. langfristig die Aufgabe der eigenen Souveränität und Verhandlungsfreiheit.
- Ein PR-Schaden durch Korruption kann Ihr Unternehmen gefährden!
- Korruption ist kein Kavaliersdelikt – sie führt direkt in die Strafbarkeit!
- Es geht bei Korruption nicht allein um gezahlte bzw. empfangene Bestechungsgelder, sondern v.a. um die damit verbundenen Folgen und Kosten von Fehlentscheidungen (Rückrufaktion für Autos wegen einem sub-optimalen kleinen Teil – dessen Produzent durch Bestechung diese sub-optimale Entscheidung herbeigeführt hat).
- Langfristig wird Ihr Unternehmen zunehmend weniger konkurrenzfähig (und dann haben Sie keine Chance mehr, Aufträge zu gewinnen – außer durch Korruption).

7.6 Wer ist gefährdet?

- Nach einer Studie von Control Risks[4] glauben mehr als 40% der international befragten Unternehmen, dass ihnen in der Vergangenheit durch Bestechungshandlungen ihrer Konkurrenz bereits ein interessanter Auftrag entgangen ist. Als Bestechungshöhe wird für einen einzelnen Auftrag 3-30% der Auftragssumme angegeben.
- Alt-etablierte Unternehmen zahlen (zum Teil beträchtlich) weniger als neue. Größere Firmen zahlen meist geringere Prozentsätze als kleine, weil man leichter ein politisches und/oder diplomatisches Backing aus dem Heimatstaat erhält. Auch ist es für große Unternehmen leichter, im schlimmsten Fall auf einen Auftrag zu verzichten.

[4] Control Risks CEE Corruption Report 2009 - www.controlrisks.com

- Aber korrupte lokale Politiker interessieren sich natürlich mehr für Großaufträge, weil hier mehr zu holen ist – besonders stark in den Sektoren Öl, Gas, Bergbau, Infrastruktur.
- Praxis: Vor Eintritt in einen neuen Markt erkundigen Sie sich im Zielland bei alt-etablierten deutschen und österreichischen Unternehmen über Gefahren und Risiken. Die meisten werden auskunftsfreudig sein und es schätzen, dass zusätzlich ein europäisches Unternehmen mit klarer Anti-Korruptionsstrategie auf den Markt kommt.

7.6.1 Korruption zwischen Unternehmen

- Wer ist gefährdet ?
  - Einkäufer und Verkäufer sind besonders gefährdet. So manches geschieht im Expedit. Aber auch bei Unternehmenskäufen, Wertermittlungen, Gründung von Tochterunternehmen etc. geht es oft recht „kreativ“ zu. Letztlich sind alle Entscheidungsträger in Gefahr.
- In welchen Situationen wird Bestechungsgeld gefordert oder angeboten?
  - Ausschreibungen, frei vergebene Einkäufe, Auswahl der Zulieferer, Auswahl der Distributoren, Bestimmung der Franchisenehmer, Vergabe von niedrig verzinsten Krediten durch Bankmitarbeiter, Zuteilung von jungen Aktien bei IPOs[5],
  - In Handelsketten: Vergabe von Listungen, Laufmeter Regalfläche und genauer Positionierung
  - Wissensträger in Unternehmen werden bestochen – zur Herausgabe von firmeninternen Informationen wie technischen Zeichnungen, Kundenlisten, Preiskalkulationen und Details von Anboten an Dritte

7.6.2 Korruption in der öffentlichen Verwaltung

- Das öffentliche Vergabewesen ist durch hohe Vergabevolumina und intransparente Entscheidungsabläufe anfällig für Korruption, besonders dort, wo auf Ausschreibungen „verzichtet“ wird. Die Bestechung des zuständigen Amtsträgers dient hier meist wettbewerbswidriger Ausschaltung der Konkurrenz. Geber und Nehmer beteiligen sich daran, durch manipulierte Ausschreibungsbedingungen, Weitergabe von Preisen anderer Bieter, oder nachträglicher unrechtmäßiger Ausschaltung unangenehmer Bieter, den fairen Wettbewerb, zu Lasten des Steuerzahlers und der ehrlichen Konkurrenten, auszuschalten.
- Situationen, bei denen Amtsträger am häufigsten bestochen werden oder Bestechungsgelder fordern: Ausschreibungen, frei vergebene Einkäufe, Vergabe von Genehmigungen, Zertifikaten und Lizenzen, Überprüfung der Geschäftstätigkeit von Unternehmen

---

[5] IPO – Initial Public Offering, d.h. erstmaliges öffentliches Anbieten von Aktien an der Börse

– Steuer, Feuerpolizei, Arbeitsinspektorat, Umweltbehörden, Sozialversicherung, Bankenaufsicht

7.7 Praxis: Problematische Situationen

- Der Konkurrenzdruck ist groß. Der Einkäufer, dem Sie gegenübersitzen, gibt vor, von Ihrer „freundlichen Konkurrenz", der Firma X, bereits ein nettes „Zusatz-Taschengeld" zugesagt bekommen zu haben. Da werden Sie doch nicht zurückstehen!?!
- Ihr Gesprächspartner, ein höherer Beamter, mit dem Sie verhandeln, lächelt „süßlich", Sie bekommen jedoch keine Entscheidung. Drei Tage später kontaktiert Sie ein lokaler Vermittler und verspricht, Ihnen den Auftrag gegen Summe X zukommen lassen zu können – er werde alles Nötige im Hintergrund regeln. Nur vage kennen Sie die Rechtslage und Gebräuche. Sie haben keine Ahnung, wer wirklich die Fäden im Hintergrund zieht. Sie brauchen aber den Auftrag dringend, Arbeitsplätze hängen davon ab und Sie haben keine Zeit. Übermorgen müssen Sie schon ins nächste Land, mit ähnlichen Unsicherheiten, abfliegen. Und die böse Konkurrenz hat Sie ja neulich erst ausgebootet, angeblich bei Schmiergeldern überboten.
- Ein Regierungsbeamter fordert für die Erteilung einer Geschäftslizenz eine höhere Summe. Auch offeriert dieser Beamte gegen ein Zusatzentgelt, „die richtigen lokalen Geschäftspartner" zu finden. Die Zahlung soll durch den Ankauf von Bildern zu stark überhöhten Preisen erfolgen. Aber was wird dieser Beamte machen, wenn man einen, aus seiner Sicht, „falschen Geschäftspartner" aussucht? Wird er aus fadenscheinigem Grund die Geschäftslizenz wieder entziehen?
- Der Einkäufer eines großen Werkes „erbittet" von seinen Lieferanten Kick-Backs. Diese werden über ein ausgeklügeltes Netzwerk an Scheinfirmen „dem Begünstigten zur Verfügung gestellt". Natürlich werden die dafür notwendigen Preiserhöhungen der Lieferanten „wegen gestiegener Rohstoffpreise" vorher von der Käuferfirma akzeptiert.
- Forderungen nach Bestechung sind z.B. am Anfang einer Ausschreibung besonders delikat. Eine zu harte Intervention über die Botschaft und/oder die vorgesetzte Behörde kann die Geschäftschancen gleich stark reduzieren. Einfach mitzuspielen verwickelt aber das Unternehmen in den langfristigen „Korruptionssumpf".

7.8 Wie verhalten sich viele Manager?

„Nichts hören – nicht sehen – auf nichts aufmerksam machen": Juristisch ist dieses Verhalten als „Mittäterschaft" zu werten und wird gerichtlich entsprechend geahndet! Die Zeiten sind vorbei, in denen Manager es sich „leisten können", einfach Fehlverhalten zu ignorieren (siehe Abb. 7.1)

Abb. 7.1 Nichts hören – nicht sehen – auf nichts aufmerksam machen

7.9 Was tun, wenn Ihr Unternehmen bereits in Korruption verstrickt ist?

Befreien Sie sich persönlich und Ihre Mitarbeiter von der ständigen Angst vor Entdeckung und Erpressbarkeit! Machen Sie reinen Tisch! Ihre Mitarbeiter werden Ihnen dankbar sein, sich nicht laufend für Ihr Unternehmen strafrechtlich gefährden zu müssen. Ändern Sie von sich aus Ihre Unternehmenspolitik und Ihr Verhalten und bringen dies schonend, langsam, aber sehr konsequent allen Ihren Stakeholdern bei. Dies ist ein längerer, mühsamer Weg, der sicher mehrere Monate dauert und oft erst nach ein, zwei Jahren seinen Abschluss findet. Aber langfristig gesehen lohnt sich dieser Wandel.

- Zuerst machen Sie sich intern Aufzeichnungen, wie viel Sie bei welchen Geschäftsfällen bisher geschmiert haben und wie hoch der Zeitverlust für das Aushandeln dieser Kommissionen war. Versuchen Sie, eine Vollkostenrechnung, inklusive der Arbeitszeit Ihrer Mitarbeiter, zu machen. Diese Aufzeichnungen präsentieren Sie Ihrem Geschäftspartner. Dies ist nämlich die Summe um die Sie in Zukunft Ihre Waren billiger anbieten könnten!
- Die Umsetzung müssen Sie intern in Ihrem Unternehmen, mittels Ausarbeitung eines Leitbildes beginnen (siehe Muster ICC[6] Anti-Korruptionsrichtlinien), der intensiven Schulung aller Mitarbeiter, einer Spezialschulung für Schlüsselpersonen in heiklen Ländern, sowie einer intensiven PR-Kampagne zuerst im Heimatland, dann auch international.
- Danach müssen Sie mit allen Zulieferern, Käufern, Dienstleistern etc. – kurz allen Geschäftspartnern, mit denen Sie zu tun haben – persönlich Kontakt aufnehmen und Ihren Partnern die neue Politik erklären. Dies ist speziell in schwierigen Ländern notwendig.

[6] ICC International Chamber of Commerce – www.iccwbo.org

  - Suchen Sie sich einen „günstigen“ Zeitpunkt aus, um die neue Politik leichter argumentieren zu können. Solche Zeitpunkte bieten sich laufend: ein neues Gesetz zu Hause oder in einem Zielland; Einführung einer internationalen Konvention; Druck nach Zertifizierung durch großen Kunden wie Siemens; etc.
- Schulen Sie Ihre Zulieferer, Käufer, Dienstleister rund um Anti-Korruption. Zeigen Sie auch auf, wie diese daraus selbst profitieren können und als Unternehmen profitabler werden können.
- Als erstes wird Ihr bisher bestochener Geschäftspartner Ihnen erklären, wie man in einer „neuen Konstruktion“ am besten weiterhin effizient schmieren könnte, um die wichtige alte „Kultur“ und Geschäftsbasis nicht zu gefährden. Er wird viele Umgehungs-Variationen aufzeigen.
  - Wenn Sie nicht darauf eingehen, wird er Ihnen erklären, dass er in Zukunft von Ihrem Konkurrenten kaufen wird!
  - Diese Drohung ist ernst – aber nur wenige machen sie auch wahr.
    - Wenn Sie ein gutes Produkt und einen exzellenten After-Sales-Service haben, ist die Wahrscheinlichkeit gering, dass Sie zukünftige Aufträge verlieren
    - Sollten Sie jedoch ein „Me-too“-Produkt haben, kann es ernst sein.
  - Lassen Sie sich dennoch nicht von den Drohungen beeindrucken – so manche Unternehmen bekommen neue Aufträge, gerade weil sie nicht korrupt sind.
- Als ersten Geschäftsfall unter der neuen Politik suchen Sie sich einen aus, der für Sie nicht essentiell ist und bei dem Sie sich auch etwas Zeit lassen können. Sie müssen damit rechnen, dass der bisher geschmierte Partner Sie erst einmal hängen lässt, die Bestellung oder die Zahlung verzögert etc.

Problem der Umsetzung nach außen:

- Gehen Sie nicht einfach zur Staatsanwaltschaft und erklären, dass Sie in der Vergangenheit geschmiert haben und in Zukunft sauber sein werden. Lassen Sie diesen Schritt erst intensiv von ihrem Rechtsanwalt abklären.
- Selbst wenn die Staatsanwaltschaft Sie strafrechtlich „frei“ stellt, heißt das noch lange nicht, dass die Steuerbehörden etc. dies auch machen werden/müssen. In Österreich kann z.B. aufgrund hoher Steuernachzahlungen Ihr Unternehmen gefährdet sein.

7.10 Prävention von Korruption

7.10.1 Schulen Sie Ihre Mitarbeiter, mit heiklen Situationen umzugehen

- Wenn Sie vermuten, dass Sie jemand um eine pflichtwidrige Bevorzugung bitten will, so ziehen Sie zu diesem Gespräch einen Kollegen als Zeugen hinzu.
- Gehen Sie zu heiklen Verhandlungen im Ausland immer zu zweit.

- Arbeiten Sie so, dass Ihre Arbeit jederzeit überprüft werden kann.
  - Ihre lokalen Gesetze verlangen dies schon.
  - Zunehmend verlangen auch ausschreibende Stellen und internationale Konzerne (sowohl als Käufer als auch Verkäufer) Zertifizierungen nach internationalen Normen von reputablen Zertifizierungsunternehmen und -institutionen. Können Sie diesen Nachweis, dieses Zertifikat nicht erbringen, dürfen Sie gar nicht anbieten.
- Teilen Sie Ihrem Gegenüber im Voraus mit, dass Sie alles, jede Forderung nach Schmiergeldern etc. – u.a. vorgesetzten Stellen – weitergeben.
- Trennen Sie strikt Dienst- und Privatleben. Prüfen Sie, ob Ihre Privatinteressen zu einer Kollision mit Ihren Dienstpflichten führen können. Im Zweifel informieren Sie Ihren Korruptionsbeauftragten.
- Schulen Sie Ihre Mitarbeiter intensiv, Ihre Anti-Korruptionspolitik auch verbal schlagfertig zu argumentieren. In jedes Gespräch, jede Produktvorstellung sollte präventiv der Satz „Im übrigen – wir schmieren nie!“ einfließen.
- Oft werden Unternehmen aus verschiedenen Ländern mit den identen Forderungen für das gleiche Projekt konfrontiert. Oft sind es immer wieder die gleichen (drei bis vielleicht sieben) internationalen Firmen, die bei speziellen Ausschreibungen und Projekten anbieten. Unternehmen, die ihre Konkurrenten kennen, sollten
  - mit den Botschaften aller Herkunftsländer ihrer Konkurrenten Kontakt aufnehmen, damit diese gemeinsam Druck auf die zuständige vorgesetzte lokale Behörde ausüben, oder
  - einen „Integrity Pact“ untereinander abschließen und die ausschreibende Stelle auffordern, diesem beizutreten.
- Lassen Sie sich vor Gesprächsbeginn im Zielland auch von der Internationalen Handelskammer (ICC) in Wien oder Berlin beraten. Sagen Sie Ihrem Gesprächspartner, dass Sie vor der Reise mit ICC u.a. über Korruption gesprochen haben und nach Ihrer Rückkehr ICC über den Verlauf Ihrer Reise berichten werden. Dies ist zwar kein Allheilmittel, nicht angegriffen zu werden, wird aber dennoch bereits eine Reihe möglicher Angreifer zögern lassen. Korrupte scheuen nichts mehr als Transparenz und eine mögliche „Öffentlichkeit“.

7.10.2 Unterstützen Sie Ihre Mitarbeiter durch Öffentlichkeitsarbeit

Die Selbstverpflichtung Ihres Unternehmens, Korruption weder zu fördern noch zu dulden, sollten Sie auch der Öffentlichkeit mitteilen. Reden Sie mit Ihrer lokalen Presse, Wirtschaftpresse und Fachmagazinen. Stellen Sie dieses Faktum prominent auf Ihre Homepage, v.a. dann, wenn Ihre Branche speziell korruptionsgefährdet ist. Informieren Sie Geschäftspartner, Kunden, Lieferanten und Dienstleister, und vergessen Sie nicht, es auch in Ihren Geschäftsbericht aufzunehmen.

- Ihre Vertriebsmitarbeiter sollten diese PR Unterlagen auf ihren Reisen mitnehmen und möglichen Kunden, neben den produktspezifischen Unterlagen, auch diese vorlegen.

7.10.3 Einschaltung von Agenten und Beratern

- Agenten (freie Mitarbeiter, Vermittler, Vertreter, Berater), die das Unternehmen für Anbahnung, Abschluss oder Abwicklung von Geschäften beauftragt, sind vor allem im Ausland ein häufig genutztes Instrument für unsaubere Geschäfte.
- Sowohl auf der Auftraggeber-, als auch auf der Auftragnehmer-Seite beeinflussen Berater (technische Sachverständige, Experten, Ingenieurbüros, Engineering Consultants, andere Konsulenten) Entscheidungen in Vorbereitung geschäftlicher Transaktionen maßgeblich. Mit dieser oft wichtigen Rolle verbindet sich ein erhebliches Korruptionsrisiko.
- Allgemein sind Agenten etc. oft in größerer Versuchung, Schmiergelder zu zahlen, weil sie sich einerseits aufgrund ihrer guten Verbindungen im Gastland sicher fühlen, andererseits erhalten sie oft große Zahlungen bei Erfolg.
- Provisionsvereinbarungen dürfen einen angemessenen Preis für legitime, tatsächlich erbrachte Dienstleistungen nicht übersteigen. Jede Weiterleitung von Vorteilen und Werten an Dritte, sowie korruptes Verhalten muss ausdrücklich im Vertrag mit dem Agenten ausgeschlossen werden. Dazu gehört z.B. auch ein Stipendium für den Sohn des Einkäufers im Ausland.
- Im Interesse der Transparenz sollte das Unternehmen eine Namensliste der von ihm beschäftigten Agenten, Sub-Agenten, Sub-Sub-Agenten etc., sowie deren detaillierte Auftragsbedingungen erstellen.
- Agenten und Vertreter ersuchen oft um Auszahlung der vereinbarten Kommission in einem Drittland, oder an unbekannte Unternehmen oder Personen. Hinterfragen Sie den Grund! Der Hintergrund kann eine „Steuerschonung“ oder „Devisenkontrollen“ im Heimatland des Agenten, oder aber auch Korruption sein. In allen Fällen setzen Sie Ihre Firma ins Unrecht. Lehnen Sie derartige Ansinnen ab. Auch wenn es „nur“ um Steuerschonung geht, werden Sie zum Mittäter bei einer Straftat und können theoretisch bei der nächsten Reise ins Zielland verhaftet werden. Ihr Agent wird Sie nie verraten. Seine verstoßene Freundin oder sein „Neider“ schon!
- Agenten und Vertreter, die unsauber arbeiten, können auch Ihr Unternehmen, ohne dass Sie es wissen und ohne Ihr Zutun, strafrechtlich in eine bedenkliche Situation bringen.
  - In einem Fall in einem afrikanischen Land hat ein Agent sich stets gebrüstet, welche Minister und Amtsträger nicht von ihm „abhängig“ sind. Dies wurde den Bestochenen so unangenehm, dass sie alle Käufe bei dem im Hintergrund stehenden europäischen Unternehmen einstellten. Der europäische Marktführer verlor alle Geschäfte.

- Sie müssen sicherstellen, dass Berater und Agenten i.w.S. zu einem korrekten und integren Verhalten verpflichtet werden.
  Daher ist es sehr wichtig, dass Sie
  - bereits *vor* den ersten Geschäften prüfen, ob die Integrität Ihrer Agenten und Berater unzweifelhaft ist, auch welche Reputation ihre nahen Familienmitglieder und engsten Freunde haben.
  - prüfen, ob diese Agenten & Berater auch die gleichen ethischen Werte wie Sie teilen.
  - Ihre Agenten etc. persönlich in Anti-Korruption intensiv schulen und Ihre Anti-Korruptionsleitlinien und begleitenden Ausführungen unterschreiben lassen.
  - schriftliche Rahmenvereinbarungen und Kontrollmaßnahmen vereinbaren.
  - die Einhaltung der Anti-Korruptionsmaßnahmen auch überprüfen.

7.11 Geschenke, Einladungen, Firmenbesuche

7.11.1 Geschenke geben

- In vielen Ländern ist die Gewährung von kleinen Geschenken üblich, ja ein Nichtmitbringen kleiner Aufmerksamkeiten wäre geradezu unhöflich. Aber das Geschenk sollte mehr ein Symbol sein als materiellen Wert haben. Überreichen Sie es, wenn möglich, in einem größeren Kreis und nicht privat (Transparenz)! Leider herrschte hier in der Vergangenheit wenig Problembewusstsein und Fingerspitzengefühl.
- Der sozial oft verpflichtende Austausch von Geschenken gehört zu den unverzichtbaren Regelungstatbeständen in jedem Verhaltenskodex. Seine Ausgestaltung bedarf einer feinen Abstimmung, denn es gilt, akzeptable und praktikable Grenzen zwischen Erlaubtem und Erwünschtem bzw. Unerwünschtem und Verbotenem zu ziehen.
- Alles, was die freie und neutrale Urteilsfähigkeit Ihrer Mitarbeiter, Kunden und Geschäftspartner in Frage stellen könnte, ist kritisch zu durchleuchten und zu hinterfragen.
  - Dort, wo die freie Entscheidungsfähigkeit des Geschenkempfängers (auch nur leicht) zugunsten des Geschenkgebers eingeschränkt wird (Einflussnahme) beginnt die Korruption.
- „Großzügige" Einladungen z.B. zu den Bayreuther oder Salzburger Festspielen, vielleicht auch noch mit der Ehefrau und auf ein Wochenende, sind zwar – wenn kein Geschäft ansteht – nach dem deutschen und österreichischem Gesetz vielleicht erlaubt, sind aber in vielen Fällen sicher eine „Einflussnahme". Hier kommen dann zwei weitere Fragen zum Tragen:
  - Ist diese Einladung nach dem lokalen Gesetz des Eingeladenen im Lande X erlaubt? Begehen Sie mit dieser Einladung dann nach dem Gesetz des Landes X eine Beihilfe zu einer Straftat? Wäre es theoretisch möglich, dass Sie deswegen bei der nächsten Einreise ins Land X verhaftet werden?

Hier wird in Diskussionen meist das Gegenargument angeführt, dass die Rechtsverfolgung im Lande X sehr mangelhaft sei und daher keine Gefahr droht.Das wird in vielen Fällen de facto stimmen, aber Sie wissen nie, wann Neider Ihren Partner einfach loswerden wollen, um selbst an die Macht zu kommen, und Ihre Einladung ist eine wunderbare Gelegenheit dies durchzuführen. Manche Ihrer Konkurrenten, die auch einmal zum Zuge kommen möchten, könnten Sie bei den Strafbehörden des Landes X anzeigen und, vielleicht mit einem kleinen Geschenk an den Staatsanwalt, das Verfahren gegen Sie sogar stark beschleunigen.

- Was wollen Sie mit Ihrer Einladung bezwecken? Beabsichtigen Sie mit dieser Einladung den Eingeladenen so zu beeinflussen, dass er sich bei der nächsten Geschäftsentscheidung für Sie und gegen Ihren Konkurrenten entscheidet? Und dies vielleicht, obwohl Ihr Produkt „objektiv“ schlechter, teurer oder für den Verwendungszweck unpassender ist, als das Ihrer Konkurrenz ? Wollen Sie ihn also zu einer Entscheidung (die vielleicht erst in fernerer Zukunft liegt) bringen, die er ohne diese Einladung(en) nicht gemacht hätte?
  - Hier bewegen Sie sich auf sehr dünnem Eis Richtung Korruption!
  - Jeder Versuch einer Einflussnahme darauf, dass der Eingeladene (Beschenkte) eine Entscheidung trifft, die er bei völliger Freiheit und ohne jegliche Einflussnahme von außen nicht getroffen hätte und die „aus objektiver Sicht“ sub-optimal für den Käufer ist, ist Korruption.

- Mitarbeiter, die vorhaben Geschenke zu machen oder Einladungen zu Unterhaltungsveranstaltungen auszusprechen, müssen die internen Standards einhalten. Jede Vorteilsgewährung muss transparent sein:
  - Einladungen und Geschenke sind ausschließlich an die Geschäftsadresse des Empfängers zu richten oder zu liefern.
  - Vorteilsgewährungen, die einen Richtwert (z.B. EUR 40,-) übersteigen und Einladungen zu einer Unterhaltungsveranstaltung, die über ein normales Geschäftsessen hinausgehen, müssen dem Vorgesetzten angezeigt werden.
  - In Zweifelsfällen ist der Korruptionsbeauftragte hinzuzuziehen.
  - Leider meinen viele Manager, dass übermäßig großzügige Einladungen zum „Standard“ gehören und sie einfach nicht darum herum kommen.
    - Die (häufige) persönliche Begegnung ist sicher wichtig, um ein Geschäft anzubahnen und die Geschäftsbeziehung lebendig zu halten.
    - Aber dazu bedarf es keiner Exzesse. Gehen Sie „lustig“ statt „teuer“ essen.
  - Für Ihren Partner ist vielleicht ein guter After-Sales-Service, eine reibungslose Geschäftsabwicklung langfristig wichtiger. Reduzieren Sie also Ihre Ausgaben für Einladungen und Geschenke und stecken Sie das so ersparte Geld lieber in eine gute Produktentwicklung und einen ausgezeichneten After-Sales-Service.
    - Ein Manager eines global tätigen Unternehmens sagte mir kürzlich: „Bis vor einiger Zeit haben wir Produkte, die technisch eher am unteren Rand des Marktes lagen, mit viel „Nachhilfe“ in den Markt gedrückt. Jetzt stecken wir dieses Geld in die Produktentwicklung und da wir technisch jetzt meist vorne liegen, können wir auch gut ohne Korruption verkaufen.“

7.11.2 Geschenke annehmen

- Das Fordern von Geschenken muss ausnahmslos verboten werden!
- Das Annehmen sonstiger Geschenke sollte nur zugelassen werden,
  - soweit dies „der Höflichkeit entspricht", wenn es sich also um Aufmerksamkeiten von unbedeutendem Wert handelt,
  - wenn diese offen und nicht zu oft gegeben werden,
  - wenn, in keinem Fall, durch die Annahme der Anschein einer Abhängigkeit entsteht. Ein sehr praktikabler Weg für das Vermeiden von Abhängigkeiten ist es, an einzelne Personen gegebene Geschenke in Unternehmen einzusammeln und im Haus zu verteilen, oder an karitative Organisationen weiterzugeben.
- Der Begriff „Geschenk" muss weit gefasst werden (Zuwendungen jeglicher Art, Sachwerte, Dienstleistungen, Einladungen, Gefälligkeiten, Rabatte u.ä.) und in Ihrem Leitfaden mit Beispielen aus der branchentypischen Praxis des Unternehmens verdeutlicht werden.
- Manche Unternehmen definieren die Grenze für akzeptable Geschenke durch einen Höchstbetrag (z.B. EUR 40,-, andere höher), auch die Häufigkeit sollte begrenzt werden. Manche Firmen untersagen alle Geschenke und schaffen damit klare Verhältnisse.
- Einladungen zu geschäftlichen Informationsveranstaltungen, bei denen viele Experten teilnehmen, sind meist erlaubt, solange sie nicht exzessiven Charakter annehmen und v.a. dem geschäftlichen Austausch dienen.
  - Reise- oder Logiskosten dürfen nicht vom einladenden Geschäftspartner übernommen, sondern müssen von Ihrem Unternehmen selbst bezahlt werden.
- Für Einladungen zu Veranstaltungen „ohne" vorherrschenden Geschäftscharakter, wie beispielsweise Konzert-, Theater-, Sport- und Abendveranstaltungen, Seminare und Konferenzen, mit einem überwiegend auf die Unterhaltung ausgerichteten Programm, sollten untersagt werden.
  - Grenzfälle sind vom Anti-Korruptionsbeauftragtem zu genehmigen.
- Mitarbeiter und deren (un)mittelbare Familienangehörige dürfen von Personen oder Unternehmen, mit denen geschäftliche Beziehungen bestehen, keinerlei Geschenke annehmen
- Der Bezug von privaten Lieferungen und Leistungen durch Mitarbeiter, deren Angehörige oder ihnen nahe stehende Personen, über Geschäftspartner des Unternehmens birgt die Gefahr von Interessenkollisionen. Derartige Geschäfte dürfen nur unter der Voraussetzung zugelassen werden, dass der marktübliche Preis vereinbart und auch tatsächlich bezahlt wird. Beispiel: Der Betriebsrat handelt in vielen Unternehmen Einkaufsbegünstigungen für Mitarbeiter bei diversen Firmen aus.
  - Dies wird dann problematisch, wenn diese Firma auch ein größerer Zulieferer des Unternehmens ist, und sollte speziell überdacht werden.

7.12 Umgang mit Zulieferern

- Zulieferer sind allein auf Basis von Preis und Qualität auszuwählen.
  - Der Versuch eines Lieferanten, Mitarbeiter des Kunden durch Zuwendungen in ihrer Entscheidung zu beeinflussen, sollte streng geahndet werden.
- Wissen Sie, wer Ihr Zulieferer ist? Welche Reputation hat er? Sie haben wahrscheinlich eine Handelsauskunft über ihn.
  - Aber war er bereits in Korruptionsaffären involviert? Was hört man über seine „Ethik" am Markt?
  - Wer sind seinerseits seine Zulieferer? Welche Reputation haben diese?
- In neue Verträge bzw. in die Allgemeinen Vertrags- oder Einkaufsbedingungen sollte eine Integritätsklausel aufgenommen werden, die Auftraggeber und Auftragnehmer verpflichten, alle erforderlichen Maßnahmen zur Vermeidung von Korruption zu ergreifen.
  - Die Klausel kann und sollte diese Maßnahmen inhaltlich und verfahrensmäßig konkret beschreiben (z.B. organisatorische Vorkehrungen, Verhaltensbelehrungen für Mitarbeiter).
  - Für den Fall eines Verstoßes müssen strenge Sanktionen vorgesehen sein (z.B. pauschalierter Schadenersatz; außerordentliche Kündigung; eine zeitlich befristete oder langfristige Auftragssperre sollten in Betracht gezogen werden).
  - Diese Klausel könnte folgendermaßen formuliert sein: „Die Vertragsparteien vereinbaren ausdrücklich die Geltung der „Rules of Conduct to Combat Extorsion and Bribery" der ICC - International Chamber of Commerce, Paris 2011."

7.13 Anti-Korruptionsmaßnahmen

- Repression allein sichert nicht den Erfolg einer Anti-Korruptionsstrategie!
  - Korruption bekämpft man nicht durch einen Wust an Vorschriften.
  - Korruption bekämpft man durch
    - Transparenz
    - eine Änderung der inneren und äußeren Rahmenbedingungen
    - einen Versuch die vorliegende „Spielwiese" zu ändern
- Prüfen Sie immer, wie Sie durch völlig neue Akzente in Ihrer Verhandlungsstrategie oder in den scheinbaren Rahmenbedingungen die „Spielwiese" ändern können
  - Welche Bedürfnisse hat Ihr neuer Vertragspartner – außer, dass er Geld will?
  - Welche sozialen und kulturellen Verpflichtungen hat er?
  - Hat er Interesse an optimaler Produktion in seiner Fabrik?
  - Können Sie nur mit dem Einkaufsmanager des Partners reden, oder auch mit seinem Chef und dem Eigentümer?
  - Sind neue After-Sales-Service-Angebote interessant?

Wenn Sie auf der alten „Spielwiese" bleiben, werden Sie scheinbar oft gezwungen im alten – korrupten – System mitzuspielen, prüfen Sie also wie Sie sich anders aufstellen können!

– Für Ihr eigenes Unternehmen:
  • Gibt es Incentives für langfristigen Projekterfolg – Mitunternehmerschaft?
  • Gibt es andere Anreizsysteme, die der Korruptionsneigung zuwider laufen ?

7.13.1 Prävention sollte der Leitgedanke eines Antikorruptionsprogramms sein

- Bereits das Entstehen von Situationen, aus denen sich Korruption entwickeln kann, sollte möglichst verhindert werden.
- Mitarbeiter müssen geschult werden, wie sie sich in einer Gefährdungssituation durch Korruption richtig verhalten.
- Unternehmen müssen zweckmäßige Führungs-, Organisations- und Verhaltensregeln einführen und diese auch leben. Richtlinien nationaler und internationaler Verbände wie der Internationalen Handelskammer (www.icc-austria.org, www.iccwbo.org, www.icc-deutschland.de) helfen bei der Vorbereitung.
- Präventive Maßnahmen sollten durch repressive ergänzt werden. Aber Repression allein genügt nicht! Für den Fall des Verstoßes sollen Disziplinarregelungen, arbeitsrechtliche Konsequenzen, Schadenersatz und Strafverfolgung nicht nur angedroht, sondern auch umgesetzt werden.

7.13.2 Transparenz sollte der Schlüssel aller Anti-Korruptionsmaßnahmen sein!

Korruptionsdelikte werden oft dadurch begünstigt, dass sie unter Ausschluss der Öffentlichkeit geschehen und meist kein leicht identifizierbares Opfer haben. Das Problem ist, dass die Grenzen zwischen noch hinnehmbarem und korruptem Verhalten nicht immer scharf gezogen werden können („Grauzonen"). Transparenz hilft, das Problem dieser Grauzonen zu minimieren.

7.14 Einführung einer Anti-Korruptionspolitik im Unternehmen

Glaubwürdigkeit und Wirksamkeit des Antikorruptionsprogramms hängen maßgeblich von der Qualität der Strategie, der Organisation und der Kontrolle ab und müssen als ganzheitliches und integriertes System angelegt sein.

Schwachstellenanalyse, „Tone from the Top", ein Code of Conduct, Schulungen der Mitarbeiter und Stakeholder, Feedback-Gespräche, Beurteilungssystem, Vier-Augen-Prinzip, Unterschriftsvollmachten, Rechnungsprüfung, Buchführung und eine kompetente, unabhängige Innenrevision sind die wichtigsten Bausteine für ein integriertes Anti-Korruptions- und Kontrollsystem.

Es ist notwendig, dass sich Ihr Unternehmen eine klare, für alle Mitarbeiter und das Top-Management verbindliche Anti-Korruptionsstrategie erstellt und – darauf basierend – praktische Leitfäden erarbeitet und danach regelmäßig alle Mitarbeiter in Zusammenhang mit diesen selbst erarbeiteten Regeln schult und ihre Umsetzung kontrolliert.

7.14.1 Erfolgreich eine strikte Anti-Korruptionspolitik umsetzen

Grundlagen für ein Anti-Korruptionsprogramm sind:

- Selbstverpflichtung zur Null-Toleranz & „Tone from the Top"
- Lokale & internationale Schwachstellenanalyse
- Erstellung von Korrekturen und Alternativen
- Erarbeitung eines Verhaltenskodex – besser von innen
- Schulung der Mitarbeiter
- Umsetzung (Korruptionsbeauftragter)
- Kommunikation an alle externen Partner – und deren Schulung
- laufende, nachhaltige Kontrolle (interne Revision)
- Einrichtung von Reportingstellen (Hotline, Ombudsmann)

7.14.2 Schritt für Schritt zur Anti-Korruptionspolitik

7.14.2.1 Absolute Null-Toleranz

Der erste Schritt zu einem unternehmensinternen Antikorruptionsprogramm ist das ausdrückliche Bekenntnis des Managements, Korruption in jeder Form abzulehnen, sie also weder zu dulden noch zu fördern. Der Eigentümer und das Management tragen die Verantwortung für den langfristigen Bestand ihres Unternehmens. Dazu gehört die Verpflichtung, vermeidbare Risiken und Schäden abzuwenden. Korruption ist eine dieser Gefahrenquellen mit hohem materiellem und immateriellem Schadenpotenzial.

Mitarbeitern soll durch Leitwerte deutlich gemacht werden, dass das aktive Bekämpfen von Korruption sowohl ein Teil der Grundwerte als auch des Risk Managements ist. Es hilft, auch Mitarbeiter vor Erpressung, strafrechtlicher Verfolgung etc. zu schützen.

7.14.2.2 Schwachstellenanalyse

Jedes Unternehmen muss untersuchen, an welchen Stellen seiner Organisation, bei welchen Geschäftsvorfällen und in welchen konkreten Situationen die Gefahr von Korruption – aktiv oder passiv – entstehen kann, damit mögliche Einfallstore für Korruption mit Schutzmechanismen versehen werden können.

In jedem Unternehmen gibt es korruptionsgefährdete Funktionen, Geschäftsvorfälle, Situationen und Verhaltensmuster. Sie müssen untersuchen, wo in Ihrem Unternehmen und in Ihrer speziellen Branche die kritischen, korruptionsanfälligen Funktionen, Stellen und Arbeitsabläufe sind.

Typisches Einfallstor für Korruption ist die Kombination bestimmter Funktionen und Entscheidungskompetenzen bei einer Stelle bzw. Person (z.B. Investitions- und Einkaufsentscheidung, Planungs- und Durchführungsfunktion, Operativ- und Kontrollfunktion). Mit einer strikten organisatorischen Trennung zwischen Entscheidung, Ausführung, Kontrolle und Berichterstattung kann diese Gefahr stark reduziert werden.

Die Analyse sollte unter Beteiligung aller Mitarbeiter vorgenommen werden.

7.14.2.3 Konkrete Richtlinien

Ein Verhaltenskodex hilft Mitarbeitern, Korruptionsgefahren zu erkennen und zu vermeiden. Den Mitarbeitern muss klar sein, was von ihnen erwartet wird und welche Konsequenzen Fehlverhalten hat. Entscheidend ist dabei nicht, was auf dem Papier steht, sondern was die Menschen verinnerlichen. Hier müssen Unternehmen viel investieren, denn die Mitarbeiter sollen diesen Verhaltenskodex „wirklich leben". An dieser Stelle machen viele Unternehmen die größten Fehler, denn oft wird nach der Einführung einer Anti-Korruptionspolitik diese nicht überall im Unternehmen auch wirklich nachhaltig umgesetzt, gelebt und kontrolliert.

Diese Leitlinien müssen lebensnah und auf Ihre Branche, Alltagssituationen und Märkte abgestimmt sein (externe Vorbilder können dabei helfen, sollten aber nicht einfach kopiert werden). Auch wird ein innerhalb eines Unternehmens erarbeiteter Kodex von den Mitarbeitern viel eher akzeptiert, als ein von Externen erstellter. Mitarbeiter müssen das subjektive Gefühl haben, dass es ihr persönliches Werk, „ihr Kodex" ist. Die Erstellung von Anti-Korruptionsregeln wird einige Zeit beanspruchen und zu Diskussionen führen. Aber gerade diese internen Diskussionen werden ein Spiegelbild der Firmenkultur sein – die es vielleicht zu ändern gilt?

Ein außenstehender Anti-Korruptionsspezialist kann dabei als Coach fungieren, Diskussionen provozieren und Alternativen aufzeigen (die Internationale Handelskammer hilft dabei). Aber die Entscheidungen müssen von den Mitarbeitern selbst getroffen werden.

Für das Verhalten der Mitarbeiter muss ein Katalog mit Geboten und Verboten („Verhaltenskodex") entwickelt werden, der eine arbeitsrechtlich verbindliche Richtlinie für deren Handeln vorgibt. Ziel der Regeln muss es sein, schon das Entstehen von korruptionsgefährdeten Situationen zu verhindern. Die Verbindlichkeit dieser Richtlinien muss auch durch festgelegte Sanktionen für den Fall von Verstößen zum Ausdruck kommen.

7.14.2.4 Gefahrenpotenzial verringern

Nach Erarbeitung der Verhaltensrichtlinien gilt es, organisatorische Maßnahmen zu entwickeln, die die festgestellten Risiken verringern oder ausschließen. Dazu müssen sowohl die Aufbau- und Ablauforganisation als auch das Verhalten der Mitarbeiter berücksichtigt werden, zum Beispiel:

- Intern:
  Verbesserung der Buchführung, Einführung von Funktionstrennungen, Vier-Augen-Prinzip oder Personalrotation, Reorganisation der Kontrollsysteme.
- Extern:
  Überprüfung der Beziehung zu langjährigen Zulieferern, das Prinzip, zu großen Verhandlungen zwei Mitarbeiter zu entsenden, Rotation der Außenstellenleiter.

Finanzielle Beteiligungen von Mitgliedern des Managements, Mitarbeitern oder Angehörigen an anderen Unternehmen oder an Mitbewerbern sind eine mögliche Quelle für Interessenkonflikte. Alle involvierten Personen sollten verpflichtet werden, derartige Verbindungen aufzudecken.

7.14.2.5 Umsetzung der Richtlinien

Die Richtlinien den Mitarbeitern auszuhändigen und sie den Empfang schriftlich bestätigen zu lassen, ist notwendig. Aber weiter geht es hier um einen kontinuierlichen Prozess der Ausbildung und Sensibilisierung: Wenn Sie einen neuen Mitarbeiter nur die Anti-Korruptionsrichtlinien unterschreiben lassen und danach – ohne weitere Schulung – als Verkäufer nach Pakistan entsenden, sind Probleme vorprogrammiert!

Ein Mitarbeiter muss nicht nur wissen, was er darf und was verboten ist, er muss auch geschult werden, wie er sich in schwierigen Situationen zu verhalten hat und dennoch erfolgreich sein kann. (ICC Austria[7] hilft bei der praktischen Umsetzung und bei der Schulung auch in diffizilen Märkten – trotz einer endemischen Korruption – dennoch Geschäfte zu machen.)

7.14.2.6 Der Korruptionsbeauftragte

Der Korruptionsbeauftragte (Ethics-, Compliance Officer) als Vertrauensperson berichtet direkt der Geschäftsführung. Mitarbeiter können sich direkt an ihn (unter Umgehung der internen Hierarchie) um Hilfe wenden (auf Wunsch auch vertraulich). Der Korruptionsbeauftragte soll aus eigener Erfahrung die Geschäftsusancen in Ihren schwierigen Märkten kennen und Mitarbeitern mit Rat und Tat in Zweifelsfällen zur Seite stehen. Viele problematische Situationen lassen sich im Vorfeld bei guter Beratung klären und Probleme vermeiden. Der Korruptionsbeauftragte sollte auch Geschäftspartnern und Dritten als Ansprechpartner für korruptionsrelevante Fragen zur Verfügung stehen.

---

7 ICC Austria – Internationale Handelskammer – www.icc-austria.org

Korruptionsbeauftragte müssen neben ihrer besonderen Vertrauenswürdigkeit die Gewähr der Neutralität bieten. Lässt sich dies, zumal in kleineren Unternehmen, personell nicht realisieren, sollte eine externe Persönlichkeit (Anwalt, Notar, ICC Austria u.a.) als Ombudsmann benannt werden. Große Unternehmen sollten sowohl einen Korruptionsbeauftragten als auch einen Ombudsmann bestellen. Neben der direkten Ansprache des Korruptionsbeauftragten oder Ombudsmanns hat sich für die anonyme Abgabe von Anzeigen auch die Einrichtung einer Hotline bewährt.

Der Korruptionsbeauftragte ist auch zuständig für die Koordination der Schulung aller Mitarbeiter – und das überall, also auch in allen Außenstellen, Tochterfirmen, Repräsentanzbüros etc., besonders natürlich in korruptionsgefährdeten Abteilungen. Die Schulung muss lebensnah und mit vielen praktischen Beispielen versehen sein.

7.14.2.7 Kontrolle und interne Verfolgung

Fünf Punkte erwecken Ihren Anti-Korruptionsleitfaden zum Leben:

- die absolute Verpflichtung des Top-Managements
- die Ausarbeitung des praxisnahen Leitfadens durch Ihre Mitarbeiter
- die Schulung, strikte Kontrolle und Umsetzung des Leitfadens
- die Diskussion problematischer Fälle, die Mitarbeitern/Außenstehenden widerfahren
- das Verständnis des Managements, dass Geschäfte ohne Korruption mehr vorangehende „Hausaufgaben" benötigen und damit in der ersten Anlaufphase oft etwas teurer und langsamer sind. Die höheren Kosten der Anlaufphase werden durch das „Nicht-Zahlen" von Schmiergeldern langfristig allerdings mehr als wettgemacht.

Fehlt einer dieser Punkte, wird das Programm wahrscheinlich nicht gelebt werden. Die Kontrolle sollte stark von den jeweiligen vorgesetzten Dienststellen abgewickelt werden. Die Interne Revision sollte als Back-Up zugeschaltet sein.

7.14.2.8 Interne Revision

Eine fachlich erfahrene, angemessen ausgestattete und mit weitreichenden Vollmachten versehene Revision ist ein wichtiger Garant zur konsequenten Umsetzung der Anti-Korruptionspolitik. Sie sollte integrierter Teil des Risk Managements sein. Ihre Aufgabe darf sich nicht darin erschöpfen, unkorrekte oder rechtswidrige Handlungen aufzudecken. Der Schwerpunkt muss vielmehr präventiv ausgerichtet sein.

7.14.2.9 Wichtig: eine klare Umsetzungsstrategie bei Verletzungen der Leitlinien

Es sollten grobe Parameter festgelegt werden, wie welcher Typ von Übertretung verfolgt wird und welche Konsequenzen interner, arbeitsrechtlicher oder strafrechtlicher Natur gezogen werden. Es ist wichtig, dass hier gleich oder ähnlich gelagerte Fälle auch wirklich gleich behandelt werden.

7.14.2.10 Einrichtung von Reportingstellen und Hotlines

Da auf den ersten Blick bei Korruption weder der Geldgeber noch der „Geschmierte" einen unmittelbaren Nachteil erleiden, hat keiner der beiden ein Interesse an Aufklärung. Daher ist es äußerst wichtig, dass Hinweise von Dritten einlangen, die eine Unregelmäßigkeit beobachtet haben. Da die möglichen Hinweisgeber aber oft von den an der Korruption Beteiligten abhängig sind (untergeordnete Mitarbeiter, Lieferanten etc.), ist es notwendig, dass diese Hinweisgeber ihre Informationen anonym weitergeben können, ohne ihre eigene Position dadurch zu gefährden.

Die Einrichtung einer speziellen unternehmenseigenen (intern oder extern organisierten) Hotline ist unerlässlich, um potenziellen Hinweisgebern ein Kommunikationsmittel zu verschaffen!

7.14.2.11 Aufbau eines Ombudsmann-Systems

Interne Hinweisgeber gehören zu den wichtigsten Informationsquellen. Leider werden Personen, die sich um das Wohl des Unternehmens sorgen und für das Risikomanagement des Unternehmens problematische Situationen und Vorfälle aufzeigen, oft als „Vernaderer" hingestellt, gemobbt, wenn nicht gar wegen Geheimnisverrats aus der Firma entlassen.

Der Ombudsmann ist Anlaufstelle für diese Hinweisgeber, die aus Gründen des Selbstschutzes (zunächst) anonym bleiben wollen. Er muss kraft Amtes (z.B. als Rechtsanwalt oder Notar) oder durch Vereinbarung (ICC Austria[8]) zur Verschwiegenheit verpflichtet sein. Ohne ausdrückliche Zustimmung des Hinweisgebers darf er weder berechtigt noch verpflichtet sein, dem Unternehmen dessen Identität und die von ihm gelieferten Informationen/Unterlagen zu offenbaren. Je stärker der Schutz der Vertraulichkeit gestaltet ist, desto größer ist die Chance, dass sich auf diesem Weg auch Personen offenbaren und zum Ausstieg entschließen, die in den Korruptionsfall verstrickt sind.

7.15 Korruption – ein meist vermeidbares Übel

Mit guter Vorbereitung, wird es Ihnen möglich sein, weltweit mit privaten Unternehmen auch ohne Korruption erfolgreich Geschäfte abschließen zu können.

Bei Geschäften mit staatlichen Stellen und staatsnahen Unternehmen wird es schwieriger, Sie werden eine noch tiefergehende Vorbereitung benötigen. Aber auch hier werden Sie in der Mehrzahl der Fälle erfolgreich sein.

[8] ICC Austria – Internationale Handelskammer – www.icc-austria.org

7.16 Zusammenfassung

- Legen Sie klar fest, was erlaubt und was nicht erlaubt ist, und schulen Sie alle Mitarbeiter, v.a. Ihre Verkäufer und Einkäufer, aber auch die Finanzabteilung etc.
- Spielen Sie Situationen, wie sie üblicherweise auftreten, live durch.
- Informieren Sie alle Lieferanten und Kunden über Ihre Anti-Korruptionspolitik.

Die Internationale Handelskammer steht Ihnen als Partner zur Umsetzung von Anti-Korruptionsprogrammen und als Trainer für Ihre Verkäufer in schwierigen Ländern jederzeit zur Verfügung.

Gefahren und Prävention von Produktfälschungen 8

Lokale und internationale Verfolgungsstrategien, Bekämpfung, Risk-Management und Prävention

Max Burger-Scheidlin

8.1 Was wird gefälscht?

Produktfälscher machen alles nach, was gutes Geld verspricht. Diese skrupellosen Kriminellen scheren sich keinen Deut um die Folgen, selbst wenn es Gefahr für die Gesundheit oder Verletzungen mit Todesfolgen sind! Gefälscht werden am Markt sowohl gut eingeführte, erfolgreiche Produkte, als auch Produkte, die versprechen ein absoluter „Renner" zu werden.

Die Palette der gefälschten Artikel ist vielfältig und reicht von Bekleidung und Markenartikeln, Kinderspielwaren, Sportartikeln, Software, Musik und Filmen, Autoersatzteilen, kompletten Autos bis hin zu Medikamenten, Maschinen, Fabrikanlagen und sogar Flugzeugteilen. Natürlich werden auch Ausweise, Pässe, Banknoten, Doktorate etc. gefälscht.

8.2 Wer sind die Fälscher?

Jeder Kauf eines gefälschten Produktes wird vielfach zur direkten Finanzierung der organisierten Kriminalität, die diese Profite nutzt, um weitere Produkte fälschen zu können und so unsere legale Wirtschaft zu unterwandern.

Denn Produktpiraterie wurde zum weltweit boomenden – meist kriminellen - Wirtschaftszweig, mit hunderten Milliarden Gewinn. Schätzungen[1] gehen von über $ 600 Mrd./Jahr aus. Und der überwiegende Teil wird von der organisierten Kriminalität kontrolliert.

Ca. 60% der weltweiten Fälschungen werden in China erzeugt. Aber auch Thailand, Indien, Russland, Brasilien, Indonesien, Vietnam, Pakistan, Türkei, Ukraine sind aktiv.

Mafiagruppen in den verschiedenen Teilen der Welt haben sich mittlerweile spezialisiert. So sind die russischen Gruppen stark bei gefälschten Autoersatzteilen, Medikamenten und CDs, die Italiener lassen viele Lederprodukte und Modeartikel herstellen (so

[1] ICC Counterfeiting Intelligence Bureau, London – www.icc-ccs.org

stehen viele Fabriken in Pakistan unter italienischer „Führung"), die Spanier bei gefälschten Drogen, die Brasilianer und Inder bei gefälschten Chemikalien und Pharmazeutika, die Mexikaner sind gut bei Autoersatzteilen und die Ostasiaten decken die meisten dieser Branchen sehr gut ab!

Auf der anderen Seite schrecken auch zahlreiche etablierte Unternehmen nicht davor zurück, geistiges Eigentum zu verletzen. So hat zum Beispiel die US-Firma Calvin Klein Eyeware in New York die Titan Brillen der österreichischen Firma Silhouette International abgekupfert.

8.3 Definition von Produktpiraterie

▶ Produktpiraterie ist die unberechtigte Übernahme einzelner oder aller Elemente von bereits im Markt eingeführten Produkten

Mit der Übernahme dieser Elemente können zwei Ziele verfolgt werden:

- eigene Entwicklungsaufwendungen zu sparen
- vom guten Ruf des Originalproduktes zu profitieren

In der Praxis können häufig auch beide Ziele gleichzeitig verfolgt werden.

8.4 Welche Rechte werden durch Produktpiraterie verletzt?

Aufwendungen für neue Marken, Designs und technische Entwicklungen werden in fast allen Ländern unter bestimmten Voraussetzungen und in einem gewissen Maße geschützt.

- Technische Entwicklungen werden durch Patente und in einigen Ländern überdies auch durch Gebrauchsmuster geschützt.
- Das designerische Gestalten wird durch Geschmacksmuster, in einigen Ländern auch durch das Urheberrecht etc. geschützt.
- Weiterhin werden Marken, Copyright etc. geschützt

8.5 Wer sind die Inhaber von Schutzrechten?

Die meisten Unternehmen haben eingetragene Schutzrechte. Diese beginnen beim Namen der Domain für ihre Webseite, gehen über ihr Logo, ihren Unternehmensnamen bis zu Designs, Patenten etc. Nur der jeweilige Markenrechts- oder Schutzrechtsinhaber hat das Recht, eine Marke (z.B. Mercedesstern, Coca-Cola-Schriftzeichen), Gebrauchs- oder Geschmacksmuster und eingetragene Patente im geschäftlichen Verkehr zu verwenden.

Bei Verletzung dieser Rechte hat der Schutzrechtsinhaber viele Möglichkeiten, gegen die Hersteller oder Händler gefälschter Ware vorzugehen.

- Der Markeninhaber kann den Hersteller/Händler auf Unterlassung verklagen. Dem Händler kann durch einstweilige Verfügung untersagt werden, gefälschte Ware zu verkaufen.
- Der Schutzrechtsinhaber kann verlangen, dass die gefälschten Gegenstände auf Kosten des Herstellers/Händlers vernichtet werden.
- Das Gesetz gibt dem Rechtsinhaber auch einen Anspruch auf angemessenes Entgelt, bei schuldhafter Markenverletzung auch Schadenersatz.
- Der Rechtsinhaber kann auch Auskunft über Herkunft und Vertriebsweg der markenverletzenden Ware verlangen.
- Schutzrechtsverletzungen können strafgerichtlich und auch zivilrechtlich (Schadenersatz) verfolgt werden.

8.6 Schutzrechte müssen auch registriert sein

Eine juristisch richtige und vollständige Registrierung der Marken- und anderer Rechte ist die Basis aller weiteren Verfolgungsschritte

- in möglichst allen Hauptverkaufsmärkten,
- aber auch in allen Ländern, die als „Fälscher-Werkstätten" bekannt sind (z.B. China). Dies bedeutet aber konkret, dass z.B. eine Marke in China 4-mal oder öfter registriert werden muss: in Originalversion; auf Englisch; in chinesischer Übersetzung; mit chinesischen Schriftzeichen deren Aussprache der gewünschten Originalaussprache am nächsten kommt; etc.

Eine intensive – und so möglich internationale – Marktbeobachtung, sowie die Beobachtung der gesamten Logistikkette ist unbedingt notwendig.

8.7 Was tun, wenn der Schutzrechtinhaber eine gefälschte Ware entdeckt?

Viele Markenrechtsinhaber setzen zahlreiche kleine Schritte, verfolgen z.B. schnell fliegende Händler, ohne vorher nachzuforschen, wo diese die Ware ihrerseits gekauft haben. Dies wird die kleinen lokalen Händler durchaus dazu bewegen, vielleicht auf ein gefälschtes Produkt einer anderen Marke umzusatteln, d.h. man verdrängt die kleinen lokalen Ganoven auf andere Produkte und der Markenrechtinhaber kann mit dieser Maßnahme durchaus einen gewissen Erfolg verbuchen.

Den mafiösen Gruppen, die im Hintergrund Produktion und Vertrieb kontrollieren, tut die Beschlagnahme einiger Handtaschen, die Verurteilung eines fliegenden Händlers jedoch nicht wirklich weh! Die Profitmargen sind so hoch, dass ein 30%-Ausfall leicht verkraftbar ist.

Für eine substantielle Verfolgung, die versucht, das Problem bei der Wurzel zu fassen und die Fälscherkette auszuheben, sind die nachstehenden Tatsachen von Bedeutung.

- Mit der Marktbeobachtung von fliegenden Händlern, von Einzelhändlern, von Messen und Ausstellungen etc. beginnen. Hier bekommen Markenrechtinhaber den „roten Faden" am leichtesten zu fassen. Aus strategischen Überlegungen sollte man hier aber nicht gleich zuschlagen, sondern die Händler über Spezialisten, Detektive etc. beobachten lassen, um über die gesamte lokale Verteilungskette (Großhändler, Importeure) Kenntnis zu erhalten.
- Bei der Verfolgung im Inland geht es meist um den Aufgriff, die Bestrafung und die Stilllegung der Akteure (fliegende Händler, Einzelhändler, Großhändler und Importeure). Ein auf dieses Thema spezialisierter Rechtsanwalt kann für Sie die Aktivitäten leiten und koordinieren.
  Eine gut durchgeführte Verfolgungsstrategie trägt sich finanziell oft selbst, da von verurteilten Geschäftsleuten vielfach doch etwas an Schadenersatz zu erhalten ist.
  Gehen Sie gegen Schutzrechtsverletzer rigoros vor!
- Da die Ware meist nicht in den Hauptvertriebsmärkten produziert wird (Ausnahmen sind vielleicht China, Thailand, Russland), sollte als nächster Schritt die Supply Chain und Logistikkette bis zum Produzenten und den Fabriken zurückverfolgt werden. Das Ziel sollte sein, die Produktionsstätten auszuschalten und die Maschinen zu zerstören. Diese Art der Rückverfolgung dauert natürlich länger und ist kostenintensiver als das schnelle Zuschlagen, langfristig aber wesentlich effizienter.
  Es ist sehr zu empfehlen, das Unternehmen und die Vertriebsstruktur des Produktfälschers genau zu studieren und zu analysieren, bevor man rechtliche Schritte gegen ihn einleitet oder mit ihm verhandelt. Je nach Ergebnis bieten sich verschiedene Strategien an.
  - Steht das Fälscherunternehmen mafiösen Gruppierungen nahe oder wird es von ihnen dirigiert?
    - Wenn ja, ist es sinnvoll zu versuchen, die Fälscherfabrik zu vernichten!
      Die Verfolgung und Eliminierung der Produktion hat in verschiedenen Ländern sehr unterschiedliche Chancen. Eine Reihe von Ländern hat durchaus akzeptable Gesetze, auch wenn diese nicht immer vollständig umgesetzt werden. Andere Länder haben nur wenig rechtliche Basis. Eine Prüfung ist von Fall zu Fall notwendig.

    Auch eine Verfolgung in China hat durchaus beträchtliche Chancen, da das chinesische Gesetz auf dem entsprechenden deutschen aufbaut.

– Ist das Fälscherunternehmen aber anscheinend eine seriöse Unternehmung und hat nichts mit der organisierten Kriminalität zu tun und hat deren Eigentümer nur „salopp über Schutzrechte hinweggesehen", offerieren sich neben der Eliminierung der Fälscherfabrik auch weitere strategische Möglichkeiten.
  Manche Fabriken sind relativ schlecht ausgestattete Hinterhof-Fabriken, die Kopien minderer oder durchschnittlicher Qualität herstellen. Diese Unternehmen wird man (so möglich) am besten zerstören und, soweit sie Vermögen haben sollten, was nicht sehr wahrscheinlich ist, zu Schadenersatzzahlung heranziehen.
  Besser ausgestattete Fälscherfabriken könnte man als „Low-Cost"-Produktionsstätte für in Europa auslaufende Produktserien heranziehen.
  Sollte es Ihnen durch Zufall gelungen sein, weltweit gleichzeitig auf die Fälschungen dieser Firma zugeschlagen zu haben, ist das Unternehmen Ihnen in diesem Augenblick so ziemlich auf Gedeih und Verderben ausgeliefert, da Sie mit hoher Wahrscheinlichkeit alle Vertriebskanäle blockiert und auch die Produktionsstätte in Ihrer Hand haben und diese bzw. die wichtigsten Produktionsmittel zerstören können. So manchem europäischen Unternehmen ist es in diesem Zeitpunkt gelungen, dem Fälscher einen harten langfristigen Outsourcing-Vertrag aufzudrücken. So dieser Vertrag den Fälscher auch „noch leben lässt", kann daraus durchaus eine langfristige positive Partnerschaft werden.
  Für einige europäische Unternehmen war diese Strategie finanziell positiv. Man konnte Waren, die zu europäischen Herstellungskosten nicht mehr profitabel zu produzieren waren, für die es aber durchaus noch einen Markt gab, längerfristig mit guten Gewinnmargen am Markt anbieten. Voraussetzung für eine erfolgreiche Umsetzung dieser Strategie ist ein intensiver Kontakt zum ehemaligen Fälscher und nunmehrigen Partner. Er muss einerseits das Gefühl haben, streng kontrolliert zu werden, andererseits dürfen die Verträge und Konditionen nicht so hart sein, dass er keine Zukunftsaussichten für sich sieht.
  Hier ist vorab zu prüfen:
  - Wie groß ist das Unternehmen des Fälschers, wie finanzkräftig, mit welchem Maschinenpark (welchen Datums) ausgestattet?
  - Welche anderen Produkte werden hergestellt – ausschließlich Fälschungen, oder auch Produkte aus eigener Entwicklung?
  - Hat das Fälscherunternehmen die Absicht, sich mittelfristig einen positiven eigenen Markennamen aufzubauen?
  - Wie gut sind die Mitarbeiter ausgebildet?
  - Wie laufen die Vertriebsschienen am Produktionsstandort selbst und im Ausland?
  - Wo sind die Hauptabsatzmärkte? In welchen Ländern?
  - Welche Typen von Partnerunternehmen machen den Vertrieb vor Ort?

8.8 Ohnmacht gegen große Fälscherunternehmen?

Viele Fabriken der Fälscher sind Großunternehmen mit einem moderneren Maschinenpark als dem des Schutzrechtsinhabers. Oftmals werden nicht nur gefälschte Waren des Schutzrechtsinhabers, sondern auch eine große Anzahl verschiedener Waren aus eigener Entwicklung des Fälschers hergestellt.

Hier ist es rechtlich durchaus möglich die Werkzeuge, Schablonen, Formen etc. zur Herstellung der gefälschten Waren beschlagnahmen zu lassen, doch die „Knebelungsstrategie" funktioniert meist kaum oder gar nicht.

Auch hier sollte im Vorfeld die erste Frage recherchiert werden: Steht der Fälscher einer mafiösen Organisation nahe oder nicht? Wenn das große Unternehmen im Dunstkreis der Mafia angesiedelt ist, muss man sich überlegen, ob man es aus Gründen der eigenen Sicherheit riskieren kann, überhaupt gegen diese Fälscher vorzugehen (auch wenn man juristisch hundertmal im Recht ist).

Sollte dies nicht der Fall sein, kann man verschiedene Taktiken anwenden:

- Gratulieren Sie Ihrem Fälscher zur (oft hervorragenden) Qualität seiner/ihrer Produkte, weisen Sie aber dennoch höflich auf Ihre Rechte hin.
  Als Geschäftsmann wird er stolz auf seine Qualität sein und sogar oft zugeben, dass er Sie kopiert hat (dabei aber meist kein Unrechtsbewusstsein haben). Viele Fälscher agieren wie Spieler unter dem Motto „Versuchen wird man es doch wohl noch dürfen", ziehen sich aber oft schnell zurück, wenn sie merken, dass es Widerstand und mögliche rechtliche Konsequenzen gibt.
- Zeigen Sie ihm doch die internationalen Konsequenzen auf, die sein Handeln hat, dass Sie seine Ware z.B. in China und überall auf der Welt beschlagnahmen lassen können etc.
- Weisen Sie darauf hin, dass es ein so hervorragendes Unternehmen wie das des Fälschers doch nicht nötig hat zu kopieren. Packen Sie ihn bei seiner „Geschäftsehre"! Das zieht durchaus immer wieder.
- Hofieren Sie den Fälscher! Sagen Sie ihm, dass er sich mittelfristig doch sicher international einen eigenständigen Markennamen aufbauen will und da wäre es sehr abträglich, ständig negativ in der Zeitung zu stehen und Gefahr zu laufen, dass seine eigenen legitimen Lieferungen nicht ankommen, weil vielleicht u.a. ihre gefälschten Produkte mit in der Lieferung sind. „Unzuverlässigkeit" ist das letzte, was die Reputation des derzeitigen Fälschers fördert.
- Vielfach sind die Vertriebsschienen des Fälschers für seine regulären Produkte nicht optimal. Sollten seine regulären Produkte in Ihr Sortiment passen, können Sie versuchen, das exklusive Vertriebsrecht für die Märkte zu erhalten, in denen Ihr Verkauf sehr stark ist - unter der Bedingung, dass er Ihre Waren nicht mehr kopiert.
- Denken Sie immer daran: Auch der derzeitige Fälscher ist Geschäftsmann wie Sie. Er kopiert nicht, weil er ideologisch ein Krimineller sein will, sondern weil er einen

profitablen Geschäftszweig sucht. Versetzen Sie sich in seine Situation! Was würden Sie an seiner Stelle tun?

- Wenn Sie sehr stark sind, und die gefälschte Ware nur ein kleiner Teil seines Produktionsspektrums ist, wird er die Produktion vielleicht einstellen.
- Wenn Sie nicht eine sehr starke Firma sind, aber die gefälschten Produkte 10–30% des Umsatzes des starken Fälscherunternehmens ausmachen, er also auch von anderen Aktivitäten leben kann, Ihre Ware ihm aber doch wichtig ist, lässt er sich vielleicht auf einen Lizenzvertrag oder ein sonstiges Kooperationsabkommen ein.
- Lassen Sie Ihrem Gegner (noch nicht Partner) einen gesichtswahrenden, geschäftlich/kommerziell gangbaren Ausweg. Verhandeln Sie als „Partner" und nicht als „Polizist von oben herab" – auch wenn Sie im Recht sind! Gerade in den Ländern, aus denen die meisten gefälschten Waren kommen (China, Thailand, Indonesien, Indien, Vietnam etc.) ist „das Gesicht wahren" ein Schlüssel zum Geschäftserfolg. Solange das Gesicht gewahrt wird, kann Ihr Gesprächspartner flexibel auf Kompromisse eingehen. Wenn Gefahr besteht, das Gesicht zu verlieren, muss er (aufgrund seiner Tradition) blockieren.
  Verkaufen Sie auch ein weitgehendes Nachgeben Ihres Gegners als „zukunftsweisenden profitablen Erfolg für beide" nach außen. Aber als Kompromiss bauen Sie eine neue Geschäftsmöglichkeit für Ihren Gegner/Partner auf. Lassen Sie die Öffentlichkeit wissen, welche tollen neuen Geschäftschancen für Ihren Gegner/Partner dadurch entstehen.
- Denken Sie bei all diesen Überlegungen auch daran: Der heutige Fälscher könnte ein guter Partner von übermorgen sein.

All diese Überlegungen legitimieren einen Fälscher in gewisser Weise indirekt und sind juristisch nicht unbedingt das Gelbe vom Ei. Aber Sie und Ihr Unternehmen wollen und müssen langfristig Profit machen und nicht nur „Recht haben" oder „Recht bekommen".

8.9 Piraten auf andere Marken/Produkte verdrängen?

Wenn Ihr Unternehmen zwar juristisch stark aufgestellt ist, aber

- zu schwach ist, den Fälscher zu vernichten,
- nicht stark genug ist, mit dem Fälscher Lizenz- oder Kooperationsabkommen abzuschließen,
- im Produktionsland des Fälschers juristisch schlecht aufgestellt ist oder
- im Produktionsland des Fälschers die gesetzliche Lage ungenügend ist

können Sie den Fälscher vielleicht dennoch dazu drängen bzw. überzeugen, von Ihren Produkten zu lassen. Machen Sie es ihm richtig „ungemütlich"! Verfolgen Sie intensiv Fälschungen Ihrer Ware in allen OECD-Märkten und allen Ländern, in denen Ihnen dies rechtlich möglich ist. Kommunizieren Sie diese Strategie offen an den Fälscher. Machen Sie diesem klar, dass eine Fälschung Ihrer Produkte für ihn dauernde Schwierigkeiten bringt und dass ihm mittelfristig seine internationalen Vertriebspartner wegen der permanenten Hausdurchsuchungen etc. voraussichtlich abspringen werden. Machen Sie dem Fälscher klar, dass es langfristig für ihn geschäftlich nicht sehr interessant sein wird, Ihre Waren zu kopieren!

Die verbale Strategie muss mit laufenden faktischen und juristischen Nadelstichen in allen Märkten, in denen das möglich ist, systematisch kombiniert werden. Diese Verdrängungsstrategie hat recht gute Chancen auf Erfolg, so Sie nicht gerade „Louis Vuitton" etc. sind, so Ihre Waren nicht ein absoluter „Verkaufsschlager" in Ländern mit schwierigem juristischem Umfeld sind, sondern überwiegend in reicheren Ländern abgesetzt werden.

Ihr „Fälscher" ist ja auch Geschäftsmann und will - so möglich - laufend und „relativ" ruhig seine Profite maximieren. Wird er aber nun von Ihnen laufend verfolgt, aus seiner Sicht „belästigt", sieht er aber gute Marktchancen für den Typ Ihres Produktes, wird er tendenziell von der Fälschung Ihrer Ware ablassen und lieber das Produkt Ihrer Konkurrenz nachmachen, die im Vergleich zu Ihnen vielleicht weniger hartnäckig weltweit Fälschungen verfolgt.

8.10 Temporäre, punktuelle Änderung der Vertriebsstrategie nach Aufgriffen?

Manche Experten raten, an jenen Orten, wo gefälschte Waren aufgegriffen wurden, die Preise temporär stark zu senken und die Kunden mit verstärktem Service und starker Öffentlichkeitsarbeit an sich zu binden, um so den Fälschern das Wasser abzugraben.

Diese Maßnahmen sind nicht ganz unumstritten, da man hier neue Marktungleichgewichte schafft und seine eigene globale Preisstrategie durcheinander bringt. Auch gibt es sicher legale Händler, die diese Situation ausnützen, um große Posten billig zu kaufen und die Ware dann in Nachbarmärkten unter dem Preis zu verkaufen.

Langfristig schon vielversprechender ist eine Zwei-Marken-Strategie. Man baut neben der eigenen Klassik-Linie eine zweite, ähnliche, Billigproduktlinie auf.

Das kannibalisiert vielleicht etwas die eigene Klassik-Linie, bringt aber den Umsatz der Billig-Linie ins eigene Haus und überlässt dieses Feld nicht Fälschern oder anderen Billig-Konkurrenten. Einige bekannte Pharmafirmen haben mit Erfolg eigene Generikafirmen aufgebaut.

8.11 Verfolgung von Konsumenten beim/nach Kauf einer gefälschten Ware?

Gegen den Käufer, also den Konsumenten, können in Österreich und Deutschland keine Strafen verhängt, sondern es kann nur die Ware beschlagnahmt werden.

Dies ändert sich, wenn der Konsument mehr als drei Stück gefälschter Ware besitzt und diese eventuell verkauft oder weitergibt.

8.12 Probleme nach Aufgriffen

Schutzrechtsinhaber stecken in einer Zwickmühle! Sollen sie

- die von einem Konsumenten zur Reparatur vorgelegten gefälschten Waren (still) reparieren?
- dem Käufer von Konsumgütern (still und im Geheimen) die gefälschte Ware gegen eine echte umtauschen?
- Konsumenten darüber aufklären, dass dies gefälschten Waren sind und wegschicken? ...und damit das Risiko eingehen, dass mit diesem Produkt möglicherweise ein Unfall passiert (zerbrechliches Kinderspielzeug, gebrochener Ersatzteil) und dann groß in der Zeitung steht „das Produkt der Firma XXX ist von schlechter Qualität"?

8.12.1 Offizielle Wartung oder Reparatur gefälschter Produkte?!

- Wie reagiert ein Einzelhandelsgeschäftsinhaber, wenn ihm mit Rechnung seines Hauses eine gefälschte Ware zur Reparatur vorgelegt wird und er weiß, dass er selbst diese Ware nicht direkt vom offiziellen Importeur, sondern von einer kleinen Handelsfirma „günstiger" erworben hat? - Wahrscheinlich wird er die mangelhafte, gefälschte Ware stillschweigend gegen eine echte austauschen, den Fall aber intern gegen seinen Lieferanten weiter verfolgen.
- Wenn der Einzelhändler ausschließlich Ware direkt vom Markenrechtsinhaber bzw. seinem offiziellen Distributor gekauft hat, wird er diese dort reklamieren. Für den Markenrechtsinhaber stellt sich nun die Frage, wie gefälschte Ware in seinen Vertriebskreislauf gelangt ist. Die Logistikwege sind oft lang, und auch Markenware wird vielfach in Billiglohnländern hergestellt Die Versuchung für schlecht verdienende kleine Mitarbeiter, durch einen „kleinen Produktmix" ein zusätzliches Taschengeld zu machen, ist also hoch.
- Was soll der Schutzrechtsinhaber tun, wenn ihm eine Fälschung seiner Ware zur Reparatur, Umtausch oder After-Sales-Service vorgelegt wird, die nicht aus seinem Vertriebskanal stammt? Wie sollte der Schutzrechtsinhaber, der Originalhersteller, nun auf diese schwierige Situation reagieren?
  - die gefälschten Produkte/Anlagen dennoch gratis servicieren?
  - eine PR-Kampagne lostreten und alle Fälschungen bloßstellen?

Schutzrechtsinhaber stehen vor folgenden – sicher unbefriedigenden – Tatsachen:

- Man wird, in brenzligen Fällen, wohl gratis das gefälschte Produkt warten müssen, um die Wahrscheinlichkeit eines tödlichen Unfalls (und damit eines Imageschadens) zu verkleinern.
- Konsumenten, Anlagenbetreiber, Medien, Behörden und sonstige Beteiligte müssen aber laufend darauf aufmerksam gemacht werden, dass gefälschte Waren im Umlauf, oder gefälschte Anlagen in Betrieb sind und auf die möglichen, manchmal ja sogar katastrophalen Folgen, hingewiesen werden.

Ein Patentrezept gibt es hier nicht!

Welche Strategie man auch immer verfolgt – es kommen beträchtliche zusätzliche Kosten auf die Originalhersteller zu und der Ruf des seriösen Herstellers leidet oft in ungerechtfertigter Weise.

8.12.2 Öffentlichkeitsarbeit nach Aufgriffen?

Ihre Waren werden gefälscht! Sollen Sie dies der Öffentlichkeit, der Presse mitteilen? Ihre Kunden davor warnen? Oder nicht? Eine sehr schwierige Situation, bei der die Expertenmeinungen stark divergieren.

Wenn bekannt wird, dass hochqualitative Marken-, aber auch technische Waren der bekannten Firma XXX gefälscht wurden, werden Konsumenten und technische Abnehmer verunsichert. Da sie bei hochqualitativ aussehender Ware nicht selbst unterscheiden können, welche Ware nun echt und welche gefälscht ist, wählen sie vielleicht lieber Waren einer Marke, deren Ruf – zumindest nach außen hin – makellos erscheint.

Viele Automobilhersteller wollen zum Beispiel das Thema gefälschter Autoersatzteile in der Öffentlichkeit gar nicht diskutieren.

8.13 Strategien der Marktbeobachtung

Hieran erkennen Sie, dass eventuell Kopien Ihrer Waren im Umlauf sind:

- Kunden berichten, dass sie gleiche Ware woanders viel günstiger erhalten.
- Es kommt zu Beschwerden über die Qualität Ihres Produkts, Sie können dies aber nicht nachvollziehen.
- Sie verlieren überraschend stark Marktanteile.
- Die Preise, die Sie erzielen können, sinken ohne ersichtlichen Grund stark.
- Es sind verstärkt neue Wettbewerber am Markt, auf Messen und Ausstellungen.
- Alte Wettbewerber berichten von Fälschungen.
- Jemand versucht, Ihren Firmennamen oder Ihre Marke(n) zu registrieren.

8.13.1 In Europa – auf den Märkten

Je nach Art des Produktes sollten die relevanten Märkte laufend beobachtet werden.

Die Händler, die Plagiate verkaufen, sind sich meist sehr wohl bewusst, was sie tun. Wenn nun jemand mit einer Kamera auftaucht, reagieren sie oft sofort. Einige der Inspektoren müssen quasi fliehen, um ihre Kamera und damit Beweismittel in Sicherheit zu bringen.

Wenn Händler merken, dass ein Schutzrechtsinhaber ständig kontrollieren lässt, werden sie seine Produkte bald nicht mehr anbieten, außer es handelt sich um „Bestseller". Die Verkäufer gefälschter Produkte und ihre Hintermänner sind ja auch rational denkende Geschäftsleute – sie bieten vor allem die Waren an, bei denen die Profitmargen optimal sind und bei denen ihr Geschäft nicht oder nur wenig gestört wird.

Die Verdrängungsstrategien machen also absolut Sinn. Wichtig dabei ist, dass die Inspektoren der Schutzrechtsinhaber auch wirklich immer wieder präsent sind. Ein kleiner Nadelstich alleine, ein einmaliges Vorgehen also, ist zu wenig.

Juristisch sollte man, so man dem Namen eines Händlers habhaft wird, sofort ein strafrechtliches, als auch ein zivilrechtliches Verfahren (mit hohem Streitwert) einbringen. Oftmals kann zwar der Händler nicht mehr vorgeladen werden, aber er wird sich unter Umständen doch ein neues Produktfeld suchen.

8.13.2 In Europa – beim Zoll

Markenrechtsinhaber können bei allen europäischen Zollbehörden ihre Marken und Produkte registrieren lassen.

Der Zoll kann aber aufgrund des auf ihn ausgeübten Zeitdrucks nie 100% kontrollieren, sondern nur Stichproben machen. Zollbeamten wird es auffallen, wenn Waren mehrerer berühmter, in Konkurrenz stehender Konzerne im gleichen Container angeliefert werden.

Werden aber in einem Container unter 1.000 echte T-Shirts 200 gefälschte, von sehr guter Qualität, gemischt, wird dies den Beamten selten auffallen – hier sind sie meist überfordert! So kommen gefälschte Waren auch teilweise in die Regale reputabler Einzelhändler.

Wichtig ist aber nicht nur die Registrierung, sondern auch die laufende Versorgung der Zollbeamten mit Updates, Schulungen über Erkennungsmerkmale von Fälschungen, Vertriebswege etc. Geben Sie den Zollbeamten auch die Namen und Adressen Ihrer normalen Lieferanten an, sodass es auffällt, wenn Waren von woanders angeliefert werden.

Unternehmen, die von dieser Möglichkeit aktiv Gebrauch machen und die die gesamte Lieferkette aktiv verfolgen, werden binnen kurzem einen deutlichen Rückgang der Plagiate sehen. Den Gaunern wird einfach der Boden zu heiß und sie verlegen sich lieber auf Waren von Unternehmen, die nicht so aggressiv gegen Fälscher vorgehen. (Ausnahmen sind wieder sehr berühmte Markennamen wie Louis Vuitton etc. – hier funktioniert diese Strategie nicht.)

8.13.3 Außerhalb der EU

In den meisten Nicht-OECD-Staaten kontrolliert der Zoll die Waren beim Export nicht im Hinblick auf Fälschungen. In manchen Ländern wie z.B. China kann der Schutzrechtsinhaber dies aber beantragen. Ist die Effizienz auch nur mäßig, raten wir dennoch dazu, um für Fälscher wiederum eine zusätzliche Hürde aufzubauen.

Außerhalb der EU hilft nur die Eigeninitiative der Schutzrechtsinhaber. Viele Unternehmen haben vor Ort Vertriebspartner und diese können mithelfen, die lokalen Märkte zu beobachten bzw. Gerüchten über eine lokale Produktion von Fälschungen nachzugehen. In vielen Staaten gibt es darauf spezialisierte Detektivunternehmen.

Sparen Sie hier – zumindest in Ihren Hauptmärkten bzw. in Märkten, die fälschungsanfällig sind – nicht an Geld für die Marktbeobachtung. Es sollte selbstverständlich sein, dass Sie in all diesen, für Sie wichtigen Märkten Ihre Schutzrechte etc. registriert haben.

Viele internationale Messeorganisationen (auch in China) haben bereits ein Reporting Office für Fälschungen. So Sie vermuten, Fälschungen Ihrer Waren zu finden, machen Sie sich frühzeitig mit diesem Büro vertraut – und bringen Sie Dokumente, die die Registrierung Ihrer Firma, Ihrer Marke etc. bezeugen zur Messe mit – optimal gleich in beglaubigter Übersetzung in die Landessprache des Ausstellungsortes.

Falls Sie Fälschungen aufgefunden haben, ist es zweckmäßig, sofort weitere Maßnahmen zu setzen und, nach weiteren Recherchemaßnahmen, die Vertriebskanäle bis zum Produzenten festzustellen und zu zerstören.

8.13.4 Rückkoppelung mit Vertriebspartnern

In einigen Branchen ist die elektronische Dokumentation (und Nachverfolgungsmöglichkeit) der Logistikketten bereits üblich. Viele pharmazeutische Firmen kontrollieren den Weg ihrer Ware von Anfang bis zum Ende im Detail. Bei jeder Station der Logistikkette wird die Nummer der Außenverpackung kontrolliert und dokumentiert. Auch die Endverkäufer, die Apotheken, sind vielfach an dieses zentrale, unternehmenseigene Computersystem angeschlossen. Der Produzent weiß somit, wo welche Packung gerade im Vertriebskreislauf ist bzw. wann und wo diese verkauft wurde. Ähnliche Systeme hat z.B. die Logistikfirma FedEx.

Derartige Systeme erschweren es Kriminellen gefälschte Produkte in die Supply Chain einzuschleusen, sie erhöhen den Aufwand. Absolute Sicherheit gegen kriminelle Insider und deren „Freunde" bieten sie nicht. V.a. bei hochwertigen Waren lohnt es sich für Fälscher trotzdem, die echten Verpackungen an einer Schwachstelle der Logistikkette vielleicht mit gefälschten Waren zu befüllen.

8.13.5 Rückkoppelung mit Endverbrauchern

Nutzen Sie Ihre Kunden als Marktbeobachter! Das ist billig und sehr effizient!

Ein Produzent exklusiver französischer Weine versieht z.B. jede ausgehende Flasche mit einem Etikett, auf dem jeweils eine individuell gewählte Buchstaben-Nummern-Kombination aufgedruckt ist. Beim Expedit wird festgehalten, welche Flasche, mit welchem Code, an welchen Händler oder Einzelkäufer ausgeliefert wurde. Weinliebhaber, die z.B. beim Kauf in einem Geschäft sicherstellen wollen, dass die exklusive Weinflasche, die sie gerade kaufen wollen, auch echt ist, senden ein SMS mit dem Code an den Weinproduzenten und erhalten sofort von der Datenbank die Antwort. Dieses System hilft auch dem Weinproduzenten selbst, die Vertriebswege nachzuvollziehen und indirekt zu kontrollieren.

8.14 Zusammenfassung

„Wehret den Anfängen"! Bekämpfen Sie Fälscher Ihrer Produkte aktiv und sofort!

Fälscher sind auch Geschäftsleute, die in Ruhe Ihre Profite maximieren wollen. Stören Sie also deren Kreise!

Das Ziel sollte vorrangig die Vernichtung der Produktionsstätte sein (in Ausnahmen die Einbindung der Fälscher als Sublieferant oder Lizenznehmer).

Lassen Sie aber Fälscher nicht mit Ihrer Ware, Ihrer Erfindung, Ihrem Know-how groß werden. Wenn Sie Fälscher durch einige Jahre ungestört agieren lassen, können Sie den Prozess irgendwann nicht mehr kontrollieren oder eindämmen!

Die Internationale Handelskammer (www.icc-austria.org, www.icc-deutschland.de, www.icc-ccs.org) hilft Ihnen gerne bei der strategischen Umsetzung dieser Bekämpfungsstrategien.

9 Risikofaktor: Embargo

Karmen Vranchev

9.1 Beschränkungen und Genehmigungspflichten im Außenwirtschaftsverkehr

Grundsätzlich genießt der Außenwirtschaftsverkehr Freiheit. Das bedeutet jedoch nicht, dass alle Güter in jedes Land der Welt frei exportiert werden dürfen. Es existieren Beschränkungen, die die Ausfuhr von bestimmten Gütern genehmigungspflichtig machen oder sie sogar ganz verbieten. Der Außenhandel unterliegt einer Vielzahl besonderer Vorschriften – national und international. Die Einhaltung dieser Regeln bezeichnet man als Exportkontrolle. Vor einer beabsichtigten Ausfuhr ist es von großer Bedeutung, die auszuführenden Güter[1], die Enddestination, den Endempfänger / Endverwender und die Endverwendung genau zu überprüfen. Verstöße gegen diese Regelungen werden mit hohen Strafen geahndet. Ob eine Genehmigung erforderlich ist oder ein Verbot besteht, hängt davon ab:

- Was man liefern (ausführen/verbringen[2] oder durchführen) will - Bestehen für die zu liefernden Güter Genehmigungspflichten?
- In welches Land man liefern will - Sollen die Güter in ein Land geliefert werden, gegen das ein Embargo verhängt wurde?
- An wen man liefern will - Für wen sind die Güter bestimmt? Ist eine beteiligte Person oder Organisation auf einer Sanktionsliste aufgeführt?
- Für welche Zwecke die Güter verwendet werden sollen - Besteht Kenntnis von einer möglicherweise kritischen Endverwendung im Land, wo die Lieferung erfolgen soll?

[1] Die Exportkontrolle verwendet den Begriff „Güter" nicht nur für Waren, sondern auch für Technologie und Software.

[2] Die Lieferung von Gütern in oder für Länder, die nicht Mitglied der EU sind, bezeichnet man als Ausfuhr. Die Lieferung in anderen Mitgliedsstaaten der EU bezeichnet man als Verbringung.

Wie kann festgestellt werden, ob eine Genehmigungspflicht besteht? Zu prüfen ist, ob die Güter in einer Dual-Use-Güterliste benannt („gelistet“) sind und damit beim Export genehmigungspflichtig sind. Ob die beteiligten Personen (Empfänger, Vermittler, Zwischenhändler) oder Einrichtungen/Organisationen (Banken, Vereinigungen) in einer Sanktionliste zu finden sind. Bestimmte Endverwendungen und Lieferungen in kritische Länder[3] können verboten und strafbar sein.

9.2 Exportkontrolle[4]

Die Exportkontrolle trägt dazu bei, international die Verbreitung von Massenvernichtungswaffen oder die Entwicklung von bewaffneten Konflikten zu verhindern und die Sicherheitsinteressen der Länder zu wahren. Exportkontrolle bedeutet, dass die Lieferung von bestimmten Gütern nicht ohne Genehmigung erfolgen darf. Das ist genau der Fall, wenn es sich bei diesen Gütern z.B. um Kriegswaffen oder sog. Dual-Use-Güter handelt, also Güter, die im zivilen Bereich genutzt, aber auch einem militärischen Zweck zugeführt werden können.

9.2.1 Länderbezogene Exportkontrolle

Die länderbezogenen Exportkotrollmaßnahmen bezeichnet man als Embargos. Sie beschränken die Freiheit im Außenwirtschaftsverkehr gegenüber bestimmten Ländern. Das bedeutet, dass die Lieferung bestimmter Güter in ein bestimmtes Land verboten wird oder genehmigungspflichtig ist. Ebenso kann es vorkommen, dass die Lieferung an bestimmte Empfänger im betroffenen Land verboten oder genehmigungspflichtig ist.

9.2.2 Güterbezogene Exportkontrolle

Die Ausfuhr bestimmter Güter kann aus unterschiedlichen Gründen einer Beschränkung unterliegen oder ganz verboten sein. Rechtliche Grundlagen dafür sind die Verordnungen der EU (die sog. Dual-Use-VO), Gesetze und Verordnungen auf nationaler Ebene, Embargos, die Verordnung zum Chemiewaffenübereinkommen (CWÜ), das Biologiewaffenübereinkommen (BWÜ) sowie verwendungsbezogene Genehmigungspflichten. Betroffen

[3] Länder mit Interesse an Kerntechnik wie z.B. Indien, Iran, Nordkorea, Syrien u.a.

[4] Bei der Erstellung dieser Überschrift wurde die Gliederung des Bundesamtes für Wirtschaft und Ausfuhrkontrolle (BAFA) übernommen.

sind z.B.: die Rüstungsgüter[5], die Dual-Use-Güter[6], Folterwerkzeuge gemäß Antifolter-VO[7], Blutdiamanten[8] u.a.

Neben den gelisteten Dual-Use-Gütern gibt es solche, die nicht gelistet sind. Sie zeichnen sich durch ihre Verwendungsmöglichkeit aus.

9.2.3 Personenbezogene Exportkontrolle

Personenbezogene Beschränkungen erstrecken sich auf alle an einer Güterlieferung beteiligten Personen, Gruppen oder Organisationen. Deswegen müssen nicht nur die Endempfänger überprüft werden, sondern auch ggf. Zwischenhändler oder Vermittler. Es ist verboten, diesen Personen, Organisationen oder Vereinigungen Güter zur Verfügung zu stellen, die sie wirtschaftlich nutzen können.

9.2.4 Verwendungsbezogene Exportkontrolle

Bei der Ausfuhr ist es wichtig zu ermitteln, ob eine zivile Zweckbestimmung der Güter vorliegt. Auch die Ausfuhr von Dual-Use-Gütern, die nicht von der Ausfuhrliste erfasst werden, z.B. weil sie die technischen Merkmale nicht erfüllen, kann unter einigen Bedingungen genehmigungspflichtig sein. Auch hier sind der Verwendungszweck und das Bestimmungsland maßgebend.

9.3 Internationale Exportkontrollregime

Auf internationaler Ebene wird der Bereich der Exportkontrolle durch internationale Regime - Australische Gruppe, Gruppe der Nuklearlieferländer, Raketentechnologie-Kontrollregime, die Vereinbarung von Wassenaar und das Zangger Kommitee - geregelt (Abb. 9.1). Diese internationalen Kontrollregime haben zum Ziel, die Weiterverbreitung von Massenvernichtungswaffen und deren Trägersysteme sowie die destabilisierende Anhäufung von konventionellen Waffen zu verhindern.

---

[5] Rüstungsgüter sind Güter, die „für militärische Zwecke besonders konstruiert oder geändert sind". Die Lieferung von Rüstungsgütern ist grundsätzlich genehmigungspflichtig. Betroffen sind ebenfalls Waffen dienende Geräte und Komponenten, z.B. militärische Elektronik sowie z.B. besonders konstruierte Bestandteile.

[6] Dual-Use-Güter können sowohl für zivile als auch für militärische Zwecke verwendet werden, haben daher zwei Verwendungsmöglichkeiten („dual use"). Sie sind nicht besonders konstruiert für militärische Zwecke, da in der Regel die zivile Nutzung überwiegt. Dual-Use-Güter sind erfasst im Anhang I zur Verordnung (EG) Nr. 428/2009 des Rates der Europäischen Union (sog. „EG-Dual-Use-VO").

[7] Verordnung (EU) Nr. 585/2013 der Kommission vom 20.06.2013.

[8] Verordnung (EG) Nr. 2368/2002 des Rates vom 20.12.2002. Siehe auch die offizielle Internet-Seite des Kimberley-Prozesses unter: http://www.kimberleyprocess.com/en.

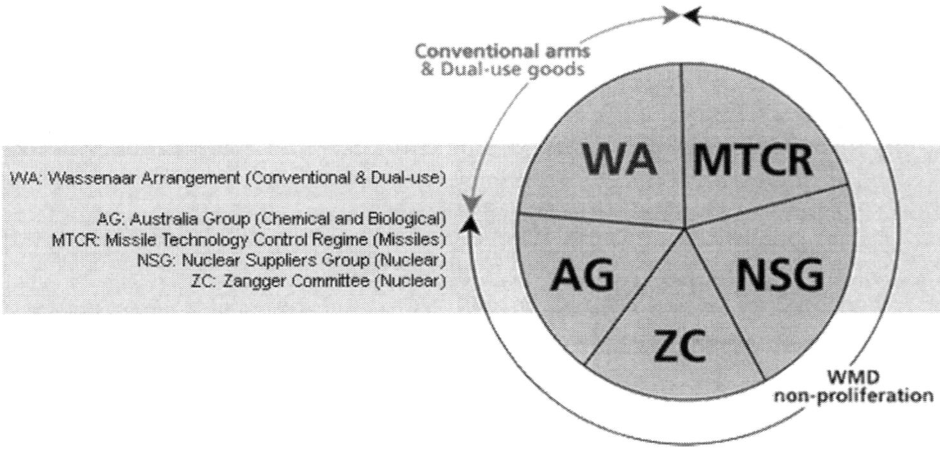

Abb. 9.1 Internationale Exportkontrollregime (Quelle: Internet, www.wassenaar.org/introduction/overview.html)

9.3.1 Australische Gruppe (AG)[9]

Die Australische Gruppe wurde 1985 gegründet. Derzeit gehören ihr 41 Länder sowie die Europäische Kommission an. Ziel der AG ist die Entwicklung, Herstellung und Verbreitung von chemischen und biologischen Waffen zu verhindern. Die Kontrollliste umfasst Chemikalien, biologische Agenzien, Toxine sowie chemische und biologische Herstellungsausrüstung.

9.3.2 Missile Technology Control Regime (MTCR)[10]

Dieses Regime wurde im April 1987 gegründet. Ihm gehören 34 Länder an. Ziel ist es, die Verbreitung von Flugkörpern zu kontrollieren, mit denen ABC-Waffen befördert werden können. Das MTCR unterhält eine Kontrollliste mit zwei Kategorien. Kategorie I umfasst Raketen, die eine Nutzlast von mindestens 500 kg über eine Reichweite von mindestens 300 km verbringen können, Anlagen zur Herstellung solcher Raketen, Raketen-Subsysteme, unbemannte Luftfahrzeuge und entsprechende Technologie. Kategorie II umfasst eine Liste mit Dual-Use-Gütern im Zusammenhang mit Flugkörpern, für die eine restriktive Genehmigungspolitik verfolgt wird.

---

[9] Offizielle Internetseite der AG: www.australiagroup.net.

[10] Offizielle Internetseite des MTCR: www.mtcr.info.

9.3.3 Nuclear Suppliers Group (NSG)[11]

Die NS-Gruppe wurde 1975 gegründet. Ihr gehören zurzeit 48 Länder an. Ziel der Gruppe ist die Nichtverbreitung von Gütern, die der Entwicklung und Herstellung von Atomwaffen dienen können.

Die NSG hat Richtlinien für den Export von nuklearen Gütern und von Dual-Use-Gütern aufgestellt. In Teil I werden Güter aufgeführt, die ausschließlich zur Herstellung von Atomwaffen, zur Urananreicherung oder zum Bau oder Betrieb von kerntechnischen Anlagen verwendet werden können. Teil II umfasst Dual-Use-Güter, die neben anderen Verwendungsmöglichkeiten auch für nukleartechnische Zwecke eingesetzt werden können.

9.3.4 Wassenaar Arrangement on Export Controls for Conventional Arms and Dual Use Goods and Technologies (WA)[12]

Das Wassenaar-Regime wurde 1995 gegründet. Dem WA gehören derzeit 41 Länder an. Ziel des WA ist die unkontrollierte Lieferung von Rüstungsgütern und entsprechenden Dual-Use-Gütern, die eine grundsätzliche militärische Anwendung aufweisen, zu vermeiden.

9.3.5 Zangger-Komitee (ZC)[13]

Das Zangger-Komitee (auch als Komitee für Nuklearexport bekannt) wurde aufgrund des Artikels III.2 des Atomwaffensperrvertrages (NPT) gegründet, der 1970 in Kraft trat. Dem Komitee gehören zurzeit 39 Mitgliedsstaaten an. Die Europäische Kommission ist ständiger Beobachter. Das Komitee führt und aktualisiert eine Liste mit Ausrüstung, welche nur dann exportiert werden darf, wenn Sicherheitsmaßnahmen auf die Empfängereinrichtung angewandt werden.

9.4 Embargo – Bedeutung, Ursprung, Embargoarten, Beschränkungen aufgrund von Embargos

Traditionell assoziiert man das Embargo einerseits mit Wirtschaftssanktionen und Handelsverboten, andererseits mit Einschränkungen im Kapital- und Zahlungsverkehr oder Beschränkungen des Reiseverkehrs. Embargos definieren Verbote. Ein Embargo hat neben den politischen Aspekten auch wirtschaftliche, die für die Außenwirtschaft besonders wichtig sind.

[11] Offizielle Internetseite der NSG: www.nuclearsuppliersgroup.org.

[12] Offizielle Internetseite des WA: www.wassenaar.org.

[13] Offizielle Internetseite des ZC: www.zanggercommittee.org.

Die Sanktionen sind ein Instrument des Sicherheitsrates der Vereinten Nationen (VN) zur Friedenssicherung. Sie sind Strafen gegen Staaten oder Regime, die gegen die Menschenrechte verstoßen oder andere Beschlüsse der VN ignoriert haben. In diesem Fall verabschiedet der Sicherheitsrat der VN Resolutionen, aufgrund derer die sog. Sanktionslisten entstehen[14]. Häufig sind die angewandten Sanktionsmaßnahmen in Form von einem Embargo. Die EU übernimmt sowohl die Beschlüsse der VN als auch Beschlüsse anderer internationalen Organisationen z.B. der Organisation für Sicherheit und Zusammenarbeit in Europa (OSCE/OSZE) als Grundlage für ihre eigenen Sanktionslisten. Dann werden sie auf EU-Ebene umgesetzt. Wenn es notwendig ist, werden diese Listen ergänzt und erweitert.

Das Embargo beschränkt die Freiheit im Außenwirtschaftsverkehr gegenüber bestimmten Ländern oder gegenüber bestimmten Personen. Je nach Umfang der Beschränkungen unterscheidet man drei Embargoarten: Totalembargo, Teilembargo und Waffenembargo.

- **Totalembargos** Die Totalembargos enthalten umfassende Verbote im Außenwirtschaftsverkehr. Eine Ausnahme ist die Zulassung von Gütern als humanitäre Hilfe. Zurzeit besteht kein Totalembargo.
- **Teilembargos** Die Teilembargos zeichnen sich dadurch aus, dass sie Beschränkungen und Verbote enthalten, die nur für bestimmte Wirtschaftsbereiche gelten und nur bestimmte Handlungen verbieten oder beschränken.
- **Waffenembargos** Die Waffenembargos enthalten ausdrückliche Beschränkungen bzw. Verbote für die Lieferung von Waffen, Munition und sonstigen Rüstungsmaterialien sowie für paramilitärische Ausrüstung und die Erbringung damit in Zusammenhang stehender technischer Unterstützung.

Embargoregelungen beschränken nicht nur die Ausfuhr von Gütern, sondern beispielsweise auch die Einfuhr und die Durchfuhr von Gütern, den Kapital- und Zahlungsverkehr, die Erbringung von Dienstleistungen, Investitionen sowie den Abschluss und die Erfüllung von Verträgen.

In Deutschland ist die zuständige Genehmigungsbehörde das Bundesamt für Wirtschaft und Ausfuhrkontrolle – BAFA (www.bafa.de und http://www.ausfuhrkontrolle.info). Das BAFA setzt Embargos administrativ um, soweit sie Güter, technische Hilfe und wirtschaftliche Ressourcen betreffen. Für die administrative Umsetzung betreffend Gelder, Finanzmittel und Finanzhilfe ist die Deutsche Bundesbank (www.bundesbank.de) zuständig.[15]

[14] Im Internet zu finden unter: http://www.un.org/sc/committees/index.shtml.

[15] http://www.bmwi.de/DE/Themen/Aussenwirtschaft/aussenwirtschaftsrecht.html.

9.5 Endverwender

Was ist im Zusammenhang mit dem Endverwender zu beachten?

Das BAFA nimmt die Unterscheidung zwischen Empfänger (Käufer) und Endverwender sehr genau.

Beispiel: Eine Staatsregierung, die Geräte für ihre Einrichtungen liefern will, gilt nicht als Endverwender. Endverwender ist nur derjenige, der die Geräte in der Praxis benutzt. In diesem Sinn ist der Endverwender der Güter derjenige, der die Güter endgültig gebraucht oder verbraucht.

Der Empfänger ist der gebietsfremde Abnehmer, der das Gut als erster physisch in Empfang nimmt (unmittelbarer Besitz)[16]. Dies schließt aber eine Be- oder Verarbeitung mit dem Ziel der Weiterlieferung nicht aus. So kann der Endempfänger mit dem Endverwender identisch sein oder nicht.

Neben den länderbezogenen Embargos (die gegen bestimmte Länder verhängt sind) bestehen Sanktionen gegen bestimmte Personen, Organisationen und Vereinigungen, die als Terroristen oder terroristische Gruppen bekannt und benannt sind. Es ist verboten, ihnen Güter zur Verfügung zu stellen, die sie wirtschaftlich nutzen können. Dabei ist es wichtig, Angaben über den Empfänger der Güter und über die sonstigen Beteiligten in Drittländern zu verfügen.

Die Vereinten Nationen veröffentlichen eine konsolidierte Liste unter www.un.org/sc/committees/1267/consolist.shtml. Die EU-Kommission verfügt über eine eigene Datenbank, in der alle Informationen über mutmaßliche terroristische Personen, Gruppierungen und Organisationen aufgeführt sind, deren Gelder und wirtschaftliche Ressourcen einzufrieren sind und mit denen keine Geschäfte getätigt werden dürfen. Die EU-Datenbank ist zu finden unter: http://eeas.europa.eu/cfsp/sanctions/consol-list_en.htm.

Die personenbezogenen EU-Maßnahmen beziehen sich auf die folgenden Terrorismusverordnungen:

1. Verordnung (EG) Nr. 881/2002 des Rates vom 27. Mai 2002 über die Anwendung bestimmter spezifischer restriktiver Maßnahmen gegen bestimmte Personen und Organisationen, die mit Osama bin Laden, dem Al-Qaida-Netzwerk und den Taliban in Verbindung stehen[17]
2. Verordnung (EU) Nr. 753/2011 des Rates vom 1. August 2011 über restriktive Maßnahmen gegen bestimmte Personen, Gruppen, Unternehmen und Einrichtungen angesichts der Lage in Afghanistan[18]

---

[16] Vorbemerkungen zur Ausfüllanleitung zum Vordrucksatz Antrag auf Ausfuhr-/Verbringungsgenehmigung (AG, AG/E1, AG/W, AG/E2, AG/CWÜ), BAFA, Eschborn, August 2005.

[17] Im Internet zu finden unter: http://eur-lex.europa.eu/LexUriServ/LexUriServ.do?uri=OJ:L:2002:139:0009:0022:DE:PDF.

[18] Im Internet zu finden unter: http://eur-lex.europa.eu/LexUriServ/LexUriServ.do?uri=OJ:L:2011:199:0001:0022:DE:PDF.

3. Verordnung (EG) Nr. 2580/2001 des Rates vom 27. Dezember 2001 über spezifische, gegen bestimmte Personen und Organisationen gerichtete restriktive Maßnahmen zur Bekämpfung des Terrorismus[19]

Mit diesen Verordnungen hat die EU restriktive Maßnahmen zur Bekämpfung des Terrorismus beschlossen. Gemäß den dort enthaltenen Bestimmungen dürfen bestimmten Personen, Gruppen oder Organisationen, die von den Namenslisten in den Verordnungen erfasst sind, weder direkt noch indirekt finanzielle Vermögenswerte (Gelder) oder wirtschaftliche Ressourcen zur Verfügung gestellt werden oder zugute kommen (Bereitstellungsverbot). Außerdem ist das Vermögen dieser Personen, Gruppen oder Organisationen eingefroren (Einfriergebot). Daher ist auch die direkte oder indirekte Lieferung von Gütern an die in den Namenslisten aufgeführten Personen, Gruppen oder Organisationen unabhängig von dem Bestimmungsland der Lieferung untersagt.

Diese Verbote erstrecken sich auf alle an der Lieferung beteiligten Personen. Es reicht nicht aus, zu prüfen, ob der Endempfänger auf den Namenslisten aufgeführt wird. Gleichermaßen spielt es keine Rolle, ob es sich bei den zu liefernden Gütern um Rüstungsgüter, um Dual-Use-Güter oder um Güter handelt, die nicht von der Ausfuhrliste erfasst werden, da der Begriff der wirtschaftlichen Ressourcen weitergehend ist und damit sämtliche Handelsgüter umfasst, die nicht nur dem persönlichen Ver- oder Gebrauch dienen.[20]

9.6 Zusammenfassung

Trotz der Freiheit im Außenhandel kann die Ausfuhr von bestimmten Gütern genehmigungspflichtig sein. Die Nichteinhaltung der geltenden Regeln kann zu großen Folgen führen. Deshalb ist es notwendig, folgendes zu berücksichtigen: Was für Güter man liefert, in welches Land die Lieferung erfolgt (verhängte Embargos), wer der Endempfänger ist (die Lieferung an bestimmte Personen, Organisationen u.a. kann verboten und strafbar sein) und für welche Zwecke die Güter bestimmt sind. Da in der Praxis eine Vielzahl von Gesetzen und Regelungen existieren, die oft geändert und ergänzt werden, ist es empfehlenswert, die zuständigen Behörden zu konsultieren, bevor man Güter ausführt, die sowohl eine zivile als auch eine militärische Verwendung haben können. Falls Anhaltspunkte für eine kritische Verwendung vorliegen, dürfen sie nicht einfach ignoriert werden. Embargobestimmungen sind auch zu beachten, wenn die Lieferung nur indirekt in ein Embargoland erfolgt. Das alles gilt auch im Fall, wenn man in die USA ausführen will, weil dort besondere Bestimmungen gelten.

---

19 Im Internet zu finden unter: http://eur-lex.europa.eu/LexUriServ/LexUriServ.do?uri=CONSLEG:2001R2580:20071222:DE:PDF.

20 Verordnung (EG) Nr. 881/2002 des Rates vom 27. Mai 2002.

Literatur

Gabriel, Jürg Martin, Wirtschaftssanktionen: Ein Bezugsrahmen, in Beiträge und Berichte, Institut für Politikwissenschaft, Hochschule St. Gallen, Nr.241/1995

HADDEX Handbuch der deutschen Exportkontrolle: Nationales und Internationales Exportkontrollrecht, Bundesamt für Wirtschaft und Ausfuhrkontrolle, Bundesanzeiger-Verlag, 2003

Hasse, Rolf, Theorie und Politik des Embargos, Diss. Köln 1973

Hocke, Ernst/ Berwald, Siegfried/ Maurer, Heinz Dieter/ Friedrich, Klaus (Hrsg.), Außenwirtschaftsrecht, Gesetze, Verordnungen und Erlasse zum Außenwirtschaftsrecht mit Kommentar, Heidelberg, Stand September 2002

Lehr, Wolfgang, Die neue EU-Dual-use-Verordnung 2000 und deren Auswirkungen für das Exportgeschäft, Neue Zeitschrift für Verwaltungsrecht, NVwZ, Heft 2001, S. 48-51

Osteneck, Kathrin, Die Umsetzung von UN-Wirtschaftssanktionen durch die Europäische Gemeinschaft, Völker- und europarechtliche Rahmenbedingungen für ein Tätigwerden der Europäischen Gemeinschaft im Bereich von UN-Wirtschaftssanktionsregimen unter besonderer Berücksichtigung der Umsetzungspraxis der EG-Organe, Berlin 2004

Ress, Hans-Konrad, Das Handelsembargo, Völker-, Europa- und Außenwirtschaftsrechtliche Rahmenbedingungen, Praxis und Entschädigung, Springer Verlag, Berlin u.a. 2000

Schneider, Henning C., Wirtschaftssanktionen, Die VN, EG und Bundesrepublik Deutschland als konkurrierende Normgeber beim Erlass paralleler Wirtschaftssanktionen, Hamburg 1997

Weith, Nils, Christof Wegner, Wolfgang Ehrlich, Grundzüge der Exportkontrolle: Hintergründe, System, Regelungen, Bundesanzeiger-Verlag, 2006

www.bafa.de und www.ausfuhrkontrolle.info

http://eur-lex.europa.eu

http://www.un.org/sc/committees/index.shtml

10 Einsatz nationaler und internationaler Finanzierungsquellen

Franz Benker

Die Außenhandelsfinanzierung beschäftigt sich mit den Instrumenten der Zahlung, der Refinanzierung und der Absicherung im grenzüberschreitenden Handels- und Dienstleistungsverkehr, also mit ökonomischen Ereignissen und Vorgängen, die Industrie- und Handelsunternehmen, sowie Banken in internationalen Austauschprozessen betreffen. Der Begriff Außenhandelfinanzierung fasst die Exportfinanzierung und die Importfinanzierung zusammen.[1] Wichtiger Erkenntnisbereich sind hierbei Risiken, die durch Zahlungsströme verursacht werden. Dementsprechend müssen Zahlungsbedingungen, Sicherungs- und Refinanzierungsinstrumente risikominimal gestaltet werden.[2]

10.1 Finanzierungsangebote durch die KfW

Öffentlich-rechtliche Kreditinstitute sind Banken mit Sonderaufgaben und stellen als Spezialbanken ergänzende staatliche Mittel zur Verfügung, damit politisch gewollte Investitionen realisiert werden können. Über diese Spezialbanken laufen die Förderprogramme der öffentlichen Hand. Häufiges Merkmal öffentlich-rechtlicher Kreditinstitute ist die Gewährung von Realkrediten. Die Mittel hierfür erwerben die Kreditinstitute vor allem aus dem Absatz von Schuldverschreibungen. Die Papiere derartiger Emittenten können unter dem Gesichtspunkt der Mündelsicherheit erworben werden. Die Mündelsicherheit liegt somit auch der Refinanzierung von Krediten für langfristige Exportprojekte zugrunde, wodurch öffentlich-rechtliche Kreditinstitute in diesem Bereich in der Regel eine günstigere Kostenstruktur aufweisen als Geschäftsbanken.[3] Die Beschreibung öffentlich-rechtlicher Kreditinstitute trifft auch auf die KfW zu, denn die KfW Bankengruppe zählt zu den

1 vgl. Putnoki (2000), S. 1ff.

2 vgl. Putnoki (2000), S, 21ff.

3 vgl. Kuttner (1988), S. 45.

Kreditinstituten mit Sonderaufgaben. Sie hat ein vielfältiges Aufgabenspektrum im Bundesauftrag zu betreuen.

10.1.1 Allgemeine Exportfinanzierung

Zu den Finanzierungsgegenständen der allgemeinen Exportfinanzierung der KfW zählt der Export von langlebigen Investitionsgütern und der zugehörigen Dienstleistungen. Unterschieden wird hierbei der Export von Gütern des Anlagen- und Maschinenbaus, der elektrotechnischen Industrie, sowie der Verkehrstechnik.[4] Finanziert werden außerdem die Auslandsbauleistungen der Bauwirtschaft, sowie selbständige Engineering- und Consulting-Leistungen. Deutschland muss hierbei das Ursprungsland der Lieferungen und Leistungen sein. Ausnahmen werden gemacht bei Zulieferungen aus Drittländern und bei Aufwendungen für Waren und Dienstleistungen aus dem Käuferland. Die Exporte von kurzlebigen Wirtschaftsgütern, Konsumgütern, Vorprodukten und Kleinteilen wird nicht finanziert.[5] Die Zahlungsbedingungen, die im Ausfuhrvertrag vereinbart werden, müssen den internationalen Standards entsprechen. Anzahlungen und Zwischenzahlungen müssen mindestens 15 Prozent des Auftragswertes entsprechen. Der Restbetrag von maximal 85 Prozent wird als Kredit finanziert. Da die KfW auf langfristige Mittelbereitstellung ausgerichtet ist, werden nur Kredite mit einer Mindestlaufzeit von 4 Jahren gewährt.[6]

10.1.2 Sonderexportfinanzierung

Zum Bereich Sonderexportfinanzierung gehören die Schiffsexportfinanzierung, die Flugzeugexportfinanzierung und die Mischfinanzierung. Letztere ist eine Kombination von Mitteln der Bundesrepublik Deutschland für Entwicklungsländer mit kommerziellen Exportkrediten.

Die Bereitstellung von Finanzierungen für Schiffe für den Export läuft seit 2008 über die KfW IPEX-Bank (siehe genauer Abschnitt 8.2). Sie unterstützt damit in erheblichem Umfang die deutsche Werftindustrie. Mit ihrer Erfahrung als KfW-Spezialbank und mit ihrer Strukturierungskompetenz als einer der weltgrößten Schiffsfinanzierer hat die KfW IPEX-Bank maßgeblichen Anteil an der Gewinnung von Aufträgen im innovativen Schiffsbau (hochtechnisierte Spezialschiffe, Fähren, Kreuzfahrtschiffe, Offshore-Schiffe, Frachter).[7]

Die Bereitstellung von Finanzierungen für Flugzeuge für den Export läuft seit 2008 ebenfalls über die KfW IPEX-Bank. Sie hat Erfahrung in der Absicherung der

4 vgl. Häberle (2002), S. 750.
5 vgl. ebd.
6 vgl. Häberle (2002), S. 755.
7 vgl. KfW IPEX-Bank (2014b).

branchenspezifischen Risiken der Luftfahrtindustrie. Finanzmittel werden für Linien-, Fracht- und Charterfluggesellschaften sowie für Flugzeughersteller zur Verfügung gestellt. Als Finanzprodukte dienen hierbei Direktkredite, Finance Leasing, Operate Leasing, Portfolio-Transaktionen, sowie Anzahlungsfinanzierungen.[8]

10.1.3 Das KfW/ERP-Exportfinanzierungsprogramm

Das European Recovery Program (ERP) diente ab 1948 als Teil des Marshall-Plans der Finanzierung von Warenlieferungen von US-Unternehmen nach Europa. Die Finanzmittel wurden in einem Fonds angesammelt. Ein Teil wurde zurückgezahlt, der Rest im ERP-Sondervermögen zusammengefasst, welches heute ein Teil des Bundesvermögens ist.[9] Es wird zur gezielten regionalen und sektoralen Förderung der deutschen Wirtschaft, des Umweltschutzes sowie verschiedener anderer, öffentlicher Aufgaben eingesetzt. Die ERP-Mittel werden i.d.R. als verzinsliche, aber auch als unverzinsliche Darlehen und/oder als verlorene Zuschüsse vergeben. Die Einnahmen und Ausgaben des ERP-Fonds werden laufend in der Jahresrechnungs- und der Haushaltsansatzstatistik für den Bund ausgewiesen und vom Statistischen Bundesamt veröffentlicht.[10]

Der ERP-Fonds wird insbesondere von der Kreditanstalt für Wiederaufbau (KfW) zur Export- und Projektfinanzierung verwendet. Einer der Schwerpunkte der KfW ist die Exportfinanzierung von Ausfuhrgeschäften mit Entwicklungsländern. „Die Kreditgewährung erfolgt grundsätzlich in Form von liefergebundenen Finanzkrediten, die an die jeweiligen Besteller direkt (Bestellerkredite) oder an eine Bank im Bestellerland ausgereicht werden (Bank-zu-Bank-Kredite)."[11] Gefördert werden Exporte von Investitionsgütern und Dienstleistungen aus Deutschland in Entwicklungsländer gemäß der jeweils gültigen Liste des Ausschusses für Entwicklungsländer der OECD. Voraussetzung hierzu ist die Gewährung einer Exportkreditgarantie des Bundes (Hermesdeckung) für eine Kreditlaufzeit von mindestens 4 Jahren. Es gilt pro Einzelgeschäft eine Regelobergrenze von 85 Mio. EUR bezogen auf eine deutschen Exportauftragswert von 100 Mio. EUR.[12]

10.1.4 KfW-Marktmittelkredite

Die KfW gewährt auch Exportkredite, die ausschließlich aus Marktmitteln refinanziert werden. Die KfW-Marktmittelkredite stellen eine Finanzierungsalternative oder eine Finanzierungsergänzung zum KfW-ERP-Kreditprogramm bei Ausfuhrgeschäften nach

---

[8] vgl. KfW IPEX-Bank (2014c).

[9] vgl. Häberle (2002) S. 754.

[10] vgl. Ehrenfeld (2009) S.29.

[11] KfW IPEX-Bank (2014a).

[12] vgl. Häberle (2002) S. 755ff.

Entwicklungsländern dar. Außerdem kann mit KfW-Marktmittelkrediten die Finanzierung von Ausfuhrgeschäften in Nicht-Entwicklungsländer bewältigt werden, da diese Finanzmittel über die Emission von Schuldverschreibungen refinanziert werden. Damit unterliegen diese Kredite nicht der Mindestzinsregelung des OECD-Konsensus.[13]

10.2 Die KfW IPEX-Bank und ihre Geschäftssparten

„Die Jahrtausendwende brachte tiefgreifende Veränderungen für die Exportfinanzierung der KfW mit sich. Anfang 2002 verständigte sich die Bundesregierung mit der EU-Kommission über die Neuausrichtung der deutschen Förderbanken. Für die KfW bedeutete dies: Förderaktivitäten und kommerzielle Geschäftstätigkeit wurden getrennt – die Exportfinanzierung wurde zum 1.1.2008 in eine eigenständige Tochtergesellschaft, die KfW IPEX-Bank ausgegliedert."[14] Die KfW IPEX-Bank bietet ihre Geschäfte somit in direktem Wettbewerb zu anderen Geschäftsbanken an. Die KfW IPEX-Bank ist ein Spezialkreditinstitut im Bereich Export- und Projektfinanzierungen. Die Abkürzung IPEX bedeutet „Internationale Projekt- und Exportfinanzierung". Die KfW IPEX-Bank verantwortet innerhalb der KfW Bankengruppe die internationale Projekt- und Exportfinanzierung. Sie stellt mittel- und langfristige individuelle Finanzierungslösungen bereit. Ihre Aufgabe ist es, die Export-Finanzierung im Interesse der deutschen und europäischen Wirtschaft zu sichern. Diese Aufgabe leitet sich aus dem gesetzlichen Auftrag der KfW Bankengruppe ab: „Die Zielsetzung der KfW IPEX-Bank ist, die Wettbewerbsfähigkeit und die Internationalisierung von deutschen und europäischen Exportunternehmen zu erhalten und auszubauen. Darüber hinaus finanziert sie wirtschaftliche und soziale Infrastruktur in Europa, trägt zur Rohstoffsicherung bei und unterstützt die Verwirklichung von Umwelt- und Klimaschutzprojekten – weltweit."[15] Die KfW IPEX-Bank ist in verschiedensten Geschäftssparten tätig. Dazu zählen vor allem die Grundstoffindustrie, das verarbeitende Gewerbe, Telekommunikation, Handel und Gesundheit, Energie und Umwelt, Schifffahrt und Häfen, Luftfahrt und Flughäfen, Schienen- und Straßenverkehr, Bauindustrie sowie Public-Private-Partnership. Die angebotenen Finanzierungsmöglichkeiten reichen bis hin zu komplexen Projekt- und strukturierten Finanzierungen in verschiedenen Währungen. Dazu zählen auch LBO-Finanzierungen, Beteiligungen und Mezzanine-Kapital. Die Finanzierungsangebote gehen somit weit über die klassischen liefergebundenen Exportkredite und Handelsfinanzierungen hinaus.[16]

---

13 vgl. Häberle (2002) S. 764ff und Putnoki (2002) S. 163ff.

14 KfW (2014).

15 KfW IPEX-Bank (2014a).

16 vgl. Panitz (2003).

10.2.1 Grundstoffindustrie

Die KfW IPEX-Bank finanziert großvolumige Investitionen der Grundstoffindustrie und sichert den Zugang zu Rohstoffen für Deutschland. Im Einzelnen finanziert die KfW IPEX-Bank die Entwicklung von Öl- und Gasfeldern, Pipelines, Raffinerien, Bergbauprojekte, Stahlwerken und Papierfabriken[17]:

Industrierohstoffe sind eine wesentliche Voraussetzung für die Zukunftsfähigkeit des Hochtechnologiestandortes Deutschland. Die weltweite Nachfrage nach Rohstoffen und die Preise dafür steigen unaufhaltsam. „Die KfW IPEX-Bank unterstützt die deutschen Unternehmen dabei, in einem schwierigen Umfeld ihre Bezugsquellen zu diversifizieren und ihren Bedarf nach Industrierohstoffen zu decken.“[18]

Die KfW IPEX-Bank strukturiert weltweit größere Bergbauprojekte als Finanzierungspartner für viele große und mittelgroße Rohstoffunternehmen. Sie ist einer der führenden Anbieter von Langfristfinanzierungen für die Stahlindustrie weltweit sowie einer der wichtigsten Finanziers bei der Verarbeitung von Erdöl und Erdgas in der Golfregion. Auch Finanzierungen von Zellstofffabriken und Papiermaschinen insbesondere in Wachstumsmärkten zählen zu den Kernkompetenzen.[19]

Folgende Finanzierungsprodukte werden im Bereich Grundstoffindustrie angeboten:[20] Mittel- und langfristige Kredite für Maschinen- und Anlageninvestitionen, Projektfinanzierungen, strukturierte Finanzierungen, staatliche und private Garantien für förderungswürdige Projekte zur Absicherung von Länder- und Projektrisiken sowie zur Optimierung von Kreditvolumen und Laufzeit.

Im Bereich Rohstoffe finanziert die KfW IPEX-Bank Bergbau-Projekte für verschiedene Rohstoffe, wie z.B. Kupfer, Eisenerz und Gold und betreibt auch Leasing von Ausrüstungen. Im Bereich Öl und Gas beteiligt sich die KfW IPEX-Bank an wichtigen Projekten zur Energieversorgung Europas.[21] In der Öl- und Gasbranche wird die Entwicklung von Öl- und Gasfeldern finanziert, sowie die Gewinnung von LPG (Liquified Petroleum Gas) und LNG (Liquified Natural Gas), Pipelines und Kavernenspeicher (unterirdische Speicher für Erdgas und Erdöl).[22] In der Branche Petrochemie finanziert die KfW IPEX-Bank Raffinerien, Anlagen für Basischemikalien, Kunststoffherstellung, Düngemittel, Bergbauprojekte (z.B. für Kali, Salze und Phosphate). Im Bereich Stahl finanzieren die KfW IPEX-Bank die Anlagenexporte für Stahlproduzenten. In der Branche Papier- und Zellstoffindustrie werden Zellstofffabriken, Papierfabriken mit zugehörigen Ausrüstungen finanziert.

[17] vgl. KfW IPEX-Bank (2014a).

[18] ebd.

[19] vgl. ebd.

[20] vgl. KfW IPEX-Bank (2014a) und Kloster, 2010 S.7.

[21] z.B. die Nord Stream-Pipeline. Diese transportiert durch die Ostsee Erdgas aus Russland nach Deutschland.

[22] vgl. KfW IPEX-Bank (2014a).

Die Branche Baustoffe wird in der Finanzierung von Zementanlagen, Anlagen zur Holzverarbeitung und Anlagen sonstiger Baustoffindustrien unterstützt.[23]

10.2.2 Industrie und Services

Die KfW IPEX-Bank finanziert die Branchen Automobil, Maschinenbau, Telekommunikation, Handel, Gesundheit/Pharma und Spezialchemie. Dabei handelt es sich um Investitionen deutscher und europäischer Unternehmen im In- und Ausland. Die KfW IPEX-Bank arbeitet trotz ihres breiten Kundenspektrums branchenfokussiert. Die Interessen der Kunden werden im Konsortium internationaler Banken repräsentiert. Ziel ist auch die optimale Strukturierung der Finanzierung unter Berücksichtigung lokaler Begebenheiten und Rahmenbedingungen im jeweiligen Land.[24] Dazu nutzt die KfW IPEX-Bank auch das weltweite Netz der KfW Bankengruppe mit mehr als 50 Außenbüros in allen Regionen der Welt. Die klassische Exportfinanzierung KfW IPEX verwendet hier Instrumente einer Vielzahl nationaler Export-Credit-Agencies. Weiterhin werden Investitions- und Akquisitionsfinanzierungen im In- und Ausland durchgeführt. Diese beinhalten in der Regel staatliche Investitionsgarantien. Typische Finanzierungsformen im Industriebereich sind fristen- und themen-kongruente Unternehmensfinanzierungen, die „vorhabensbezogenen" Durchleitungen von KfW-Förderprogrammen, sowie Zins- und Währungsderivate.[25]

10.2.3 Energie und Umwelt

Die KfW IPEX-Bank finanziert auch innovative Energie- und Umweltprojekte, z.B. energieeffiziente Gas- und Dampfkraftwerke. Außerdem werden Sonnenenergie-Projekte sowie Projekte zur Nutzung der Windenergie (On- und Offshore) finanziert. Der Fokus liegt dabei auf nachhaltigen, energieeffizienten Projekten, bei denen insbesondere auf Umwelt- und Sozialverträglichkeit geachtet wird. Im Bereich „erneuerbare Energien" spielt vor allem die Finanzierung von Wasserkraft, Biomasse und Geothermie eine Rolle.[26]

Projektbeispiel:[27] Butendiek zählt mit seinen 288 Megawatt zu den umfangreichsten Offshore-Windparks in der deutschen Nordsee. Er entsteht 32 km westlich der Insel Sylt und 53 km vor der Küste Schleswig-Holsteins. Die Bauarbeiten beginnen im ersten Halbjahr 2014 und sollen bis Mitte 2015 abgeschlossen sein. Betreiber des Offshore-Windparks Butendiek ist die „wpd-Gruppe", die sich im Bereich der erneuerbaren Energien insbesondere auf Windenergieprojekte spezialisiert hat. Mit Krediten in Höhe von insgesamt 937

---

23 vgl. ebd.

24 vgl. KfW IPEX-Bank (2014a) und Kloster, 2010 S.7.

25 vgl. Schütt (2011) S. 129ff.

26 vgl. KfW IPEX-Bank (2014a).

27 vgl. ebd.

Mio. EUR finanziert ein von der KfW IPEX-Bank, UniCredit und Bremer Landesbank geführtes Bankenkonsortium den Offshore-Windpark Butendiek. Das Bankenkonsortium setzt sich aus den Förderbanken Europäische Investitionsbank (EIB) und KfW, dem dänischen Exportkreditversicherer EKF und neun Geschäftsbanken zusammen. Das gesamte Investitionsvolumen beträgt ca. 1,4 Mrd. EUR. Die restlichen Mittel bringt die Investorengruppe bestehend aus Industriens Pension, Marguerite, PKA, Siemens Project Ventures und wpd-Gruppe auf.[28]

10.2.4 Maritime Industrie

Die KfW IPEX-Bank finanziert den Großteil der Projekte, die auf deutschen und europäischen Werften verwirklicht werden. Im Einzelnen sind davon Investitionen der Handelsschifffahrt, die Off-Shore-Exploration und die Personenschifffahrt betroffen. Die KfW IPEX gehört weltweit zu den 5 größten Schiffsfinanzierern, in Deutschland steht sie mit der Finanzierung von Schiffen auf Platz eins.[29]

Folgende Finanzierungsprodukte stehen im Fokus: Bestellerkredite für den deutschen Schiffsbau, Europäische Exportkredite, Investitionskredite für europäische Reeder, Anzahlungs- und Endfinanzierungen, Bauzeitkredite für deutsche Werften. Dabei kommen staatliche Kreditversicherungen zum Tragen. Eine zentrale Rolle spielen hierbei vor allem die Export-versicherungen (ECA).[30]

Projektbeispiel:[31] Der erste Neubau eines Kreuzfahrtschiffes für „TUI Cruises", ein Unternehmen mit Sitz in Deutschland, wird durch die KfW IPEX-Bank finanziert. Die KfW IPEX-Bank fördert damit ein bedeutendes Export-Projekt der europäischen Werftindustrie. Die Ablieferung des Schiffes, das von der STX Finland Oy gebaut wird, soll im zweiten Quartal 2014 erfolgen. Das Schiff ist für den deutschsprachigen Kreuzfahrtmarkt bestimmt. Mit einer Kapazität von 99.000 BRT ist das Schiff für ca. 2.500 Passagiere ausgelegt. Für die von einem europäischen Bankenkonsortium herausgelegte 80-Prozent-Finanzierung wird eine Deckung der finnischen Exportkreditversicherung gewährt. Zusätzliche Mittel werden von der Finnish Export Credit Ltd. bereitgestellt.[32]

10.2.5 Luftfahrt

Die KfW IPEX-Bank stellt Finanzmittel für Linien-, Fracht- und Charterfluggesellschaften sowie für Flugzeughersteller zur Verfügung. Die KfW ist seit mehr als 30 Jahren ein

---

[28] vgl. Butendiek (2014).

[29] vgl. Schütt (2011) S. 129ff.

[30] vgl. ebd. Zu ECAs siehe genauer in Kapitel 10.4.1.

[31] vgl. KfW IPEX-Bank (2014a).

[32] vgl. Tui Cruises (2011).

führender Anbieter von Flugzeugfinanzierungen. Die Förderung von Mobilität ist eine zentrale Voraussetzung für Beschäftigung, globalen Warenaustausch und Wachstum. Zum Kundenkreis der KfW IPEX in dieser Branche zählen mehr als 100 Fluggesellschaften und viele Flugzeughersteller. Finanziert wird mit Direktkrediten, Finance Leasing, Operate Leasing, Portfolio-Transaktionen, sowie mit Anzahlungsfinanzierungen. Großvolumige Flugzeug-Finanzierungen stemmt die KfW IPEX zusammen mit verschiedensten Bankenkonsortien weltweit.[33]

Projektbeispiel:[34] „Mit Korean Air verbindet die KfW IPEX-Bank eine langjährige Geschäftsbeziehung. Wir freuen uns, dass wir den ersten Airbus A380 für Korean Air finanzieren und somit auch unseren Kernauftrag zur nachhaltigen Stärkung der europäischen Exportwirtschaft erfüllen können“[35], lautet der Kommentar der KfW IPEX-Bank zum Airbus-Projekt für ihren langjährigen Kunden Korean Air. Als sechste Airline weltweit stellte Korean Air den Airbus A380 in Dienst. Die KfW IPEX-Bank finanzierte den ersten Airbus A380 für diese Airline. Der neue Airbus wurde mit 407 Sitzen ausgestattet und verfügt über den weltweit ersten Duty-Free-Shop direkt an Bord. Korean Air bestellte insgesamt zehn Maschinen dieses Typs bei dem europäischen Flugzeughersteller. Die KfW IPEX-Bank hat zusammen mit der Crédit Agricole-CIB als ECA Co-Lead Arranger die ECA Finanzierung von vier A380-Flugzeugen übernommen. Besichert wird die Transaktion durch eine 100-prozentige Garantie der Exportkreditversicherungen Euler Hermes, COFACE und ECGD. Die französische COFACE vertritt die Dreier-Gruppe in dieser Transaktion.[36]

10.2.6 Schienenverkehr

Im öffentlichen Nahverkehr unterstützt die KfW IPEX private Initiativen. Es geht dabei um die Unterstützung von Infrastrukturmaßnahmen. Finanziert wird der Erwerb neuer Güterwagen, Lokomotiven und Triebzügen durch private Betreiber weltweit.[37]

Diese Finanzierungen kommen der deutschen und europäischen Bahnindustrie zugute. Im Einzelnen handelt es sich dabei um klassische langfristige Kredite mit Besicherung an den Assets, Objektfinanzierungen mit Restwertrisikoübernahme, Exportfinanzierungen, Liefer- und Leistungsavale sowie Projektfinanzierungen. Die KfW IPEX-Bank gründete zusammen mit der HSH Nordbank 2008 das Leasingunternehmen Railpool GmbH. Diese Gesellschaft vermietet Lokomotiven und Triebzüge an deutsche und europäische Betreiber.[38]

---

[33] vgl. KfW IPEX-Bank (2014a).

[34] vgl. ebd.

[35] ebd.

[36] vgl. Aero.de (2011).

[37] vgl. ebd.

[38] vgl. KfW IPEX-Bank (2014a) und Kloster (2010) S. 7.

Projektbeispiel:[39] Zusammen mit der European Investment Bank (EIB) und sieben weiteren internationalen Banken finanziert die KfW IPEX-Bank als Mandated Lead Arranger eine neue Fahrzeugflotte für das transeuropäische Verkehrsunternehmen Eurostar International Limited (Eurostar), das den Schienenpersonenfernverkehr durch den Eurotunnel betreibt. Damit beteiligt sich die KfW IPEX-Bank an einem der bedeutendsten Verkehrsinfrastrukturprojekte Europas. Finanzierungsgegenstand sind insgesamt zehn Hochgeschwindigkeitszüge vom Typ „Eurostar e320" des Herstellers Siemens. Diese Züge sollen ab 2014 durch den Eurotunnel rollen. Die 50 Kilometer lange Eisenbahn-Hochgeschwindigkeitsstrecke verbindet Großbritannien und Frankreich unter dem Ärmelkanal. Dieses Projekt ist ein Teil des von Eurostar bereits im Jahr 2010 angekündigten Investitionsprogramms für die Erneuerung der gesamten Flotte in Gesamthöhe von 700 Millionen britischen Pfund.[40]

10.2.7 Transport- und soziale Infrastruktur

Die KfW IPEX-Bank finanziert Investitionen in die Infrastruktur, und zwar sowohl im Transport- als auch im sozialen Bereich. Die KfW finanziert seit mehr als 40 Jahren weltweit Projekte in den Sektoren Häfen, Flughäfen, Straßen, Schieneninfrastruktur, Bildung, Gesundheit und öffentliche Verwaltung. Die Infrastrukturinvestoren operieren in einem regulierten Umfeld. Die KfW IPEX analysiert und erstellt Business-Pläne und Cash-Flow-Modelle, erarbeitet mit ihren Kunden die optimale Finanzierungsstruktur. Die finanzierten Infrastrukturprojekte und -investitionen haben eine enge Verbindung zur deutschen und europäischen Wirtschaft (bzgl. Lieferungen, Leistungen Kapitalinvestitionen).[41]

Die Zusammenarbeit zwischen Staat und Privatwirtschaft wird von der KfW IPEX-Bank gefördert. In der Finanzierung von Infrastrukturprojekten sind öffentlich-private Partnerschaften (PPP) weltweit von Bedeutung. Hier werden Projekte finanziert, „bei denen private Unternehmen den Bau, den Betrieb und den Unterhalt öffentlicher Infrastruktur übernehmen, zum Beispiel einer Schule, eines Krankenhauses oder eines öffentlichen Verwaltungsgebäudes."[42]

In der Regel werden folgende Finanzierungsprodukte eingesetzt: Projektfinanzierungen mit Laufzeiten, die zu den Investitionen passen, Unternehmensfinanzierungen für investive Maßnahmen, Strukturierte Finanzierungen, die auf die individuelle Situation zugeschnitten sind. Weiterhin kommen Avale und Derivate als Ergänzung des Produktspektrums zum Einsatz.[43]

---

[39] vgl. KfW IPEX-Bank (2014a) und Schlesinger (2010).

[40] vgl. Schlesinger (2010).

[41] vgl. KfW IPEX-Bank (2014a).

[42] KfW IPEX-Bank (2014a).

[43] vgl. ebd.

10.2.8 Akquisitionsfinanzierung

Die Nachfolgeproblematik ist in Unternehmen ein weit verbreitetes Phänomen. Gerade bei Familienunternehmen gibt es oft entweder keine geeigneten Nachfolger, oder die Gesellschaft selbst verhindert potentielle Nachfolger, oder kann sich diesbezüglich nicht einigen. Aus gutem Grund ergänzen Akquisitionsfinanzierungen die Produktpalette der KfW IPEX-Bank. Mittelständische Unternehmen streben naturgemäß nach Kontinuität in der Unternehmensführung. Ein Börsengang scheidet aufgrund der Größe des Unternehmens und fehlender Voraussetzungen meistens aus.[44]

„Ein Verkauf kann dann eine sinnvolle Lösung sein, um den Bestand und die Weiterentwicklung des Unternehmens zu sichern. Vor einem ähnlichen Problem stehen auch größere Unternehmen und Konzerne, wenn es darum geht, einzelne Geschäftszweige auszugliedern und sich auf das Kerngeschäft zu konzentrieren. Die Gründe dafür sind unterschiedlich – von kartellrechtlichen Bedenken bis zu unerfüllten Renditeerwartungen der Eigentümer."[45]

Die KfW IPEX-Bank stellt in derartigen Fällen für den Erwerber eines Unternehmens Fremdkapital für eine Akquisitionsfinanzierung zur Verfügung. Neben strategischen Käufern können auch Private Equity-Gesellschaften Fremdkapital nachfragen. Die KfW IPEX-Bank finanziert auch Leveraged Buy-outs (LBO). Der Erwerber ist dann ein Private-Equity-Investor, das Unternehmen bleibt aber selbstständig. Diese Art von Akquisitionsfinanzierung benötigt einen sehr hohen Anteil von Fremdkapital. Die KfW IPEX-Bank beteiligt sich oft an der Arrangierung und Strukturierung dieser Transaktionen. In Zusammenarbeit mit den Sektorteams unterstützt die KfW IPEX-Bank vor allem exportorientierte Unternehmen des gehobenen Mittelstands mit strategischen Akquisitionsfinanzierungen im In- und Ausland.[46]

10.2.9 Finanzinstitutionen, Trade & Commodity Finance

Viele Handelspartner benötigen kurzfristig zusätzliche Liquidität und die Bereitschaft einer Bank, die Risiken der Transaktion zu übernehmen. Es werden also kurzfristige Finanzierungslösungen benötigt, welche die Handlungsfähigkeit der Geschäftspartner stärken.[47]

Externe Faktoren in Form von politischem Wandel oder potentiellen Änderungen der gesetzlichen Rahmenbedingungen können die Exportwirtschaft empfindlich stören. Diesen Länderrisiken steuert die KfW IPEX-Bank durch spezielle Finanzierungsprodukte und Strukturen entgegen. Sie steuert das „weltweite Geschäft mit Banken und Versicherungen sowie deren branchenunabhängigen Tochtergesellschaften, meist in Emerging Markets:

---

[44] vgl. ebd.

[45] ebd.

[46] vgl. KfW IPEX-Bank (2014a).

[47] vgl. ebd.

bank-to-bank loan facilities oder Globalrahmen, d.h. Rahmenvereinbarungen zur Finanzierung von Projekten mit oder ohne ECA-Deckung."[48]

Im Bereich Trade Finance hilft die KfW IPEX-Bank durch Forderungsankäufe, Risikounterbeteiligungen oder mit der Erstellung von Export-Akkreditivstrukturen. Dies geschieht durch die Nutzung von standardisierten Instrumenten zur Finanzierung von grenzüberschreitendem Handel. Im Bereich Commodity Finance werden Kredite zur Finanzierung von Beständen an – oder Forderungen aus – börsennotierten Rohstoffen strukturiert (z.B. Öl, Metalle oder Agrarprodukte). Dabei handelt es sich um Finanzierungen mit kurzfristigen Laufzeiten, als da sind: Exportfinanzierungen, Warenvorauszahlungen, Tolling und Lagerfinanzierungen sowie Risikounterbeteiligungen an Import-Akkreditivstrukturen.[49]

10.3 Die Deutsche Investitions- und Entwicklungsgesellschaft mbH DEG

Die DEG ist ein erfahrener Partner für private Unternehmen, die in Entwicklungs- und Schwellenländern investieren. Sie entwickelt Finanzierungslösungen, die passgenau auf ein konkretes Investitionsprojekt zugeschnitten sind und bietet hierzu individuelle Beratung in allen Projektphasen. Die DEG führt zudem im Auftrag des Bundes Förderprogramme durch, um entwicklungspolitisch sinnvolle Maßnahmen von Unternehmen möglich zu machen. Dabei werden deutsche Unternehmen mit einem spezifischen Leistungsangebot beraten und begleitet.[50]

Die DEG bietet langfristige Finanzierungen an. Dazu gehören Risikokapital-Beteiligungen und Mezzanine-Finanzierungen sowie Darlehen und Garantien. Darüber hinaus gestaltet die DEG individuelle Paketlösungen für dauerhaft tragfähige Finanzierungen. Über eine Finanzierungsfazilität mit europäischen Partnern kann die DEG auch größere Finanzierungspakete aus einer Hand anbieten.[51]

Die DEG ist ein Entwicklungsfinanzierer und engagiert sich genau dort, wo Finanzierungen nicht oder nicht ausreichend angeboten werden. Sie hat über 50 Jahre Erfahrung und Erfolg in riskanten Märkten, verfügt über umfassende Kenntnisse von Sektoren und Regionen und ist in über 90 Ländern aktiv. Als Tochterunternehmen der KfW hat die DEG 14 eigene Standorte weltweit und nutzt das internationale Netzwerk der KfW. Daraus entstehen Beratungsleistungen und Förderprogramme, die letztlich Teil der deutschen Entwicklungszusammenarbeit sind.[52]

---

[48] ebd.

[49] vgl. Schütt (2011) S. 129ff.

[50] vgl. DEG Bank (2014) und Ehrenfeld (2009) S. 35.

[51] vgl. ebd.

[52] vgl. ebd.

10.3.1 Finanzierung und Beratung

10.3.1.1 Finanzierungsprodukte

Als Partner privater Investoren ist die DEG spezialisiert auf langfristige Finanzierungen mit großer Bandbreite. Es werden Neugründungen finanziert, zugleich auch Erweiterungs- und Modernisierungsinvestitionen. Langfristige Unternehmenskooperationen werden unterstützt, insbesondere Partnerschaften mit deutschen und europäischen Unternehmen.[53]

Folgende Dienstleistungen bietet die DEG an: Beteiligung am Kapital des Unternehmens im Investitionsland, Minderheitsbeteiligungen, fallweise Stimmrechte und Sitz im Aufsichtsrat der Gesellschaft, klar definierte Exitregeln, Mezzanine-Finanzierungen, risikoadäquate Renditen, nachrangige Besicherung und langfristige Darlehen. Die Besicherung erfolgt im Anlagevermögen des Unternehmens im Investitionsland. Das Wechselkursrisiko wird möglichst reduziert, z.B. durch Rückzahlung des Darlehens in Lokalwährung.[54]

10.3.1.2 Projektbegleitung

„Die DEG bietet Unternehmen nicht nur das erforderliche langfristige Kapital: Sie unterstützt Investitionsvorhaben mit Rat und Tat, um sie zum Erfolg zu führen. Sie begleitet die Projekte in jeder Phase – und auch in schwierigen Situationen."[55] Die DEG strukturiert Projekte zusammen mit den Kunden. Vorhaben werden mit den Kunden intensiv diskutiert, die Suche nach Lösungen für Probleme wird vorangetrieben.[56]

Insbesondere wird das angemessene Verhältnis von Eigenkapital und Fremdmitteln eruiert. Daraus resultiert letztlich eine angemessene Strukturierung der Finanzierung. Die Geschäftspartner der DEG werden während der gesamten Projektdauer nicht sich selbst überlassen. Es findet ein laufender Dialog über die Entwicklung des Projektunternehmens statt.[57] Dazu dient ein abgestimmtes Berichtswesen. Die DEG kann im Fall von Beteiligungsfinanzierung dabei mitwirken – sofern gewünscht – im Aufsichtsrat und ähnlichen Aufsichtsgremien geschäftspolitische Grundsatzfragen zu klären. Da die DEG ein Teil der deutschen Entwicklungszusammenarbeit ist, hat sie leichten Zugang zu lokalen Regierungsstellen und Behörden. Diese „Geländerfunktion" verschafft vielfältige Kontakte, die den Unternehmen bei der Planung und Durchführung von Vorhaben hilfreich sein können.[58]

---

[53] vgl. Sach/Schilling (1997) S. 5ff.

[54] vgl. ebd.

[55] DEG Bank (2014).

[56] vgl. ebd.

[57] vgl. KfW (2012) S. 97ff.

[58] ebd.

10.3.1.3 Risikomanagement

Risiken sind für Investoren oft schwer abzuschätzen, gerade wenn es sich um Investitionen in Entwicklungs- und Schwellenländern handelt. Die umfassende Länderkenntnis der DEG ermöglicht es, Risiken zu erkennen und mit ihnen umzugehen. Die unternehmerischen Chancen steigen damit. Die DEG kann also auch da agieren, wo Geschäftsbanken das Risiko zu hoch einschätzen. Dazu wurde eigens ein Risikomanagementsystem entwickelt, das eine Reihe von Faktoren bewertet und prüft. Bewertet werden die Rahmenbedingungen im Investitionsland.[59] Das sind im Einzelnen die gesamtwirtschaftliche Entwicklung, die politische Stabilität, die rechtliche Rahmensituation, der Schutz ausländischer Kapitalanlagen und die Funktionsfähigkeit des Transfers von Kapital und Erträgen. Genau geprüft werden die Aussichten des Projektunternehmens. Das sind die Kategorien „Absatz, Beschaffung, Produktion, Technologie, Markt, Management/Organisation, Personal, Standort, Finanzierung, Kostenstruktur, Ertragskraft, Umweltverträglichkeit, Sozialstandards (und) rechtliche Fragen"[60] Die potentiellen Partner der DEG müssen vor diesem Hintergrund verschiedene Qualitätsmerkmale vorweisen.

10.3.2 Förderprogramme

Die DEG bietet ergänzend zu ihren Finanzierungs- und Beratungsleistungen auch Förderprogramme an. Zunächst kann den mittelständischen investitionswilligen Unternehmen mit Machbarkeitsstudien geholfen werden. Wenn Unternehmen in einem Entwicklungsland investieren wollen, muss der Markt zunächst in einer Machbarkeitsstudie gründlich analysiert werden. Die DEG kann einen Teil der Kosten dafür übernehmen, sie verfügt über Finanzmittel des Bundesministeriums für wirtschaftliche Zusammenarbeit und Entwicklung (BMZ).[61] Ebenfalls mit Mitteln des BMZ wird seitens der DEG das Programm „developPP.de" finanziert. Es wird interessierten Unternehmen damit ermöglicht, entwicklungspolitisch sinnvolle Maßnahmen in Entwicklungs- und Schwellenländern zu realisieren. Kooperationspartner der „Public Private Partnership" ist dabei die DEG. Das Unternehmen trägt dabei mindestens die Hälfte der Gesamtkosten, zu denen das BMZ bis zu 200.000 EUR beisteuert. Diese Partnerschaften mit der Wirtschaft können bis zu drei Jahre dauern. Das BMZ stellt auf Wunsch auch fachliche Unterstützung zur Verfügung.[62]

„Mit dem Programm „Up-Scaling" finanziert die DEG Pionierinvestitionen von kleinen und mittleren Unternehmen in Entwicklungs- und Schwellenländern, die ein innovatives Geschäftsmodell erweitern möchten. Das Angebot richtet sich an Unternehmen, deren Finanzierungsbedarf zwischen einer Mikrofinanzierung und der klassischen Finanzierung

[59] vgl. DEG Bank (2014) und Sach/Schilling (1997) S. 12ff.

[60] DEG Bank (2014).

[61] vgl. KfW (2012) S. 97ff.

[62] vgl. DEG Bank (2014) und Sach/Schilling (1997) S. 18f.

durch Geschäftsbanken liegt."[63] Das Programm Up-Scaling dient zur Finanzierung von innovativen Geschäftsmodellen. Die DEG übernimmt dabei bis zu 50 Prozent des Gesamtinvestitionsvolumens bis zu einer Höchstgrenze von 500.000 Euro EUR. Voraussetzung ist, dass es zusätzlich private Kapitalgeber gibt, die mindestens 25 Prozent zur Finanzierung beitragen.[64]

10.4 Die Ausfuhrkreditgesellschaft AKA und ihre Produkte

Die AKA-Ausfuhrkreditgesellschaft mbH ist eine Spezialbank für die Exportfinanzierung. Sie ist zum Zweck der Finanzierung von Exporten als Dienstleister für ihre Gesellschafter gegründet worden. Sie hat ihren Sitz in Frankfurt am Main. Die AKA ist eine Konsortialbank. Ihre Gesellschafter (Konsorten) sind rund 25 Banken, darunter fast alle größeren Privat-Banken Deutschlands. Die AKA finanziert kurz-, mittel- und langfristige Exportgeschäfte sowie internationale Geschäfte und bietet in diesem Zusammenhang diverse Dienstleistungen an. Ein wesentliches Angebot sind sogenannte CIRR-Kredite.[65] „CIRR steht für Commercial Interest Reference Rate. Der CIRR ist ein Referenzzinsatz, den die OECD ihren Mitgliedsstaaten als Mindestzinssatz für staatlich geförderte Finanzierungen von Investitionsgüterexporten und damit verbundenen Leistungen in Entwicklungsländer vorgibt."[66] Es handelt sich um aus dem ERP-Sondervermögen subventionierte Festzinssatzkredite mit Hermesdeckungen von deutschen Lieferungen und Leistungen in ausgewählte Länder. Die Gesellschafter der AKA sind in der Exportfinanzierung tätige Banken. Die AKA ist privatwirtschaftlich organisiert. Die Kreditvergabe läuft grundsätzlich über eine der Gesellschafterbanken als Hausbank. Diese stellt den Kreditantrag bei der AKA.[67]

10.4.1 Bestellerkredite

Ein ECA-gedeckter Bestellerkredit ist durch eine staatliche Kreditversicherung (export credit agency = ECA) gedeckt. Der Bestellerkredit ist ein liefergebundener Kredit, der einem Importeur von einem Kreditinstitut gewährt wird, um seine Zahlungsverpflichtung gegenüber seinem Exporteur zu begleichen. Die AKA gewährt ECA-gedeckte Bestellerkredite an ausländische Banken oder Corporates. Sie steht diesen Unternehmen mit ihrem Spezialwissen zur Verfügung.[68] „Die Finanzierungen werden üblicherweise im offenen Konsortium von der einbringenden Gesellschafterbank und der AKA vergeben und gemeinsam

---

63 DEG Bank (2014).

64 vgl. ebd.

65 vgl. Holzem / Brenner (2003), S. 136ff.

66 AKA Bank (2014).

67 vgl. ebd.

68 vgl. Jahrmann (2010), S. 280ff.

von der einbringenden Gesellschafterbank und der AKA refinanziert. Der Kredit kann ebenfalls als 100-Prozent-Finanzierung der AKA abgewickelt werden – ohne Kreditrisiko und Refinanzierungskosten für die einbringende Gesellschafterbank. Voraussetzung für die Gewährung eines Bestellerkredites ist in der Regel die Deckung durch eine staatliche Kreditversicherung."[69] Die Euler Hermes Kreditversicherungs AG gewährt Deckung für deutsche Exporte.

Zur Vorgehensweise: Zunächst wird ein Liefervertrag zwischen dem deutschen Exporteur und seinem ausländischen Importeur abgeschlossen. Die Zahlungsbedingungen werden so vereinbart, dass maximal 85 Prozent aus einem noch abzuschließenden Hermes-gedeckten Bestellerkredit finanziert werden. Im nächsten Schritt geht eine Finanzierungsanfrage des Exporteurs an seine Hausbank (einer der Gesellschafterbanken der AKA).[70] Diese bringt die Transaktion gegebenenfalls in die AKA ein und vereinbart mit der AKA, in welchem Verhältnis der Kredit aufgeteilt wird. Sollen ausländische Banken eingeschaltet werden, besteht die Möglichkeit die zahlreichen Grund- und Rahmenkreditverträge der AKA mit ausländischen Banken zu nutzen. Die AKA unterhält Rahmenkreditverträge in 15 verschiedenen Ländern. Die Einzelkreditverträge können auf diese Weise schnell und standardisiert abgeschlossen werden. Der Kredit kann auch unter Umgehung ausländischer Banken direkt an den Importeur vergeben werden.[71]

10.4.2 Ankauf Hermes-gedeckter Forderungen

Den Verkauf Euler Hermes-gedeckter Forderungen nennt man auch „Quasi-Forfaitierung". Denn der Verkauf Hermes-gedeckter Forderungen ist nicht regresslos, da der Exporteur Begünstigter der Hermes-Deckung ist. Die Deckung ist lediglich an die Bank bzw. den Forderungskäufer abgetreten. Der Exporteur bekommt bei der Veräußerung seiner Hermes-gedeckten Exportforderung an eine Bank einen (gewünschten) Bilanzentlastungseffekt, jedoch behält er je nach Ausgestaltung des Forfaitierungsvertrages mit der ankaufenden Hausbank gewisse Eventualverbindlichkeiten in seiner Bilanz.[72] „Im Gegenzug zur Abtretung seiner Forderung erhält der Exporteur bei zufriedenstellender Ankaufsdokumentation den diskontierten Kaufpreis ausgezahlt (gegebenenfalls nach Abzug des Selbstbehalts). Aus dem vom Exporteur seinem Abnehmer eingeräumten Zahlungsziel, d.h. Lieferantenkredit, wird ein Bargeschäft."[73]

Die Forderung mit zugehörigen Sicherheiten sowie die Bundesdeckung werden an die AKA abgetreten. Die Abtretung erfolgt als offene oder als stille Zession, wobei vor allem das rechtliche Umfeld im Land des Abnehmers zu berücksichtigen ist. Sollte die Zession

---

[69] AKA Bank (2014).

[70] vgl. Holzem / Brenner (2003), S. 136ff.

[71] vgl. Häberle (2002), S.728ff.

[72] vgl. Holzem / Brenner (2003), S. 136ff.

[73] AKA Bank (2014).

offen erfolgen, ist meist die ausdrückliche Zustimmung des Abnehmers erforderlich. Nur die Anzeige der Zession reicht dann nicht aus.[74] Solange die angekaufte Exportforderung nicht endgültig erfüllt ist, haftet der Exporteur für deren rechtlichen Bestand (Veritätshaftung). Der Exporteur bleibt gegenüber Euler Hermes Vertragspartner des Bundes. Dies hat zur Folge, dass seine Vertragspflichten gegenüber dem Bund unverändert bestehen bleiben. Er bleibt damit weiterhin zur Zahlung des Entgeltes verpflichtet. Im Schadensfall muss er gegenüber dem Bund die Rechtsbeständigkeit der angekauften Forderung nachweisen. Der Exporteur veranlasst letztlich den Ankauf: Den an die AKA gerichteten Antrag zum Ankauf der Exportforderung stellt dann die Hausbank des Exporteurs.[75]

10.4.3 Beteiligungen durch Übernahme eines Risikoanteils

Die AKA übernimmt auch Risiken ihrer Gesellschafterbanken. Dies geschieht, indem sie sich an den Transaktionen der Gesellschafterbanken beteiligt. Folgende Risikoanteile können dabei übernommen werden: Anzahlungen im Zusammenhang mit ECA-gedeckten Finanzierungen, Akkreditivbestätigungen, Ankaufszusagen, Akkreditivanschlussfinanzierungen sowie syndizierte Handelskredite für Banken und Corporates. Auch im Avalgeschäft werden Risiken übernommen, z.B. Anzahlungs- und Erfüllungsgarantien. Die AKA betreibt auch Forfaitierungen. Das ist in erster Linie der Ankauf von Forderungen mit und ohne Banksicherheit (je nach Bonität). Bei syndizierten Krediten wählt die AKA oft auch eine offene Beteiligung.[76]

10.5 Von EU-Stellen angebotene Finanzierungsquellen

10.5.1 Die Europäische Investitionsbank

Die Europäische Investitionsbank (EIB) wurde 1958 mit der Aufgabe gegründet, die ausgewogene und reibungslose Entwicklung des Binnenmarktes im vereinigten Europa voranzutreiben. Die EIB ist als Bank der europäischen Union eine supranationale Bank. Die Anteilseigner sind die EU-Mitgliedstaaten, insofern hat die EIB ein Alleinstellungsmerkmal. Sie handelt im Auftrag der EU-Mitgliedstaaten und arbeitet eng mit den EU-Organen zusammen.[77] „Gemessen am Volumen ist die EIB der größte multilaterale Anleiheemittent und Darlehensgeber der Welt.“[78] Dabei betreffen mehr als 90 Prozent ihrer Aktivitäten

---

[74] vgl. Ehrenfeld (2009) S. 30.

[75] vgl. Holzem / Brenner (2003), S. 136ff.

[76] vgl. AKA Bank (2014) und Jahrmann (2010), S. 280ff.

[77] vgl. Europäische Investitionsbank (2014a).

[78] ebd.

Europa direkt. Die EIB ist aber auch für finanzielle Aspekte der Entwicklungszusammenarbeit der EU zuständig.[79]

10.5.1.1 Ziele

Ein Hauptziel der EIB ist die Förderung von Wachstum und Beschäftigung in Europa. in ihrem operativen Gesamtplan sind sechs vorrangige Ziele festgelegt:[80]

- Unterstützung der Unternehmen, die 80 Prozent der neuen Arbeitsplätze schaffen (kleine und mittlere Unternehmen, KMU)
- Abbau wirtschaftlicher und sozialer Ungleichgewichte zwischen den Regionen (Kohäsion)
- Schutz und Verbesserung der natürlichen und städtischen Umwelt (ökologische Nachhaltigkeit)
- Förderung von Innovationen durch Investitionen in Informations- und Kommunikationstechnik sowie in Human- und Sozialkapital (Innovation)
- Vernetzung der regionalen und nationalen Verkehrs- und Energieinfrastruktur (Transeuropäische Netze)
- Förderung einer wettbewerbsfähigen und sicheren Energieversorgung (nachhaltige Energie)

Die EIB bewegt sich auf den internationalen Kapitalmärkten, um dort einen Großteil der für ihre Darlehen benötigten Mittel aufzunehmen. Die Mittelaufnahme erfolgt durch die Emission von Anleihen. Diese Finanzmittel kann die EIB zu attraktiven Zinssätzen aufnehmen, denn sie kann permanent mit einem hervorragenden Rating rechnen.[81]

Die EIB finanziert gewöhnlich ein Drittel der Kosten eines Projekts. Die Beteiligung an den Kosten kann jedoch bis auf 50 Prozent ansteigen. Private und öffentliche Akteure werden häufig durch die langfristigen Darlehen der Bank ermutigt, Investitionen zu tätigen, die sie sonst nicht durchgeführt hätten. Dies wird auch als „Multiplikatoreffekt der EIB" bezeichnet.[82]

Die Voraussetzung für eine Finanzierung ist die „Bankfähigkeit" der Projekte. Sie müssen strengen wirtschaftlichen, technischen, ökologischen und sozialen Anforderungen genügen. Während und nach der Darlehensvergabe werden die Projekte von kompetenten Ingenieuren und Wirtschaftswissenschaftlern geprüft. Mit etwa 2000 Mitarbeitern und mehr als 50 Jahren Erfahrung kann die EIB auf ein herausragendes Know-how verweisen. Neben dem Luxemburger Hauptsitz verfügt die EIB über zahlreiche vernetzte Außenbüros, die sich zum Teil auch außerhalb von Europa befinden.[83]

---

[79] vgl. ebd.

[80] Europäische Investitionsbank (2014a).

[81] vgl. Europäische Investitionsbank Gruppe (2011) S. 12ff.

[82] vgl. ebd.

[83] vgl. Europäische Investitionsbank (2014a).

10.5.1.2 Mittelvergabe

Neben der Vergabe von Darlehen, welche den größten Teil des operativen Geschäfts der EIB ausmacht, spielt auch die Vergabe von Garantien, Mikrofinanzierungen und Kapitalbeteiligungen eine Rolle. Die Aktivitäten der EIB in den genannten Bereichen mobilisieren auch Mittel aus dem EU-Haushalt. Sämtliche Finanzmittel werden zu einem vollständigen Finanzierungspaket zusammengefasst. Investitionen werden nicht nur durch das Fehlen oder durch unzureichende Finanzmittel behindert. Oft liegt es auch an Problemen verwaltungstechnischer Art oder am Kompetenzmangel im Projektmanagement. Mit Hilfe diverser Dienstleistungen ist die Bank in der Lage die Durchführung von Investitionen auch auf dieser Ebene zu erleichtern.[84]

10.5.1.3 Förderbereiche

Die EIB vergibt pro Jahr mehr als 20 Mrd. EUR für Vorhaben, die das Wachstum in den wirtschaftlich schwächeren Regionen der EU fördern. Die Bank hilft ebenfalls dabei, den Einsatz öffentlicher Finanzierungsmittel zur Überbrückung von Engpässen in Zeiten knapper Haushaltsmittel zu maximieren.[85] Die Förderungen durch die EIB umfassen folgende Bereiche: KMU, Regionalentwicklung, Klimaschutz, städtische und natürliche Umwelt, Innovation, Qualifikation und Beschäftigung transeuropäische Netze, Verkehr und Energie.[86]

Gerade die Unterstützung für KMU ist seit 2008 erheblich ausgeweitet worden. Die EIB konnte private Kreditinstitute dazu bewegen, ebenfalls Mittel zu vergeben. Somit konnten die günstigen EIB-Konditionen in zunehmendem Maße an kleine Betriebe weitergereicht werden, für Investitionen jeder Art, die kleine Unternehmen durchführen können. Die Darlehensmittel werden über ein Netz von Partnerbanken der EIB an die Endkreditnehmer weitergeleitet.[87] Die EIB setzt ein breites Spektrum von Finanzinstrumenten ein, damit die eigenen Mittel, die der Europäischen Kommission und anderer Geldgeber größtmögliche Wirkung entfalten können. Unternehmen, die Projekte im Bereich Forschung, Entwicklung und Innovation durchführen, erleichtert die EIB den Zugang zu Fremdfinanzierungen. Außerdem investiert die EIB in Risikokapital- und Private-Equity-Fonds, die sich an Wachstumsunternehmen beteiligen. Für Kleinstunternehmen in der EU bietet die EIB finanzielle und technische Hilfe im Rahmen eines Mikrofinanzierungsprogramms.[88]

---

[84] vgl. ebd.

[85] vgl. Europäische Investitionsbank Gruppe (2011) S. 8.

[86] vgl. Europäische Investitionsbank (2014a).

[87] vgl.Europäische Investitionsbank Gruppe (2011) S. 12ff.

[88] vgl. ebd.

10.5.2 Die Osteuropabank

Die Europäische Bank für Wiederaufbau und Entwicklung, auf englisch: European Bank for Reconstruction and Development (EBRD), wird auch als Osteuropabank bezeichnet.

Die EBRD ist eine internationale Bank. Ihren Hauptsitz hat sie in London. Sie wurde im Jahr 1991 als Reaktion auf die Veränderungen in Mittel- und Osteuropa errichtet. Im Fokus der Gründungsidee steht die Unterstützung der Länder Mittel- und Osteuropas und der Gemeinschaft Unabhängiger Staaten (GUS) beim Übergang zu demokratischen Strukturen und insbesondere die Unterstützung beim Übergang zur Marktwirtschaft.[89] Mitglieder dieser regionalen Entwicklungsbank sind 61 Staaten und zwei zwischenstaatliche Institutionen, die EU und die EIB.[90] Der Übergang zur offenen Marktwirtschaft soll in jenen Ländern Mittel- und Osteuropas sowie Zentralasiens vorangetrieben werden, welche den Prinzipien der Mehrparteiendemokratie, des Pluralismus und der Marktwirtschaft verpflichtet sind und sich von diesen Prinzipien leiten lassen.[91]

Im Gegensatz zur Weltbank IBRD und zum IWF hat die EBRD ein politisches Mandat: Unterstützungen sollen nur solchen Ländern zu Gute kommen, die den Demokratisierungsprozess (sichtbar vor allem im Mehrparteiensystem) vorantreiben. Die EBRD arbeitet eng mit internationalen Finanzinstitutionen und anderen internationalen und nationalen Organisationen zusammen.[92]

Die wichtigsten Ausprägungen der Finanzierungen, die von der EBRD organisiert werden sind Darlehen, Kapitalanlagen und Garantien. Nur 40 Prozent der Finanzmittel dürfen in öffentliche Projekte fließen, gewünscht sind eher Kofinanzierungen. Darunter versteht man die gemeinsame Mitfinanzierung einer Investition oder eines Projekts durch mindestens zwei kreditgebende Institutionen. Findet die Kofinanzierung im privaten Sektor statt, so übernimmt die EBRD bis zu mehr als einem Drittel der Projektkosten. Die Laufzeit beträgt dabei maximal zehn Jahre (zu Marktkonditionen). Üblicherweise refinanziert sich die EBRD über den freien Kapitalmarkt. Ein gewünschter Effekt ist die Stärkung der Finanzinstitute und Rechtssysteme, ohne die ökonomische Systeme nicht funktionieren können.[93]

10.5.2.1 Projektfinanzierung

Für Banken und Industriebetriebe stellt die EBRD Projektfinanzierungen bereit. Diese Projekte können sowohl Unternehmensneugründungen sein, als auch Investitionen in schon existierende Unternehmen. Die EBRD nimmt einerseits Rücksicht auf die jeweilige besondere Lage des Landes, andererseits auf die Lage der Region oder des Wirtschaftssektors. Die EBRD finanziert über Fremdkapital und Eigenkapitalbeteiligungen. Sie stellt darüber

---

[89] vgl. EBRD Bank (2011).

[90] siehe Kapitel 10.5.1.

[91] vgl. EBRD Bank (2011).

[92] vgl. ebd.

[93] vgl. IHK Frankfurt (2014).

hinaus auch Garantien, Leasing- und Handelsfinanzierungen zur Verfügung. Es werden bis zu 35 Prozent der Gesamtprojektkosten übernommen.[94] Die Summen für Direktinvestitionen bewegen sich meist zwischen mindestens 5 Mio. EUR und 230 Mio. EUR. Zum Zuge kommen nur die Projekte, denen andere Finanzierungen zu vergleichbaren Bedingungen verwehrt bleiben. Die Bank nutzt ihre guten Kontakte zu Regierungen und sonstigen staatlichen Stellen in der Region, um das Umfeld für wirtschaftliche Aktivitäten zu fördern. Zur Bewältigung der Aufgaben wird jeweils ein spezielles Team, mit besonderem sektoralen, regionalen, rechtlichen und umweltbezogenen Know-how.[95]

Es existieren auch „Geberprogramme", die durch Regierungen und internationale Institutionen finanziert und von der EBRD verwaltet werden. Diese zusätzlichen Mittel werden eingesetzt, um zusätzliches Kapital und Fachwissen auszuheben.[96] Dies geschieht, indem die EBRD lokalen Firmen den Zugang zu Beraterexperten verschafft. Die EBRD finanziert selbst durch die Aufnahme von Fremdmitteln an den internationalen Kapitalmärkten. Die EBRD-Projekte werden über ein wissensbasiertes Managementsystem nach dem Verfahren „lessons learned" in einer Datenbank gespeichert und gepflegt.[97]

10.5.2.2 Kapitalmobilisierung durch Darlehenssyndizierungen

Für die EBRD ist es gemäß Wortlaut Ihres Gründungsvertrag ein vorrangiges Ziel: „... in- und ausländisches Kapital in ihren Einsatzländern zu mobilisieren."[98] Aus diesem Grund gibt es bei der EBRD eine Abteilung für Darlehenssyndizierungen.[99] Die EBRD hat ein flexibles und marktorientiertes Vorgehen gewählt. Die Kofinanzierungsbasis der EBRD soll ständig erweitert werden. Dazu werden möglichst viele neue kommerzielle Kreditgeber mittels neuer Kofinanzierungsstrukturen und -verfahren einbezogen.[100] Auch durch die Einbeziehung neuer Länder soll die Kofinanzierungsbasis erweitert werden. Es ist immer eine Herausforderung, den Erfolg dieser Finanzierungsaktivtäten vorherzusagen. Denn der Erfolg ist davon abhängig, wie viele private Finanziers bereit sind mitzufinanzieren.[101]

Projekte im privaten Sektor werden bis zu 35 Prozent finanziert. Dabei soll der langfristige Kapitalbedarf eines Projekts oder eines Unternehmens mit Fremd- oder Eigenkapital abgedeckt werden. Auf die Preisgestaltung der Darlehenszinsen wirkt erheblich das Länderrisiko ein. Auch die kommerziellen Risiken wirken auch die erreichbaren Konditionen. Der Preis eines Darlehens muss den Konditionen am syndizierten Kreditmarkt angepasst

[94] vgl. EBRD Bank (2011) und IHK Frankfurt (2014).

[95] vgl.ebd.

[96] siehe genauer in Kapitel 5.2.2.

[97] vgl. EBRD Bank (2011).

[98] EBRD Bank (2011).

[99] Unter „Syndizierung" versteht man die Bildung eines Konsortiums zur Aufteilung von Kreditrisiken von Banken.

[100] vgl. EBRD Bank (2011).

[101] vgl. ebd.

werden.[102] „Das Ansehen der EBRD als internationale Institution und insbesondere ihr Status eines bevorzugten Gläubigers werden bei der Einschätzung der Risiken berücksichtigt. Darlehen von internationalen Institutionen wie der EBRD sind traditionsgemäß von staatlichen Umschuldungsmaßnahmen ausgenommen."[103] Für Kreditinstitute kann es interessant sein, sich an Darlehen zu beteiligen, welche die EBRD ausreicht, denn sie kommen somit auch in den Genuss der Vorteile, die die EBRD mit ihrem Status als gefragter Gläubiger innehat.

10.6 Kurzer Überblick über die die Europäischen Entwicklungsfinanzierungsinstitutionen EDFI

Die EDFI ist ein Zusammenschluss von 15 bilateralen europäischen Entwicklungsfinanzierungs-institutionen. Dieser Zusammenschluss erfolgte 1992 in Brüssel. Diese Finanzinstitute wurden von ihren Regierungen beauftragt, in Entwicklungs- und Reformländern Wachstum in nachhaltigen Unternehmen zu fördern. EDFI bedeutet „Association of European Development Finance Institutions".[104] Die Mitglieder der EDFI haben sich als Aufgabe gestellt, langfristige Finanzierungsmittel für privatwirtschaftliche Unternehmen in Entwicklungs- und Reformländern bereitzustellen. Die Hauptziele der EDFI, bestehen darin, die Zusammenarbeit zwischen ihren Mitgliedern zu fördern und die Kontakte zwischen der EDFI und den EU-Institutionen zu stärken.[105]

Mitglieder der EDFI:

- APAD – Portuguese Development Support Agency (Portugal)
- AWS – Austria Wirtschaftsservice Gesellschaft mbH (Österreich)
- BIO – Belgian Investment Company for Developing Countries (Belgien)
- CDC – Commonwealth Development Corporation (Großbritannien)
- COFIDES – Compañía Española de Financiación del Desarrollo (Spanien),
- DEG – Deutsche Investitions- und Entwicklungsgesellschaft mbH (Deutschland)
- FINNFUND – Finnish Fund for Industrial Cooperation Ltd. (Finnland)
- FMO – Netherlands Development Finance Company (Niederlande)
- IFU/IFV/IØ – Danish International Investment Funds (Dänemark)
- NORFUND – Norwegian Investment Fund for Developing Countries (Norwegen)
- PROPARCO – Groupe Agence Francaise de Développement (Frankreich)
- SBI/BMI – Belgian Corporation for International Investment (Belgien)
- SIMEST – Società Italiana per le Imprese all'Estero (Italien)
- SWEDFUND – Swedfund International AB (Schweden).

[102] vgl. ebd.

[103] EBRD Bank (2011).

[104] vgl. Europäische Investitionsbank (2014b).

[105] vgl. Europäische Union (2014).

Die Mitglieder der EDFI arbeiten eng mit zwei weiteren öffentlichen Finanzierungsinstitutionen zusammen, nämlich der AfD[106] und der KfW, da die AfD der Hauptanteilseigner der Proparco und die KfW der alleinige Eigentümer der DEG ist. Die AfD verfügt über erhebliche Erfahrung im Bergbau- und im Industriesektor sowie auf den Gebieten soziale und wirtschaftliche Infrastruktur, Bankensektor und Unterstützung von KMU. Ende des Jahres 2009 war das Finanzierungsportfolio der EDFI-Mitglieder auf insgesamt 18,5 Mrd. EUR angewachsen. Finanziert wurden damit fast 4.000 Projekte.[107]

Am 29. Januar 2003 haben die Europäische Investitionsbank (EIB) und die bilateralen Entwicklungsfinanzierungsinstitutionen der EU-Mitgliedstaaten, die sich zum Verband der europäischen Entwicklungsfinanzierungsinstitutionen EDFI zusammengeschlossen haben, gemeinsam mit der französischen AfD und der deutschen KfW ein Rahmenabkommen unterzeichnet. Dieses Rahmenabkommen betrifft die finanzielle Zusammenarbeit und den Austausch von Dienstleistungen.[108] In diesem Abkommen werden die Möglichkeiten für eine finanzielle und nicht finanzielle Zusammenarbeit zwischen der EIB, den 14 anderen EDFI-Mitgliedern, der AfD und der KfW im Detail festgelegt. Die Zusammenarbeit kann in Form von gegenseitiger Unterstützung im Finanzierungsbereich und durch den Austausch von Dienstleistungen, Know-how und den Zugang zu den jeweiligen Unterstützungsnetzen erfolgen.[109]

10.7 Zusammenfassung

Die Möglichkeiten der nationalen und internationalen Finanzierung von Exportgeschäften gestalten sich vielfältig. Von Deutschland aus gesehen übernimmt dabei die KfW mit ihren Spezialbanken (KfW-IPEX und DEG) eine überaus gewichtige Rolle ein. Daneben existiert als deutsche Konsortialbank die AKA-Bank, welche – im Gegensatz zur KfW – im Kern privatwirtschaftlich organisiert ist. Die Kreditvergabe der AKA erfolgt immer im Konsortium, nimmt aber – ähnlich wie die KfW – Mittel des ERP in Anspruch, um günstige Zinsen anbieten zu können.

Auf europäischer Ebene gibt es zwei bedeutende Player auf dem Finanzierungs-Sektor, die Europäische Investitionsbank EIB und die Osteuropabank (European Bank for Reconstruction and Development) EBRD. Beide sind supranationale Gründungen der Europäischen Union (bzw. deren Vorläufer) und im Fall der Osteuropabank eine Gründung der EU plus zahlreicher weiterer Staaten (inkl. aller G8-Staaten). Beide Banken dienen letztlich dem europäischen Wirtschafts-Integrationsprozess, wobei die 33 Jahre jüngere

[106] AFD steht für Agence Française de Développement. Die AFD ist eine staatliche Entwicklungsfinanzierungsinstitution, die seit fast 70 Jahren in Entwicklungsländern und den französischen Überseegebieten das Wirtschaftswachstum fördert und die Armut bekämpft. Die AFD setzt die französische Entwicklungshilfepolitik um.

[107] vgl. Europäische Investitionsbank (2014b).

[108] vgl. Europäische Union (2014).

[109] vgl. ebd.

Osteuropabank schwerpunktmäßig die Kofinanzierung von Projekten in Staaten des ehemaligen Ostblocks zum Ziel hat.

Für die Exportwirtschaft tut sich vor diesem Hintergrund ein weites Feld möglicher Finanzquellen auf. Gerade die teilweise enge Verzahnung und Kooperationen der großen Spezialbanken schaffen exzellente Rahmenbedingungen für Exporteure. Der Zusammenschluss europäischer Finanzinstitutionen (EDFI) ermöglicht gegenseitige Unterstützung im Finanzierungsbereich, den Austausch von Know-how und die Nutzung zahlreicher Netzwerke, wovon vor allem Exportunternehmen profitieren können.

Literatur

Aero.de (2011): http://www.aero.de/news-18489/Korean-Air-nimmt-fuenften-Airbus-A380-in-ihre-Flotte.html. Aufruf vom 21.01.2014

AKA Bank (2014): https://www.akabank.de/deutsch/produkte/index.html. Aufruf vom 20.01.2014

Butendiek (2014): http://www.butendiek.de/seiten/home/home.php. Aufruf vom 20.01.2014

DEG Bank (2014): https://www.deginvest.de/Internationale-Finanzierung/DEG/Unser-Angebot/ Aufruf vom 20.01.2014

Ehrenfeld, Hildebert (2009): Außenwirtschaftliche Förderhilfen und Förderinstrumente für Unternehmen. Förderungen des Bundes und der Bundesländer. Hildesheim 2009.

EBRD Bank (2011): European Bank for Reconstruction and Development., http://de.ebrd.com/pages/about/what.shtml. Aufruf vom 21.01.2014

Europäische Investitionsbank Gruppe (2011): Tätigkeitsbericht. Hrsg.: Europäische Investitionsbank Gruppe. Luxemburg 2011.

Europäische Investitionsbank (2014a): http://www.eib.org/about/index.htm. Aufruf vom 21.01.2014

Europäische Investitionsbank (2014b): http://www.eib.org/about/press/2003/2003-006-signature-of-the-2-framework-cooperation-agreement-with-edfi-members-afd-and-kfw.htm?lang=de. Aufruf vom 21.01.2014

Europäische Union (2014): http://europa.eu/rapid/press-release_BEI-10-71_de.htm Aufruf vom 21.01.2014

Häberle, Siegfried G. (2002): Handbuch der Außenhandelsfinanzierung. München 2002.

Holzem, Christoph; Brenner, Hatto (2003): Auslandsgeschäfte erfolgreich finanzieren. Maßgeschneiderte Lösungen für Export und Import. Deutscher Wirtschaftsdienst. Köln 2003.

IHK Frankfurt (2014): Entwicklungsprojekte fördern. http://www.frankfurt-main.ihk.de/international/beratung_foerderung_kontakte/finanzierung/entwicklungsprojekte/ Aufruf vom 20.01.2014

Jahrmann, Fritz U. (2010): Außenhandel. In: Olfert, K. (Hrsg.) Kompendium der praktischen Betriebswirtschaft. Herne 2010.

KfW (2012): KfW Geschäftsbericht 2012. Hrsg.: KfW Bankengruppe Konzernkommunikation. Frankfurt 2012

KfW (2014): https://www.kfw.de/KfW-Konzern/%C3%9Cber-die-KfW/Identit%C3%A4t/Geschichte-der-KfW/Themenfelder/Exportfinanzierung/ Aufruf vom 20.01.2014

KfW IPEX-Bank (2014a): https://www.kfw-ipex-bank.de/Internationale-Finanzierung/KfW-IPEX-Bank/Unternehmen/Selbstverst%C3%A4ndnis-und-Auftrag/, Aufruf vom 19.01.2014

KfW IPEX-Bank (2014b): http://www.presseportal.de/pm/69662/1763028/deutscher-schiffsexport-setzt-auf-kfw-ipex-bank Aufruf vom 20.01.2014

KfW IPEX-Bank (2014c): https://www.kfw-ipex-bank.de/Internationale-Finanzierung/KfW-IPEX-Bank/Gesch%C3%A4ftssparten/Luftfahrt/%C3%9Cberblick/ Aufruf vom 20.01.2014

Kloster, Martin (2010): Finanzierung von Investitionsvorhaben im Schienengüterverkehr. Präsentation der KfW IPEX-Bank Frankfurt Schienenverkehr & Fahrzeugflotten. BDE Logistik- / Finanzierungs-kongress, Berlin, 29. September 2010.

Kuttner, Klaus (1988): Mittel- und langfristige Exportfinanzierung. Wiesbaden1988.

Panitz, Lina (2003): KfW strebt mit Exportkrediten an Weltspitze. In: Die Welt, vom 09.12.2003

Putnoki, Hans (2000): Grundlagen der Außenhandelsfinanzierung. München 2000.

Sach, Volker; Schilling, Gunther (1997): Förderprogramme und Finanzierungsinstrumente für Asien: ein praxisorientierter Leitfaden. Hrsg.: Frankfurter Allgemeine Zeitung GmbH Informationsdienste. Frankfurt 1997.

Schlesinger, Christian (2010): Eurostar: Europas unterschätzter Wettbewerber. In: Wirtschaftswoche vom 07.10.2010. http://www.wiwo.de/unternehmen/auftrag-fuer-siemens-zuege-eurostar-europas-unterschaetzter-wettbewerber/5686842.html. Aufruf vom 20.01.2014

Schütt, Reinhold (2011): Import-Export Business. Norderstedt 2011.

Tui Cruises (2011): http://tuicruises.com/presse/archiv/tui-cruises-gibt-flottenausbau-bekannt-vom-2011-09-27/. Aufruf vom 20.01.2014

Aufbau von Vertriebspartnern und Kundenkontakten

11

Helene Dörksen

11.1 Aufbau eines Vertriebsteams

In Zeiten des globalen Wettbewerbs gewinnt die Personalausstattung der Unternehmen immer mehr an Bedeutung. Mitarbeiter eines Unternehmens sind zunehmend zu einem wichtigen Wettbewerbsfaktor avanciert, insbesondere wenn es bei der Planung einer Auslandsexpansion darum geht, ob das Unternehmen in der Lage ist, die zusätzlichen Aufgabenstellungen, die mit dem Auslandsengagement verbunden sind, zu schultern.

Im Hinblick auf die Vertriebstätigkeit – unangefochten *die* Schlüsselfunktion einer jeden Unternehmung – trifft dies in einem ganz besonderen Maße zu. Neben der langfristigen strategischen Zielsicherheit des Topmanagements und der gründlichen produkt- sowie marketingtechnischen Vorbereitung ist die Verfügbarkeit von Vertriebsmitarbeitern mit der geforderten Qualifikation der entscheidende Erfolgsfaktor jeglicher Internationalisierungsstrategie.

11.1.1 Auslandsexpansion als Chefsache

Der Eintritt in einen neuen Markt erfordert nicht nur hohe finanzielle und personelle Investitionen, sondern auch weitreichende unternehmenspolitische Entscheidungen sowie ein langfristiges Festhalten an der verfolgten Unternehmensstrategie. Erfahrungsgemäß dauert die Anlaufphase der Markterschließung oftmals länger als geplant (zwei bis fünf Jahre!), kostet mehr als veranschlagt und präsentiert bisweilen ungeahnte Hindernisse – Unsicherheiten, denen man mit der höchsten Entscheidungskompetenz begegnen muss. Daher erfordert die Internationalisierungsstrategie eines Unternehmens stets das langfristige persönliche Commitment der Unternehmensleitung und des Spitzenmanagements.

11.1.2 Qualitativer und quantitativer Personalbedarf

Abgesehen von den Fällen mit Direktinvestitionen im Zielland, wird ein Unternehmen in den meisten Fällen nicht gleich zu Beginn eines Auslandsengagements viel zusätzliches Personal einstellen wollen, vor allem aus Kostengründen. Es ist jedoch zu bedenken, dass – je nach Form des Auslandsengagements – eine intensive Betreuung der Auslandsaktivitäten über einen längeren Zeitraum erforderlich sein wird. Daher sollte man bereits bei der Planung des Personalbedarfs berücksichtigen, dass ein oder mehrere Mitarbeiter durch die intensiven Aufbauaufgaben vollständig in Anspruch genommen werden.

Bei mittelfristiger Zunahme des Geschäftsvolumens, sowie bei Erweiterung des geographischen Rahmens der Geschäftstätigkeit, wird es mittel- bis langfristig zur Einrichtung einer Exportabteilung kommen. Entscheidend für den quantitativen Personalbedarf ist dabei die Anzahl und Ungleichartigkeit der einzelnen bearbeiteten Märkte bzw. Länder. Erfahrungsgemäß steigt die Anzahl der benötigten Mitarbeiter mit jedem zusätzlichen Zielland (oder Ländergruppe), für welches aufgrund seiner Verschiedenheit zu den bereits betreuten Märkten eine individuelle langfristige Strategie entwickelt und umgesetzt werden muss.

Mitarbeiter, die sich mit der Betreuung der Auslandsaktivitäten befassen sollen, müssen folgende Qualitäten mitbringen:

- Fachkompetenz
- praktische Erfahrung im Einsatzbereich
- Emotionale Stabilität
- Belastbarkeit
- Frustrationstoleranz
- Teamfähigkeit
- interkulturelle Kompetenz
- Einfühlungsvermögen
- Toleranz

Die *interkulturelle Kompetenz* und Erfahrungen im Auslandsgeschäft sind dabei besonders hervorzuheben. Die Kommunikation und Verhaltensweisen eines fernen Partners, insbesondere wenn dieser aus einer sehr fremden Kultur stammt, können eine Reihe zusätzlicher Schwierigkeiten mit sich bringen. Beispielsweise spielen folgende kulturell bedingte Aspekte eine Rolle:

- strikte hierarchische Strukturen im Partnerunternehmen verlangsamen Kommunikations- und Entscheidungsprozesse;
- in vielen Ländern erzwingt die überbordende Bürokratie oftmals nicht nachvollziehbare Entscheidungen;

- Unterschiede zwischen der „pragmatischen“ und der „diplomatischen“ Kommunikationskultur lassen falsche Rückschlüsse hinsichtlich der Erfolgsaussichten von Vorhaben und Projekten zu;
- insbesondere in asiatischen Ländern erschwert die Angst der Mitarbeiter, das Gesicht zu verlieren, die gemeinsame Suche nach optimalen Lösungen;
- ebendort werden Kritikpunkte oftmals zurückgehalten und so wird die Atmosphäre der Zusammenarbeit enorm erschwert.

Somit erfordert die Verständigung zwischen dem Vertriebsmanager und seinem ausländischen Ansprechpartner stets hohe Flexibilität und ein Maximum an Fingerspitzengefühl. Größte Aufmerksamkeit muss daher der rechtzeitigen Planung des Personalbedarfs und der Wahl entsprechenden (idealerweise international erfahrenen) Vertriebspersonals geschenkt werden.

11.1.3 Änderung der Tätigkeitsprofile

Neben den Bereichen, die unmittelbar in die Auslandsaktivitäten involviert sind (Vertrieb, Logistik, Kundendienst, Controlling, Forderungsmanagement etc.), wird ein nunmehr exportorientiertes Unternehmen auch Veränderungen in vielen weiteren Funktionen erfahren, und es wird praktisch alle Abteilungen betreffen – ob sie relativ zum Vertrieb unterstützend oder kontrollierend agieren. Sie werden sich auf neue Anforderungen einstellen müssen und dafür sorgen, dass die Qualifikation und Wissensstand ihres Personals den geänderten Tätigkeitsprofilen auch entsprechen.

So wird beispielsweise das Produkt- bzw. Projektmanagement sicherstellen müssen, dass die im Zielland geltenden Normen und Vorschriften bei der Produktentwicklung Anwendung finden, dass Installationen vor Ort in Übereinstimmung mit lokalen Bauvorschriften und Sicherheitsbestimmungen erfolgen können, dass Hygiene- und Umweltschutzanforderungen des Ziellandes erfüllt und ggf. auch die Produktinformationen und Gebrauchsanweisungen in lokaler Sprache zur Verfügung gestellt werden. Es ist unerlässlich, das Personal in den betroffenen Funktionen bereits frühzeitig auf den neuesten Stand der Norm- und Gesetzgebung in dem ausgewählten Zielland zu bringen und konsequent zu halten.

Für die Belegschaft eines mittelständigen Unternehmens kann eine geplante Auslandsexpansion wesentliche Veränderungen in Tätigkeitsprofilen und Arbeitsanforderungen mit sich bringen, denen einzelne Mitarbeiter u.U. skeptisch gegenüber stehen. Daher soll die Bereitschaft zur Veränderung bereits frühzeitig mit Mitteln des Veränderungsmanagements – z.B. durch umfassende und angemessene Information – erzeugt und möglichst hohe Akzeptanz des Projekts hergestellt werden.

11.1.4 Langfristige Anpassung der Organisationsstruktur

Die zweifelsohne größten Veränderungen bringt die Internationalisierungsstrategie des Unternehmens in den Vertrieb – und das nicht nur hinsichtlich der neuen Tätigkeitsprofile, sondern auch der Verschiebungen im Kompetenzgefüge, welchen von vornherein Rechnung getragen werden muss. Erst werden einzelne Mitarbeiter mit umfassenden Entscheidungskompetenzen ausgestattet, um die Abstimmungsprozesse während der Aufbauphase zu beschleunigen. Später wird es im Zuge der Geschäftsausweitung zur Abspaltung einer eigenständigen Auslandsabteilung kommen. Im Endeffekt – sollte die Entwicklung zu einem weltweit operierenden Unternehmen erfolgen – wird der Heimatmarkt weiter an Priorität verlieren und zu einer Vertriebsregion neben anderen werden.

Eine besondere Rolle bei der Internationalisierung des Geschäfts wird der Personalabteilung zufallen, sobald es darum geht, eigene Mitarbeiter im Ausland zu rekrutieren oder die neu gegründeten Auslandsdependancen mit geeignetem Personal auszustatten. Darauf wird noch detailliert im Kapitel 19 eingegangen. Es wird aber an dieser Stelle auf die Strukturierungsaufgabe im Stammhaus hingewiesen.

Es hat sich mehrfach als effizienzsteigernd erwiesen, wenn Unternehmen bereits beim Aufbau ihrer ersten Auslandstochter eine gewisse Standardisierung der Managementaufgaben und Entscheidungskompetenzen befolgen, sowohl im Stammhaus als auch in der neuen Auslandsorganisation – auch wenn die neu gegründeten Tochtergesellschaften oftmals den landestypischen Unternehmensaufbau aufweisen werden müssen.

Sollte das international expandierende Unternehmen nach seiner langfristigen Strategie zu einem internationalen Unternehmensverbund ausgebaut werden, so würde eine länderübergreifend identische Organisationsstruktur eine effektive Steuerung und Kontrolle der Tochtergesellschaften ermöglichen sowie die Kommunikation zwischen den Unternehmenseinheiten entscheidend vereinfachen.

11.2 Vertriebspartner suchen, qualifizieren, motivieren, kontrollieren

Die Partnerwahl stellt eine der wichtigsten und zugleich schwierigsten Aufgaben bei der Expansion in die Auslandsmärkte dar. Der geeignete Partner ist der entscheidende Faktor der ganzen Unternehmung; man setzt hier sprichwörtlich alles auf eine Karte, denn es ist relativ leicht, einen Markt zum ersten Mal zu erobern – es ist um ein Vielfaches schwerer, nach einem Rückschlag das verloren gegangene Vertrauen der Kunden zurück zu gewinnen.

Auf welchen Suchkriterien die Wahl des ausländischen Partners basieren und wie die Beziehung zu ihm aufgebaut und gefestigt werden soll, wird im Folgenden erörtert.

11.2.1 Die Suche nach dem rechten Partner

Die Entscheidung für einen ausländischen Vertriebspartner soll keine Entscheidung für „den Besten unter den vorhandenen Kandidaten" sein, sondern das Profil des ausgesuchten potentiellen Partners soll möglichst nahe dem „Idealkandidaten" kommen.

11.2.1.1 Parameter für die Bewertung einer potentiellen Partnerfirma

Zwei Gruppen von Kriterien, die für die Partnerwahl entscheidend sind, stellen zwei unterschiedliche Standpunkte der Unternehmensbewertung dar und werden dementsprechend unterschiedlich präferiert. Sehr oft werden die *quantitativen Faktoren* wie z.B. Finanzkraft, Mitarbeiterzahl oder Ausrüstungsstand des Unternehmens etc. zu stark beachtet. Dabei werden in den meisten Fällen die *„weichen" Faktoren* wie z.B. Führungsstil, Unternehmenskultur und strategische Ziele des potentiellen Partners unterschätzt. Jedoch zeigt die Erfahrung, dass einer der häufigsten Scheiterungsgründe von Auslandsexpansionen die Tatsache war, dass bei der Partnersuche diese „weichen" Faktoren nicht genügend beachtet wurden. Daher sollte man besonders darauf achten, dass Unternehmenskultur und strategische Ziele des potentiellen Partners zu denen des Herstellers passen, und dass Erreichen des gemeinsamen Geschäftsziels für die Partnerfirma auch eine angemessen hohe Priorität hat.

Die relevantesten Ressourcen, die sich das ausländische Unternehmen von der Verbindung mit dem lokalen Partner erhofft, sind dessen etablierte Marktstellung, eine bestehende Kundenbasis und – nicht weniger wichtig – sein Beziehungsnetzwerk. Es sollten ausschließlich Unternehmen in Frage kommen, die eine hochkarätige (idealerweise zu dem Produkt passende) Kundenliste glaubhaft nachweisen können. Es ist auch äußerst ratsam, diesbezügliche Angaben der potentiellen Kandidaten zumindest stichprobenartig zu überprüfen.

Bezogen auf die praktische Eignung des Partners ist besonders sein Marktsegment und darin der Potentialausschöpfungsgrad zu beachten, sowie seine Erfahrungen mit ähnlichen Produkten wie dem des Herstellers.

Zusammenfassend kann man folgende Suchkriterien für die Auswahl und Bewertung einer potentiellen Partnerfirma anführen:

- ausreichende Unternehmensgröße
- finanzielle Lage des Unternehmens
- gute Reputation
- Übereinstimmung der Unternehmensziele
- Qualifikation des Managements
- Unternehmenskultur und Führungsstil
- Beziehungsnetzwerk
- Kundenbasis
- Erfahrung mit dem Produkt, Marktanteil
- Standort und Infrastruktur

- Verfügbarkeit qualifizierter Mitarbeiter
- Technologieniveau
- Zuverlässigkeit und Vertrauenswürdigkeit

Ein besonderes Augenmerk ist auf die sogenannten K.O.-Kriterien zu richten wie z.B. Unvereinbarkeit der Unternehmenskulturen oder Geschäftspraktiken der beiden Unternehmen. Eine Zusammenarbeit unter diesen Umständen wird nicht möglich sein.

11.2.1.2 Informationsquellen zur Partnersuche und ihre Verlässlichkeit

Steht das gewünschte Partnerprofil fest, werden Datenbanken und Firmenlisten nach den geeigneten Kandidaten durchsucht.

In Zeiten des Internet spricht man nicht von Schwierigkeiten, an die Informationen über den/die potentiellen Partnerkandidaten zu gelangen. Das Gegenteil ist eher der Fall: Man erhält aus einer Vielzahl von Quellen (geprüften wie ungeprüften) Informationen, für die es gilt, diese systematisch aufzubereiten, zu sortieren, verifizieren und auf ihre Aussagekraft und Verlässlichkeit zu prüfen.

Insbesondere dem veröffentlichten Zahlenwerk der in den Entwicklungsländern ansässigen Unternehmen darf man nicht allzu bereitwillig Glauben schenken. Abgesehen davon, dass ausländische KMU oftmals keinen im Westen geltenden Buchhaltungsstandards folgen, muss man auch damit rechnen, dass die Daten bisweilen beschönigt sind. Oft sind die vielversprechenden und höchst aufregenden Firmen-Websites nichts als das sprichwörtliche „Window Dressing“ („Schaufensterdekoration“).

Daher wird im ersten Schritt empfohlen, sich die primären Listen der in Frage kommenden potentiellen Partnerkandidaten sowie ihre Daten von den Informationsstellen der Bundesagentur für Außenwirtschaft (bfai) oder der zuständigen Auslandshandelskammer (AHK) zu besorgen. Zu den sicheren Informationsquellen kann man auch im Zielland ansässige IHK, Wirtschaftsverbände, Ländervereine, deutsche Botschaften sowie Studien der Marktforschungsinstitute zählen.

Als relativ verlässlich würde man Kataloge der Fachmessen und Fachmagazine sowie auch Rechercheergebnisse der spezialisierten Internetdatenbanken bezeichnen – es muss jedoch auf der Website klar deklariert sein, wie aktuell die Daten sind und aus welchen Quellen sie stammen.

Bei der eigenständigen Suche im Internet jedoch wird man es nicht vermeiden können, die Herkunft der ermittelten Daten bei jedem der Treffer kritisch hinterfragen zu müssen.

11.2.1.3 Selbstauskunft

Wenn nach durchgeführter Recherche, Filterung und Plausibilitätscheck ein Dutzend Kandidaten für die Kurzliste übrig bleiben, werden diese mit einem angemessenen Schreiben – unter Angabe der Gründe und Intention zu einer evtl. Zusammenarbeit – um eine Selbstauskunft gebeten. Auch diese Angaben, sofern welche zur Verfügung gestellt werden, müssen mit Hilfe von Daten aus anderen Quellen (Geldinstitute, Kreditauskunfteien, Handelskammern) gegengeprüft werden.

Der letztendlich sicherste Weg der Informationsbeschaffung über eine potentielle Partnerfirma ist jedoch der persönliche Eindruck. Die endgültige Entscheidung für einen ausländischen Geschäftspartner darf nicht getroffen werden, bevor der Geschäftsführer des Herstellers (sogenannter „Sponsor" des Internationalisierungsprozesses) den zukünftigen Partner vor Ort kennengelernt und möglichst einige Tage mit ihm in seiner Firma verbracht hat.

Im Vorfeld der Reise sollte man sich über die Auskünfte Dritter möglichst viele Informationen über dieses Unternehmen, seine Geschäftszahlen und Bonität besorgen. Über die ansässige AHK oder elektronische Medien lässt sich problemlos eine Liste der potentiellen Kunden für das zu vertreibende Produkt besorgen; diese soll während des Besuchs verifiziert bzw. gegengeprüft werden.

Insbesondere soll auf folgende Aspekte geachtet werden:

- *„Chemie"*
  - der persönliche Eindruck vom Partner im Unternehmen, sein Führungs- und Kommunikationsstil, Ansichten und Verhalten außerhalb seines Dienstes;
  - die Atmosphäre im Betrieb, Umgangston innerhalb der Belegschaft;
- *Organisation*
  - äußerer Eindruck von dem Betrieb, dem Lager, der Servicewerkstatt;
  - Professionalität, Kompetenz und Sicherheit der Mitarbeiter;
  - Arbeitstempo, sichtbare Routine;
  - klare Zuordnung von Verantwortlichkeiten je nach Funktion und Produktgruppe;
- *Marktbearbeitung*
  - evtl. übernommene Vertretungen für andere Produkte, deren jeweiliger Marktanteil im Zielmarkt;
  - die Kundenliste und -struktur; Übereinstimmung der vorgelegten Kundenliste mit der im Vorfeld besorgten;
  - der Umsatzverlauf der letzten drei Jahre mit dem jeweiligen Kunden;
  - welche konkrete Schritte sind geplant, um die verbleibenden potentiellen Schlüsselkunden zu gewinnen?

Mit einigen gezielten Fragen lässt sich feststellen, wie gut der potentielle Partner seine Kunden wirklich kennt. Kann er Detailinformationen liefern zu Kunden, über die man sich selbst im Vorfeld informiert hat? Im Idealfall bekommt man auch Gelegenheit, gemeinsam einige Kundenbesuche zu absolvieren, um sich ein Bild von der Kompetenz und Zuverlässigkeit des Partners im Verkaufsgespräch zu machen.

Es empfiehlt sich außerdem, den potentiellen Vertriebspartner aufzufordern, ein Marketingkonzept für die aktuell anstehende Produktvermarktung zu erarbeiten. Dieses Konzept wird dem Hersteller Aufschluss darüber geben, wie professionell bei dieser Firma die Marktbearbeitung betrieben wird. Gleichzeitig ist dieses Konzept auch eine Grundlage für die gemeinsame Marketingstrategie später in der Markteintrittsphase.

11.2.2 Beziehungsaufbau und Verhandlungsstrategien

11.2.2.1 Kontaktaufnahme und Beziehungsaufbau

Beziehungsaufbau zu dem ausgesuchten Geschäftspartner ist fast immer Chefsache, und zwar auf beiden Seiten, da insbesondere in KMU strategische Entscheidungen von einer solchen Tragweite grundsätzlich von dem Firmengründer/Eigentümer selbst vorbereitet und getroffen werden. Konkret heißt es, der Chef persönlich spielt hier die Rolle des Prozess-Sponsors: Er stößt den Prozess an und unterstützt bzw. überwacht ihn im weiteren Verlauf.

Daher wird es bei dem ersten Beziehungsaufbau in der Regel zu Kontakten auf der höchsten Unternehmensebene kommen. Hinzu kommt die Tatsache, dass persönliche Faktoren in sehr vielen Ländern einen besonders hohen Stellenwert haben. Ist ein erster Kontakt zwischen den Chefs geknüpft, folgt in der Regel eine Reihe von Treffen zum Gedankenaustausch, gemeinsamen Essen oder anderen Anlässen, bei denen sich die Gemeinsamkeiten der beiden Unternehmen herausstellen sollten. Die zwischenmenschliche Beziehung, die dabei entsteht, bildet eine Grundlage für die zukünftige Zusammenarbeit, die zuverlässiger und krisensicherer ist als schriftliche Vereinbarungen.

Erst nach dem erfolgreichen Erreichen einer gewissen Vertrauensbasis wird zur Abwicklung des Tagesgeschäfts die dafür vorgesehenen Mitarbeiter herangezogen. Die Koordination der Zusammenarbeit sowie die generelle Abstimmung bei wichtigen Entscheidungen bleibt jedoch Chefsache.

11.2.2.2 Geschäftssprache

Gleich zu Beginn stellt sich die Frage nach der Sprache, in der die erste Kommunikation, später die Vertragsverhandlungen und letztendlich der gesamte Geschäftsablauf zwischen zwei potentiellen Partnern stattfinden soll.

Ein Vorteil bei einer Kommunikation in einer Fremdsprache (z.B. Englisch) ist sicherlich, dass keine der Parteien im Vorteil ist. Generell agieren beide Seiten sensibler und vorsichtiger und haben oftmals auch mehr Verständnis für den Gesprächspartner. Kommuniziert eine der Parteien in ihrer Muttersprache, geht sie automatisch davon aus, dass auch der Geschäftspartner die Sprache perfekt beherrscht. So besteht die Gefahr, dass auf mögliche Missinterpretationen und Missverständnisse weniger oder gar keine Rücksicht genommen wird.

Man soll andererseits auch die Möglichkeit bedenken, dass bei evtl. Streitigkeiten zwischen den Geschäftspartnern die sprachlichen Nuancen von der Muttersprachler-Seite gezielt eingesetzt werden könnten, um sich einen atmosphärischen (im Ernstfall möglicherweise auch juristischen) Vorteil zu verschaffen.

11.2.2.3 Verhandlungsführung

In den Vertragsverhandlungen wird das solide Fundament für eine langfristig erfolgreiche, vertrauensvolle partnerschaftliche Beziehung gelegt. Hier muss dafür Sorge getragen werden, dass *alle* vorhersehbaren Probleme zur Sprache gebracht werden. Am besten, man fertigt eine Checkliste an, die dann in den Vertragsverhandlungen abgearbeitet wird. Im Wesentlichen sind bei der Vorgehensweise folgende Schritte zu beachten:

- die drei Schlüsselelemente der Verhandlungsstrategie – nämlich a) das maximal Erreichbare, b) die evtl. verzichtbaren Elemente und c) die absolut unantastbaren Minimalziele – müssen vor Eintritt in die Verhandlungen intern klar definiert sein;
- als Erstes sollte eine Übereinstimmung über die Inhalte und Zeiträume einzelner Verhandlungsschritte (Road Map) erreicht werden. Es empfiehlt sich, mehrere Verhandlungsrunden statt einer Endlossitzung vorzusehen;
- nach jeder Verhandlungsrunde muss der jeweilige Verhandlungsstand durch ein von beiden Seiten unterschriebenes Protokoll (Minutes of Meeting) klar festgehalten werden. Darin sollen neben dem bereits Erreichten durchaus auch die noch offenen Punkte enthalten sein;
- die vermeintlich leichteren Punkte, bei denen voraussichtlich kein kritischer Diskussionsbedarf besteht, sollten gleich zu Anfang angesetzt werden und so den ganzen Verhandlungsprozess sanft ins Rollen bringen;
- sollten einige Verhandlungspunkte festgefahren sein, legt man diese vorübergehend zur Seite und setzt die Verhandlung mit einem anderen Thema fort. Der gewonnene zeitliche Abstand gibt den Parteien die Möglichkeit, durch überlegtes flexibles Nachgeben ihre Position zu justieren, ohne das Gesicht zu verlieren;
- das Festhalten an einer aus der Sicht des Herstellers unverzichtbaren Position muss für den ausländischen Partner nachvollziehbar begründet werden, sodass kein Eindruck einer „Position der Stärke“ entstehen kann.

11.2.2.4 Vertragsgestaltung

Auf die Ausgestaltung der Verträge wird ausführlich im Kapitel 6 eingegangen. An dieser Stelle wird lediglich auf folgende Aspekte der Partnerschaftsverträge hingewiesen:

Sollte der Partner für mehrere nicht zwangsläufig verwandte Produktgruppen zuständig sein, empfiehlt es sich, für jede dieser Produktgruppen einen separaten Vertrag abzuschließen; bei mehreren Produkten einer Produktgruppe sollen diese im Anhang explizit (einzeln) aufgelistet werden. Es sollte zudem seitens Vertriebspartner eine klare personelle Zuständigkeit pro Produktgruppe festgehalten werden, welche eine angemessene Vermarktungsintensität garantieren soll.

Ebenfalls ist es anzuraten, die ggf. vereinbarte Auslagerung der Wartung und des Kundendienstes an den Vertriebspartner, zusammen mit detaillierter Leistungsumfangs- und Konditionenbeschreibung, in einem separaten Vertrag zu beschließen.

11.2.3 Erfolgsfaktor Partnermanagement

Ein Geschäftspartner kann dem Unternehmen nur dann langfristig verbunden bleiben, wenn er aus der gleichberechtigten und vertrauensvollen Partnerschaft ein für seine Firma lukratives Geschäft entwickeln kann. Das wird er, wenn sein Geschäftsmodell tragfähig, seine Mitarbeiter kompetent, seine Investitionen in die Zusammenarbeit langfristig sicher sind.

Eine zielgerichtete Unterstützung und Steuerung des Vertriebspartners ist das Kernstück des Partnermanagements. Im ersten Schritt gilt es hier, den neu gewonnenen Vertriebspartner möglichst schnell in die Lage zu versetzen, die Arbeit aufzunehmen und so die Anlaufzeit und -kosten in Grenzen zu halten.

11.2.3.1 Schulung des Vertriebspartners

In aller Regel werden für Mitarbeiter des ausländischen Partners Produktschulungen und Verkaufsschulungen durchgeführt, die innerhalb weniger Tage umfangreiches Wissen über:

- das Produkt und ggf. seine Anwendungsbereiche,
- seine Eigenschaften und Funktionsweise,
- seine Abgrenzung zum Wettbewerb,
- seine Vor- und Nachteile sowie
- überzeugende, *dem Zielmarkt angepasste* Argumentationstechniken für Verkaufsgespräche vermitteln.

Da der neu gewonnene Vertriebspartner aber auch ein „Botschafter" des Herstellers ist und ein (möglicherweise noch nicht weit verbreitetes, neuartiges) Produkt von einem nicht bekannten Anbieter aus einem u.U. fernen Land verkauft, soll es ein Bestreben seitens des Herstellers geben, seine Bindung und das Commitment an das Unternehmen zu festigen. Durch einen längeren Aufenthalt im Stammhaus soll der Vertreter und seine Mitarbeiter Gelegenheit bekommen, in das Unternehmen, seine Geschichte, Tradition, Atmosphäre einzutauchen; Firmenphilosophie, Mitarbeiter und ihre Arbeitsweise kennenzulernen, sich emotional auf das Unternehmen einzulassen. Diese Eindrücke und Informationen sollen neben den „harten Fakten" wie Qualität und Preis durchaus ein Teil der Verkaufsstory des ausländischen Partners werden.

11.2.3.2 Fokussiert bleiben

Der kommerzielle Erfolg ist bekanntlich die beste Motivation in jedem Business. Je schneller der ausländische Vertriebspartner mit dem neuen Produkt die ersten Umsätze generieren bzw. die ersten Kunden vom Wettbewerb abwerben kann, um so geringer ist die Gefahr, dass der Partner angesichts der ausbleibender Abschlüsse, der länger als geplant dauernden Anlaufphase oder schier mangels finanzieller Rücklagen die Verkaufsbemühungen vernachlässigt und seinen Fokus womöglich auf andere, bereits etablierte Produktbereiche lenkt. Für ein KMU wäre ein solches Verhalten gut nachvollziehbar, daher muss der Hersteller eine solche Möglichkeit im Vorfeld in Betracht ziehen.

Der Grundstein zur Vermeidung derartiger Probleme wird idealerweise gleich zu Anfang des Projekts gelegt, indem der neue Vertriebspartner direkt an die Hand genommen wird und in intensivster Betreuungsarbeit durch die ersten Monate bzw. Jahre der Markterschließung geführt wird. Diese Betreuung schließt ein:

- regelmäßige Telefonate zum Tagesgeschäft und allgemeinen Kontaktpflege;
- Infomails mit neuesten Produktentwicklungen und Beispielen von (inländischen) Verkaufserfolgen;
- Teilnahme der Mitarbeiter des Partners an regulären Konferenzschaltungen mit Produktmanagement;
- Absprachen zu geplanten Marketingmaßnahmen, deren personelle und materielle Unterstützung;
- gemeinsame Kundenbesuche usw.

In anderen Worten: Informieren, Involvieren, Motivieren. Dass ein oder mehrere Mitarbeiter des Herstellers durch diese intensiven Betreuungsaufgaben vollständig in Anspruch genommen werden, wurde bei der Wahl der Markterschließungsstrategie mit berücksichtigt – das ist sozusagen „der Preis" der relativ kostengünstigen Markteroberung mittels Vertriebspartner.

Ein anderes Instrument der Krisenvorbeugung in der Anlaufphase erschließt sich für diejenigen Hersteller, die aufgrund der früheren sporadischen Lieferungen „durch Dritte" bereits einiges an installierter Basis im Land haben. Hier bietet sich eine Übertragung der Wartungsverträge bzw. des Kundendienstes an den neu gewonnenen Geschäftspartner, sobald seine Servicemitarbeiter ausreichend geschult sind. Dadurch bekommt nicht nur der Unternehmer eine Gelegenheit, mit dem neuen Produkt relativ zeitnah Umsätze zu generieren, sondern auch seine Servicemitarbeiter eine Möglichkeit zum praktischen Erfahrungsaufbau.

11.2.3.3 After Sales als Motivationsinstrument

Im Allgemeinen dient der Geschäftsposten „After Sales Service" als ein sehr vielfältiges Lenkungs- und Kontrollinstrument des Partnermanagements. Kommt ein lokaler Geschäftspartner an Bord, stellt sich bald die Frage nach seinem Leistungsumfang im Servicebereich. Insbesondere die Erbringung der ggf. Montage-, Installations- oder Wartungsleistungen stellt ein sehr lukratives, manchmal sogar überlebenswichtiges Geschäftsfeld dar. Es ist aber nicht in allen Branchen selbstverständlich, dass die Montage, Installation, Inbetriebnahme oder der Kundendienst in einem neuen Zielmarkt durch den Vertriebspartner übernommen werden. Neben der Tatsache, dass bei High-Tech-Produkten Outsourcing der genannten Leistungen aus Gewährleistungsgründen problematisch ist, bietet dieser Posten für viele Unternehmen eine willkommene Gelegenheit, die durch starken Wettbewerb erzwungenen Kaufpreisnachlässe wettzumachen.

Bei Überlegungen diesbezüglich sollte man einige Faktoren berücksichtigen, die sowohl pro als auch contra Outsourcing der Serviceaktivitäten sprechen könnten. Zu beachten sind:

- Qualifikation und Professionalität des verfügbaren Servicepersonals;
- Vorhandensein der logistischen Mittel und Infrastruktur;
- Anteil des zu erwartenden Volumens durch Kundendienst/Wartung im Gesamtumsatz des Partnerunternehmens;
- Marktübliches Niveau der Servicetarife, Attraktivität des Geschäfts für das Partnerunternehmen;
- Zuverlässigkeit des Informationsrückflusses durch die Servicemitarbeiter des Partners an den Hersteller;
- Möglichkeit der Einbindung des Partners in das Beschwerdemanagementsystem des Herstellers.

Insbesondere im Hinblick auf den Kontaktverlust zu Endkunden, den die Auslagerung dieses enorm wichtigen Teils der Wertschöpfungskette mit sich bringt, ist dieser Punkt kritisch zu hinterfragen. Andererseits: Durch geschickte Verhandlungen und eine eindeutige Vertragsgestaltung lässt sich dieses Thema zu einem der größten Motivationsprogramme für den Servicepartner entwickeln. Denn „Hebel“ gibt es viele, und diese lassen sich u.U. sehr gut zur Lenkung und Kontrolle der gesamten Aktivitäten des ausländischen Partners einsetzen. Hier reden wir beispielsweise von den:

- Schulungen und Trainings des lokalen Personals: kostenlos oder kostenpflichtig – evtl. abgestuft je nach Umsatzentwicklung;
- Preisniveau und Verfügbarkeit der Ersatzteile, evtl. Lagervorhaltung der kritischen Artikel;
- Einstufung der Kundenpriorität und Falldringlichkeit für seine A-Kunden;
- Perspektive der Erlangung bestimmter Lizenzen zur Durchführung besonders kritischer (und damit preislich interessanter) Prozeduren (Diagnostik, Inbetriebnahme etc.);
- Anbindung seiner A-Kunden an die bestehende 24/7-Hotline oder an das Ferndiagnosesystem usw.

Diese und je nach Geschäftsart viele andere lukrative Punkte, kombiniert in einem ausgewogenen Leistungskatalog und sorgfältig gegen Umsatzzusagen, Profitabilität und größtmögliche Markttransparenz ausgehandelt, können als ein effektives Motivationsinstrument zur Steigerung des Auslandsgeschäfts eingesetzt werden.

11.2.3.4 Kontrolle des Vertriebspartners als Faktor der Risikominimierung

Aufgrund der Entfernung des neuen Marktes und der geringen Vertrautheit mit den dort vorherrschenden Geschäftsgepflogenheiten können Risiken unterschiedlicher Natur entstehen (finanzielle, juristische, Qualitätsrisiken usw.), die u.a. durch Fehlverhalten des ausländischen Geschäftspartners oder der von ihm beauftragten Dritten verursacht werden. Die Fragen der Risikominimierung wurden bereits in Kapitel 4 behandelt, jedoch ist dieses Thema auch ein wesentlicher Bestandteil des Partnermanagements. Denn unabhängig davon, wie die Haftungsfragen zwischen dem Unternehmen und den etwaigen lokalen Partnern vertraglich geregelt sind, ein Imageverlust bleibt stets dem Produkt, der Marke und dem Hersteller anhaften und kann langfristig die gesamte Geschäftsentwicklung im Zielmarkt gefährden.

Diesen Risiken kann man durch die von Anfang an durchdachte Vertragsgestaltung/Regelwerk der Zusammenarbeit sowie durch gängige IT-unterstützte Kontrollinstrumente entgegenwirken. Solche Kontrollinstrumente sind u.a. die branchenüblichen CRM- oder PRM-Systeme oder, speziell für die Arbeit mit Kunden in den risikobehafteten Regionen, das sogenannte „Know-Your-Customer-Prinzip“ (KYC). Beim Letzteren handelt es sich um ein striktes Prüfverfahren für Neukunden, das detaillierte Informationen über das Unternehmen, sein Geschäftsmodell, Besitzverhältnisse und Finanzströme offen legt. Ist man aufgrund des besonders sensitiven Geschäftsmodells oder Aktivitäten in den risikoreichen Ländern darauf bedacht, jedes Risiko zu vermeiden, sollte man mit seinem neuen Geschäftspartner und seinen Kunden das KYC-Prinzip als Voraussetzung für jegliche Geschäftsaktivität vereinbaren.

11.2.3.5 Markttransparenz sichern

Aber auch eine handelsübliche CRM-Datenbank ist eine große Stütze des Partnermanagements, insbesondere bei der (Wieder-)Herstellung der Markttransparenz für das produzierende Unternehmen. Wie weiter oben bereits dargestellt, stellt die Marktbearbeitung mit einem Partner zwar relativ kostengünstige Variante des Auslandsengagements dar. Der (meistens weit unterschätzte) Preis dafür ist jedoch der Verlust des Kundenkontakts und somit des direkten Informationsrückflusses vom Markt. Das Feedback vom Markt kommt beim Hersteller nur noch durch die Brille des Vertriebspartners gefiltert, so dass nicht mehr sichergestellt ist, dass der Hersteller zeitnah und adäquat die neuen Trends bzw. Bedürfnisse des Marktes wahrnimmt.

Diesem Problem begegnet man am effektivsten, indem man seinen Vertriebspartner samt seiner Kunden bei entsprechendem Zuschnitt ihrer Zugriffsrechte in das eigene integrierte CRM-System einbindet, und so einen optimalen Informationsaustausch zwischen Unternehmen und Markt sicherstellt. Denn, unabhängig von der Markteintrittsstrategie eines Unternehmens, das Ziel muss sein, alle erforderlichen Informationen vom Zielmarkt zu erhalten, als ob das Segment vom Hersteller direkt bedient werden würde. Nur so werden die Marktfähigkeit der Produkte und die Wettbewerbsfähigkeit nachhaltig aufrecht erhalten.

Sollte es nicht möglich sein, den Auslandspartner in das vorhandene CRM- bzw. PRM-System zu integrieren und so den Informationsrücklauf vom Zielmarkt zu automatisieren, muss es anderweitig (z.B. vertraglich) geregelt werden, dass mindestens folgende Informationen regelmäßig zur Verfügung gestellt werden:

- Marktanteile: eigene und die der Wettbewerber;
- Kundenlisten mit entsprechenden Entwicklungstrends;
- potentielle Kunden und Maßnahmen zu deren Gewinnung;
- Produkt- und Preistrends im Markt;
- mittelfristige Perspektiven.

11.2.3.6 Bonitätsprüfungen

Ein weiterer Aspekt der Zusammenarbeit, der nicht nur auf Vertrauen, sondern auch auf regelmäßiger Kontrolle basieren sollte, ist die Bonität des Geschäftspartners. Hier hilft bescheidene Zurückhaltung nicht weiter, man sollte nicht nur selbst über vorhandene Dienste (z.B. Kreditauskunfteien) die einschlägigen Handels- und Bankauskünfte einholen, sondern auch den Auslandspartner offen zur jährlichen Vorlage seiner Bilanzen auffordern. Am besten, man nimmt aus der Sache von vornherein jede Emotionalität, indem man regelmäßige Bonitätsprüfungen im Vertretervertrag festschreibt und, bei gegebenenfalls eingerichteter Anbindung des Partners an die CRM-Systeme des Herstellers, einen jährlichen Abfragerhythmus einprogrammiert.

Nichtsdestotrotz müssen die Vertriebsmitarbeiter permanent dafür sensibilisiert werden, auf mögliche Warnzeichen bezüglich der Finanzlage des Auslandspartners zu achten, welche z.B. wären:

- überdurchschnittliches Anwachsen des Minussaldos auf dem Konto;
- ungewöhnliche Erklärungen bei einzelnen Zahlungsverzögerungen;
- überdurchschnittlich häufige Reklamationen;
- Absagen bei fest eingeplanten Werbemaßnahmen oder Investitionen;
- „Flurfunk" von Mitarbeitern, Kunden, Wettbewerb.

Sollten beim Hersteller tatsächlich Zweifel aufkommen, müssen diese unverzüglich gegenüber dem Vertragspartner von höchster Stelle angesprochen und geklärt werden. Eine von beiden Seiten vereinbarte (möglicherweise vorübergehende) Anpassung der im Vertrag festgelegten Zahlungsbedingungen wäre hier eine der Optionen, um das drohende Ausfallrisiko vom Unternehmen abzuwenden.

11.3 Marktbearbeitungsstrategie realisieren

Die in Kapitel 3 entwickelte individuelle Markteintrittsstrategie, die dem Unternehmen als Grundlage für die ersten Schritte der Auslandsexpansion diente, muss spätestens zum Zeitpunkt des Eintritts in eine langfristige Geschäftsbeziehung mit einem lokalen Partner überprüft und ggf. angepasst werden. Denn die Erfahrung und die Marktkenntnis, die der ansässige Geschäftspartner mitbringt, wird die gesamte Unternehmung zwangsläufig um einen weiteren Blickwinkel bereichern und so einige der ursprünglichen Annahmen und Argumente in einem anderen Licht erscheinen lassen.

So muss zwischen den Geschäftspartnern eine Übereinstimmung über die richtige, d.h. realistische, tragfähige, erfolgversprechende und bezahlbare Marktbearbeitungsstrategie hergestellt werden. Dazu soll man durchaus auch vom Partner ein vollständig ausgearbeitetes Konzept anfordern, dieses dann gemeinsam überarbeiten und Entscheidungen über die in nachfolgenden Kapiteln dargestellten Fragen treffen.

11.3.1 Marketing-Mix festlegen

Mit der Festlegung eines gemeinsamen Marketing-Mix eröffnet sich eine detaillierte, auf den Zielmarkt und Kundengruppe abgestimmte Produkt-, Preis-, Vertriebs- und Kommunikationspolitik. Im Wesentlichen werden darin Folgende Fragen beantwortet:

- Kunde
  - Was ist die Zielkundengruppe für das Produkt?
  - Welcher Marktanteil mit diesen Kunden wird angestrebt?
  - Welche zusätzlichen Marktnischen kann man besetzen?
  - Wie sollen diese Kunden vom Wettbewerb abgeworben werden?
- Produkt
  - Welche Produkte mit welchen Eigenschaften sollen vermarktet werden?
  - Sind Produktanpassungen erforderlich und durchführbar?
  - Welche Sonderaktionen (Zulassungen, Zertifikate etc.) sind erforderlich?
- Preis
  - In welchem Preissegment wird das Produkt positioniert?
  - Wo liegt das durchschnittliche Preisniveau im Markt?
  - Wo liegt das Produkt zum Wettbewerb?
  - Welche Rabattstaffeln werden angewandt?
- Vertrieb
  - Wird die richtige Kundengruppe adressiert?
  - Welches Vertriebssystem wird angewandt?
  - Wie wird die marktgerichtete Akquisition gestaltet?
  - Welche Vertriebslogistik wird benötigt?
- Kommunikation
  - Wie wird die Kundenkommunikation organisiert?
  - Welche Zielgruppen werden durch welche Werbeträger adressiert?
  - Welche Verkaufsförderungsaktionen sind angebracht?
  - Welche Kommunikationsbudgets werden benötigt?

Hiervon resultiert ein Maßnahmenkatalog mit Meilensteinen, Fristen und Verantwortlichen, das jedoch regelmäßig (z.B. jährlich) am Prozessfortschritt gemessen überarbeitet und an die neuen Verhältnisse angepasst werden soll.

11.3.2 Der Rhythmus der Zusammenarbeit

Im geschäftlichen Alltag mit seiner Routine und täglichen Sachfragen rückt „das große Ziel" oftmals unbemerkt in den Hintergrund, sodass der soeben angesprochene Abgleich des momentanen Geschäftsverlaufs mit den Zielen und Vorgaben der gesamten Unternehmung Auslandsexpansion nur sporadisch und wenig strukturiert stattfindet. Es ist daher anzuraten, in einem gewissen Rhythmus Telefon- oder Videokonferenzen unter Beteiligung aller Entscheidungsträger und involvierten Abteilungen abzuhalten, um die Ergebnisse der zurückliegender Periode zu kommunizieren, die Marschrichtung zu prüfen und Sachfragen außerhalb des Tagesgeschäfts zu diskutieren. Der zeitliche Rahmen für einen solchen Abgleichrhythmus wäre je nach Art der Geschäftstätigkeit individuell festzulegen. Es muss jedoch darauf geachtet werden, dass die „Sponsoren" der Partnerschaft auf beiden Seiten den Prozess unter ihrer Kontrolle behalten und der Zielerreichung nach wie vor erstrangige Priorität verleihen.

Neben dem oben erwähnten regelmäßigem Abgleich gelten für internationale Geschäftspartnerschaften, so wie auch auf dem Heimatmarkt, die ungeschriebenen Regeln der guten Kontaktpflege einschließlich der gegenseitigen Besuche, gemeinsamen Messeauftritte und – wichtig! – Einladungen für den Partner, seine Mitarbeiter und seine wichtigsten Kunden ins Stammwerk (z.B. anlässlich der Einführung eines neuen Produkts, Werksabnahme o.Ä.). Einmal jährlich sollte der ausländische Geschäftspartner das Werk und die wichtigsten Personen des Unternehmens besuchen.

Einen besonderen Stellenwert im internationalen Geschäft hat der dauerhafte Aufbau von guten menschlichen Kontakten nicht nur auf der Führungsebene, sondern zwischen allen beteiligten Mitarbeitern. Das Wissen um die Gepflogenheiten des Exportlandes, um die Feste und Feiertage, aber auch über Geburtstage, Familien und Hobbys der Geschäftspartner ist ein nicht zu unterschätzender „weicher" Faktor, der die Geschäftsbeziehung langfristig festigt und so den Erfolg der ganzen Unternehmung auf ein solides Fundament stellt. Daher müssen auch regelmäßige persönliche Besuche im festgesetzten Geschäftsrhythmus – und im Budget! – eingeplant werden.

11.3.3 Etappenziele definieren und abgleichen

Die in dem Marktbearbeitungskonzept anvisierten (und idealerweise sogar vertraglich vereinbarten) Umsatzziele und Marktanteile beziehen sich in der Regel auf die Zeit der Markterschließung und definieren das mittelfristige Szenario der angestrebten Geschäftsentwicklung. Es ist jedoch zwingend notwendig, auch kürzere Etappen der Marktentwicklung mit den entsprechenden Meilensteinen zu definieren – gemessen sowohl in „harten" Zahlen wie Auftragseingang, Umsatz, Marktanteil als auch in „weichen" Errungenschaften wie z.B. Entwicklung der Kundenstruktur, Erlangung der ggf. erforderlichen Zulassungen/Zertifikate, Aufnahme in das Lieferantenverzeichnis bei Schlüsselkunden etc.

Die Zielvorstellungen müssen regelmäßig (mindestens jährlich, besser einmal pro Quartal) abgeglichen werden, denn im Laufe der Zusammenarbeit können sich diese aufgrund der vorher nicht bekannten (oder nicht ausreichend berücksichtigten) Faktoren verändern, abwandeln oder gar als nicht realisierbar herausstellen. Eine entsprechende Kurskorrektur zur rechten Zeit kann helfen, eventuelle spätere Probleme, bittere Rückschläge und unnötige finanzielle Risiken zu vermeiden.

11.4 Zusammenfassung

Ist die Wahl der Markteintrittsstrategie auf ein Engagement mittels Vertriebspartner gefallen, tritt in das Internationalisierungsszenario ein eigenständiger Player, dessen Rolle in hohem Maße entscheidend ist für den Erfolg des Unternehmens auf dem ausgewählten Zielmarkt. Daher ist es ein Muss in dem Partnerauswahlprozess, möglichst breite Übereinstimmung der Strategie, Ziele und Interessen beider Unternehmen zu erzielen, um eine nachhaltige Win-Win-Situation für beide Partner sicherzustellen. Eine zielorientierte Unterstützung und Steuerung des ausländischen Partners, Flexibilität im Bezug auf interkulturelle und marktspezifische Besonderheiten, sowie Festhalten an langfristigen Zielen sind weitere wichtige Erfolgsfaktoren der Eroberung von Auslandsmärkten.

12 Aufbau einer Absatzlogistik

Rainer W. Hornschild

12.1 Arbeit mit Importeur oder Händler

Ein einfacher und schneller Eintritt in ein Land gelingt oft mit einem guten Importeur oder einer Handelsorganisation, die Erfahrung in der Zollabwicklung hat. Die Auswahl bei der Suche eines solchen Händlers ist dann schon schwieriger. Auch hier geht man am besten zunächst mit einer umfangreichen Land- und Marktanalyse vor. Dabei können ggfs. Hinweise auf wichtige Handels- und Fachmessen im Zielland hilfreich sein. Außenhandelskammern, die im Zielland oder für das Zielland zuständig sind, können ebenfalls gute Vorarbeit bei der Findung geeigneter Händler sein. Ein wichtiges Indiz sind auch die bei Store Checks gewonnenen Fakten, bei Importprodukten finden sich immer die Adressen der jeweiligen Landesdistributoren.

Dabei können eigene Produkte Ergänzungsprodukte darstellen und man kann dieser Organisation die eigenen Produkte zur Erweiterung des Sortiments anbieten.

Fachmessen mit internationaler Ausrichtung helfen, in Zielländern schnell Importkontakte zu finden, oft lohnt sich ein eigener Stand auf einer solchen Messe. Es gibt dazu auch viele Unterstützungsprogramme von Handelskammern, Exportförderabteilungen der Wirtschaftsministerien, Handelskammern oder Verbänden. Meist finden sich auf den Hauptmessen auch Gemeinschaftsstände, auf denen das eigene Unternehmen sich günstig präsentieren kann und eine gute Infrastruktur (Übersetzungs-, Büro-, Bewirtungsdienstleistungen) vorfindet.

Auch Gespräche mit Branchenkollegen geben oft Hinweise auf potentielle und zuverlässige Händler. Hat man dann eine erste Auswahl erstellt, sollte eine Prüfung der Bonität und Potenz stattfinden.

Ein erstes, gut vorbereites Interview hat schon eine gute Aussagekraft. Auch das Studium der Internetpräsenz gehört dazu.

Das Alleinvertretungsrecht wird von den Geschäftspartnern meist als erster Punkt genannt. Die Vergabe einer solchen hat Vor- und Nachteile. Auf jeden Fall sollte man eine

Tab. 12.1 Empfehlungen geplanter Kontakte[2]

Art der Kommunikation	Häufigkeit
Telefon	2x pro Woche
Schriftlich (Mail, Brief, Fax)	1-2x pro Woche
Besprechungen	2-3x jährlich
Mehrtägige Aufenthalte vor Ort	1-2x jährlich

Probezeit vereinbaren (ein bis maximal zwei Jahre) und die Bedingungen (Planung) genau definieren. Nach dieser Zeit ist über die Art und Weise der Fortführung zu entscheiden.

Je nach Landesgröße empfiehlt sich die Aufteilung auch in Vertriebsregionen und Alleinvertretungsrechte zu vergeben. Dies ist im Key-Account natürlich schwierig, ggfs. kann man das auf Handelsketten oder Organisationsformen beschränken. In diesem Falle muss dies jedoch mit einer qualitativ sehr intensiven Marktführung begleitet werden.

Auch bei Ländern mit verschiedenen Sprachregionen (z.B. Schweiz, Kanada, Namibia u.v.a) kann die Aufteilung der Vertretung Sinn machen.

Ebenfalls ist die Aufteilung nach Vertriebsgebieten dann ratsam, wenn große Gebiete abzudecken sind und die Distanz zum Kunden groß ist; besonders bei Produkten mit hohem Aufwand für Marktpflege und Kundendienst.

Auf keinen Fall sollte ein Vertretungsrecht dann gegeben werden, wenn der Händler ähnliche Produkte bzw. Marken in seinem Portfolio verkauft. Hier sind die Interessenkonflikte viel zu groß, als dass man den Zusagen trauen kann.

In vielen Ländern ist auch die Kommunikationsmentalität auf das direkte Gespräch ausgerichtet. Um seine eigenen Ziele zeitnah verfolgen zu können, ist gerade in der Anschubphase eine aktive Kontaktaufnahme notwendig, sind häufige persönliche Treffen[1] angeraten (siehe Tab. 12.1). Oft wird diese Art, in hiesigen Kreisen als aufdringlich empfunden, in anderen Regionen als interessiert und engagiert gewertet.

12.2 Vertrieb mit eigener Landesgesellschaft

Eine weitere Stufe ist die Gründung einer eigenen Landesgesellschaft. Hier können drei verschiedene Typen bzw. Stufen des Geschäftsbetriebes unterschieden werden.

12.2.1 Repräsentanz

Die Repräsentanz ist die einfachste und am wenigsten aufwendige Methode, in einem Land als Gesellschaft Fuß zu fassen. Eine Repräsentanz ist in den meisten Ländern auch ohne große Formalitäten einzurichten. Anders z.B. in der VR China; hier muss für eine

1 Vgl. auch Quack, 2000, S.123

2 Werte aus Erfahrung des Autors und Quelle 26

Repräsentanz in nicht geringem Umfang ein Genehmigungsprozess durchlaufen werden. Diese darf aber auch nur als eine Vertretung der Firma ohne jeglichen wertschöpfenden Prozess arbeiten.

Wichtig ist bei der Repräsentanz, dass die Tätigkeit im Lande nicht gewerberechtlichen und steuerrechtlichen Charakter annimmt. So kann z.B. eine Briefkastenadresse von einem Bürodienstleister unterhalten und organisiert werden oder sich als Korrespondenzadresse bei einem eigenen Vertreter oder Händler befinden.

Eine Repräsentanzadresse gibt den Vorteil für Kunden im Zielland, eine einfachere Korrespondenz und in eigner Landessprache vornehmen zu können. Das Gefühl für Kunden und Konsumenten, eine solche Adresse vorzufinden, macht oft den Kauf einfacher.

12.2.2 Vertriebsgesellschaft als Kontraktvermittler

Eine weitere Stufe der Präsenz in einem Exportland ist die Gründung einer eigenen Gesellschaft.

Hierzu gibt es verschiedene Gesellschaftsformen, die in jedem Land verschieden sind und z.T. auch erheblich von unseren Gesellschaftsformen in Kapital-, Haftungs- und Trägerschaftsfragen abweichen. Eine klassische Form unserer GmbH gibt es mittlerweile in fast allen Ländern der Erde und sollte für eine erste Gründung angestrebt werden. Auch hier ist zu beachten, dass die Formen in Eigenkapitalgröße und Haftungsdingen abweichen[3]. Erste Auskünfte erteilen die einschlägigen Handelskammern.

In der Regel existieren hauptsächlich die in Tab. 12.2 dargestellten Gesellschaftsformen in fast jedem Rechtssystem.

Tab. 12.3 zeigt, wie man durch Analyse und Vergleich verschiedener Aspekte abwägen kann, welche Form für das eigene Unternehmen am besten geeignet ist.

Weitere Hilfen in den o.g. Themen finden sich auch in Beck'sches Holding Handbuch, 2011 und bei Klein-Blenkers, 2009[4]

Auf jeden Fall sollte ein erfahrener Jurist bzw. Steuerberater bei einem solchen Schritt hinzugezogen werden. Dabei empfehlen sich Kanzleien, die als Niederlassung oder als Korrespondenzpartner einer Kanzlei des Entsendelands tätig sind. Das hat schon sprachliche Vorteile, bietet aber auch die Möglichkeit, schon zu Beginn steuerliche und rechtliche Aspekte ausgewogen zu berücksichtigen. An dieser Stelle sei unbedingt darauf verwiesen, den rechtlichen Rat nur bei zugelassenen Stellen einzuholen. Auch kann die Einbindung eines Rechtsberaters in den meisten Fällen auch eine erste Sitzadresse bieten, um in Ruhe und mit ausreichender Zeit für die neue Gesellschaft geeignete Geschäftsräume zu suchen. Oft ist es im Zielland unmöglich, ohne einen Handelsregisterauszug und Sitznachweise eine (für die Gründung notwendige) Bankverbindung einzurichten bzw. Verträge (Mietverträge, Anstellungsverträge, Telefon etc.) abzuschließen.

---

[3] Vgl. auch Neugründung im Ausland, 2004

[4] Klein-Blenkers, 2009

Tab. 12.2 Übersicht über Gesellschaftsformen in div. Rechtssystemen[5]

Organisationsform	Untervariante
Einzelunternehmer	
Gütergemeinschaft	
Gesellschaften bürgerlichen Rechts	(Codex Civil oder adäquat)
	ohne eigenständige Rechtspersönlichkeit
	mit eigenständiger Rechtspersönlichkeit
Personen- und gemischtwirtschaftliche Handelsgesellschaften	
	Verträge über Beteiligungen (Joint Venture)
	Offene Handelsgesellschaften
Kommanditgesellschaften	
	einfache
	auf Aktien
Kapitalgesellschaften	
	GmbH
	Einpersonengesellschaft mit beschränkter Haftung
	Aktiengesellschaft
	Einpersonenaktiengesellschaft
	Arbeitsrechtliche Gesellschaften (z.B. auf Aktien oder mit beschränkter Haftung)
	Spezielle Handelsgesellschaften
	Genossenschaften
Arbeitsgemeinschaftliche Genossenschaften	
Überregionale Formen (z.B. EU)	
	EU - Genossenschaft
	EU - Aktiengesellschaft

Tab. 12.3 Aspekte der Rechtsformauswahl

Organisationsform	
Gesellschaftsrecht	Unternehmensführung, Haftungsthematik, Konsequenzen in Krise
Finanzierungsregeln	Kreditfinanzierung, Cash Pooling, Kapitalmarktfinanzierung
Steuerrecht	Nationale Gegebenheiten, internationale Auswirkungen (Doppelbesteuerung); Konzernpreiskalkulation
Rechnungslegung	Anforderung an Buchführung, Besonderheiten beim Jahresabschluss; Konsolidierungsbedarf, latente Steuern, Rückstellungen
Arbeitsrecht	Mitbestimmung, arbeitsvertragliche Fristen, Umstrukturierungsproblematik
Ggfs.: Kartellrecht	Kartellrechtliche Auswirkungen, Rückkopplung

[5] Vgl. auch Herfurth, 1995

Soll möglichst schnell eine Gesellschaft gegründet werden (in manchen Ländern dauert die Gründungsphase mehrere Monate), kann auch auf eine sogenannte „Vorrats-GmbH", welche manche Notare anbieten, zurückgegriffen werden. In diesem Falle ist unbedingt auf seriöse Partner zu achten, in der Regel sollte man mit Referenz und auf Empfehlung auswählen, da am Ende des Tages auch hier bittere Überraschungen warten können.

Sind die Gründungsphase überwunden und alle Genehmigungen für einen ordentlichen Geschäftsbetrieb eingeholt, gilt es das Unternehmen einzurichten und zu organisieren. Diese Phase hängt sehr stark vom geplanten Umfang der Tätigkeit und Kompetenz ab. Ein Unternehmen mit reinem Auftrag für eine Geschäftsanbahnung wird sich im Umfang erheblich unterscheiden von einer Organisation, die sowohl Verträge besorgen soll als auch Lagerung, Distribution und Kundenservice leistet. Auch diese Schritte sollten in einer Planung bereits im Vorfeld der Gründung erfolgen: Der Geschäftszweck muss daher oft sehr detailliert in der Satzung und Anmeldung beschrieben werden, und auch bestimmte Genehmigungen sind mit einer sehr langen Vorlaufzeit einzukalkulieren.

Der Vorteil einer eigenen Organisation „vor Ort" ist natürlich die Demonstration einer stärkeren Verbundenheit mit dem Zielland. Hierdurch können sowohl die Repräsentation des Unternehmens als auch eine intensive Marktbearbeitung vorgenommen werden. Oder auch in gewissem Umfang ein Lobbyismus betrieben werden, welcher meist in Sonderkategorien zur Erreichung von Genehmigungen oder Zulassungen notwendig ist.

Empfehlenswert ist die Form des eigenen Unternehmens besonders für Branchen mit ausgeprägtem Markenwert und bei hohem Serviceaufkommen. Natürlich ist auch die strategische Entscheidung die treibende Kraft für die Gründung einer eigenen Gesellschaft.

Die Gesellschaft kann dann sowohl als reine Abwicklungsgesellschaft aufgebaut sein, z.B. Vertrieb, Key-Account-Betreuung, Vertragsüberwachung, wobei die Logistik vom Mutterland aus gesteuert wird (z.B. bei Direktgeschäften), oder aber sie unterhält ein eigenes Umschlagslager.

Hierfür bieten die meisten internationalen Speditionen einen geeigneten Service an. Besonders ist dies für die Distribution im Streckengeschäft notwendig.

12.2.3 Vertriebsgesellschaft mit eigener Distribution

Hat man eine eigene Niederlassung im Zielland erfolgreich gegründet und die ersten Kunden gewonnen, stellt sich oft die Frage nach dem Aufbau eines eigenen (eigen bewirtschafteten) Lagers und der dazugehörigen Logistik. Dieser Schritt sollte erst erfolgen, wenn ein gewisses Volumen bereits im Zielland abgesetzt wird bzw. man eine gewisse Erfahrung und Stabilität gewonnen hat. Dieser Schritt ist immer mit relativ hohen Investitionen verbunden.

Die Vorteile einer eigenen Lager- und Distributionslogistik sind immer die Verfügbarkeit, Geschwindigkeit und die direkte Kundenbindung. Ein eigenes Fahrpersonal kann oft Serviceimpulse aus dem Kundenkreis in das Unternehmen bringen und damit dem Unternehmen Vertrauen und eine bessere Wertschätzung und Servicesicherheit geben. Oft ist es gerade eine eigene Organisation, die dann über Erfolg und Durchsetzung gegenüber der Konkurrenz im neu gewonnenen Markt entscheidet. Mancher „Newcomer" konnte sich in neuen Märkten mit neuen Formen der Dienstleistung (z.B. 24h Service, Terminzusagen, Terminpünktlichkeit) vom Feld der etablierten Wettbewerber abheben.

Ebenfalls lassen sich erste Schritte hin zu einer landeseigenen Produktion durch Fragmentierung der Produktion erreichen, dies im Hinblick, um schneller reagieren zu können und auch um Kosten reduzieren zu können. Kriterien können danach arbeitsintensiv oder kapitalintensiv gegliedert sein. So können entsprechende Schritte der Produktion verlagert werden. So z.B. kann die Endmontage von Bausteinen von verschiedenen Werken oder Zuliefern getrennt angeliefert und vor Ort fertigmontiert werden. Zu beachten ist hierbei, dass sich durch diese Trennung zusätzliche Kosten im Service Link[6] ergeben, aber diese durch Zeit- oder Kostenreduktion der Zulieferteile kompensiert werden können. Eine Überlegung aus dieser Blickrichtung ist empfehlenswert.

Beim Aufbau einer eigenen Logistik gibt es zwei Schritte und deren Kriterien:

1. Eröffnung eines Lagers
   - abhängig davon, wer die Verzollung (sofern erforderlich) vornehmen wird
   - Zollfreilager
   - Anforderungen Personal
   - besondere Klima- oder Temperaturprofile
   - Anforderungen an Kommissionierung
   - EDV Systeme
   - Anforderungen an fachliche Spezifikation des Personals
   - Sicherheitsanforderungen (Feuer-, Umwelt-, Diebstahlrisiken)
   - Lage zur bestehenden Infrastruktur
   - allgemeiner Zustand
2. Aufbau einer Transportlogistik
   - Fahrzeuge eines Dienstleisters
   - eigene Fahrzeuge und Personal
   - Anforderungen an LKW (Temperatur, Sicherheit, Zulassungen)
   - Stückgut / Ganz-LKW
   - Terminzustellung
   - Umladungen vs. Direkttransport
   - Sammelguttransport

Auch für diesen Schritt sollte man im Vorfeld ein detailliertes Budget mit Zeit- und Einzelkostenkalkulation erarbeiten. Nur so lassen sich Überraschungen bzw. Fehleinschätzungen weitgehend vermeiden.

---

[6] Morasch/Bartholomae, 2011

12.3 Mehrstufige Märkte

Die genaue Länder- und Kundenanalyse zeigt auf, wie Waren im Land verteilt werden. Die meisten Absatzwege verlaufen in mehrstufigen Abläufen. In der Regel existieren beide Arten ein-und mehrstufig nebeneinander (vgl. Abb. 12.1).

Gerade in den mehrstufigen Märkten ist eine gute Absatzplanung (siehe Tab. 12.4) wichtig. Oft unterscheiden sich auch die Artikel zwischen Handel im Direktgeschäft, Zentrallager-Umschlag oder Handel über Groß- und Einzelhandel.

12.3.1 Arbeit mit Speditionslager

Die einfachste Art und Weise, eine eigene Distribution im Land aufzubauen, ist mit Hilfe eines guten Logistikdienstleisters (siehe Tab. 12.5).

Es ist schwierig, unter der Vielzahl von Anbietern auszuwählen. Dabei hilft die Beachtung einiger weniger Kriterien, die wie nachstehend beschrieben aussehen können.

Der wichtigste Part ist sicher die finanzielle Seite. Es ist vorteilhaft, wenn man (ggfs. nach Tab. 12.5) ein eigenes Pflichtenheft für die angeforderte Dienstleistung, ggfs. mit der Beschreibung der Ablauforganisation aufstellt. Darin sind auch die Schnittstellen (Hersteller →Spediteur/Logistiker → Kunde) definiert, damit man ein realistisches Angebot erhält.

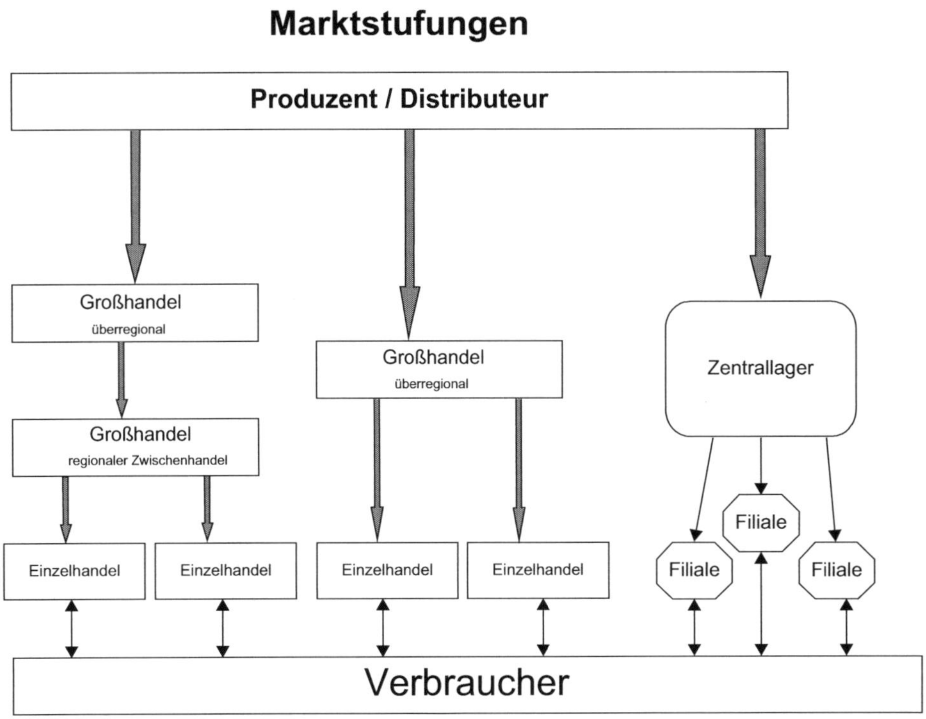

Abb. 12.1 Einzelne Marktstufen

Tab. 12.4 Kriterien für den Aufbau einer Absatzplanung

Merkmal	Aufgaben, Kommentare
Artikelstruktur	Produktklassenbildung, nach Prospekt, Nutzung
Anzahl Artikel	Kleines Artikelprogramm: niedrige Lager und Logistikkosten; großes Artikelprogramm: höhere Flexibilität und besserer Kundenservice
Kommissionierung	Geplante Zusammensetzung der Palette, LKW-Ladungen; Discount: Ganzladungen, Großhandel: palettenweise; Groß-/Einzelhandel: Stückgut auf Kartonbasis; Direktkunden: Einzelprodukte
Lagervolumen	Umschlagshäufigkeit, MHD-Thematik, Lieferrhythmus vom Mutterhaus; Reaktions- und Durchlaufzeiten
Anpassungen an Landesrecht	Standardartikel mit mehrsprachigen Texten ausreichend, oder angepasste Artikel mit eigener Spezifikation (Rezeptur, techn. Einrichtung etc.), Kundenspezifische Ausfertigung (OEM)
Produktcodierung	nach EAN,GTIN, UPC, IAN, JAN, ISBN,ISSN, ITF etc.
Palettenkennung	EAN128 o.ä. Systeme notwendig; eigene Kennung des Logistikers

Natürlich spielt die betriebswirtschaftliche Seite eine große Rolle und kann erheblich über den Erfolg oder Misserfolg in einem Land entscheiden.

12.3.2 Eigenbelieferung

Der nächste, aber schon aufwendigere, Schritt ist der Aufbau einer eigengeführten Logistik. Hier gelten zunächst die gleichen Grundsätze und Kriterien wie in Abschn. 12.2.3.1. beschrieben.

Auch dafür sollte man sich ein Pflichtenheft (Kriterien nach Tab. 12.6) erarbeiten, dieses muss jedoch auf Grund der noch nicht vorhandenen Erfahrung noch akribischer ausfallen. Abgeleitet aus dem Pflichtenheft können die Organisation und die notwendigen Investitionen beschrieben werden. Im Weiteren kann daraus eine Kostenplanung erstellt werden.

Erst die vollständige Planung mit der Kalkulation auf Einzelartikel und dem Vergleich mit

1. Fremd- und eigener Distribution
2. Wettbewerbsartikel
3. Vergleich der Vor- und Nachteile für die Kunden

sollte die endgültige Entscheidung zu diesem Schritt bringen.

Beginnend bei der Einfuhr der Waren über die Dimensionierung der Lagergröße und Anforderungen bis hin zur Auswahl der Transportalternativen müssen alle Daten und Anforderungen erfasst und dann mit der Suche nach Lösungen begonnen werden (vgl. Tab. 12.6).

Tab. 12.5 Kriterien für die Auswahl von Logistikdienstleistern

Angebotene Lagergrößen	Empfehlenswert ist die Anmietung eines festen Lagerplatzes bzw. einer Mindestauslastung, so dass das Inventar im eigenen Lager zusammen bleibt und überschaubar ist
Lagerführung	Manuell oder per EDV, Schnittstellen zur eigenen Organisation
Inventurverantwortung	Wer ist zuständig, Abschriften, Schwund
Versicherungsrisiko	Ist ausreichend Deckung vorhanden, sind die Risiken, die die eigene Ware betreffen, abgedeckt? (Haftpflicht, Brand, Wasser, Erdbeben, Wind, Diebstahl, Verwüstung, Schäden Dritter etc.)
Verzollung, Importabwicklung	Wie weit kann die Verzollung vom Dienstleister vorgenommen werden, Vorfinanzierung notwendig; sind Genehmigungen notwendig bzw. vorhanden
Betriebsgenehmigungen	Sind alle Betriebsgenehmigungen vorhanden und aktuell; besonders dann wichtig, wenn ggfs. eigene Zertifizierungen gedeckt werden müssen oder spezielle Behandlung der eigenen Ware abgesichert werden müssen; ggfs. einen Audit durch eine Fachmann durchführen
Eigene oder vertraglich gebundene Auslieferung	Es empfiehlt sich Lageristen mit eigenem Fuhrpark zu bevorzugen
Lage zu den Kunden	Unterhält der Lagerist mehrere Läger im Zielland, wie sind sie verteilt?
Termintreue	Welche Vorlaufzeiten gibt der Spediteur? Welche Garantien werden gegeben?
Nationaler oder internationaler Partner	Ein internationaler Partner hat meist den Vorteil, alles in einer Hand liefern zu können, d.h. Abholung im Mutterland, Verzollung, Einlagerung
Fachliche Kompetenz des Personals, besonders bei Kommissionierung und Bereitstellung	Anforderung einer Personalstruktur und eigenen Überprüfung der Ablauforganisation, auch ein Blick in die Bestandsorganisation hilft bei der Einschätzung
Hygiene, Sicherheit	Ein Umschlagslager auch bei unempfindlichen Waren sollte ein Maß an Ordnung und Sauberkeit besitzen, damit nicht verschmutzte Verpackungen oder durch Ungeziefer beschädigte Ware zum Kunden kommen Überprüfung und Einschätzung des Sicherheitskonzeptes des Logistikers

12.4 Einstufige Märkte

Die Bedienung von einstufigen Märkten ist oft die beste Einstiegsmöglichkeit in ein Land oder gar aus strategischen Gründen ausschließlich gewollt. Der einstufige Markt, d.h. Belieferung von wenigen oder einem Kunden erfolgt auf ein Zentrallager des Kunden und von dort in das Ladennetz.

Tab. 12.6 Kriterien für die Standortsuche selbstgenutzter Immobilien

Grundstück und Gebäude pachten oder kaufen	Lage, Größe; bei den meisten Eigenlagerkonzepten folgt oft auch eine spätere Eigenproduktion, daher sollte das Grundstück ggfs. diese Thematik bereits berücksichtigen
Dimensionierung des Gebäudes, wenn nicht Neubau, dann Zustand, Eignung, Gebäudeinfrastruktur (Strom, Wasser, Heizmedium), Isolierung, Gebäudetechnik	Oft sind auch bei Pachtverträgen die Ertüchtigung, Reparatur und Investition in Gebäudetechnik Sache des Mieters; hierauf ist besonderes Augenmerk zu richten
Pachtvertrag, Laufzeit, evtl. Preis-Gleitklausel, Währungsbasis	s.o.; Pachtzins ist nicht alles, zu beachten ist die Zusammensetzung der Nebenkosten und -pflichten, gerade auf das Thema Reparaturen und Erhalt der Gebäudesubstanz ist im Ausland besonders zu achten; ein weiterer Punkt könnte die Stellung des Pachtzinses, abweichend von der Lokalwährung (z.B. US$, €, sfr, HK$ u.a.) sein, eine Risikoabwägung ist dann besonders wichtig
Kauf des Geländes, Immobilie	Ist eine passende Immobilie gefunden, sollte man neben einem (lokalen) Wertgutachten auch eine Begehung mit einem Baufachmann machen, um die Anforderungen auf ihre Machbarkeit hin zu prüfen
Kaufvertrag	Es gibt in allen Ländern die unterschiedlichsten Formen von Vertrag und Übertragung von Grundstückrechten, zur Vermeidung von Fehlern muss eine fachkundige Rechtsberatung stattfinden; die Eigentumsrechte sind speziell zu prüfen und möglichst bestätigen zu lassen
Erbbaurecht	Auch hier empfiehlt sich die Einholung fachkundiger Expertise, besonders in den Reformländern und V.R. China gibt es z.Zt. nur ein Langzeit-Grundstücks- und Nutzungsrecht, das oft mit besonderen Einschränkungen belegt ist
Bauplanung	Die Bauplanung einer geeigneten Immobilie soll auch mögliche Erweiterungen bzw. Reserven abdecken, z.B. ist die Frage nach der Möglichkeit einer kleine Montage oder Konfektionierung oft mit zu berücksichtigen, oder eine dynamische Entwicklung des Vertriebs und damit der Abwicklung – eine gute strategische Planung; min. für die ersten fünf Jahre sollte man diese Fragen klären
Bauphase	Die Zeit bis Inbetriebnahme ist rechtzeitig zu planen; wird ein Ausweichquartier bis dahin benützt, sollten die vertraglichen Gegebenheiten auf diese Zeit abgestimmt werden. In manchen Ländern ist die Bauphase oft von Hindernissen belegt, man sollte daher für die Ersatzlösungen ausreichend zeitlichen Puffer einplanen. Ein im Land erfahrenes und etabliertes Projektmanagement sollte auf jeden Fall involviert sein

Eine weitere, zunehmend wichtige, einstufige Distribution ist durch den E-Commerce gegeben. Merkmale dieser Handelsform ist die Einrichtung eines Webshops (der z.B. auch vom eigenen Mutterland kopiert und übersetzt werden kann), einer zentralen Kommissionierung und einer Einzelstückdistribution. Als begleitende Maßnahmen sind ein auf den Konsumenten ausgerichtetes Marketing sowie ein geeignetes Inkassosystem aufzubauen.

12.5 Lieferung über Zentrallager

Der einstufige Markt, d.h. Belieferung von wenigen oder einem Kunden erfolgt durch ein Zentrallager des Kunden und von dort in sein Ladennetz. Der Import kann innerhalb der EU (und auch innerhalb der meisten Freihandelszonen) von der Produktion direkt zum Zentrallager erfolgen. Liegt eine Verschiffung und Verzollung dazwischen, ist oft der Zentrallager-Kunde nicht in der Lage (z.B. fehlende Lizenzierung, oder keine Abwicklungsorganisation) oder willens (Finanzierungsrisiko, Qualitäts- oder Quarantäne-Aspekte) den Import vorzunehmen. Dann muss ein Kommissionär oder Verzollungsbüro dazwischen geschaltet werden. Diese Dienste übernehmen internationale Speditionen oft zu günstigen Tarifen.

Der einstufige Markt ist meist auch vom Mutterhaus gut zu betreuen. Handelt es sich um eine meist überschaubare Anzahl von Key-Account-Kunden, so kann man diese auch vom Mutterhaus betreuen. Wichtig ist es dann unbedingt, einen verantwortlichen Ansprechpartner (möglichst mit Sprachkenntnissen des Ziellandes) zu benennen. Natürlich eignet sich zusätzlich die Einrichtung eines Korrespondenzbüros im Land, welches z.B. auch kostengünstig ebenso ein Dienstleister übernehmen kann, oder man bedient sich eines externen Handelsvertreters.

In der Regel kann ein einstufiger Markt ohne Zwischenlager und mit geringem Aufwand bedient werden. Ggfs. kann es vorkommen, dass ein Zentrallagerhändler ungeachtet der Problematik nicht ganze Lkw abnimmt oder eine kurze Reaktionszeit verlangt, die z.B. vom Mutterhaus nicht geleistet werden kann. Dann hilft nur die Einrichtung eines Zwischenlagers im Land (siehe Abschn. 12.3.1)

12.6 Logistik Mix

Für den umfassenden Aufbau eines Marktes in einem Zielland ist es meist unumgänglich, entweder sofort bei Eintritt oder in Stufen die verschiedenen Absatz- und Marktstrukturen parallel zu bedienen. Dies erfordert das Vorhandensein diverser Logistikversionen – sog. Multichannel-Logistik - und ihr Management.

Die Einrichtung einer solchen „Parallelwelt" bedarf einer intensiven Planung, Vorbereitung und auch Austestung, da nicht nur neue und ungewohnte Logistikpartner ins Spiel kommen, sondern auch neue Schnittstellen auf der einen Seite im bilateralen und nationalen Verkehr auf der anderen Seite zu schaffen sind.

Multichannel-Lösungen sind branchenspezifisch zu finden, im Textilbereich sind z.B. diverse Modestile parallel zu bearbeiten, im Lebensmittelsektor Tiefkühl- und Trockenwaren gleichzeitig zu versenden. Dazu kommen die Anforderungen unterschiedlicher Handelskunden, z.B. Zentrallager-, Groß- und Einzelhandel, als eine weitere Dimension. In diesem Bereich sind ausgeklügelte logistische Lösungen gefragt, die die unterschiedlichen Formen der Kommissionierung kombiniert umsetzen können.

Wie auch immer erfordert der Logistik-Mix eine hohe Komplexität und muss entsprechend behandelt werden, bei nicht optimierten Prozessen sind die Kosten sonst nicht überschaubar und können zu Verlusten oder nicht wettbewerbsfähigen Preisen führen.

Lösungen gibt es aber längst nicht mehr nur „von der Stange". Für die Umstellung auf Multichannel-Logistik müssen bestimmte Faktoren wie Auftragsstruktur sowie Kundenstruktur und Artikelstruktur betrachtet werden, um sich für die optimale Logistiklösung entscheiden zu können.

Multichannel-Lösungen müssen daher individuell an die Branche angepasst werden. Lebensmittelhändler müssen beispielsweise aufgrund der Frischeanforderungen eine andere Vorgehensweise aufweisen als Textil- oder Fashionhändler. Gerade in diesen Bereichen fordern Konsumenten ein breites Sortiment, zudem in Einzelverpackungen, was sehr schnell die Effizienz eines Logistiksystems beeinflusst. Dies erfordert Kreativität in der Ablauforganisation und im Ordermanagement.

12.7 Zusammenfassung

Der organisatorische Eintritt in ein neues Zielland kann, klassisch, in verschiedenen Stufen von reinem Import über einen Händler bis zur strategischen Gründung einer Landesgesellschaft vorgenommen werden. In den meisten Fällen wird man mit einem ersten Importversuch starten und die Entwicklung beobachten. Trotzdem gilt es sich auch hier schon im Frühstadium ein eigenes Zukunftsszenario zu erarbeiten, um Anfangsfehler zu vermeiden.

Abhängig von der Tiefe der Organisation ist auch die Beschaffenheit des Marktes. Ein mehrstufiger Markt oder ein notwendiges Logistik-Mix-Programm ist in der Gründungsphase aufwendiger als ein reiner Key-Account-Vertrieb.

Unterschätzt in der eigenen Vertriebsabteilung wird oft auch die strategische Bedeutung eines Auslandszielmarktes. Hier ist in der Regel eine intensive Überzeugungsarbeit bei Geschäftsleitungen und Kollegen zu leisten. Dies bedarf einer guten Marktstudie und Recherche. Auch dieser Aspekt ist in den eigenen Budgetüberlegungen rechtzeitig mit einzuplanen.

Literatur

U. Herfurth, Geschäftspraxis in der EG, Verträge, Unternehmensformen, Wettbewerbsrecht, 1995
F. Klein-Blenkers, Rechtsformen der Unternehmen, C.F.Müller, Heidelberg, 2009
Morasch, K., Bartholomae, F. (2011), Internationale Wirtschaft. Handel und Wettbewerb auf globalen Märkten, München: UVK-Lucius (wisu-Texte). S.222f.
Neugründung im Ausland, Beck'sches Holdinghandbuch, Rechtsformwahl, S.394ff, 2004
H. Quack, Internationale Kooperationen, FAZ-Buch Verlag, 2000, S.123

13 Wirtschaftlichkeit: Preisgestaltung und Zahlungssicherung

Birgit Pommert

13.1 Preiskalkulation

Die Preiskalkulation sowohl im nationalen als auch im internationalen Geschäft zielt zunächst auf Kostendeckung und die Erwirtschaftung eines angemessenen Gewinns ab. Gleichzeitig muss der Preis jedoch auch den Anforderungen des Marktes gerecht werden, um einen ausreichenden Absatz sicher zu stellen. Daher empfiehlt es sich, die Preiskalkulation sowohl vorwärts- als auch rückwärtsgerichtet vorzunehmen, um letztendlich den optimalen Preis im Zielmarkt zu definieren.

13.1.1 Kostenbasierte = vorwärts gerichtete Preiskalkulation

Die vorwärts gerichtete Preiskalkulation im Export entspricht grundsätzlich der Inlandskalkulation, ergänzt oder verändert jedoch um die exportspezifischen Kosten. Je nach Struktur des Geschäfts – handelt es sich um den Export von Fertigwaren oder von halbfertigen Erzeugnissen, für die ein Teil der Wertschöpfung im Ausland erfolgt – sind im Vergleich zur Inlandskalkulation nicht grundsätzlich nur Zuschläge, sondern in Einzelfällen auch Kostensenkungen zu berücksichtigen. Ebenfalls bei der Preisbildung zu prüfen und gegebenenfalls zu berücksichtigen ist die Möglichkeit von Ausfuhrerstattungen. Diese werden von der EU für einige Erzeugnisse (vor allem im Agrarbereich) gezahlt, um die Wettbewerbsfähigkeit außerhalb der EU auch bei niedrigerem Preisniveau zu ermöglichen.

13.1.1.1 Herstellkosten

Entscheidet sich der Unternehmer, sein Produkt als Fertigerzeugnis aus dem Mutterland zu exportieren, sind die Herstellkosten analog dem Inlandsgeschäft anzusetzen. Sollte im Exportland eine Produktion aufgenommen werden oder der letzte Teil der Wertschöpfungskette, z.B. die Endmontage, erfolgen, ist die Kalkulation der Herstellkosten jedoch neu aufzusetzen. In jedem Fall setzen sich diese neben den direkten, mit der Produktion verbundenen Kosten wie Material und Lohnkosten auch aus den indirekten Kosten für Material- und Fertigungsgemeinkosten und Verwaltungskosten zusammen. Bei einer Fertigung (oder Teilfertigung) im Zielland sind neben den lokalen Lohnkosten auch die vor Ort möglicherweise höheren oder niedrigeren Kosten für Roh- und Betriebsstoffe sowie deren Verfügbarkeit und Beschaffungskosten zu berücksichtigen. Viele Länder locken mit Fördermaßnahmen, wenn Teile der Wertschöpfungskette in ihr Land verlegt werden, da sie sich dadurch Arbeitsplätze im Land versprechen – diese können anteilig als kostensenkende Faktoren in die Kalkulation eingehen. Ebenso sollten die Kosten für Energie, die sich von denen im Inland gravierend unterscheiden können, geprüft werden.

13.1.1.2 Kosten des Exports

Der Export von im Mutterland hergestellten Fertigprodukten bringt spezifische Exportkosten mit sich, die von den vereinbarten Liefer-, Zahlungs- und Finanzierungsbedingungen sowie damit möglicherweise verbundenen Garantiekosten abhängig sind. Die Lieferbedingungen definieren, welche Transport-, Versicherungs- und Zollkosten zu kalkulieren sind (s. Abschnitt 13.2). Beim Transport auf dem Seeweg ist eine seewasserfeste Verpackung notwendig, vor allem, wenn es sich um sensible Güter handelt, die empfindlich auf Feuchtigkeit und Salz reagieren. Ebenso gibt es luftfrachtspezifische Verpackungen. Hier empfiehlt es sich, sich von erfahrenen internationalen Speditionen die Verpackungs- und Transportkosten für die jeweilige Transportart anbieten zu lassen. Die Verpackung für den Landweg ist ebenfalls genau zu kalkulieren, vor allem wenn die Verantwortung des Verkäufers bis zum ausländischen Zielort geht. Dabei sind besonders die Straßen- und Verkehrsverhältnisse in den Transferländern und im Zielland bei der Wahl der Verpackung zu berücksichtigen. Außerdem einzukalkulieren sind die Kosten für eine ausreichende Transportversicherung, nicht nur für den Transport ins Zielland, sondern, wenn dieser in Verantwortung des Verkäufers ist, auch unbedingt für den lokalen Transport. Ladungssicherung wird nicht in allen Ländern so groß geschrieben wie in Deutschland - Versicherungsexperten können ganze Abende füllen mit Erzählungen von skurrilen Versicherungsschäden im Ausland.

Die Zollkosten setzen sich in der Regel aus Zollgebühren und der Einfuhrumsatzsteuer zusammen und sind je nach Land unterschiedlich. Viele Länder haben sehr komplexe Zollrichtlinien und -gesetze, die meist zum Ziel haben, die Importe zu erschweren und die eigene Wirtschaft zu schützen. Häufig ist es daher nicht nur üblich, sondern auch sinnvoll, sich für die Einfuhr Zollagenten zu leisten, die sich mit den lokalen Zollgesetzen, den geforderten Einfuhrdokumenten und den damit verbundenen bürokratischen Hürden besser auskennen und in den Behörden gut vernetzt sind.

Für die Einfuhr werden in der Regel neben Frachtrechnung und Versicherungsnachweisen auch Ursprungszeugnisse gefordert. Die Erstellung dieser Dokumente bei der örtlichen IHK ist ebenfalls in den Kosten des Exports zu berücksichtigen.

Im Zusammenhang mit den Zollkosten sei noch darauf hingewiesen, dass die Einfuhrumsatzsteuer, wenn sie vom Exporteur übernommen wird, nicht als Vorsteuer geltend gemacht und in Abzug gebracht werden kann. Daher sollte diese Kostenposition möglichst vom Importeur getragen werden, da er sie wiederum in seinem Land steuerlich geltend machen kann.

Ein weiterer wesentlicher Einflussfaktor für die Kosten des Exports sind die vereinbarten Zahlungsbedingungen (s. Abschnitt 13.3). Hier sind zum Beispiel die durch den Verkäufer zu tragenden Bankgebühren, Kosten der Zahlungssicherung sowie für die Erstellung von Garantien zu berücksichtigen.

Und nicht zuletzt sollte bei der Kalkulation nicht vergessen werden, dass im Unternehmen des Verkäufers noch Personal für die Organisation und die Koordination des Exports erforderlich ist. Dieser Aufwand sollte nicht unterschätzt werden, denn auch wenn viele Aufgaben von Speditionen und Zollagenten übernommen werden, sind diese doch auszusteuern und ohne Input des exportierenden Unternehmers nicht handlungsfähig.

13.1.1.3 Vertriebs- und Gemeinkosten

Neben der Versandabwicklung sind - je nach gewählter Vertriebsstruktur - die dazugehörigen Vertriebskosten zu kalkulieren. Im Falle einer eigenen Vertriebsstruktur im Ausland sind entsprechende Kosten für Büro, Gehälter und Provisionen anzusetzen. Bei einem Vertrieb über lokale Händler und Distributoren entfallen diese Kosten, allerdings werden die Preise an die Händler konsequenterweise um eine entsprechende Vertriebsspanne niedriger ausfallen, damit diese nach Zuschlag ihrer Vertriebsspanne mit marktgerechten Preisen am Markt auftreten können. Dennoch sollten Kosten für die Betreuung und Aussteuerung der Händler und Distributoren berücksichtigt werden – es sind Verträge abzuschließen und zu verwalten, Ziele zu vereinbaren und prüfen, eingehende Aufträge zu klären, Forderungen zu verwalten und Reklamationen zu bearbeiten.

13.1.2 Marktorientierte = rückwärts gerichtete Preiskalkulation

Natürlich wird der Preis in der Regel nicht durch die Kostenstruktur des Exporteurs bestimmt, sondern durch die Rahmenbedingungen des Zielmarktes. Mit einem Preis, der diese Rahmenbedingungen ignoriert, wird der Absatz im Zielmarkt die Erwartungen nicht erfüllen. Daher ist nach der Betrachtung der Kostenseite auch die Ermittlung eines Marktpreises notwendig, der sich an den Vorgaben des Wettbewerbs und an den wirtschaftlichen und gesellschaftlichen Verhältnissen des Marktes orientiert.

13.1.2.1 Wettbewerber

Der erste Anhaltspunkt ist sicherlich die Analyse der Wettbewerbssituation. Gibt es im Zielmarkt bereits Wettbewerber mit gleichen oder ähnlichen Produkten, ist der Verkaufspreis vorgegeben und nur bedingt durch eine Differenzierung vom Wettbewerber beeinflussbar. Zuverlässige Hinweise auf die Aktivitäten der Wettbewerber sind über Kontakte im Zielland, die im eigenen oder in angrenzenden Märkten aktiv sind, erhältlich. Das

Internet, eigene Kunden und Lieferanten, spezialisierte Außenhandelsberater sowie die örtlichen Außenhandelskammern (AHK) bieten Möglichkeiten der Kontaktaufnahme.

13.1.2.2 Bedarf und Kaufkraft

Zur Ermittlung eines Marktpreises ist unbedingt auch eine Analyse der wirtschaftlichen Verhältnisse im Zielmarkt sowie das soziale Gefüge und die Mentalität Ihrer Zielgruppe notwendig. Je nach Produktart kann der Bedarf für Ihr Produkt sich signifikant von dem im Inland unterscheiden. Dass es z.B. in Australien einen höheren Bedarf an Sonnenschutzmitteln gibt als in Kanada, erschließt sich von selbst. Es lohnt sich jedoch, auch für weniger offensichtliche Fälle eine Bedarfsanalyse durchzuführen.

Ein Vergleich der Bevölkerungszahlen und des Pro-Kopf-Einkommens mit den Inlandswerten bietet erste Indikationen, darüber hinaus kann man über den Vergleich vieler weiterer volkswirtschaftlicher Kennzahlen Hinweise auf die Marktsituation im Zielland bekommen. Die Kunst bei einer solchen Marktanalyse ist jedoch die Konzentration auf diejenigen Kennzahlen, die für das spezifische Produkt und die Zielgruppe relevant sind.

13.1.2.3 Mentalität

Nicht zuletzt spielt bei der Absatzplanung und der damit verbundenen Preisdefinition auch die Mentalität der Zielgruppe und des Zielmarktes eine wichtige Rolle. Religiöse und kulturelle Unterschiede, politische und soziale Strukturen, Klima und Natur beeinflussen maßgeblich die Wünsche und Bedürfnisse des Zielmarktes. Die Beispiele hierfür sind vielfältig: Gummibärchen mit Gelatine verkaufen sich zum Beispiel in muslimischen Ländern nicht sehr gut, da die Gelatine schweinebezogenen Ursprungs ist. Hier ist die Produktvariante mit pflanzlichen Geliermitteln besser verkäuflich. Auch der praktische Kleinwagen mit geringem Verbrauch, der in Europa immer mehr Abnehmer findet, verkauft sich in Erdöl produzierenden Ländern weniger häufig, da hier Hubraum und Größe eines Fahrzeugs noch viel mehr zählen. Und Gebrauchsartikel in kräftigen, bunten Farben lassen sich im asiatischen Raum wesentlich besser verkaufen als in Europa.

13.1.2.4 Deckungsbeitrag

Ein interessanter Aspekt bei der Kalkulation von Exportpreisen ist der Deckungsbeitrag. Vor allem wenn das Zielland ein niedriges Preisniveau vorgibt, ist eine Differenzierung der Kosten nach fixen und variablen Anteilen sinnvoll. Wenn die Umsätze aus dem Inlandsmarkt eine Vollkostendeckung sichern, könnte sich die absolute Preisuntergrenze im Export über die Deckung der variablen Kosten definieren, das heißt die direkten, auftragsbezogenen Herstellkosten, die exportbezogenen Vertriebskosten und die Kosten des Exports – zuzüglich einer angemessenen Gewinnspanne.

13.2 Lieferbedingungen

Auch die vereinbarten Lieferbedingungen beeinflussen die Kosten des Exports und hängen maßgeblich auch von der Wahl des Vertriebsweges ab. Bei der Vertragsgestaltung mit einem Vertriebspartner sind daher unbedingt die Anforderungen an den Import abzuklären und die Verantwortlichkeiten zu definieren. Generell ist zu sagen, dass soweit möglich, die Verantwortung für Entzollung und Inlandstransporte von den Partnern vor Ort übernommen werden sollte, sowohl aufgrund der Kenntnis der lokalen Gesetzgebung, als auch aufgrund der steuerlichen Behandlung der Einfuhrumsatzsteuer.

13.2.1 Incoterms®

Im internationalen Geschäft greifen die Regelungen des BGB und HGB nicht, es sei denn, im Vertrag wird vereinbart, dass deutsches Recht gelten soll. Da dies häufig nicht der Fall ist, sondern andere Rechtsgrundlagen vereinbart werden, ist es besonders wichtig, die Konditionen und Verantwortlichkeiten zwischen Käufer und Verkäufer klar zu definieren. Speziell beim Übergang von Kosten und Risiken des Transportes gibt es zwischen einer „Lieferung ab Werk" und einer „Lieferung verzollt frei Haus" vielfältige Aufteilungsmöglichkeiten. Um den Vertragspartnern aufwändige und detaillierte individuelle Festlegungen zu ersparen, hat die Internationale Handelskammer in Paris (ICC) erstmalig im Jahre 1936 standardisierte Lieferbedingungen (INternational COmmercial TERMS) vordefiniert und diesen 3-stellige Buchstabenkürzel zugeordnet. In Kombination mit einer Ortsangabe und der zugrundeliegenden Version der Incoterms lässt sich damit der Übergang von Kosten und Risiken vereinbaren. Dabei werden die Incoterms® – sofern sie verbindlich in Angebot und Vertrag festgelegt wurden - international akzeptiert und anerkannt, obwohl sie keinen normativen Charakter haben.

Nach der Erstveröffentlichung im Jahre 1936 wurden in unregelmäßigen Abständen neue Versionen der Incoterms® von der ICC veröffentlicht. Die aktuelle Version, die in der Abbildung 13.1 dargestellt wird, ist die 8. und stammt aus dem Jahre 2010.

Bei Anwendung der Klauseln ist eine genaue Beachtung des Wortlauts ratsam – und dabei ist nur die englische Originalfassung maßgeblich. Publikationen in anderen Sprachen sind lediglich zur einfacheren Handhabung übersetzt worden und werden im Streitfall nicht als Grundlage zur Entscheidungsfindung akzeptiert. Die aktuelle Fassung der Incoterms® - häufig zweisprachig verfasst und einschließlich Erläuterungen – ist bei der ICC (www.iccwbo.org), den örtlichen IHK's sowie bei einigen Banken erhältlich.

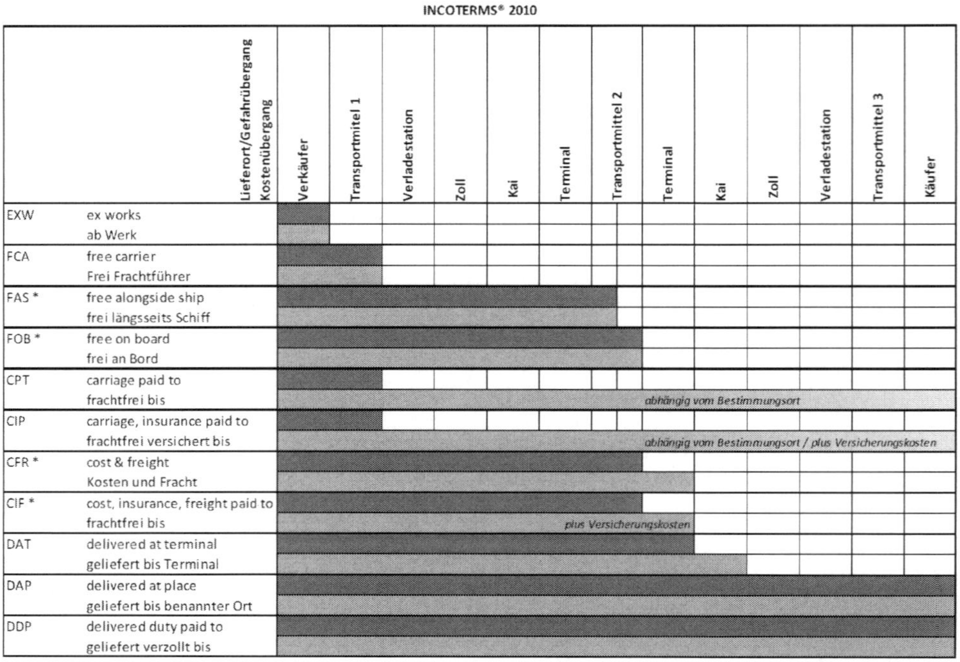

* diese Kürzel werden nur für Seefracht verwendet. Bei anderen, bzw. einer Kombination von mehreren Transportarten sind die anderen, allgemeingültigen Kürzel zu verwenden.

Abb. 13.1 Incoterms® 2010 (Quelle: frei nach ICC und http://www.bundesanzeiger-verlag.de/betrifft-unternehmen/unternehmensrecht/incoterms.html)

13.3 Zahlungsbedingungen

Bei den Zahlungsbedingungen liegen die Interessen von Käufer und Verkäufer für gewöhnlich sehr weit auseinander. Während der Käufer versucht, die Zahlung möglichst spät, idealerweise erst nach seinem eigenen Zahlungseingang aus dem Weiterverkauf, zu leisten, möchte der Verkäufer die Zahlung möglichst frühzeitig, am besten in Form einer Vorauszahlung, erhalten, um den Zeitraum zwischen Kostenanfall und Geldeingang möglichst kurz zu halten. Bei einer ausgeglichenen Verhandlungssituation wird man sich vermutlich in der Mitte einigen.

Bei der Definition von Zahlungszielen geht es im Wesentlichen um die damit verbundenen Finanzierungskosten, denn der Unternehmer wird sich für den Zeitraum zwischen Kostenanfall und Zahlungseingang seine Liquidität zwischenfinanzieren müssen. Der zu finanzierende Zeitraum lässt sich mit Hilfe einer einfachen Formel berechnen.

Angenommene Zahlungsbedingungen:
10% Anzahlung bei Auftragsbestätigung („AB"), 70% bei Lieferung (3 Monate nach AB), 20% 90 Tage nach Lieferung

Angenommener Kostenanfall:
45% 1 Monat nach AB, 45% 2 Monate nach AB, 10% bei Lieferung
Zur Ermittlung der zu finanzierenden Tage setzen Sie sich gedanklich einen Zeitpunkt 0. Dieser könnte zum Beispiel der Tag der Auftragsbestätigung sein. Setzen Sie nun die Zeitpunkte und Prozentsätze von Zahlungseingängen und Kostenaufläufen wie folgt in Relation:

$$(0 \times 10\% + 90 \times 70\% + 180 \times 20\%) - (30 \times 45\% + 60 \times 45\% + 90 \times 10\%) = 49{,}5 \text{ Tage}$$

Bei den vereinbarten Zahlungsbedingungen sind für den Verkäufer somit 49,5 Tage zu finanzieren – zur Ermittlung seiner Finanzierungskosten muss er diese nur noch mit dem Refinanzierungszinssatz seiner Hausbank multiplizieren.

13.4 Zahlungssicherung und Finanzierung

Es empfiehlt sich, sich im Rahmen der Verhandlung von Zahlungsbedingungen bereits um die Absicherung des Zahlungsausfallrisikos zu bemühen. Dies ist im internationalen Geschäft umso wichtiger, da eine gerichtliche Verfolgung der ausstehenden Forderungen häufig schwierig und mit erheblichen Kosten verbunden ist (siehe auch Kapitel 5).

13.4.1 Absicherung von politischen Risiken

Zur Einschätzung des Zahlungsausfallrisikos im internationalen Geschäft sollte man sich zunächst mit den politischen Risiken im Zielland auseinander setzen, die sich in den Länderratings der großen internationalen Ratingagenturen widerspiegeln. Hierbei werden neben der volkswirtschaftlichen Situation des Ziellandes auch die politischen Risiken wie Kriegssituationen, Einfuhrblockaden (Embargo), staatliche Zahlungsverbote (Moratorien), Konvertierungs- oder Transferrisiken betrachtet.

13.4.1.1 Exportkreditgarantien

Politische Risiken können nicht über private Versicherungen, sondern nur über staatliche Versicherungsgesellschaften mittels einer Exportkreditgarantie abgesichert werden – in Deutschland über die Euler Hermes Kreditversicherung-AG in Kooperation mit der PwC Deutsche Revision AG. Der Antrag für eine solche Ausfuhrdeckung erfolgt direkt bei der

Kreditversicherung, z.B. mittels eines Online-Antrags. Die Entscheidung über die Übernahme und die Kosten der Ausfuhrdeckung durch die Euler Hermes Kreditversicherungs-AG erfolgt nach Kriterien der Förderungswürdigkeit, handelsüblicher Vertragsbedingungen und der Vertretbarkeit der verbundenen Risiken.[1]

Aufgrund der Langwierigkeit und Komplexität einer Ausfuhrdeckung empfiehlt sich eine frühzeitige Antragsstellung bereits in der Angebotsphase.

13.4.1.2 Währungsrisiken

Ein weiteres, politisch beeinflusstes Risiko ist das Währungsrisiko, das sich aufteilt in das Konvertierungsrisiko (z.B. fehlende Währungsreserven oder staatliche Devisenbeschränkungen) und Wechselkursschwankungen. Um drohende Verluste aus Wechselkursschwankungen zu vermeiden, empfiehlt es sich, als Vertragswährung den Euro zu definieren oder im Vertrag einen fixen Wechselkurs zu vereinbaren. Dieses Vorgehen wälzt das Risiko von Währungsschwankungen auf den Käufer ab. Bei langfristigen Verträgen könnte auch die Vereinbarung einer Preisgleitformel eine Option sein. Ursprünglich zur Absicherung von Preisschwankungen im Rohstoffhandel gedacht, bietet diese mit veränderten Parametern auch die Möglichkeit, Verluste aus Währungsschwankungen über eine definierte Bandbreite hinaus zu begrenzen.

Sollten eine vertragliche Absicherung über die eigene Währung, feste Wechselkurse oder Preisgleitformeln nicht möglich sein, sollte man auf möglichst stabile, frei handelbare Währungen ausweichen und den kalkulierten Wechselkurs bei der Bank über Devisentermingeschäfte oder Optionen absichern. In Einzelfällen mag sich auch eine Kreditaufnahme oder der Abschluss von Gegengeschäften in der Vertragswährung anbieten.

13.4.2 Absicherung von wirtschaftlichen Risiken

Darüber hinaus birgt immer auch der Geschäftspartner an sich noch ein Zahlungsausfallrisiko. Es empfiehlt sich vor jedem neuen Geschäftskontakt eine Bonitätsauskunft über den Geschäftspartner einzuholen um seine wirtschaftliche Stabilität einschätzen zu können. Da diese Bonitätsauskunft jedoch nur eine Momentaufnahme ist und keine zuverlässige Indikation geben kann, ob der Geschäftspartner zum späteren Zahlungszeitpunkt über die notwendigen finanziellen Mittel und Devisen verfügt bzw. die Ware vertragsgemäß abnimmt, sind Zahlungsbedingungen und Zahlungssicherung sorgfältig zu überlegen.

Die Wahl der Sicherung hängt im Wesentlichen vom Grad des Risikos ab, das der Exporteur bereit ist einzugehen, sowie vom Verhandlungsgeschick der Vertragspartner.

---

[1] Siehe Informationsbroschüre der Euler Hermes Aktiengesellschaft und der Pricewaterhouse-Coopers AG WPG, verfügbar als Download unter: *www.agaportal.de/pdf/info/infobroschuere.pdf*

13.4.2.1 Vorauszahlung/Anzahlung

Die Vereinbarung einer Vorauszahlung ist für den Verkäufer die beste Absicherung, da er den vollen Kaufpreis erhält, bevor die Ware ausgeliefert wird. Dies setzt allerdings eine sehr starke Verhandlungsposition des Verkäufers voraus. Alternativ und in der Regel einfacher durchzusetzen ist die Vereinbarung einer Anzahlung. Da der Käufer hierbei in gleichem Maße ins Risiko geht, wie der Verkäufer sich absichert, wird er als Gegenleistung in der Regel eine Anzahlungsgarantie fordern, die ihm die Rückerstattung des angezahlten Betrages durch eine Bank garantiert, falls der Verkäufer seine Leistung nicht erbringt. Eine solche Anzahlungsgarantie beantragt der Verkäufer bei seiner Hausbank oder einer anderen, vom Käufer akzeptierten Bank. Die Kosten einer Anzahlungsgarantie sind bei der jeweiligen Bank zu erfragen und richten sich nach Höhe und Laufzeit der Garantie. Neben der daraus resultierenden, prozentualen Provision fallen zusätzlich Bearbeitungsgebühren der Bank an.

13.4.2.2 Bankgarantie/-bürgschaft

Bei Zahlungszielen, die zeitlich nach der Lieferung bzw. dem Erbringen der Leistung liegen, kann die Zahlung durch eine Bankgarantie abgesichert werden. Eine solche Garantie ist ein unwiderrufliches Zahlungsversprechen einer Bank, einlösbar bei schriftlicher Anforderung des Verkäufers, und ist rechtlich völlig losgelöst vom Grundgeschäft. Einwände aus dem Grundgeschäft bei strittigen Forderungen sind damit kein Grund, eine Zahlung aus der Garantie zurück zu halten; nur wenn der Auftraggeber seiner Bank innerhalb einer definierten Prüfungsfrist eine rechtsmissbräuchlichen Ziehung nachweisen kann, darf eine Auszahlung zurück gehalten werden. In allen anderen Fällen müssen die am Grundgeschäft beteiligten Parteien sich nach Auszahlung der Garantie über eine mögliche Rückforderung einig werden.

In jedem Fall ist die Sicherheit einer solchen Bankgarantie immer auch abhängig von der Qualität und Zuverlässigkeit der ausstellenden Bank im Käuferland und deckt nicht die politischen Risiken des Landes ab. Die Kosten für das Ausstellen einer solchen Garantie sind je nach Land und Bank unterschiedlich; welcher der Geschäftspartner die Kosten trägt, ist von den Parteien individuell zu vereinbaren.

Zu beachten ist in diesem Zusammenhang noch, dass die Bankgarantie nicht gleichzusetzen ist mit der in Deutschland üblichen Bankbürgschaft, da die Bürgschaft im Gegensatz zur Garantie vom Bestehen einer Hauptschuld abhängig ist und gesetzlich im BGB geregelt ist. Da die Bürgschaft in anderen Rechtssystemen nicht bekannt ist, ist sie im internationalen Geschäftsleben nur dann rechtskräftig einsetzbar, wenn die Parteien deutsches Recht als geltendes Recht vereinbart haben; daher werden im internationalen Umfeld meist die abstrakten Garantien verwendet.

Neben der Zahlungsgarantie unterscheidet man je nach Zeitpunkt des Geschäftsprozesses weitere Arten von Garantien. Die wichtigsten und häufigsten Garantiearten neben der Zahlungsgarantie sind:

- Bietungsgarantie – im Rahmen von internationalen Ausschreibungen vom Anbieter zu liefern. Sie soll sicherstellen, dass der Anbieter die im Angebot gemachten Zusagen einhält und bei Zuschlagserteilung den Vertrag unterzeichnet. Bei Nicht-Einhalten sichert sie dem Ausschreibenden eine Entschädigung, deren Höhe in den Ausschreibungsbedingungen festgelegt wird.
- Anzahlungsgarantien – vom Verkäufer zu liefern zur Sicherung des Rückerstattungsanspruches des Käufers bei geleisteten Anzahlungen.
- Vertragserfüllungsgarantien – vom Verkäufer zu liefern zur Sicherung seiner Vertragsleistungen gegenüber dem Käufer.

13.4.2.3 Akkreditiv

Ein Akkreditiv ist die Verpflichtung einer Bank, unabhängig vom Grundgeschäft dem Verkäufer bei Vorlage bestimmter, im Akkreditiv vereinbarter Lieferdokumente einen definierten Betrag zu zahlen. Die Abwicklung von Akkreditiven wird durch international anerkannte Regelwerke vorgegeben, die von der Internationalen Handelskammer (ICC) in Paris verfasst wurden.

Die Eröffnung eines Akkreditivs erfolgt auf Basis des Liefervertrages und der darin vereinbarten Zahlungsbedingungen. Der Käufer (=Importeur) beauftragt eine in seinem Land ansässige Bank mit der Eröffnung eines Akkreditivs zugunsten des Verkäufers (=Exporteur). Diese sogenannte Akkreditivbank übermittelt das Akkreditiv an die Avisbank im Land des Verkäufers, die das Akkreditiv dem Verkäufer avisiert und je nach Vereinbarung bestätigt. Wenn es zum Warenversand kommt, reicht der Verkäufer die im Akkreditiv vereinbarten Lieferdokumente (z.B. Handelsrechnungen, Frachtbriefe, Ursprungszeugnisse, Versicherungsnachweise) bei der Avisbank ein. Nach Prüfung der Konformität mit den Akkreditivbestimmungen reicht diese die Dokumente weiter an die Akkreditivbank und erhält im Gegenzug die entsprechende Gutschrift zur Weitergabe an den Verkäufer. Die Akkreditivbank leitet die Dokumente an den Käufer weiter und belastet diesen wiederum mit dem vereinbarten Betrag. Mit den erhaltenen Dokumenten kann der Käufer seine Ware entzollen.

In der Regel werden heutzutage nur noch bestätigte Akkreditive eröffnet. Das heißt, die Avisbank bestätigt das Akkreditiv und übernimmt damit für die Akkreditivbank die Zahlungsverpflichtung an den Verkäufer. Dieser hat somit die bestätigende Avisbank im eigenen Land als Schuldner und sichert somit nicht nur das wirtschaftliche Risiko der Zahlung, sondern auch das politische Risiko ab.

Das Akkreditiv ist eine sehr gebräuchliche und sichere Zahlungsart, die jedoch sowohl bei der Eröffnung als auch bei der Abwicklung besondere Sorgfalt erfordert. Die vorgelegten Dokumente werden von den Banken genauestens auf ihre Übereinstimmung mit den Vorgaben des Akkreditivs geprüft und schon geringfügige Abweichungen können eine Zahlung verhindern. Diese ist dann nur noch nach Freigabe des Käufers möglich, was die Zahlungssicherungsfunktion des Akkreditivs wiederum zunichtemacht.

Aus diesem Grund ist ein Akkreditiv nur bei reinen Liefergeschäften sinnvoll, da die Auszahlungsvoraussetzungen mit dem Abschluss der Lieferung erfüllt sind. Sobald für die

Auslösung der Zahlung eine Abnahmebestätigung des Käufers erforderlich ist, ist der Verkäufer vom Goodwill des Käufers abhängig und die Sicherungsfunktion hinfällig.

Eine Sonderform des Akkreditivs ist das Revolvierende Akkreditiv. Dabei handelt es sich um ein Akkreditiv über einen definierten Wert, das vom Verkäufer mehrfach in Anspruch genommen werden kann; nach einer Inanspruchnahme wird der Akkreditivbetrag wieder auf den Ursprungswert aufgestockt. Diese Variante bietet sich bei regelmäßigen Lieferungen gleicher Ware über einen längeren Zeitraum an.

13.4.2.4 Dokumenteninkasso

Bei einem Dokumenteninkasso handelt es sich wie beim Akkreditiv um den Auftrag des Exporteurs an eine Bank, Dokumente gegen Bezahlung eines Geldbetrages oder, bei eingeräumten Zahlungsziel, gegen Akzeptierung eines Wechsels auszuhändigen. Das Risiko der Zahlungsunfähigkeit oder –unwilligkeit des Käufers bleibt jedoch beim Exporteur, da im Gegensatz zum Akkreditiv die Bank kein Zahlungsversprechen abgibt. Auch der Käufer = Importeur behält das Risiko hinsichtlich Qualität der Ware, Pünktlichkeit der Lieferung und Vollständigkeit der Dokumente für die Entzollung. Damit erfordert das Dokumenteninkasso eine gewisse Vertrauensbasis zwischen den Parteien und ist nur bedingt zur Zahlungssicherung geeignet.

13.4.3 Liquiditätssicherung und Finanzierung

In jedem Fall ist bei der Vereinbarung von Zahlungszielen sicherzustellen, dass die Kosten für die eigene Refinanzierung kalkuliert werden. Immerhin sind Sie ja mit Ihren Produktionskosten zum Zeitpunkt der Lieferung bereits in Vorleistung gegangen. Eine kostenbewusste Definition der Zahlungsbedingungen berücksichtigt daher sowohl die Geldabflüsse, d.h. die Kosten der Produktion, Lagerung, Transport, die Geldzuflüsse, d.h. eingehende Zahlungen, als auch die Refinanzierungskosten für den Zeitraum zwischen dem Entstehen der Kosten und dem Zahlungseingang (s. Abschnitt 13.3).

Eine möglichst frühzeitige Zahlung des vollständigen Preises, am besten gar eine Anzahlung oder Vorauszahlung, ist somit oberstes Ziel eines jeden Unternehmers und steht konsequenterweise im Widerspruch zu den Interessen des Käufers. Ein erfolgreicher Geschäftsabschluss wird von beiden Seiten Kompromissbereitschaft erfordern. Außerdem bietet ein längeres Zahlungsziel und damit ein Finanzierungsangebot an den Käufer dem Verkäufer auch die Möglichkeit, sich vom Wettbewerb zu differenzieren.

13.4.3.1 Sicherung kurzfristiger Zahlungsziele

Zur Finanzierung von Zahlungszielen bis zu einem Jahr hat sich neben einem Kontokorrentkredit oder einem Exportvorschuss der Bank inzwischen der Verkauf der Forderungen etabliert. Im Bereich der kurzfristigen Forderungen bis zu einem Jahr spricht man dabei von Factoring, beim Verkauf von mittel- und langfristigen Forderungen von Forfaitierung. Der Verkauf erfolgt an eine Bank oder ein spezialisiertes Finanzunternehmen, den

„Factor“ oder „Forfaiteur“. Der Einfachheit halber beschränkt sich der weitere Text auf den Begriff des „Factors“.

Durch den Verkauf der Forderungen sichert sich der Verkäufer sofortige Liquidität und gibt die Finanzierung des Zahlungsziels sowie das Risiko des Zahlungsausfalls an den Factor weiter. Darüber hinaus übernimmt der Factor die Debitorenbuchhaltung und das Inkasso- und Mahnwesen für die übernommenen Forderungen. Als Ausgleich verlangt der Factor eine Factoringgebühr und diskontiert die Forderung in Abhängigkeit des Ausfallrisikos (Delkredererisiko) ab. Der Abschlag liegt bei risikoarmen Forderungen im niedrigen Prozentbereich, erhöht sich aber deutlich bei schlechtem Länder- oder Kundenrating.

Die Vorteile des Factorings liegen auf der Hand: Der Unternehmer verbessert seine Liquidität und kann das Zahlungsausfallrisiko weitergeben an den Factor. Die Übernahme der Debitorenbuchhaltung und des Mahnwesens durch den Factor entlastet außerdem die eigene Verwaltung.

Diesen Vorteilen stehen die Kosten des Factorings gegenüber, sowie ein gewisses Abhängigkeitsrisiko zum Factor und – bei Bekanntwerden des Factorings – möglicherweise eine Beeinträchtigung des Kundenverhältnisses.

Ein paar Voraussetzungen sind beim Forderungsverkauf allerdings zu beachten. Zunächst muss die Forderung eindeutig berechtigt sein und damit unstrittig. Forderungen, deren Zahlung von Kundenabnahmen abhängt, werden ungern bzw. nur mit großen Risikoabschlägen angekauft. Besser verkaufen lassen sich Forderungen aus Lieferungen sowie aus klar definierten und erbrachten Leistungspaketen.

Außerdem sind Factorunternehmen meist nur am Ankauf hoher Forderungswerte, und damit nicht unbedingt an Einzelforderungen interessiert – es sei denn, diese sind entsprechend hoch. Die Mindestankaufswerte am Markt bewegen sich um eine Höhe von 1 Million EUR, der Wert variiert von Bank zu Bank. Es bietet sich also an, gleich ein ganzes Paket von Forderungen oder den gesamten Forderungsbestand zu verkaufen.

13.4.3.2 Sicherung mittel- und langfristiger Zahlungsziele

Mittelfristige, d.h. 1 bis 4 Jahre, und langfristige Zahlungsziele, d.h. länger als 4 Jahre, finden sich vorwiegend im Bereich des Anlagengeschäfts bzw. bei Investitionsgütern. Hierfür bieten große Geschäftsbanken sowie die staatlichen Gesellschaften KfW (Kreditanstalt für Wiederaufbau) und AKA (Ausfuhrkredit-Anstalt) den exportierenden Unternehmen Kreditlinien für die Gewährung von Lieferanten- oder Bestellerkrediten an. Beim Lieferantenkredit gewährt der Verkäufer dem Käufer ein langfristiges Zahlungsziel und belastet dabei seine eigene Bilanz, beim Bestellerkredit erfolgt die Bereitstellung der Mittel durch die Bank und belastet die Bilanz des Exporteurs nicht.

Weitere Finanzierungsinstrumente im langfristigen Bereich sind neben dem bereits beschriebenen Forderungsverkauf (in diesem Fall Forfaitierung), Projektfinanzierungen oder Leasingkonstrukte. In allen Fällen empfiehlt es sich, einen erfahrenen Finanzpartner für den Abschluss und die Besicherung der Finanzierungsmodelle einzubinden. Charakteristisch für die Projektfinanzierung ist die Abstellung der Finanzierung auf die erwarteten Erträge aus dem zu finanzierenden Projekt. Voraussetzung hierfür sind detaillierte

Businesspläne sowie das Vertrauen der Finanzgeber in den Erfolg des Projekts und das verantwortliche Management. Internationale Großbanken haben spezialisierte Abteilungen, die die vom Käufer vorgelegten Businesspläne analysieren und bewerten und ein maßgeschneidertes Angebot für eine Projektfinanzierung erstellen. Vor allem in Kombination mit einer Exportkreditgarantie (siehe Abschnitt 13.4.1.1) wird die betreffende Bank das Finanzierungsrisiko möglicherweise voll oder teilweise übernehmen.

Zur Absatzförderung im Investitionsgüterbereich oder auch zur Finanzierung eigener Investitionen im Ausland hat sich Leasing als Finanzierungsinstrument etabliert. Hierbei wird das Investitionsobjekt von einer Leasinggesellschaft im Auftrag des ausländischen Nutzers gekauft und an den Nutzer, d.h. Leasingnehmer vermietet. Vor allem das Cross-Border-Leasing, bei dem Leasingnehmer und Leasinggeber in unterschiedlichen Ländern sind, kann für beide Parteien interessant sein, da es sich für den Leasingnehmer häufig bilanzneutral auswirkt, und es für den Leasinggeber steuerliche Vorteile bringen kann. Das Risiko des Zahlungsausfalls wird auch hier ganz oder teilweise von der Leasinggesellschaft übernommen.

13.5 Zusammenfassung

Die Preiskalkulation und damit die Wirtschaftlichkeit im Exportgeschäft ist von vielen Variablen abhängig. Zusätzlich zu den Herstell- und Gemeinkosten im Ursprungsland kommen Kosten des Exports hinzu, die je nach Gestaltung der sonstigen kommerziellen Vertragsbedingungen stark variieren können. Die Liefer- und Zahlungsbedingungen, die wirtschaftlichen und politischen Risiken des Ziellandes und die Bonität der Vertragspartner sind sorgfältig zu prüfen und abzuwägen. Banken und Versicherungsgesellschaften bieten vielseitige Möglichkeiten der Absicherung, deren Kosten wiederum die Wirtschaftlichkeit beeinflussen und je nach Risikobereitschaft und Vertrauensverhältnis der Vertragspartner einsetzbar sind.

Arbeit mit Budget: Sales and Marketing Planning 14

Rainer Hornschild

14.1 Erstellung eines Vertriebs- und Marketingplans

Die Aufstellung eines Vertriebs- und Marketingplans ist von großer Bedeutung für das Projekt Markteintritt in ein Land. Immer sind Investitionen zu tätigen, die auch ihren ROI haben müssen und es werden Annahmen und Zusagen von verschiedenen Kreisen gemacht, deren Einhaltung überwacht werden will.

Ob als eigene Landesorgansisation oder in Partnerschaft mit einem Importeur und Händler, es sollte immer eine solche Planung erstellt werden. Sie dient als Führungsinstrument und Leitplan für alle Beteiligten. Sie dient auch für die Grundlage einer Vertriebskalkulation (siehe Abschn. 14.1.1).

Ebenso kann dieses Instrument auch für die Vorplanung von Investitionen und Kapazitäten in der Produktion genommen werden; bei Überseetransport auch für die rechtzeitige Reservierung von Frachtraum dienen.

Allen voran steht eine gründliche Marktanalyse. Weiterhin sollte der Planungshorizont mindestens 3 Jahre, jedoch am besten 5 Jahre betragen und revolvierend jedes Jahr neu erstellt bzw. überarbeitet werden. In der Anfangsphase ist ggfs. eine halbjährliche oder quartalsmäßige Angleichung zu empfehlen. Gerade für saisonlastige Verkäufe sollten diese Pläne monatsweise heruntergebrochen werden.

14.1.1 Beispiel

Abb. 14.1 bis 14.10 stellen Auszüge aus einem Marketingplan für ein Projekt „Einführung deutscher Markenschokolade in China" dar.

Tab. 14.1 Themenliste für eine Vertriebs- und Marketingplanung

Kapitel	Inhalt z.B.
Absatzkanäle	Beschreibung der geplanten Absatzkanäle Großhandel (Wholesale) Key Account Internet-Handel
Key Account	Welche Ketten, was soll gelistet werden, wer hält den Kontakt bzw. baut auf, welcher Aufwand ist zu erwarten
Großhandel (Wholesale)	Welche Städte, Regionen, Provinzen, Landesteile werden angesprochen
Marketingunterstützung	Marketingmaßnahmen: via Medien (TV, Radio, Zeitung, Internet) am POS (Promotion, Handzettel); Planung der Maßnahmen auf Zeitachse
Absatzerwartungen	(Artikelweise) heruntergebrochen auf Organisationsebene, bzw. Landesteile oder Städte
Ausgaben/Investitionen	Für: Marketingmaßnahmen, Listungen, Vertragsgebühren, Sonderaktionen, Werbung, Haus- und Jubiläumsboni etc.
Kosten/ Aufgabenverteilung	Zwischen Produzent und Händler; Margenplanung

Abb. 14.1 Marketingplan Folie 1

Direct sale

- Direct sale to：

  METRO、OLE、WATSONS, 7eleven, Wu Mart, Beijing Hualian, Lianhua Supermarket

- Purpose：

  1. Get into the targeted POS quickly and to form a marketing model;
  2. Can take the direct sales data quickly and precisely.

Abb. 14.2 Marketingplan Folie 2

Sales of distribution

Unit：RMB

	number of cities	number of retailers	amount of sale	
			Producer	distributer
first year	10	200	3,470,000	1,492,100
second year	30	600	11,451,000	4,923,930
third year	38	760	22,520,300	9,683,729
total	38	760	37,441,300	16,099,759

Abb. 14.3 Marketingplan Folie 3

Total sales

Unit: RMB

	number of cities	number of retailers	amount of sale	
			Distributor's turnover	Producer's turnover
first year	10	1,300	12,196,571	4,118,798
second year	30	2,000	24,658,186	8,899,293
third year	38	2,360	42,514,966	15,702,124
total	38	2,360	79,369,724	28,720,214

Abb. 14.4 Marketingplan Folie 4

Share of Marketing expense

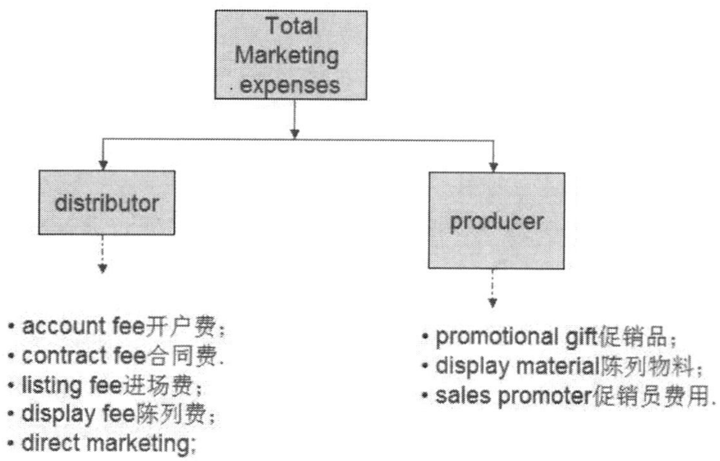

Abb. 14.5 Marketingplan Folie 5

Direct marketing expenses

Unit: RMB

name of retailer	number of shop	one year's turnover	account fee		contract fee		total	
			amount	Percent age on cost	amount	Percent age on cost	amount	percentage
METRO	54	1,535,143	100,000	6.5%	153,514	10.0%	253,514	16.5%
Ole	20	405,714	50,000	12.3%	40,571	10.0%	90,571	22.3%
Watsons	1,000	6,785,714	200,000	2.9%	678,571	10.0%	878,571	12.9%
Total	1,074	8,726,571	350,000	4.0%	872,657	10.0%	1,222,657	14.0%

- contract fee: should pay every year, increase 1% for each year.

Abb. 14.6 Marketingplan Folie 6

Other marketing expenses

➢Listing fee for 1st year:

- **Direct sale:**

Unit: RMB

first year	Name of ratailer	number of shops	number of SKU	listing expenses		turnover of producer's price	expenses rate
				each SKU each shop	total		
listing fee	METRO	54	7	1,000	378,000	462,078	81.80%
	Ole	20	7	800	112,000	122,120	91.71%
	watsons	1,000	5	150	750,000	2,042,500	36.72%
	Total	1,074	-	-	1,240,000	2,626,698	47.21%

- **Distribution:**

	number of city	number of shops	number of SKU	listing expenses		turnover of producer price	expenses rate
				each SKU each shop	total		
Listing fee	10	200	7	1,000	1,400,000	1,492,100	93.83%

- total of listing expenses for 1st year: RMB 2,640,000

Abb. 14.7 Marketingplan Folie 7

Other marketing expenses

➢ other promotion expenses for 1st year:

Unit: RMB

	number of cities	number of shops	price of expenses			turnover of producer price	expenses rate
			times	price for each time each shop	total		
display material	10	150	4 times per year	300	180,000	4,118,798	4.37%
promotional gift				400	240,000		5.83%
wages of sales promoter				1,500	900,000		21.85%
management fee of sales promoter				1,200	720,000		17.48%
Total					2,040,000		49.53%

• total: RMB 2,040,000

Abb. 14.8 Marketingplan Folie 8

Other marketing expenses

➢ Listing fee for 2nd year and 3rd year:

• **Direct sale:**

Unit: RMB

name of retailer	listing fee for 2nd year	listing fee for 3rd year
METRO	94,500	94,500
Ole	33,600	33,600
Watsons	150,000	150,000
Total	**278,100**	**278,100**

Abb. 14.9 Marketingplan Folie 9

Other marketing expenses

➢ **Other promotion expenses for 3rd year:**

Unit: RMB

	number of cities	number of shops	price of expenses		
			times	price for each time each shop	total
display material	38	400	4 times per year	300	480,000
promotional gift				400	640,000
wages of sales promoter				1,500	2,400,000
management fee of sales promoter				1,200	1,920,000
Total					5,440,000

Abb. 14.10 Marketingplan Folie 10

14.2 Kalkulation

Ein wichtiger Bestandteil der täglichen Arbeit im Vertrieb ist die dazugehörige Vertriebskalkulation. Unterstellt wird dabei, dass die Kalkulation von Herstellkosten sach- und funktionsgerecht oder betriebsspezifisch bereits gelöst ist und hier nicht weiter betrachtet werden muss bzw. als vorhanden vorausgesetzt werden kann.

Gerade bei einem Markteintritt ist es wichtig zu wissen, wo man sich kalkulatorisch bewegt. Sind doch in dieser Phase Marktinvestitionen und Eintrittsbarrieren zu überwinden und können schnell zu einem finanziellen Fiasko führen.

Auch sollte die Kalkulationshoheit in einem Betrieb klar geregelt sein, besonders dann, wenn es sich um einen großen Stab von Vertriebsmitarbeitern handelt oder mit externen Handels- und Vertriebspartnern gearbeitet wird. Bei der Vertriebskalkulation gilt die „Top-down" Betrachtung, d.h. man kalkuliert vom Verbraucherpreis als Zielgröße.

Eine grobe Annäherung bzw. Mittelwert für den Übersee- Export zeigt Tab. 14.2.[1]

Basis der Vertriebskalkulation ist das Vertriebsbudget (vgl. Abschn. 14.1) und die vorhandene Marktanalyse mit der Festlegung der angestrebten Verbraucherpreise.

In der Abb. 14.11 ist ein konkretes Kalkulationsbeispiel vorgestellt.

1 Morasch/Bartholomae, 2011, S.29

Tab. 14.2 Durchschnittsfaktoren in der Kalkulation beim Export

Kategorie	
Transportkosten (Frachtkosten, Zeitverzögerungen)	21 %
Zölle, Genehmigungen	10 %
Sprachbarrieren, Übersetzungen, Deklarationen	9%
Wechselkursdifferenzen	19%
Ausgaben für Kommunikation/ Informationsbeschaffung	10%
Versicherungen, Kreditabsicherung	5%
Zwischen-Nationale Kosten Summe	*74%*
Kosten im Zielland (Vertriebskosten)	96%
Summe des Aufschlags insgesamt	**174 %**

Einzelpreiskalkulation (Basis: Landeswährung)	*Preis*	*%*
Verbraucherpreis (LVP) incl. VAT/MwSt	**16,500**	**317,0%**
VAT	2,805	17,0%
Nettopreis LVP	**14,103**	**150,0%**
Händlermarge/key account	7,051	50,0%
Listenpreis VK	**7,051**	**100,0%**
Boni, Skonti	0,176	2,5%
Rückvergütung	0,353	5,0%
Vertragsrabatt	0,141	2,0%
Zentrallagerrabatt	0,353	5,0%
Regional- Filialrabatte	0,035	0,5%
Netto Preis Abgabe	**5,994**	**85,0%**
anteilige Kosten für		
Werbekostenzuschuß Händler	0,564	8,0%
Listungsgebühren	0,353	5,0%
Positionsgebühr	0,141	2,0%
Promotionen/ Verkostungen	0,212	3,0%
Netto/Netto Preis	**4,724**	**67,0%**
Ausgangsfrachten	0,529	7,5%
Abschriften Lager/Schwund	0,035	0,5%
Preis ab Station	**4,160**	**59,0%**
Lagerkosten	0,113	1,6%
Komissionierung	0,141	2,0%
Vetriebskostensatz (Personal,Versicherung, Büro, Marketing, QS etc.)	1,058	15,0%
ddp Preis Lager (Landeswährung)	**2,849**	**40,4%**
Währungsrisiko (ggfs)	0,007	0,1%
Verzollungsgebühren/Abwicklungsgebühren	0,071	1,0%
Zollsatz	0,571	8,1%
Abgabepreis Produktionswerk in Landeswährung (cif, Basis RMB 8,23)	**2,200**	**31,2%**
Abgabepreis Produktionswerk in EUR (cif)	**0,267**	**100,0%**
Ausgangsfrachten incl Versicherung in EUR	0,013	5,0%
Vertriebskosten Mutterunternehmen	0,001	0,5%
Herstellkosten in EUR	**0,253**	**94,5%**

Abb. 14.11 Kalkulationsbeispiel

14.2.1 Arbeit mit Preislisten und Kontrolle des Preisniveaus

Die logische Fortsetzung der Kalkulation ist die Weiterführung in eine Preisliste. Die Erstellung einer solchen soll gemäß Abschn. 14.1.1 eine Bruttopreisliste darstellen, die sowohl dem Händler einen Anhaltspunkt für die Steuerung des Preisniveaus an die Hand geben als auch ein Führungsinstrument für den Vertrieb sein soll. Die Preise sind Vorgabepreise, Konditionen, Rabatte davon sind jeweils mit Autorisationen verbunden. Nur berechtigte Vertriebsmitarbeiter dürfen bestimmte Konditionen geben.

Die einzelnen Konditionsschritte sind genau mit dem Händler abzusprechen, z.B. sollten Jubiläumsrabatte nur für Aktionen in einem abgesprochen Zeitraum und begrenzt gegeben werden, Werbekostenzuschüsse müssen bestimmte Leistungen des Händlers beinhalten. Es gilt, keine Leistung ohne Gegenleistung. Diese sollten dokumentiert und überwacht werden. Es kommt immer wieder vor, besonders bei Markteintritten, dass man viel verspricht, Konditionen und Zuschüsse einnimmt, aber keine Gegenleistung erhält. Im Gegenteil – der Händler sieht dies als Preisreduzierung und setzt seine LVP herab, z.B. um schnell an die Rückvergütungsrabatte zu kommen. Eine solche Handlungsweise führt sehr schnell zu einer Marktverzerrung, an der andere Marktteilnehmer sich orientieren, bzw. wird eine weitere Vertriebsarbeit schwierig. Parallel führt dies zu einer Fehlpositionierung des Produktes, welche nur mit extremem Aufwand korrigiert werden kann. Die vereinbarten Leistungen bedürfen einer Überwachung und müssen auch in die Organisations- und Personalplanung einbezogen werden. Gerade in den Wachstumsmärkten (wie auch im Heimatland) ist darauf zu achten, dass man von Anfang an eine systemgestützte Gleichbehandlung[2] erreicht, d.h. dass Leistungen gleicher oder adäquater Form gleich vergütet werden. Dies insbesondere, da in den erwähnten Märkten ein dynamischer Konzentrationsprozess herrscht und sich dadurch Transparenz durchsetzt.

In vielen Ländern ist die unverbindliche Preisempfehlung (vgl. Abschn. 14.2.3) rechtlich nicht durchsetzbar. Daher ist in dieser Frage eine enge Abstimmung mit den Partnern notwendig, ggfs. vertraglich (mit Sanktionen) zu sichern.

Preislisten sollen auch mit den eigenen Liefer- und Leistungsbedingungen verbunden sein, inkl. der Regelung eines Gerichts- oder Schiedsgerichtsstand.

14.2.2 Konditionensysteme

Der Handel ist in Erfindung von Konditionen sehr kreativ. Gerade in den Wachstumsländern werden Konditionensysteme gerne kopiert und teilweise mit extrem überzogenen Forderungen versehen, obwohl die Leistungen nicht vergleichbar sind. Die Argumentation, warum eventuelle Forderungen wesentlich über denen des Heimatlandes liegen, ist oft sehr phantasiereich. Hier gilt extreme Vorsicht, manchmal ist auch der Verzicht auf ein

---

[2] Peppel, Marketing, Oldenbourg Verlag, München-Wien, 3. Aufl., 2000, S.583

Geschäft besser, als ein übereilter Markteintritt. Besser ist es dann, zunächst den Markt zu sondieren und vielleicht bei einer kleineren, aber von den Konditionen überschaubaren, Organisation anzudocken.

Ist der erste Eintritt dann geschafft, kann dieser als Referenz dienen. Vor allem existiert dann ein Richtpreis im Markt, der als Indikator bzw. als Leitwert dient.

Neue Marktteilnehmer werden besonders mit hohen Konditionen belastet, gerade wenn der Händler erkennt, dass er für den Markteintritt eine Schlüsselrolle hat. Auch kommt es häufig vor, dass Listungsgelder, Regalplatzzuschüsse etc. kassiert werden und nach einer kurzen Präsenz die Produkte entlistet werden oder im Sonderverkauf landen. Ist diese Gefahr gegeben, kann man im ersten Anlauf eine saisonale oder zeitlich befristete Listung für eine Aktion verhandeln, bei der diese Konditionen nicht oder geringer anfallen und sowohl das finanzielle Risiko minimieren, als man auch die Wirksamkeit der Handelsorganisation prüfen kann.

Im Exportland kann man fünf Kategorien von Konditionen[3] (hier die wichtigsten Konditionsarten im Überblick) unterscheiden:

1. Zahlungskonditionen
   - Skontovergütungen
   - Inkassovergütungen
   - Delkredere
2. Mengen- und Lieferkonditionen
   - Auftragsmengenvergütung (abhängig von Auftragsmenge)
   - Vordisposition, Frühbuchungskondition
3. Kaufvolumenkonditionen
   - Mengenstaffel
   - Rückvergütungen
   - Jahresbonus
   - Umsatzerreichungsprämien
4. Marktbearbeitungskonditionen
   - Listungsgelder
   - Regalplatz (Zweitplatz, Stammplatz) Vergütung
   - Hausmessen
   - Sonderpreis-, Aktionsrabatte
   - Werbekostenzuschuss (bis zu 50 % der Werbekosten des Handels)
   - Hauseröffnungsrabatte
   - Handzettelgelder

[3] Steffenhagen, 1995, S.50 ff

5. Nichtleistungskonditionen
   - Beruhen oft auf Marktmacht und (wie oben bereits beschrieben) auch auf die Situation des Neuankömmlings, oft wird das begründet mit den enormen Vorleistungen des Händlers zum Aufbau seines Systems
   - Jubiläumsrabatte
   - Vollsortimentsrabatt
   - Modernisierungsrabatte u.va.

Eine weitere wesentliche Zahlungs- und auch Planungsgröße ist das zu vereinbarende Zahlungsziel.

In manchen Volkswirtschaften ist dies ein mentalitätsgetriebener Punkt. So können zwar die vereinbarten Zahlungsziele im normalen Rahmen liegen, aber in der Realität schnell über ein halbes oder gar ganzes Jahr wachsen. Zu empfehlen ist daher unbedingt die Einholung von Informationen bei den AHKs, bei Wettbewerbern oder landerprobten Industriepartnern (z.B. Lieferanten) oder auch bei den Wirtschaftsabteilungen der Botschaften. Gerade dieser Punkt kann die Liquidität enorm beeinflussen. Z.T. sind auch steuerliche Fristen z.B. bei der Rückvergütung von VAT zu beachten oder auch der Rücklauf dieser. Die meisten Länder kennen nicht den Mehrwertsteuer-Ausgleich bei Überhängen, sondern erwarten, dass der Verkäufer diese bei seinen Kunden eintreibt. Somit verzögert sich die Rückzahlung der Mehrwertsteuer (VAT) mit den Zahlungszielen. Auch bei Staatsaufträgen kann es zu Verzögerungen der Zahlungen kommen, jüngste Beispiele zeigte die Finanzkrise in Griechenland mit Zahlungsverzögerungen bis zu 36 Monate bei Staatsaufträgen.

14.2.3 Arbeiten mit Preisempfehlungen oder Vorgaben (UVP)

Zu unterscheiden sind zwei Formen der VPE: *Verbraucherpreisempfehlung* und *Händlerpreisempfehlung* oder *Handelspreisempfehlung*. Unterscheidungskriterium ist der jeweilige Adressatenkreis. Verbraucherpreisempfehlungen werden den Verbrauchern unmittelbar bekannt gemacht, etwa durch Verpackungs- oder Etikettenaufdruck, durch Preisangabe in der Medienwerbung oder in Katalogen mit deutlichem Zusatz der Unverbindlichkeit des Preises. Dabei muss es sich um eine Markenware handeln, das sollte vor einem Neueintritt geprüft werden, um nicht gleich nach Landes(kartell-)recht in eine Rechtsfalle zu geraten. Händlerpreisempfehlungen sind Wiederverkaufspreise, die den Weiterverkäufern in Handel und Dienstleistungsgewerbe empfohlen werden, aber nicht unmittelbar an die Endverbraucher kommuniziert werden (z. B. Bruttopreislisten, Händlerkataloge).[4]

Bereits in Abschn. 14.2.2 wurde beschrieben, wie schwierig die Arbeit mit UVP und dessen Einhaltung ist. Gerade der Markteintrittsneuling dient dabei gerne als Alibi für einen Preiskampf des Händlers mit einem anderen Wettbewerber oder wegen dessen Disziplinierung. Deshalb ist es wichtig sich über die Strategie und das eigentliche Ziel klar zu

[4] Schenk, S. 263–278.

werden. Geht es mehr um eine Disziplinierung oder Domestizierung eines oder mehrerer Wettbewerber, dann kann eine so beschriebene Situation zur Strategie passen. Will man aber eher den langfristigen und nachhaltigen Marktaufbau betreiben, so ist von den kurzen Erfolgen Abstand zu nehmen.

Immer im Auge haben sollte man bei der Anwendung einer Preisempfehlung bzw. Preisbindung das landesspezifische Kartellrecht. Im Zweifelsfalle sollte immer lokale Rechtsberatung erfolgen.

Wesentliche Vorteile[5] eines Preissystems, sofern zulässig, ist für den

- Hersteller
  - die Preispositionierung wird gesichert
  - die Steuerung der Harmonie der Preise von Artikel und Produktgruppen wird erhöht
  - Störungen durch Preisverwerfungen im Markt sind minimiert
  - Markenwert wird definiert
- Händler
  - Transparenz in der Kalkulation
  - feste Marge
  - manueller Aufwand wird durch Aufdruck am POS minimiert
  - Schutz besonders der Kleinhändler gegenüber preisaggressiven Ketten (besonders wichtig in Märkten mit hoher Diversität)
  - Positionierung und Segmentierung des Portfolios ist einfacher und transparenter
- Verbraucher
  - Transparenz: Bereits in der Werbung werden dem Verbraucher Vorzüge und Preis benannt
  - Einkauf wird erleichtert, da sich umfangreiche Preisvergleiche erübrigen

14.3 Zusammenfassung

Ob mit fremder Unterstützung oder eigener Organisation, es ist unabdingbar, mit einer guten Budgetplanung und artikelbezogenen Kalkulationen zu arbeiten. Auch wenn der Eintritt strategisch gesehen wird und dafür ein Sonderbudget für den Start vorhanden ist, sollte dies beachtet werden.

Sehr schnell sind die Mittel erschöpft, ohne das Ziel erreicht zu haben. Das Budget muss Fremdausgaben für Werbekostenzuschüsse, Listungsgebühren etc. vorgeben, die Preisliste die notwendige Preis-Position definieren. Ein permanentes Controlling, gerade in der Anfangszeit (Minimum auf monatlicher Basis), sollte im Tagesgeschäft eingeplant sein.

---

[5] Auszugsweise aus Pepels, 1998, S 121ff

Literatur

K. Morasch, F. Bartholomae, Internationale Wirtschaft, UVK Verlag, Konstanz, 2011

W. Pepels, Einführung in das Preismanagement, R. Oldenbourg Verlag, München-Wien, 1998

Peppel, Marketing, Oldenbourg Verlag, München-Wien, 3. Aufl., 2000

Hans-Otto Schenk: Vertikale Preisempfehlung. In: Franz Böcker (Hrsg.): Preistheorie und Preisverhalten. Vahlen, München 1982, S. 263–278

H. Steffenhagen, Konditionengestaltung zwischen Industrie und Handel, Ueberreuter Verlag, Wien 1995

15 Business Plan für den Markteintritt in das neue Land

Rainer Hornschild

15.1 Arbeiten mit Importeur und Händler

Im Abschn. 5.2 wurde bereits die Entwicklung einer Distribution mittels Importeur und Händler beschrieben. Zur Hilfe bei der Auswahl seien im Nachfolgenden einige Hinweise gegeben.

15.1.1 Spezifika und Kriterien

Tab. 15.1 zeigt, welche Kriterien für die Auswahl eines Importeurs besonders wichtig sind.

15.1.2 Beispiel

In Abb. 15.1 ist ein Beispiel der Budgetierung beim Händler und in Abb. 15.2 beim Produzenten vorgestellt. Anhand eines solchen Budgets soll dann eine unterjährige Detailplanung folgen, sowie das Vertriebscontrolling ansetzen.

Die Abbildungen 15.1 und 15.2 sind Auszüge aus einer Vertriebsplanung für die Einführung einer deutschen Markenschokolade in der VR China.

Tab. 15.1 Auswahlkriterien für Importeur

Größe des Unternehmens	Mitarbeiter , Umsatz, Tonnage – Ableitung Größe, ob sie zu einem passen kann, Ziel: Partner in Augenhöhe Hat man (ein) eigene(s) Lager (Läger)? Kostenstruktur, Abdeckung der Landeslogistik; lokale Präsenz
Unternehmensalter	Wie viele Jahre existiert das Unternehmen? Möglichst Unternehmen wählen mit mehr als fünf Jahren Existenz, andernfalls existiert ein hohes Ausfallrisiko oder unterdurchschnittlicher Erfolg, oder aber man entwickelt eine Alternative für den Ausfall.
Produktportfolio	Welche Produkte und Firmen werden vertreten? Erfahrungen in dem Segment, Erfolgsbewertung, ggfs. Findung von Referenzen Sind Konkurrenzprodukte oder Produkte mit konkurrierenden Effekten dabei? Möglichst Konkurrenzsituation vermeiden, auch bei noch so guten Argumenten
Organisation	Wie funktioniert der Vertrieb? Gute Organisation deutet auf gute Erfolge und Schlagkraft hin, Wie viele Mitarbeiter im direkten Vertrieb?
Welche Kunden	Großhändler, Einzelkunden, Handelskunden; gibt es Key-Account-Verkäufe oder Großhandelsverkauf? Lage und Anzahl der erreichten Outlets im Land (Distributionsgrad)
Erfahrungen	Welche Erfahrung mit Markteintrittsprodukten – Storytelling gibt Hinweise auf Kreativität, Engagement, Potenz
Führungsinstrumente	Gibt es Marketingbudgets? Existiert ein Vertriebscontrolling? Gibt es Key-Account-Verkäufe oder Großhandelsverkauf?
Lager	Welche Größe der Läger? Lage der Läger zu Hafen, Autobahn, Eisenbahn, zu Kunden Welche technische Ausstattung (z.B. Kühlmöglichkeiten, Klimatisierung, Ausrichtung auf Schwerlastladungen, Slip-Sheet-Containerentladungen etc.)? Umschlagshäufigkeit
Verzollung	Wer macht die Zollabwicklung (eigen oder fremd)? Erfahrung, Zuverlässigkeit, Geschwindigkeit
Referenzen	Mit welchen Banken wird zusammengearbeitet? Referenzen, erste Hinweise Bonität In welchen Organisationen ist man Mitglied? Referenz, Network
Gesamtbeurteilung	Machen Sie eine Gesamtbeurteilung der Kriterien (z.B. 1 bis 10) und bewerten Sie alle Kriterien. Wichten Sie diese nach Ihren Bedürfnissen Wie ist die Entwicklung des Unternehmens (statisch-dynamisch-exponentiell)? Einschätzung zum Management und Marktposition

Marketing & Sales Planning (base:RMB)	1. Jahr	2.Jahr	3.Jahr	4.Jahr	5.Jahr
geplanter Umsatz Retail/ Verbraucherpreise (incl. VAT)	15.000.000	20.000.000	25.000.000	35.000.000	40.000.000
Abgabe Preis Händler (VK)	11.111.111	14.814.815	18.518.519	25.925.926	29.629.630
Einkaufspreis cif	7.407.407	9.876.543	12.345.679	17.283.951	19.753.086
VAT 17%	1.322.222	1.762.963	2.203.704	3.085.185	3.525.926
Verzollung	370.370	493.827	617.284	864.198	987.654
Rohertrag Distributeur	2.011.111	2.681.481	3.351.852	4.692.593	5.362.963
in %	27,2%	27,2%	27,2%	27,2%	27,2%
Abgabepreis (cif in **RMB**)	7.407.407	9.876.543	12.345.679	17.283.951	19.753.086
Abgabepreis (cif in **EUR**)	897.868	1.197.157	1.496.446	2.095.024	2.394.314
Ausgangfrachten	89.787	119.716	149.645	209.502	239.431
Marketinghilfen Händler	71.829	95.773	119.716	167.602	191.545
Ausgaben f. Versandnebenkosten, Versicherung, u.ä.	4.489	5.986	7.482	10.475	11.972
Deckungsbeitrag Vertrieb	**82.411**	**167.602**	**242.086**	**381.687**	**482.128**
in %	**9%**	**14%**	**16%**	**18%**	**20%**
Herstellkosten Produktion	649.351	808.081	977.517	1.325.758	1.469.238

Abb. 15.1 5-Jahres Budgetplanung mit einem Händler

Marketing & Sales Planning (base:EUR)	1. Jahr	%	2.Jahr	3.Jahr	4.Jahr	5.Jahr
geplanter Umsatz Retail/ Verbraucherpreise (incl. VAT)	1.500.000		2.000.000	2.500.000	3.500.000	4.000.000
Abgabe Preis Händler (VK)	1.111.111		1.481.481	1.851.852	2.592.593	2.962.963
Abgabe Preis Netto vom Hersteller (eigener VK,cif)	*740.741*	*100,0%*	*987.654*	*1.234.568*	*1.728.395*	*1.975.309*
Verzollung	60.000	*8,1%*	90.000	108.000	140.000	160.000
Rohertrag Distributeur	310.370		403.827	509.284	724.198	827.654
in %	41,9%		40,9%	41,3%	41,9%	41,9%
Herstellpreis (Produktionskosten)	*300.000*		*450.000*	*540.000*	*700.000*	*800.000*
Ausgangfrachten	30.000	*4,1%*	45.000	54.000	70.000	80.000
Boni, Skonti	7.407	*1,0%*	9.877	12.346	17.284	19.753
Abschriften, Schwund	1.500	*0,2%*	2.250	2.700	3.500	4.000
Deckungsbeitrag (1) Vertrieb	401.833		480.528	625.522	937.611	1.071.556
in %	54,2%		48,7%	50,7%	54,2%	54,2%
Personalkosten	70.000	*9,5%*	70.000	70.000	70.000	70.000
Mieten Büro, Lager	12.000	*1,6%*	12.000	12.000	12.000	12.000
Logistik Kosten	-		-	-	-	-
Marketing Kosten						
Werbung Medien	50.000	*6,8%*	50.000	50.000	50.000	50.000
Werbung Handzettel	50.000	*6,8%*	50.000	50.000	50.000	50.000
Messen	50.000	*6,8%*	50.000	50.000	50.000	50.000
Werbekostenzuschüsse	150.000	*20,3%*	150.000	150.000	200.000	200.000
Fahrzeugkosten	19.000	*2,6%*	19.000	19.000	19.000	19.000
Reisekosten	25.000	*3,4%*	25.000	25.000	25.000	25.000
Reparaturen	5.000	*0,7%*	5.000	5.000	5.000	5.000
Leistungen Dritter, Buchführung, Beratung	2.000	*0,3%*	2.000	2.000	2.000	2.000
Lizenzen, Warenzeichen (Markenlizenz 1% VK)	7.407	*1,0%*	9.877	12.346	17.284	19.753
Gebühren	1.500	*0,2%*	1.500	1.500	1.500	1.500
Versicherungen	4.000	*0,5%*	4.000	4.000	4.000	4.000
Bankgebühren	560	*0,1%*	560	560	560	560
Zinsen	9.000	*1,2%*	13.500	16.200	21.000	24.000
Währungsdifferenzen	-	*0,0%*	-	-	-	-
Deckungsbeitrag Vertrieb (2)	- 53.634		18.091	157.917	410.267	538.742

Abb. 15.2 Budgetplanung für einen Markteintritt mit eigener Organisation

15.2 Eigene Landesgesellschaft

15.2.1 Spezifika und Kriterien

Über die Einrichtung einer eigenen Gesellschaft im Zielland wurde in Abschn. 5.2.2 und den folgenden berichtet. Tab. 15.2 zeigt nun eine Gegenüberstellung Handel mit Importeur oder eigene Landesgesellschaft aus Sicht des Exporteurs.

15.2.2 Beispiel

Für die Gründung einer Landesgesellschaft in Russland sind insbesondere die Fragen zu beantworten, die Tabelle 15.3 zeigt.

Tab. 15.2 SWOT-Analyse Vertrieb über Händler vs. eigene Gesellschaft

Vorteile	
via Händler	**via eigene Gesellschaft**
Schneller Einstieg, überschaubare Kosten	wenig finanzielle Konflikte (= Verteilungskampf der Marge)
Geringe Vertriebskosten	Preiskontrolle, Markenführung optimal
Geringe Kapital- und Kapazitätsbindung	Gestaltung von Werbung und Präsentation; Führung des CI
Schnelle Verfügbarkeit des landesspezifischen Vertriebswissens und der Marktkenntnisse	Kundennähe und eigene direkte Wege
Ggfs. Sortimentssynergie	Optimaler Kundenservice und -bindung
	Höhere Innovationskraft, da Impulse schnell weitergegeben werden können
	Gute Marktbeobachtung, da wettbewerbsfokussiert, auf Veränderungen kann schnell reagiert werden
Nachteile	
via Händler	**via eigene Gesellschaft**
Geringere Erlöse	Hohe Investition, längere Gründungsphase, Genehmigungs- und Lizenzphase oft lang
Geringer Einfluss auf Marktauftritt (Preise, Präsentation, Werbemaßnahmen, Service)	Kostenintensive Steuerung und Kontrolle
Geringe Information vom Marktgeschehen im eigenen Haus	Schwierige und aufwendige Abdeckung großer Flächen (hoher Distributionsgrad) oder Multichannel Distribution
Niedrige Bindungsaffinität	

Tab. 15.3 Gründungskriterien für Landesgesellschaft in Russischer Republik

Führungsstruktur	Suche nach einer Aufbau- und Führungspersönlichkeit als Expat-Lösung (eigner Mitarbeiter aus dem Mutterhaus) Neuer bilingualer Mitarbeiter als Brücke zum Mutterhaus
Unternehmensform	-die kommerzielle Tätigkeit macht die Gründung einer juristischen Person erforderlich (OOO)
Eigentümer	Mutterunternehmen gründet Tochter, Treuhänderlösung oder Inhaber als Direktgesellschafter
Migrationsrecht	Arbeitserlaubnis für Expat, Arbeitsvisumsantrag
Gewerberecht	Anmeldung in verschiedenen Organisationen als Pflichtmitglied Handelskammer empfohlen z.B. SRO (selbstregulierende Organisationen), AHK fachlich gewünscht Fachverband, wissenschaftliche Institution
Steuerrecht	Anmeldung nach Gründung beim Finanzamt, Beantragung Steuernummer, Fristen beachten!

15.3 Zusammenfassung

Die Beispiele und Listen sollen eine erste Vorgabe und Hilfsmittel sein, wie man zu den Informationen bzw. Steuerungsbudgets kommen kann. Natürlich sind branchenspezifische Anpassungen und Besonderheiten zu berücksichtigen. Es wird auch auf das Kap. 21 verwiesen, in dem Fehlerquellen gesondert behandelt werden.

Joint Venture in China

16

Zheng Zhou

Motiv für die Gründung eines Gemeinschaftsunternehmens ist oftmals, dass in bestimmten Wirtschaftszweigen die Unternehmensform eines Joint Ventures gesetzlich zwingend vorgeschrieben ist. Der neu überarbeitete Investitionskatalog, in Kraft getreten am 30.01.2012, gibt teilweise sehr konkrete Bereiche und Industrien vor, in denen eine Mehrheitsbeteiligung des chinesischen Partners an einem Joint Venture notwendig ist, zum Beispiel in den Bereichen Luftfracht, internationale Seefracht, Aufbau und Betrieb des Eisenbahnnetzes und Betrieb von Atomkraftwerken.

Weitere strategische Überlegungen zur Gründung eines Joint Ventures sind die lokale Vernetzung des potenziellen chinesischen Partners zu Behörden oder Kunden, bereits vorhandene Marktkenntnisse oder Verkaufskanäle und die Räumlichkeiten, Fachpersonal oder Produktionsmöglichkeiten, die ein chinesischer Partner anzubieten hat.

Als chinesische Partner kamen bislang nur Unternehmen, keine natürlichen Personen in Betracht. Ausländische Investoren konnten sich hingegen auch als natürliche Personen im Rahmen eines Joint Ventures beteiligen. Seit einiger Zeit ist zu beobachten, dass die Behörden in Beijing und Shanghai Regelungen erlassen haben, wonach bei Errichtung eines Joint Ventures der chinesische Partner auch eine natürliche Person sein darf. Ziel ist es, das chinesische Privatkapital durch diese Anlagemöglichkeit mit einer hohen Rendite im Lande zu halten.

16.1 Joint-Venture-Modelle

Zwei Arten von Joint-Venture-Unternehmen unterscheidet das chinesische Gesetz, nämlich das Equity Joint Venture (EJV) und das Contractual/Cooperative Joint Venture (CJV).

16.1.1 Equity Joint Venture (EJV)

Dieses Gesellschaftsmodell wird deshalb als Equity Joint Venture bezeichnet, weil die Kapitalstruktur, die Einlagen und die Gewinnverteilung zwischen den beteiligten Parteien ihrem Anteil am registrierten Kapital entsprechen müssen, wobei der Anteil des ausländischen Investors grundsätzlich nicht weniger als 25% betragen darf.

Das EJV ist ein Gemeinschaftsunternehmen mit selbständiger Rechtspersönlichkeit und beschränkter Haftung, nämlich eine chinesische juristische Person in Form einer Gesellschaft mit beschränkter Haftung (nachfolgend „GmbH").

Die gesetzlichen Regelungen über das EJV sind in erster Linie das Gesetz über das Equity Joint Venture (nachfolgend „EJV-Gesetz"), erlassen und in Kraft getreten am 01.07.1979, zuletzt geändert am 15.03.2001 und die Durchführungsverordnung zum EJV-Gesetz (nachfolgend „EJV-DV"), erlassen und in Kraft getreten am 20.09.1983, zuletzt geändert am 22.07.2001.

16.1.2 Contractual/Cooperative Joint Venture (CJV)

Das CJV ist ein vergleichsweise flexibles Investitionsvehikel und insbesondere für Vorhaben mit einer im Voraus bestimmten Laufzeit gedacht, beispielsweise für Infrastrukturprojekte, Hotelprojekte und andere kurzfristig angelegte Projekte.

Im Gegensatz zum EJV kann das CJV sowohl in der Rechtsform einer GmbH, damit in Form einer juristischen Person, als auch in Form einer Partnerschaft ohne eigene Rechtspersönlichkeit gegründet werden. Die Gewinnverteilung kann frei und unabhängig von den Beteiligungsquoten der Parteien bestimmt werden.

Die gesetzlichen Regelungen über das CJV sind vor allem das Gesetz über das Cooperative Joint Venture (nachfolgend „CJV-Gesetz"), erlassen und in Kraft getreten am 13.04.1988, zuletzt geändert am 31.10.2000 und die Durchführungsverordnung zum CJV-Gesetz (nachfolgend „CJV-DV"), erlassen und in Kraft getreten am 04.09.1995.

16.2 Stammkapital und Kapitalaufbringung

16.2.1 Stammkapital/Gesamtinvestition

Der im Gesetz benutzte Begriff der Gesamtinvestition ist als die gemeinsame Investition der jeweiligen ausländischen und inländischen Gesellschafter in das Joint Venture zu verstehen. Es handelt sich dabei um den für den Betrieb erforderlichen Gesamtbetrag, der aus dem Eigenkapital und Fremdkapital besteht. Das Stammkapital ist das Eigenkapital der Gesellschaft, das von den Gesellschaftern einzubringen ist. Zum Fremdkapital zählen in erster Linie Darlehen an die Gesellschaft. Ein Joint Venture ist verpflichtet, eine bestimmte, gesetzlich vorgeschriebene Quote[1] an der Gesamtinvestition in Form von Stammkapital der Joint-Venture-Gesellschaft aufzubringen.

Die Gesamtinvestition hat in der Praxis eher nur Bedeutung für die Darlehensaufnahme von ausländischen Banken und Gesellschaftern. Denn diese bedeuten für China eine zusätzliche Auslandsverschuldung und müssen bei den Devisenbehörden registriert werden, um später von diesen die notwendigen Genehmigungen für die Rückzahlung von Kapital und Zinsen zu erhalten. Der Gesamtinvestitionsbetrag hingegen spielt bei der Darlehensaufnahme von inländischen Gläubigern keine Rolle. Im Falle einer Darlehensaufnahme von ausländischen Gläubigern regelt das Verhältnis von Stammkapital zu Gesamtinvestitionssumme neben dem Eigenkapital auch den Rahmen für Fremdfinanzierungen. Ein Fremdkapital über diesen Rahmen hinaus ist wegen der strengen Devisenkontrolle in China schwer möglich. Sollte der Rahmen für Fremdkapital nicht mehr ausreichend sein und die Gesellschaft keinen Zugang zu inländischen Krediten haben, bleibt lediglich die Erhöhung der Gesamtinvestition begleitend mit der Anpassung des Stammkapitals, welche einen zusätzlichen administrativen Aufwand auslöst. Deshalb ist es zu empfehlen, im Joint-Venture-Vertrag und im Gesellschaftsvertrag den Gesamtinvestitionsbetrag an der obersten Grenze anzusetzen, damit die Gesellschaft leichter Darlehen aufnehmen kann.

16.2.2 Kapitalaufbringung

Die Einlagen auf das Stammkapital können in Geld (Bareinlagen) oder als Sachen (Sacheinlagen) erfolgen, auch in Form von immateriellen Vermögensgegenständen, zum Beispiel Know-how oder Schutzrechten für geistiges und gewerbliches Eigentum. Ist der chinesische Partner ein staatliches Unternehmen, müssen die von ihm zu leistenden Sacheinlagen durch eine hierfür zugelassene Stelle bewertet werden.

Mindestens 15% des Stammkapitals muss innerhalb von 3 Monaten nach der Ausstellung der Geschäftslizenz eingezahlt werden. Der restliche Betrag muss innerhalb von 2 Jahren nach der Ausstellung der Geschäftslizenz geleistet werden.

16.2.3 Die Gesetzesnovelle vom 01.03.2014

Durch die aktuelle Novelle des Gesellschaftsgesetzes[2] in Bezug auf die Kapitalisierung der Gesellschaft bleibt abzuwarten, inwieweit die Spezialvorschriften, die ausländische Investitionen betreffen, noch weiterhin Bestand haben werden. Dies betrifft vor allem Regelungen über die Einzahlung des Stammkapitals, das Mindeststammkapital und das Registrierungsverfahren.

---

[1] Ausführliche Darstellung zur Quote siehe Kapitel 18.

[2] Ausführliche Darstellung dazu siehe Absch. 10.3, „Die GmbH in China“.

16.3 Organstruktur[3]

16.3.1 Board of Directors (Vorstand)

Im Gegensatz zu einem Wholly Foreign-Owned Enterprise (nachfolgend „WFOE“)[4] ist der Vorstand das oberste Gesellschaftsorgan einer Joint-Venture-GmbH. Dem Board of Directors obliegt die Entscheidung über alle wesentlichen Angelegenheiten der Gesellschaft, insbesondere die Änderung des Gesellschaftsvertrages, die Beendigung und Auflösung des Joint Ventures und die Kapitalerhöhung und -herabsetzung.[5]

Das Board of Directors besteht aus mindestens drei Mitgliedern. Die Verteilung der Vorstandssitze soll sich an der Proportion der Kapitalbeteiligung orientieren. Der Vorstandsvorsitzende ist der gesetzliche Vertreter des Joint Ventures. Welcher der Partner den Vorsitzenden oder den stellvertretenden Vorsitzenden bestellen darf, wird im Gesellschaftsvertrag festgelegt. Um die Kontrolle über das Joint-Venture-Unternehmen zu erlangen, sind die Vertretung der Joint-Venture-Partner im Board of Directors und die Wahl des Vorstandsvorsitzenden entscheidend.

Die Vorstandssitzung muss mindestens einmal im Jahr stattfinden. Auf Verlangen eines Drittels der Vorstandsmitglieder kann eine außerordentliche Vorstandssitzung einberufen werden. Der Vorstand ist beschlussfähig, wenn mindestens zwei Drittel seiner Mitglieder anwesend oder vertreten sind.[6] Es ist zu empfehlen, im Joint-Venture-Vertrag und im Gesellschaftsvertrag festzulegen, dass die Vorstandssitzung auch mithilfe von Email, Telefonkonferenz, Videokonferenz oder anderen neuen Kommunikationsmöglichkeiten durchgeführt werden kann.

Die Stimmenverteilung richtet sich nicht zwingend nach dem Verhältnis der Kapitalbeteiligung der Joint-Venture-Partner. Jedes Vorstandsmitglied hat gleiches Stimmrecht. Die Änderung des Gesellschaftsvertrages, die Beendigung und Auflösung des Joint Ventures, die Kapitalerhöhung und -herabsetzung sowie die Fusion und Spaltung des Joint Ventures sind nur durch einstimmigen Beschluss der anwesenden Vorstandsmitglieder möglich.[7]

16.3.2 Management Office

In der Regel wird ein Management Office mit einem Generalmanager und einem oder mehreren stellvertretenden Generalmanagern eingesetzt, das zur Führung der täglichen

---

[3] Wird das CJV als GmbH errichtet, sind die Regelungen über die Einrichtung der Gesellschaftsorgane beim CJV mit denen für das EJV vergleichbar.

[4] Die Gesellschafterversammlung ist das oberste Gesellschaftsorgan eines WFOE.

[5] Vgl. Art. 30, 33 EJV-DV; Art. 24, 29 CJV-DV.

[6] Vgl. Art. 32 EJV-DV; Art. 28 CJV-DV.

[7] Vgl. Art. 33 EJV-DV; Art. 29 CJV-DV.

Geschäfte zuständig ist. Vorstandsmitglieder können zugleich Manager sein.[8] Welcher der Partner den Generalmanager benennen darf, unterliegt der Parteivereinbarung. Es ist ratsam, die gesamte operative Geschäftsführung nicht allein dem chinesischen Partner zu überlassen.

Eine Besonderheit im chinesischen Gesellschaftsrecht besteht in der doppelstrukturierten Geschäftsführung durch den Vorstand und den Generalmanager. Während der Vorstand die strategische und planerische Geschäftsführung übernimmt, ist der Generalmanager für die operative Geschäftsführung zuständig, mit anderen Worten, für die Umsetzung der Entscheidungen des Vorstandes und das tägliche Geschäft. Damit eine klare Aufgabenteilung zwischen den einzelnen Organen möglich ist und anschließend durch die gegenseitige Kontrolle Machtmissbräuche einzelner Personen verhindert werden können, dürfte es sinnvoll sein, im Joint-Venture-Vertrag und im Gesellschaftsvertrag Regelungen über die Kompetenzbereiche der verschiedenen Organe vorzusehen, insbesondere die Regelungen über unterschiedliche Schwellenwerte. Bei Auftragsvolumen unterhalb dieser Schwellenwerte kann der Generalmanager das Joint-Venture- Unternehmen nach außen vertreten, zum Beispiel mit außenstehenden Dritten Rechtsgeschäfte abschließen.

16.3.3 Aufsichtsrat/Aufsichtsführer

Die Einrichtung eines Aufsichtsrats ist zwar nicht gesetzlich zwingend vorgeschrieben, in der Registrierungspraxis aber erforderlich.

Sowohl im chinesischen als auch im deutschen Recht ist der Aufsichtsrat das entscheidende Kontrollorgan eines Unternehmens. Die Strukturen und die Amtsbefugnisse/-pflichten des chinesischen und des deutschen Aufsichtsrats sind im Wesentlichen vergleichbar. Einer der größten Unterschiede besteht in der Ernennung eines Aufsichtsführers für kleine chinesische Unternehmen statt Einrichtung eines Aufsichtsrats mit mindestens drei Mitgliedern.

16.4 Lösungsmechanismen für Konfliktsituationen

Ein häufig auftretendes Problem bei Joint Venture sind Konflikte zwischen den Joint-Venture-Partnern im Rahmen der gemeinsamen Geschäftsführung. Das chinesische Joint-Venture-Gesetz bietet keinen ausreichenden Interessenschutz des ausländischen Gesellschafters in der Konflikt- und Trennungssituation. Ein wesentliches Problem besteht zum Beispiel darin, dass das Gesetz für eine Trennung der Partner nur die Liquidation der Gesellschaft vorsieht, nicht aber eine Zusammenführung der Beteiligung in Hand des ausländischen Investors.

---

[8] Vgl. Art. 37 EJV-DV; Art. 33 CJV-DV.

Im Joint-Venture-Vertrag sollten Lösungsmechanismen für Konflikt- und Trennungssituationen vorgesehen werden. In Fällen, die eine vorzeitige Auflösung des Joint Ventures rechtfertigen, sollte dem austrittwilligen Partner ein Weg aus der Gesellschaft offen sein, zum Beispiel durch Liquidation oder durch Anteilsübertragung/Option. Bei der Anteilsübertragung verpflichtet das Vorkaufsrecht den veräußerungswilligen Partner, den Gesellschaftsanteil dem verbleibenden Partner zum Erwerb anzubieten. Die Modalitäten zur Ausübung des Vorkaufsrechts sollten im Joint-Venture-Vertrag sorgfällig festgelegt werden, insbesondere die Bestimmung des Kaufpreises. Im Falle einer Liquidation sollte dem ausländischen Investor ein Vorkaufsrecht auf die von dem Joint-Venture-Unternehmen erworbenen materiellen und immateriellen Güter zustehen, wie etwa Maschinen und geistiges Eigentum.

16.5 Zusammenfassung

Das gemeinsame Vorhaben zwischen rechtlich und wirtschaftlich voneinander unabhängigen Unternehmen birgt die Gefahr der Instabilität in sich. Ein Joint-Venture-Vertrag, der möglichst ausführlich die gegenseitigen Interessen und Ziele berücksichtigt und die Rechts- und Wirtschaftsbeziehungen regelt, ist daher unerlässlich.

Mergers & Acquisitions 17

Franz Benker

Der Markt für Unternehmenskäufe und -verkäufe hat in den letzten 20 Jahren stark zugenommen. Der Grund hierfür liegt in der ansteigenden Wettbewerbsintensität, verbunden mit der zunehmenden Globalisierung. Bedingt durch die Finanzkrise von 2008 gab es einen Abwärtstrend, der mit dem dritten Quartal 2009 einen vorläufigen Tiefpunkt erreichte. Danach erfolgte ein Wiederanstieg der M&A-Aktivitäten, die bereits im vierten Quartal 2009 fast 50 % des Jahresvolumens erreichten Die USA war im Jahr 2009 mit einem Anteil von 32,7 % die weltweit wichtigste M&A-Region. In Deutschland und Großbritannien schrumpfte das M&A-Volumen in 2009 gegenüber dem Vorjahr um 46%.[1] Ab 2010 stiegen die M&A-Volumina weltweit wieder stetig an. Das erste Halbjahr 2010 brachte eine Erhöhung des weltweiten Transaktionsvolumens um 13 % im Vergleich zum Jahr 2009. Im dritten Quartal des Jahres 2010 konnte eine erneute Steigerung der Volumina um 20% verzeichnet werden. Damit kann man von einer deutlichen Stabilisierung des weltweiten M&A-Marktes sprechen, der bis heute anhält.[2]

17.1 Auswahl von Akquisitionskandidaten

17.1.1 Die Phasen des Akquisitionsprozesses

Die Akquisition wird als Handlungsalternative der strategischen Planung des Unternehmens bezeichnet. Die Akquisitionsidee soll aus der allgemeinen Unternehmensstrategie abgeleitet und mit den obersten Unternehmenszielen begründet werden.[3] Der Akquisitionsprozess ist ein schrittweiser analytischer, linearer Vorgang, der in einzelne genau abgegrenzte und zeitlich aufeinander folgende Phasen eingeteilt wird. Folgende Phasen werden

1 vgl. Meyer, L.M. (2011), S. 19

2 vgl. Meyer, L.M. (2011), S. 20

3 vgl. Berens W. u.a. (2008), S. 47

voneinander abgegrenzt: Zielbildung, Problemanalyse, Alternativensuche, Bewertung, Entscheidung, Realisierung und Kontrolle.[4]

Die Analyse der Ausgangssituation[5] beginnt mit der vom Unternehmen nicht beeinflussbaren Umweltanalyse. Diese hat die allgemeine Wirtschaftsentwicklung, sowie politische, technologische, und soziokulturelle Trends im Fokus. Die davon abhängige Unternehmensanalyse betrachtet Branche, Finanzmarkt, Beschaffungs- und Absatzmärkte. Als Analyseinstrumente werden dabei das Lebenszyklus-Konzept und die Portfolio-Methode verwendet. Voraussetzung für die Analyse ist Kenntnis der eigenen Stärken und Schwächen.[6]

In der Regel wird die Vision des zukünftigen Unternehmenszustandes sowie ein Akquisitionsplan formuliert. Die Vision - formuliert als Leitbild - beinhaltet grundsätzliche Wertvorstellungen, Verhaltensweisen und richtungsweisende Oberziele mit Gültigkeit für das Gesamtunternehmen.[7] Aus der Analyse der Ausgangssituation und Vision wird das Soll-Profil des Unternehmens mit Zielinhalt, Zielausmaß und Zeitraum der Zielerreichung entwickelt. Außerdem werden strategische Lücken identifiziert. Es müssen die Alternativen „Make“, also Entwicklung und Aufbau auf der Basis vorhandener Fähigkeiten oder „Buy“, also Akquisition ganzer Unternehmen und/oderErwerb von Lizenzen abgewogen werden. Die Vorteile von Akquisition sind Zeitgewinn, Überwindung von Eintrittsbarrieren und neues Know-how, welches dem Bieter-Unternehmen zufließt. Bei einer Entscheidung für Akquisition werden die Ziele in einem Akquisitionsplan festgelegt. Dieser beinhaltet das Anforderungsprofil des Akquisitionsobjektes (Branche, Produktprogramm, Marktanteil, Unternehmensgröße) und den maximalen Informationsbedarf für die Alternativensuche (im Sinne einer Begrenzung des „Alternativenraums“).[8]

Die Identifikation geeigneter Unternehmen und der darauf folgende Selektionsprozess beginnen mit der Auswahl der Informationsquellen (Umfang, Zugänglichkeit, Zuverlässigkeit, Wichtigkeit, Informationskosten). Die Suche nach Akquisitionskandidaten wird von einem unternehmensinternen Akquisitionsteam oder von Banken, die Beratungs- und Vermittlungsdienste anbieten, durchgeführt. Alternativ werden dafür auch Unternehmensmakler, Unternehmensberater oder Wirtschaftsprüfer eingesetzt.[9]

Im vorvertraglichen Stadium werden erste Kontakte und Gespräche zwischen potentiellem Käufer und der Zielgesellschaft geführt. Die Interessenslage des Managements des Zielunternehmens wird hinsichtlich eines Verkaufs ermittelt. Die Strategien beider Unternehmen werden diskutiert und hinsichtlich möglicher Synergien untersucht. Dabei werden erste Preisvorstellungen des Verkäufers zur Sprache gebracht. Wichtig hierbei ist die

---

4 vgl. ebd.

5 vgl. Meyer, L.M. (2011), S. 22f

6 vgl. Berens W. u.a. (2008), S. 49

7 vgl. ebd.

8 vgl. Berens W. u.a. (2008), S. 50

9 vgl. Berens W. u.a. (2008), S. 51

Schaffung einer Vertrauensbasis, eines positiven Verhandlungsklimas sowie die Versachlichung der Diskussion.[10]

Im „Letter of Intent" kommt es zu einer ersten Formalisierung der Vertragsverhandlungen. Die Vertragsparteien geben dabei wechselseitige einseitige Erklärungen ab, die anschließend bestätigt werden. Bereits erzielte Einigungen werden so ohne rechtliche Bindungswirkung festgehalten.[11] Der Letter of Intent beinhaltet unter anderem die genaue Definition des Transaktionsobjektes, die Kaufpreisbandbreite, Zahlungsmodalitäten, den Zeitplan für die Due Diligence[12] und vereinbarte Geheimhaltungspflichten.[13] Nach der grundsätzlichen Einigung unter den Parteien wird über den Kaufpreis verhandelt. Hierbei wird oft schon entschieden, ob ein Kauf der einzelnen Wirtschaftsgüter (Asset Deal) oder Kauf der Anteile am Rechtsträger des Unternehmens (Share Deal) in Frage kommt.[14]

Die Vertragsunterzeichnung (Signing) und der Übergangsstichtag (Closing) sind grundsätzlich zeitlich getrennt. Diese Trennung korrespondiert mit der allgemeinen Trennung zivilrechtlicher Verpflichtungs- und Verfügungsgeschäfte. Beim Closing kommt es zu folgenden Rechtshandlungen: Eigentumsübertragung, Zug-um-Zug-Abwicklung, Feststellung von Bilanzen und Ergebnissen von Zwischenprüfungen und Kaufpreiszahlungen. Die Vertragsunterzeichnung begründet die rechtliche Bindung der Vertragsparteien hinsichtlich der Rechte und Pflichten.[15] Der Übergangsstichtag stellt den Zeitpunkt dar, an dem die vertraglich vereinbarten Bedingungen quantitativ und qualitativ erfüllt sein müssen.[16]

In der Phase der Integration[17] des akquirierten Unternehmens müssen Ideen, Hoffnungen und Wünsche sofort umgesetzt werden, es gibt in der Regel keine Zeit für „Erholung" der Beteiligten. Es ist notwendig zueinander „Beziehung" aufzubauen. Die Umsetzung der Ziele auf strategischer und operativer Ebene wird sofort in Angriff genommen.[18] Die Integration wird als „Quelle der Wertschöpfung"[19] bezeichnet. Dies ist die schwierigste, längste und letztlich über Erfolg oder Misserfolg entscheidende Phase. Die erwarteten Ertrags- und Wachstumspotentiale sollen realisiert werden. Dazu werden die Akquisitionsziele deutlich kommuniziert[20], die Integrationsintensität wird festgelegt, sowie die Organisationsstruktur[21] und die Führungspositionen. Der Umfang der Aktivitäten und des Zeitraums

---

10 vgl. Berens W. u.a. (2008), S. 52

11 vgl. Berens W. u.a. (2008), S. 53

12 siehe ausführlich in Kapitel 2.

13 vgl. Berens W. u.a. (2008), S. 54

14 vgl. Berens W. u.a. (2008), S. 55f

15 vgl. Berens W. u.a. (2008), S. 56

16 vgl. Berens W. u.a. (2008), S. 57

17 vgl. Bartels, E. / Cosak, S. (2008), S. 450ff

18 vgl. Meyer, L.M. (2011), S. 27f

19 Berens W. u.a. (2008), S. 57

20 Bartels, E. / Cosak, S. (2008), S. 468f

21 Bartels, E. / Cosak, S. (2008), S.460f

der Durchführung hängen letztlich vom Integrationsansatz (Erhaltung, Holding Symbiose oder Absorption) und den Motiven der Akquisition ab.[22]

17.1.2 Festlegung der Akquisitionsstrategie

Unter Akquisitionsstrategie versteht man ein „Muster von Akquisitionsaktivität und -entscheidungen, das die Wettbewerbsposition eines Unternehmens beeinflusst. Die Akquisitionsaktivität muss dabei mehrere Akquisitionen umfassen, mit denen das Unternehmen eine […] Gesamtstrategie verfolgt."[23] Akquisitionsstrategien werden üblicherweise entweder nach Differenzierungsmerkmalen der Entwicklungsrichtung oder des organisatorischen Geltungsbereichs getrennt. Dabei werden folgende Aspekte voneinander unterschieden: die Ausrichtung der Akquisition (horizontal, vertikal, konglomerat), die Art (freundlich, feindlich), die Form (Share-/Asset-Deal)[24] und die Technik der Übernahme (verschiedene Formen des Buy-Out). Erfolgreiche Akquisition erfordert vielfältige Fähigkeiten und Qualifikationen des Managements. Die generelle strategische Stoßrichtung der M&A-Aktivitäten muss spezifiziert werden. Hilfestellung bieten methodische Klassifikationsschemata der Akquisitionsstrategien.[25] Die Klassifikation nach wirtschaftlicher Verbundenheit unterscheidet die horizontale, die vertikale, die konzentrische und die konglomerate Akquisition.

Bei der horizontalen Akquisition geht es um die Übernahme von Gesellschaften aus derselben Branche mit ähnlicher Produkt-, Kunden und Zuliefererstruktur. Bei der vertikalen Akquisition geht es um die Akquirierung entlang der Wertschöpfungskette. Dies setzt das potentielle Bestehen eines Lieferanten-/Abnehmerverhältnisses zwischen den Unternehmen voraus. Es handelt sich somit um eine Vorwärts- bzw. Rückwärtsintegration innerhalb der Wertschöpfungskette.

Bei der konzentrischen Akquisition wird die leistungswirtschaftliche Nähe in Teilbereichen des Angebotsspektrums bevorzugt.

Bei der Markt-konzentrischen und bei der Technologie-konzentrischen Akquisition werden gleiche oder ähnliche Kundengruppen mit neuen Technologien angesprochen.

Der konglomeraten Akquisition werden all jene Akquisitionen zugeordnet, die sich nicht den anderen Akquisitionsstrategien zuordnen lassen.[26] Akquirierendes und akquiriertes Unternehmen weisen beide weder im Produktions- noch Absatzbereich signifikante Überschneidungen auf.

---

22 vgl. Berens W. u.a. (2008), S. 58f

23 Voss, I. / Müller-Stewens, G. (2006), S.8

24 siehe detailliert bei Picot, G. (2008c), S. 209 – 213

25 vgl. Wirtz, B. W. (2003) S. 152f

26 vgl. ebd.

Man unterscheidet vier Akquisitionsrichtungen:[27] Die Portfoliomanagement-Strategie zielt auf den Erwerb unterbewerteter Unternehmen ab. Diese Unternehmen müssen keinen direkten Bezug zum angestammten Geschäft des Käufers aufweisen. Eine Wertsteigerung erfolgt durch konzerninternen Risiko- und Finanzausgleich sowie durch ausgeprägte Führung über Zielvorgaben.

Die Restrukturierungsstrategie verfolgt die Akquirierung sanierungsbedürftiger Unternehmen, die durch spätere gewinnbringende Veräußerung Wertsteigerungseffekte hervorrufen.

Die Wissenstransfer-Strategie schafft Mehrwert durch einmaligen oder ständigen Wissens- und Erfahrungsaustausch in wettbewerbsrelevanten Funktionsbereichen.

Die Strategie der Aufgabenzentralisierung bringt Synergieeffekte durch Zusammenlegung erfolgskritischer Wertschöpfungsaktivitäten.[28]

Bei der Entwicklung von Akquisitionsstrategien kommt es entscheidend auf die Untersuchung des Akquisitionsumfeldes an. Man unterscheidet drei Analyseebenen:[29] Die länderorientierte Analyse untersucht politische und wirtschaftliche Rahmenbedingungen. Das Ziel dabei ist die regionale Eingrenzung von Akquisitionskandidaten. Ausschlaggebend sind die Kriterien Gesetzgebung, Infrastruktur, politische Stabilität, Wirtschaftsordnung und Kulturkreis. Die Marktorientierte Analyse ergänzt das Anforderungsprofil um detaillierte Untersuchung des Marktes. Diese umfasst Aktien- und Kapitalmarkt, Finanzierungsformen und –möglichkeiten, Verkäufer- bzw. Käuferanalyse, Steuer- und Rechtsgesetzgebung. Die Geschäftsfeldorientierte Analyse untersucht einschlägige Merkmale der für die Akquisition relevanten Geschäftsfelder (Erfolgshistorie, Struktur, Investitionsvolumen der Branche).[30]

17.1.3 Selektion der Akquisitionskandidaten

Screening ist die systematische Suche und Auswahl potenzieller Akquisitionskandidaten in Abhängigkeit von den unternehmensspezifischen Anforderungen[31]. Diese Auswahl dauert in der Regel maximal 4 bis 8 Wochen. „Im Hinblick auf die Identifizierung potenzieller Zielunternehmen können auf Seiten der Käufer grundsätzlich drei Gruppen von Unternehmen unterschieden werden: „'Strategen' gehen proaktiv vor und begreifen die Suche nach potenziellen Übernahmezielen als stetigen Prozess der Analyse und Sondierung. ‚Schnäppchenjäger' wählen im Hinblick auf die Kandidatensuche einen opportu-

---

[27] vgl. Wirtz, B. W. (2003), S. 154f

[28] vgl. Beyer H.M. / Brüseken S. (2011), S. 8ff

[29] Vgl. Wirtz, B. W. (2003), S. 158

[30] vgl. Beyer H.M. / Brüseken S. (2011), S.9

[31] vgl. Wirtz, B. W. (2003), S. 172

nistischen Ansatz und begreifen Akquisitionen eher als ‚Glücksfall' denn als Instrument einer strategischen Unternehmensführung. ‚Selektive' schließlich gehen im Hinblick auf Akquisitionen sehr zielgerichtet vor, akquirieren aber nur selten."[32]

17.1.3.1 Strategic Screening

In einer ersten Suchphase soll eine möglichst große Anzahl geeigneter potenzieller Akquisitionskandidaten (etwa 15-25 Kandidaten) gefunden werden. Es erfolgt auf diese Weise die Zusammenstellung einer „Long List".[33] Da eine zu frühe Fokussierung auf wenige Kandidaten den Selektionsprozess zum Scheitern bringen kann,[34] versucht man durch eine erste große Vorauswahl Markttransparenz zu schaffen. Man sollte dabei kreativ vorgehen und in einer offenen Suche geeigneter Kandidaten möglichst alle Akquisitionsobjekte ausfindig machen.[35] Es bietet sich an, hierzu zweckmäßige Hilfe professioneller M&A-Dienstleister anzunehmen, also professionelle Unterstützung von Strategieberatungen und Unternehmensmaklern, sowie von Investmentbanken[36]. Es sollten aber Ausschlusskriterien für ungeeignete Akquisitionspartner beachtet werden. Dazu gehört vor allem das Tätigkeitsfeld des Zielunternehmens, Finanzkenngrößen wie Umsatz oder Verschuldungsgrad, Marktanteile und Vertriebsnetz.[37]

17.1.3.2 First Screening

Im weiteren Verlauf des Selektionsprozesses wird die „Long List" auf eine „Short List" reduziert.[38] Akquisitionskandidaten, die aufgrund der verbesserten Informationslage und der intensiveren Prüfung an Attraktivität verlieren und nicht mehr als Akquisitionsziele in Frage kommen, werden eliminiert. Wenige grobe Filterkriterien reichen im First Screening aus. Die Anforderungskriterien werden aus der Ist-Situation des Käuferunternehmens sowie den übergeordneten Zielen der Akquisitionsstrategie abgeleitet. Wegen der erforderlichen „kritischen Reflexion" sollte das Anforderungsprofil des First Screening auch Eigenschaften beinhalten, die das zu akquirierende Unternehmen in keinem Fall ausweisen darf.[39] Das Anforderungsprofil des Akquisitionskandidaten wird oft anhand der Wertschöpfungskette dargestellt. Man erreicht dies durch eine tabellarische Gegenüberstellung des Stärken-Schwächen-Profils von Akquisiteur und Akquisitionskandidaten.[40]

---

32 Beyer H.M. / Brüseken S. (2011), S.12

33 vgl. Meyer, L.M. (2011) S. 24 und Wirtz, B. W. (2003), S. 174f

34 vgl. Wirtz, B. W. (2003), S. 173

35 vgl. Beyer H.M. / Brüseken S. (2011), S.12f

36 vgl. Wirtz, B. W. (2003), S. 173

37 vgl. Wirtz, B. W. (2003), S. 174

38 vgl. Meyer, L.M. (2011), S. 25

39 vgl. Wirtz (2003), S. 175f

40 vgl.ebd.

17.1.3.3 Second Screening

Im Second Screening werden Unternehmen der Short List in einem weiteren Auswahlschritt einer genaueren Prüfung unterzogen, um möglichst bevorzugte Akquisitionskandidaten zu ermitteln.[41] Hier kommen viele detaillierte Filterkriterien zum Einsatz. Die strukturierte Informationsbeschaffung beinhaltet Produkte und Märkte, Finanzen, Soziales, Führung, Konkurrenz, Branche, Absatz-, Beschaffungsmarkt und Technologie der Akquisitionskandidaten. Man bedient sich dabei umfangreicher Checklisten. Um eine ausreichende Informationsbeschaffung sicherzustellen, kommt es unter Umständen zur ersten Kontaktaufnahme mit dem Akquisitionskandidaten.[42] Die Erstellung des Feinanforderungsprofils erfolgt durch die Bewertung der Akquisitionskandidaten aus strategischer, kultureller und finanzieller Sicht. Ziel ist die Identifikation geeigneter Kandidaten, die angesprochen werden sollen. Ein wichtiger Punkt ist die unternehmenskulturelle Analyse. Je größer die Unterschiede der Unternehmenskulturen von Akquisitionsobjekt und akquirierendem Unternehmen sind, desto wichtiger und desto zeit- und kostenintensiver ist die Integrationsphase. Die Gefahr des Scheiterns der Akquisition darf bei nicht übereinstimmenden Unternehmenskulturen nicht vernachlässigt werden, ist aber im Allgemeinen nicht sehr hoch.[43] Dieses Problem kommt bei grenzüberschreitenden Akquisitionen häufiger vor. Hier ist die Makrokultur, also die jeweilige Landeskultur oder die eines bestimmten Kulturkreises zu berücksichtigen. Noch viel stärker wirkt sich die Mikrokultur, also die spezielle Unternehmenskultur der Akquisitionskandidaten aus. Nach der Identifikation geeigneter Kandidaten beginnen die vorvertraglichen Verhandlungen, bei deren Scheitern ggf. ein erneuter Durchlauf der Screening-Prozesse.[44]

17.2 Durchführung einer Due Diligence

17.2.1 Rechtliche Einordnung der Due Diligence

„Due Diligence wird immer dort eingesetzt, wo zwei oder mehrere Parteien eine vertragliche Bindung eingehen, deren Konsequenzen aufgrund ungleicher Verteilung unvollständigen Wissens in Bezug auf Tatsachen und die Entwicklung zukünftiger Umweltzustände unsicher sind.“[45] Die originäre Anwendung der Due Diligence findet man im US-amerikanischen Recht. Dort wird die Due Diligence zu Informations- und Schutzzwecken der

[41] vgl. Wirtz, B. W. (2003), S. 177

[42] vgl. Wirtz, B. W. (2003), S. 177f

[43] siehe Kapitel 2.3.4.

[44] vgl. Wirtz, B. W. (2003), S. 178ff

[45] Berens, W. u.a. (2008) S.12

Anleger bei der Prospektprüfung und bei der Wertpapieremission verwendet. Darüber hinaus kommt die Due Diligence auch zum Zweck der Unternehmensbewertung bei Unternehmenstransaktionen zum Einsatz.[46]

17.2.1.1 Funktionen der Due Diligence

Wörtlich übersetzt heißt Due Diligence „gebührende Sorgfalt". Due Diligence ist die „bewusste, systematische, professionelle Untersuchung der Unternehmenschancen und –risiken während der laufenden Kaufverhandlungen."[47] Der Ursprung der Due Diligence ist in den USA zu suchen. Dort gibt es den Grundsatz „Caveat emptor" was aus dem Latein übersetzt so viel bedeutet wie: „Der Käufer möge sich in Acht nehmen." Es handelt sich also um den Ausschluss der Gewährleistung. In den USA haftet der Verkäufer grundsätzlich nicht für Mängel der Kaufsache. Deshalb war und ist dort schon immer eine besonders gründliche Due Diligence angezeigt.[48]

Die wesentliche Funktion einer Due Diligence ist die Überwindung der Informationsasymmetrie zwischen Verkäufer und Käufer. Der Käufer ist während einer Unternehmenstransaktion in der Regel gegenüber dem Verkäufer im Informationsnachteil. Der Verkäufer hat Gründe für die Zurückhaltung von Informationen. Diese Gründe reichen von der bewusst gewollten Vertuschung, über die Angst vor Schlechterstellung wegen „zu vieler" Informationen (insbesondere bei Verhandlung mit Konkurrenten), bis hin zur Rechtfertigung höherer Verkaufspreise. Der Verkäufer sollte aber auch Interesse an Information des Käufers haben, da dieser sonst einen Abschlag beim Kaufpreis durchsetzen kann.

Die Offenlegung von Unternehmensinformationen ist für die betriebswirtschaftliche sowie die juristische Prüfung notwendig (Rechtssicherheit, Gewährleistungsfunktion).[49] Die Due Diligence unterstützt den Entscheidungsfindungsprozesses[50] und deckt Chancen und Risiken auf (Risikoermittlungsfunktion). Außerdem ermöglicht Due Diligence ein Richtziel bei der Preisfindung, also bei Preisabschlägen oder Preiszuschlägen, insbesondere bei Preisabschlag wegen unzureichender Information (Wertermittlungsfunktion).[51] Due Diligence dient der Entlastung von Entscheidungsträgern bei eventuellem späteren Vorwurf der Sorgfaltspflichtverletzung (Exkulpation, Beweissicherungs-Funktion).[52]

---

[46] vgl. ebd.

[47] Picot, G. (2008a), S. 167

[48] vgl. Berens, W. u.a. (2008), S. VI und S. 10ff

[49] vgl. Berens, W. u.a. (2008), S. 73ff

[50] vgl. Berens, W. u.a. (2008), S. 80ff

[51] vgl. Meyer, L.M. (2011), S. 24

[52] vgl. Berens, W. u.a. (2008), S. 85ff

17.2.1.2 Umfang der Due Diligence

Der zeitliche Umfang der Due Diligence kann variieren. Due Diligence wird in manchen Fällen bis zu dreimal durchgeführt. Das erste Mal (im Groben) vor der Unterzeichnung eines Letters of Intent[53], das zweite Mal (gründlich) vor Vertragsunterzeichnung, eventuell zum dritten Mal, wenn Banken und Geldgeber involviert werden. So ergeben sich Zeiträume für die Due Diligence von wenigen Tagen bis hin zu mehreren Monaten.

Der sachliche Umfang der Due Diligence ergibt sich aus exogenen Restriktionen, also aus dem Vorhandensein von notwendigen Informationen, der Zeit bis zu einer endgültigen Entscheidung, Verhandlungsmacht des Verkäufers und Beschränkungen der Verhandlungszeit.[54] Ist keine zeitliche Restriktion von Seiten des Verkäufers gegeben, so ergibt sich eine Restriktion aus einer möglichst wirtschaftlichen Durchführung.

Ein weiterer Aspekt, welcher den Umfang einer Due Diligence bestimmt, ist das Verhältnis von Akquisiteur und Zielgesellschaft hinsichtlich Homogenität bzw. Heterogenität. Der Umfang einer Due Diligence wird höher sein, wenn ein Unternehmen hin zu neuen Produkten, geographisch diversifizierten Märkten, unterschiedlichen Kulturen und anderen Rechts- und Wirtschaftssystemen expandieren will.[55]

17.2.1.3 Gewährleistungen

Der Unternehmenskaufvertrag unterliegt in Deutschland den rechtlichen Vorschriften des BGB über den Kauf (§ 433ff BGB Kaufvertrag). Asset Deal und Share Deal sind gewährleistungsrechtlich gleichgestellt.[56] Es gibt also keine separaten Gesetze zum Unternehmenskauf bzw. Unternehmensverkauf. Bei internationalen Unternehmens-Kaufverträgen findet das UN-Kaufrecht - eines der wichtigsten internationalen Abkommen auf dem Gebiet des internationalen Warenverkehrs - *keine* Anwendung. Der Käufer und der Verkäufer einigen sich vertraglich über den Gegenstand (das Unternehmen) sowie dessen Beschaffenheit. Nach Vertragsschluss können Abweichungen zwischen vertraglich geregelter und tatsächlicher Beschaffenheit auftreten. Oder es kommt zur Aufdeckung bisher unbekannter Sachverhalte. Der Käufer ist dann „enttäuscht" wegen erkennbarer Sachmängel. Dies nennt man auch „Leistungsstörung". Kommt es zum Rechtsstreit, ist hinreichende Übereinstimmung der Parteien hinsichtlich Erwartungen sowie Beschaffenheit des Unternehmens Voraussetzung für eine Lösung des Problems[57]

Gewährleistungsansprüche des Käufers sind mangels Beweisbarkeit eines Sachmangels regelmäßig eingeschränkt. Deshalb muss er sich selbst vor Käuferenttäuschung schützen. Dazu dient die Due Diligence. Alternativ könnte aber auch vom Gesetz losgelöste Haftungsregeln vertraglich vereinbart werden. Der Käufer ist grundsätzlich nicht verpflichtet, eine Due Diligence durchzuführen. Nach deutschem Recht trifft den Käufer nicht die

---

53 vgl. Meyer, L.M. (2011), S. 26

54 vgl. Berens, W. u.a. (2008), S. 89

55 vgl. Wirtz, B. W. (2003), S. 187

56 vgl. Berens, W. u.a. (2008), S. 99 und Picot, G. (2008b), S. 309

57 vgl. Berens, W. u.a. (2008) S. 99ff

Verpflichtung einer eingehenden Prüfung der Sache. Wenn kein Sachmangel und daher somit kein Schadensersatzanspruch vorliegt, könnten jedoch vorvertragliche Pflichtverletzungen von Seiten des Verkäufers bestehen.[58]

Gemäß dem Rechtsinstitut „Culpa in contrahendo" („Verschulden bei Vertragsschluss") kann sich der Käufer auf seine vorvertragliche Vertrauensbeziehung zum Verkäufer berufen. „Culpa in contrahendo" ist seit der Schuldrechtreform in 2002 gesetzlich in §311 II in Verbindung mit §241 II BGB geregelt.[59] Der Verkäufer ist also zur Offenlegung bekannter Mängel verpflichtet.[60] Der Käufer muss Ausführungen des Verkäufers vertrauen dürfen. Unter Mängeln versteht man Schäden, welche dem Käufer aufgrund fahrlässiger oder vorsätzlicher Fehlangaben bzw. fahrlässiger oder vorsätzlicher Unterlassung einer gebotenen Aufklärung entstehen. Den Verkäufer trifft eine Wahrheits-, Aufklärungs- und Berichtigungspflicht, die von der Geschäftsgewandtheit des Käufers und der Möglichkeit der Erkennbarkeit von entscheidungsrelevanten Umständen abhängig sind. Das bedeutet, dass bei einem fachkundigen Käufer die Pflichten des Verkäufers als geringer anzusehen sind.[61] Auch sind diese Pflichten bei offensichtlichen Mängeln teilweise geringer. Ist eine Kaufsache vollkommen offensichtlich beschädigt, muss der Verkäufer nicht explizit auf diesen Schaden hinweisen.[62] Im Hinblick auch die Schaffung von Rechtssicherheit wäre es von Vorteil, wenn man über eine vertragliche Beschreibung der Kaufsache verfügt, in welcher eventuelle Schäden genau festgehalten sind.

Eine unterlassene oder nicht-sorgfältige Due Diligence führt nicht zum Verlust von evtl. Ersatzansprüchen.[63] Wegen der regelmäßig bestehenden Rechtsunsicherheiten der gesetzlichen Regelungen zum Kauf im Allgemeinen und der Anwendung auf den Unternehmenskauf im Speziellen legt selbst der BGH den Abschluss weitreichender Kauf- und Garantieverträge nahe.[64]

17.2.2 Planung und Durchführung der Due Diligence

17.2.2.1 Informationsquellen

Die Informationsbeschaffung muss sich an den mit der Akquisition verfolgten Zielen orientieren, besonders wenn der Käufer aufgrund spezieller Kaufmotive von bestimmten Teilbereichen profitieren möchte. Man unterscheidet interne und externe Informationsquellen.[65]

---

58 vgl. ebd.

59 vgl. Fikentscher, W. / Heinemann, A. (2006), S. 62f

60 vgl. Berens, W. u.a. (2008), S. 99f und Picot, G. (2008a), S. 157ff

61 vgl. Berens, W. u.a. (2008), S. 99ff und Picot, G. (2008b), S. 307f

62 vgl. Picot, G. (2008b), S. 318ff

63 vgl. Picot, G. (2008b), S. 325

64 vgl. hierzu ausführlich Berens, W. u.a. (2008) S. 100ff

65 vgl. Berens, W. u.a. (2008), S.115ff

Die internen Informationsquellen bestehen aus dem „Data Room", den Interviews und den Betriebsbesichtigungen.[66] Die erforderlichen Dokumente der Zielgesellschaft müssen an einem Ort konzentriert werden, wo sie eingesehen werden können. Im Rahmen einer Vertraulichkeitserklärung wird die Geheimhaltung der bereitgestellten Unterlagen sichergestellt. Interviews werden mit dem Management und mit den Mitarbeitern geführt. Bei der Befragung des Managements ist die Beurteilung der Zuverlässigkeit der erhaltenen Angaben besonders wichtig. Befragungen von Mitarbeitern der unteren Hierarchiestufen sind besonders nützlich, wenn es um die Beschaffung von „ungefilterter" oder auch zusätzlicher Information geht.[67] Betriebsbesichtigungen runden das Bild informationstechnisch ab. Mit Hilfe einer Betriebsbesichtigung können Informationen über die Ausstattung des Betriebsgeländes, der Betriebsgebäude und der Anlagen eingesammelt werden. Es ist auch möglich, auf diese Weise Erkenntnisse über die Effizienz von Prozessabläufen oder speziellen Produktionsprozessen zu gewinnen.[68]

Die externen Informationsquellen bestehen im Wesentlichen aus unmittelbaren Auskünften von Banken, Wirtschaftsprüfern, Anwälten, Kunden und Lieferanten. Außerdem dienen mittelbar Publikationen, die sich direkt auf das Unternehmen oder die relevante Unternehmensumwelt beziehen, als externe Informationsquellen. Dazu rechnet man auch Artikel in Fachzeitschriften und in der Tagespresse, sowie Messekataloge und Branchenverzeichnisse[69]

17.2.2.2 Das Due-Diligence-Team

Das Due-Diligence-Team ist in ein mehrschichtiges Expertensystem gegliedert: in ein Verhandlungsteam, einen internen Expertenkreis und einen externen Expertenkreis. Das Verhandlungsteam besteht aus dem operativen Bereich sowie den Bereichen Recht, Steuern und Finanzen des Käuferunternehmens. Der interne Expertenkreis deckt die Bereiche Controlling, Strategische Planung, Rechnungswesen, Personalwesen, IT, Technik, Produktion, Forschung/Entwicklung und Marketing/Vertrieb ab.[70] Der externe Expertenkreis besteht aus Wirtschaftsprüfern, Steuerberatern, Unternehmensberatern, Investmentbankern, Versicherungsmaklern, Immobiliengutachtern, externen Anwälten und Spezialanwälten. Die Beteiligung von Beratern, die vom Käuferunternehmen beauftragt wurden, variiert je nach Branche und Größe der Zielgesellschaft. Der Anteil der externen Berater ist im Bereich „Financial & Tax Due Diligence" und im Bereich „Legal Due Diligence" am höchsten. Im Durchschnitt werden für eine Due Diligence mehr als 100 Manntage aufgewendet.[71]

---

[66] vgl. Berens, W. u.a. (2008), S.118

[67] vgl. Berens, W. u.a. (2008), S.121

[68] vgl. Berens, W. u.a. (2008), S.122

[69] vgl. Berens, W. u.a. (2008), S.122f

[70] vgl. Berens, W. u.a. (2008) ,S.128f

[71] vgl. Berens, W. u.a. (2008), S.130

17.2.2.3 Dokumentation und Berichterstattung

Unter der Dokumentation der Due-Diligence-Arbeiten versteht man alle Verfahrensweisen, die das Erstellen, das Sammeln, Ordnen, Speichern und Bereitstellen von Dokumenten zum Inhalt haben.[72] Im Wesentlichen geht es um die Zusammenstellung und sorgfältige Aufbewahrung von Arbeitspapieren. Dazu gehören alle schriftlichen Unterlagen, welche die Planung, die Durchführung sowie die Ergebnisse von Arbeitsschritten dokumentieren. Dies sind zum Beispiel Checklisten, Arbeitsanweisungen, Fragebögen oder Gesprächsnotizen. Die Dokumentation muss rechtzeitig erstellt werden, damit die Ergebnisse rechtzeitig in den Entscheidungsprozess eingehen können. Darüber hinaus muss die die Dokumentation dem Kriterium der Vollständigkeit, der Präzision, der Klarheit und Wahrheit entsprechen.[73] Zur Dokumentation von Due Diligence zählen auch „Memoranden", also schriftliche Kurzberichte, die den Projektfortschritt dokumentieren sowie die Ergebnisse einzelner Teilbereiche zusammenfassen. Der „Due-Diligence-Report" ist ein ausführlicher Bericht, der alle Basisdaten, Ermittlungen und Empfehlungen der Teams zusammenfasst. Er beinhaltet in der Regel ein Executive Summary, Berichte über die einzelnen Teilprüfungen, Vorschläge zum Integrationsprozess, die finanzielle Bewertung und eine erste Kaufpreisbestimmung.[74]

17.2.3 Einzelperspektiven der Due Diligence

17.2.3.1 Financial Due Diligence (FDD)

„Die Financial Due Diligence (FDD) nimmt im Rahmen des Due-Diligence-Prozesses traditionell die zentrale Rolle ein. Ihre Funktion besteht darin, dem Kaufinteressenten ausgehend von den Daten des Rechnungswesens des Zielunternehmens ein präzises Bild über dessen Vermögens-, Finanz- und Ertragslage und den darauf aufbauenden Planungsrechnungen zu geben".[75] Bei der FDD steht also die Analyse der Qualität der Ertragskraft des Unternehmens im Mittelpunkt. In diesem Zusammenhang werden erfolgs- und bestandsorientierte Kennzahlen sowie unterschiedliche Bilanzierungs- und Bewertungsmethoden geprüft. Diese Analysen werden oft mit Hilfe eines externen Experten durchgeführt. Wirtschaftsprüfer und Steuerberater unterstützen in der Regel aktiv den Investor. Die internen Informationsgrundlagen wie die Management-Berichterstattung, Unternehmensplanung, Produktgruppenanalysen, Jahresabschlüsse, Informationen zum Treasury und vieles mehr sind dabei von größter Bedeutung.[76]

---

[72] vgl. Berens, W. u.a. (2008), S.152f

[73] vgl. Berens, W. u.a. (2008), S.154

[74] vgl. Berens, W. u.a. (2008), S.155ff

[75] Wirtz, B. W. (2003), S. 189

[76] vgl. Bredy / Strack (2008), S. 364

„Für die Durchführung der FDD werden regelmäßig vorstrukturierte Checklisten eingesetzt. Die Vorgehensweise anhand solcher Prüflisten hat sich durchgesetzt, da auch das Ausgangsmaterial, also Bilanz und GuV, durch gesetzliche Vorschriften stark vorstrukturiert ist. Im Wesentlichen wird auf die Bilanz und die Gewinn- und Verlustrechnung zurückgegriffen".[77] Besondere Beachtung findet dabei die Analyse der Werthaltigkeit von Vermögensgegenständen und Wertansätzen in den Abschlüssen. Darüber hinaus sind, sofern verfügbar, auch Nebenrechnungen, Kennzahlen, umfangreiche Markt- und Branchendaten sowie nicht aus dem Jahresabschluss ersichtliche Informationen des internen Rechnungswesens einzubeziehen, um eine umfassende und hinsichtlich der zu treffenden Kaufentscheidung zieladäquate Sicht der finanzwirtschaftlichen Lage zu erlangen. Hierbei greift man auf externe Berater aus der Wirtschaftsprüfung zurück.[78]

Das Augenmerk der FDD liegt nicht ausschließlich auf der Vergangenheit und Gegenwart. Dazu steht sie im Gegensatz zur klassischen Bilanzanalyse. Die FDD leitet auf Basis erhobener Ist-Daten Aussagen und Erkenntnisse über die maßgeblichen künftigen Erfolgsfaktoren und Risiken des Zielunternehmens ab. Darüber hinaus werden Trends im Hinblick auf Umsatz- und Kostenentwicklung abgeleitet. Die einzelnen Bilanzpositionen werden daher in einer dynamischen Betrachtung auf ihre zukünftigen Ergebnisrisiken und Ergebnischancen überprüft.[79]

17.2.3.2 Market Due Diligence (MDD)

Die Market Due Diligence (MDD) gleicht die intern verfügbaren Informationen aus den Marketingbereichen mit den Erfordernissen des Marktes ab.[80] Sie orientiert sich stärker an zukünftigen Chancen und Trends und unterscheidet sich damit von der Financial Due Diligence. Die MDD konzentriert sich auf die strategie- und marketingrelevanten Bereiche. Die gewonnenen Informationen dienen einer Plausibilisierung der Planung aus Marktsicht. Die MDD hat vor allem die Attraktivitätsanalyse des Marktes, also Wachstum, Potenziale, Trends und Markteintrittsbarrieren zum Gegenstand. Es werden mögliche Synergien zwischen Käuferunternehmen und Zielgesellschaft ermittelt und spezifische, noch nicht ausgeschöpfte Wachstums- und Ertragspotenziale identifiziert. Ein wichtiger Teilaspekt ist die Analyse möglicher marktseitiger Exit-Optionen für das Käuferunternehmen. Dabei wird zwischen der internen und der externen Unternehmensanalyse unterschieden. „Die interne Unternehmensanalyse umfasst die Untersuchung aller marketingrelevanten Unternehmensbereiche. Gleichzeitig werden sämtliche im Unternehmen verfügbare Informationen zur Marktperformance gesammelt, strukturiert, ausgewertet und interpretiert."[81] Die interne Unternehmensanalyse zielt insbesondere darauf ab,

---

[77] Wirtz, B. W. (2003) S. 189

[78] vgl. Bredy / Strack (2008), S. 365ff

[79] vgl. Wirtz, B. W. (2003), S. 190

[80] vgl. Wirtz, B. W. (2003), S. 190f

[81] Wirtz, B. W. (2003), S. 191

zuverlässige Informationen über das Akquisitionsobjekt hinsichtlich seiner Innovationskraft sowie bezüglich möglicher Absatzrisiken zu erhalten.[82]

Die externe Unternehmensanalyse hat hauptsächlich das Marktumfeld des Ziel-Unternehmens im Fokus. Zum Einsatz kommen regelmäßig die Untersuchungsschritte Marktanalyse, Branchenstrukturanalyse und Wettbewerbsanalyse.[83] Dabei wird das Augenmerk auf die kritischen Erfolgsfaktoren (Werttreiber) und die Wirtschaftlichkeits- bzw. Machbarkeitsprüfung gelegt. Ein besonderes Merkmal der MDD ist die Betrachtungsweise. Während im Normalfall die Inside-Out-Betrachtung angewendet wird, also die Analyse „von innen", wird bei der MDD auch die Betrachtungsweise Outside-In vollzogen.[84] Outside-In bedeutet, dass Absatzmittler, Branchenkenner und Kunden mit in die Analysen einbezogen werden, um ein möglichst belastbares externes Urteil zu erhalten. Man berücksichtigt dabei die nötige Diskretion und Geheimhaltung.[85] Die Ergebnisse aus der externen Unternehmensanalyse bilden unter Berücksichtigung der strategischen Zielsetzung des Käufers die Grundlage für die Prognose künftiger Entwicklungen des Leistungsprogramms im Verhältnis zu den relevanten Konkurrenzunternehmen.[86]

17.2.3.3 Human Resources Due Diligence (HRDD)

Trotz seiner großen Bedeutung im M&A-Prozess führt die HRDD teilweise immer noch ein Schattendasein.[87] Und das, obwohl es in der Wirtschaftspraxis als unbestritten gilt, dass die Ressource Mensch der wichtigste Wertschöpfungsfaktor in einem ökonomischen System ist.[88] Die Human Resources Due Diligence analysiert und bewertet das im Ziel-Unternehmen vorhandene Mitarbeiterpotential.[89] Dazu wird in der Regel eine Liste erarbeitet, in der die Führungskräfte nach Position, Alter, Dauer der Betriebszugehörigkeit, Ausbildung oder Vergütung erscheinen. Diese Liste wird unter Berücksichtigung von Vergleichsdaten der Branche zu einem umfassenden Gesamtbild des Personalwesens verdichtet. Das Mitarbeiterpotential wird üblicherweise in individuelles, dynamisches und strukturelles Potential eingeteilt. Unter strukturellem Mitarbeiterpotential versteht man das durch die formalen Organisationstrukturen reflektierte Mitarbeiterpotential. Das individuelle Mitarbeiterpotential ist demnach das an Einzelpersonen gebundene Mitarbeiterpotential. Das dynamische Mitarbeiterpotential ist unabhängig von Einzelpersonen und

[82] vgl. Rockholtz (1999), S.113ff

[83] vgl. Berens, W. u.a. (2008), S.487f

[84] vgl. Berens, W. u.a. (2008), S. 491f

[85] vgl. Berens, W. u.a. (2008), S. 480ff

[86] vgl. Rockholtz (1999), S.120f

[87] vgl. Wirtz, B. W. (2003), S.192

[88] vgl. Aldering, C. / Högemann, B. (2008), S. 499

[89] Der Verfasser verzichtet bewusst auf die Bezeichnung „Humankapital", da die menschliche Arbeitskraft weder auf der Vermögens- noch auf der Kapitalseite der Bilanz untergebracht werden kann. „Kapital" ist im betriebswirtschaftlichen Sinne „Geld für Investitionszwecke". Mitarbeiter müssten also definitionsgemäß in Geldeinheiten bewertet werden, was ethisch fragwürdig ist.

besteht auch weiterhin im Unternehmen, wenn Mitarbeiter das Unternehmen verlassen.[90] Um die Messung der „Personalbonität" im Rahmen einer HRDD möglich zu machen, sollten im Vorfeld einige essentielle Bewertungsmaßstäbe festgelegt werden. Außerdem sollten unbedingt die indirekten Auswirkungen eines Zusammenschlusses auf das Personal angemessen berücksichtigt werden.[91]

Zahlreiche wissenschaftliche Untersuchungen[92] stellen Fusionen und Übernahmen als die kritischsten Phasen für einen Mitarbeiter in der Geschichte der Unternehmenszugehörigkeit dar. Die psychologischen Auswirkungen von Akquisitionen auf die Belegschaft sind erheblich. Diese Auswirkungen werden häufig auch als „Merger-Syndrom"[93] bezeichnet. Dieser (messbare) Effekt kann somit als „Stimmungsbarometer" der Mitarbeiter während und nach dem Unternehmenszusammenschluss begriffen werden. Die psychologischen Auswirkungen auf die Mitarbeiter des Ziel-Unternehmens haben nachweislich einen erheblichen Einfluss auf den Erfolg der Integration.[94]

17.2.3.4 Cultural Due Diligence (CDD)

Unternehmenskulturelle Differenzen zwischen Erwerber- und Zielunternehmen sind nicht selten eine Ursache dafür, dass die mit dem Zusammenschluss erzielten Ergebnisse weit hinter den Erwartungen zurückbleiben.[95] CDD ist die „bewusste, systematische und sorgfältige Untersuchung der Unternehmenskulturen beider Parteien im Hinblick auf ihre Kompatibilität"[96] Die mögliche Existenz kulturellerer Unterschiede wird bei internationalen Transaktionen über die Unternehmenskultur hinaus auch durch die unterschiedlichen Landeskulturen bestimmt.[97]

Wenn man den Begriff der Unternehmenskultur aus der „kulturalistischen" Perspektive sieht, wird die Unternehmung als „Kultur" und der Kulturbegriff als Metapher für ständig in Veränderung stehende komplexe soziale Prozesse[98] verstanden, die sich einem zielgerichteten Eingriff entziehen. Die „interventionalistische" Perspektive besagt, dass die Unternehmenskultur als eine Variable verstanden wird, die durch gezieltes Eingreifen verändert und gestaltet werden kann. Wenn man beide Perspektiven miteinander verbindet, kann man davon ausgehen, dass Unternehmenskultur veränderbar ist, dies jedoch in Hinblick auf die hohe Komplexität sozialer Systeme nur langfristig möglich ist.[99] Unternehmenskultur kann verstanden werden als „das von einer Gruppe von Individuen geteilte

---

[90] vgl. Aldering, C. / Högemann, B. (2008), S. 503

[91] vgl. Aldering, C. / Högemann, B. (2008), S. 508ff

[92] siehe ausführlich bei Anding, T. (2001)

[93] vgl. Picot, G. (2008a), S. 187 und Wirtz (2003), S. 192

[94] vgl. Wirtz, B. W. (2003) S. 192 und Aldering, C. / Högemann, B. (2008), S. 499

[95] vgl. Högemann, B. (2008), S. 525

[96] Wirtz, B. W. (2003), S. 193

[97] vgl. ebd.

[98] also Prozesse im „sozialen System" (!), im Gegensatz zu Prozessen im „ökonomischen System"

[99] vgl. Högemann, B. (2008), S. 526

System von Werten, Normen, Einstellungen und Idealen [...] das die Entscheidungen und Handlungen dieser Gruppe maßgeblich beeinflusst."[100]

Im Rahmen einer Cultural Due Diligence (CDD) sollen vorerst valide, verlässliche und objektivierende Messmethoden gefunden werden, auf die dann eine Operationalisierung und Messung von unternehmenspezifischen Kulturmerkmalen folgt. Im Anschluss werden die Ergebnisse möglichst transparent kommuniziert. Diese Ergebnisse sollten durch gezieltes Veränderungsmanagement im Rahmen der Post Merger Integration weiterverarbeitet werden.[101]

Eine Studie[102], die 800 Transaktionen untersuchte, konnte belegen, dass die Unterschiede in der Unternehmenskultur keine tragende Rolle für den Erfolg oder Misserfolg von Fusionen spielen. Es konnte kein signifikanter Zusammenhang zwischen den Unterschieden der Unternehmenskulturen und dem Erfolg von Zusammenschlüssen ermittelt werden.[103] Die Unternehmenspraxis bestätigt, dass die Cultural Due Diligence meist durch andere, vermeintlich wichtigere Aspekte überkompensiert wird. Im Rahmen einer Akquisition spielt die Kultur im Vorfeld der Transaktion oft eine untergeordnete Rolle. Erst in der Integrationsphase wird genauer auf diesen Aspekt geachtet.

Die CDD wird in der Regel mit zwei Interviewmethoden durchgeführt. Es gibt sowohl die „standardisierte Mitarbeiterbefragung", als auch „individuelle Interviews" mit ausgewählten Mitarbeitern und Führungskräften. Die abzufragenden Werte und Verhaltensweisen werden vorher vom Käuferunternehmen festgelegt. Das eigene Unternehmen und die mit einer Übernahme verbundenen strategischen Überlegungen und operativen Vorteile dienen dabei als Maßstab und Filter.[104]

17.2.3.5 Tax Due Diligence (TDD)

Es existieren keine gesetzlichen Vorschriften zur Tax Due Diligence. Die TDD befasst sich mit der steueroptimalen Gestaltung bei einem Unternehmenskauf. Dabei geht es vor allem um folgende Zielsetzungen:[105] Analyse steuerlicher Risiken der Transaktion und Formulierung einer Steuerklausel, die in den Kaufvertrag eingearbeitet wird, damit der Verkäufer für eventuelle Altlasten belangt werden kann. Außerdem wird die Akquisition auf Seite des Käuferunternehmens steuerlich optimal strukturiert.[106] Steuerlich stehen hierbei die Abschreibung des Kaufpreises sowie die Absetzbarkeit der Finanzierungskosten im Vordergrund. Es werden die Voraussetzungen der Schaffung einer steuerlichen Organschaft, also eine Art „Mini-Konzern" aus Organtochter und Organmutter geschaffen. Aus beiden Unternehmen wird steuerlich ein Unternehmen. Nur das „Mutter-Unternehmen" hat

[100] vgl. Högemann, B. (2008), S. 527

[101] vgl. Högemann, B. (2008), S. 533ff

[102] vgl. Jansen, S.A. u. a. (2001), S. 22 - 26

[103] vgl. ebd.

[104] vgl. Wirtz, B. W. (2003), S. 194

[105] vgl. Welbers, H. (2008), S. 423f

[106] vgl. ebd.

dann eine Steuererklärungen abzugeben und wird mit Steuern belastet. Außerdem ist bei der TDD die Nutzung der im Zielunternehmen vorhandenen Verlustvorträge von Interesse.[107] Die TDD wird von Steuerberatern oder Steueranwälten durchgeführt. Je nach Konstrukt des Zielobjektes kann die TDD sehr umfangreich sein. Oft überschneidet sie sich in Teilbereichen mit der Legal Due Diligence, da in der Regel der rechtliche Rahmen des Zielunternehmens ausschlaggebend für steuerliche Folgen oder Gegebenheiten ist.[108]

17.2.3.6 Legal Due Diligence (LDD)

Der Hauptgegenstand der Legal Due Diligence ist die Beurteilung, ob die Unternehmenstätigkeit des Ziel-Unternehmens einwandfrei begründet und ausgeübt wird. Darüber hinaus soll beurteilt werden, welchen offenen oder verdeckten Bestands- oder Haftungsrisiken das Ziel-Unternehmen ausgesetzt ist.[109] Die gewonnenen Informationen dienen „der Absicherung und Abrundung der wirtschaftlichen Grundlagen und Rahmenbedingungen, die ihrerseits die Werthaltigkeit und Profitabilität des Unternehmens bestimmen."[110] Im Rahmen der Legal Due Diligence (LDD) werden maßgebliche Informationen beschafft, die nötig sind, um in rechtlicher Hinsicht ein belastbares Angebot abgeben zu können und nötigenfalls eine Gewährleistung vom Verkäufer zu fordern. Im Rahmen der LDD sollte eine Vertraulichkeitsvereinbarung über eine Due Diligence geschlossen werden, die mit Vertragsstrafen bewehrt ist. Damit soll die Geheimhaltung der wechselseitig offenbarten Zielsetzungen garantiert werden.[111]

Es wird untersucht, ob die Unternehmenstransaktion einer Fusionskontrolle unterliegt. Abhängig von der Transaktionsstruktur und in Abhängigkeit von den Umsatzgrößenordnungen unterliegen inländische Unternehmenserwerbe einer „präventiven" Fusionskontrolle.[112] Im Rahmen der LDD werden Rechtsfragen im Innen- und Außenverhältnis geklärt. Damit sind vor allem Themen wie Rechtsstreitigkeiten, laufende Prozesse oder Prüfung vertraglicher Beziehungen gemeint. Auch unternehmensinterne Verträge, wie z.B. Verträge mit Mitarbeitern und Führungskräften, Verträge mit verbundenen Unternehmen, externen Kunden oder Lieferanten, laufende Miet- und Pachtverträge sind Gegenstand der LDD-Prüfung.[113]

17.2.3.7 IT Due Diligence (IDD)

Die IT Due Diligence vollzieht eine Bestandsaufnahme der Hard- und Software in beiden Unternehmen. Im Vordergrund steht die Kompatibilität der Systeme. Kosten und Erfolg nahezu jeder heutigen Unternehmensakquisition hängen unter anderem entscheidend von

---

[107] vgl. Wirtz, B. W. (2003) S. 196 und Welbers, H. (2008), S. 443

[108] vgl. Wirtz, B. W. (2003) S. 196 und Welbers, H. (2008), S. 424

[109] vgl. Fritsche, M. / Stalmann, D. (2008), S. 449

[110] ebd.

[111] vgl. Fritsche, M. / Stalmann, D. (2008), S. 451

[112] vgl. Fritsche, M. / Stalmann, D. (2008), S. 451f

[113] vgl. Fritsche, M. / Stalmann, D. (2008), S. 458f

der Kompatibilität der unterschiedlichen Informationstechnologien ab. In der Regel spielen verschiedene unterschiedliche Systeme zusammen, welche integriert und verbunden werden müssen.[114] Notwendig ist also die Analyse der Technik und Technologie im Unternehmen sowie des internen Kontrollsystems. Außerdem gilt es die betriebswirtschaftlichen Auswirkungen einer IT-Integration zu bewerten. In diesem Zusammenhang muss die Frage beantwortet werden, inwieweit die Technologie des Targets zu der des Käufers passt. Verdeckte Folgekosten müssen transparent spezifiziert und angemessen in der Kalkulation der Transaktion berücksichtigt werden.[115] Von besonderer Bedeutung sind die Identifikation wesentlicher Verbesserungspotentiale und der Umfang der hierfür notwendigen Informationen. Letztlich muss der gesamte investitionsbedarf für IT-Technologie für die nächsten drei Jahre abgeschätzt werden.[116]

Eine angemessene Vorbereitung einer Transaktion durch IDD umfasst die Überprüfung des Synergiepotentials und die Identifikation von Integrationsrisiken. Die Überprüfung des Synergiepotentials stellt grundsätzlich die Frage, ob die IT-Ausstattung schlicht doppelt vorhanden ist oder inwieweit ggf. einzelne Komponenten eine sinnvolle Ergänzung auch der bereits bestehenden Ausstattung darstellen können.[117] Gängige Synergiequellen existieren in der Regel in den Bereichen IT-Prozesse, IT-Organisation, IT-Infrastruktur und IT-Anwendungen. Insbesondere bei den IT-Anwendungen ist sowohl die Zusammenführung und Konsolidierung der Anwendungen wichtig, als auch die Harmonisierung der Systemnutzung und Supportverfahren. Als mögliches Ergebnis einer IT Due Diligence kann sich die Aufdeckung und Auflistung möglicher Folgekosten, die Feststellung der Zukunftssicherheit der IT-Investitionen oder die die Ableitung von Integrationsszenarien ergeben.[118]

17.2.3.8 Environmental Due Diligence

Die Environmental Due Diligence (EDD) soll umweltrelevante Probleme und umweltbedingte finanzielle Risiken erfassen. Basis hierfür ist das jeweils vor Ort geltende Umweltrecht. Ziel der EDD ist es, „dem Erwerber einen Überblick über die Umweltsituation des zu akquirierenden Unternehmens zu verschaffen und Umweltrisiken zu erkennen, sowie Wertminderungstatbestände und erforderliche Anpassungen im Rahmen von Umweltschutzeinrichtungen kostenmäßig zu bewerten."[119] Die Untersuchung von umwelttechnischen Richtlinien wird von Consulting-Unternehmen durchgeführt. In der ersten Phase wird ein Umweltbetriebsgutachten erstellt und in der zweiten Phase werden ergänzende Gutachten zur Quantifizierung wertmindernder Tatbestände erstellt. Die EDD muss in

[114] vgl. Koch, A. / Menke J.P. (2008), S. 601ff

[115] vgl. Koch, A. / Menke J.P. (2008), S. 602f

[116] vgl. Picot, G. (2008a), S. 191

[117] vgl. Koch, A. / Menke J.P. (2008), S. 608f

[118] vgl. Koch, A. / Menke J.P. (2008), S. 616ff

[119] Picot, G. (2008a), S. 189

enger Verbindung zu den anderen Teilen der Due Diligence gesehen werden, da sie einen starken Bezug zur Wertermittlung der Anlagen und Gebäude hat.[120]

Eine Umwelt Due Diligence wird in mehreren, logisch aufeinander aufbauenden Arbeitsphasen durchgeführt: Standortbegehung, Datenauswertung zur Standortgeschichte, Datenauswertung zur Standortgeologie inklusive Hydrogeologie, Datenauswertung der bisherigen Untersuchungs- und Sanierungsprojekte, Bewertung potentieller und tatsächlicher Umweltrisiken auf der Grundlage der am Standort genutzten Techniken, Roh- und Hilfsstoffe und Abfallmanagementverfahren.[121] Nachdem die Umweltrisiken identifiziert wurden, können diese quantitativ bewertet werden. Bei der Bewertung sind die Kosten für die Beseitigung von Altlasten, Ersatzinvestitionen, Abriss oder Entsorgungsarbeiten, sowie die Kosten für Sanierungen zu berücksichtigen.[122]

Der Nutzen der EDD kann an folgenden Kriterien festgemacht werden: Identifikation versteckter Risiken, Klärung von Haftungsfragen, Vermeidung von Gesetzeswidrigkeiten und zivilrechtlichen Streitigkeiten, Inanspruchnahme von Verursachern, korrekte Kaufpreisermittlung und schneller Vertragsabschluss. Die daraus gewonnenen Erkenntnisse dienen letztlich der Sicherung des Standortes, der Sicherung der Wertschöpfung, sowie der Erhöhung der Umsatzrendite. Falls notwendig, können bereits Vorbereitungen für Sanierungsmaßnahmen getroffen werden.[123] Im Ergebnis erhält der Auftraggeber eine belastbare Kostenschätzung für eventuell erforderliche Sanierungsleistungen, die für die Kaufpreisverhandlung herangezogen werden kann.[124]

17.3 Unternehmensbewertung und Kaufpreisermittlung

Die Bewertung des Akquisitionsobjektes ist immer eine große Herausforderung. Der Verkäufer hat bestimmte Verkaufspreis-Vorstellungen, der Käufer hat davon abweichende Kaufpreisvorstellungen. Dazwischen liegt oft „Greed and Fear", also Gier gepaart mit Angst. Letztlich kommt es darauf an, dass sich die Vertragsparteien auf einen für beide Seiten akzeptablen Kaufpreis einigen. „Die Wirtschaftlichkeit einer Transaktion definiert sich über den für das erworbene Unternehmen gezahlten Transaktionspreis einerseits und den aus der Transaktion für das kaufende Unternehmen entstehenden Wert andererseits."[125]

[120] vgl. Betko, H. u.a. (2008), S. 551ff

[121] vgl. Picot, G. (2008a), S. 189

[122] vgl. Picot, G. (2008a), S. 189f

[123] vgl. Betko, H. u.a. (2008), S. 558f

[124] vgl. Wirtz, B.W. (2003) S. 198f und Rockholtz C. (1999), S. 108

[125] Hommel, U. / Grass, G. (2008), S. 374

17.3.1 Ober- und Untergrenze des Kaufpreises

Der Kaufpreis unterliegt vielfältigen Einflussfaktoren. Zunächst kommt es drauf an, wie die Transaktionsstruktur beschaffen ist (Share Deal/Asset Deal, Mehrheit/Minderheit etc.). Einen wesentlichen Einfluss hat auch die Kaufpreisfinanzierung (z.B. Verkäuferdarlehen, staatliche Förderung, Kapitalmarktsituation). Weitere Einflussfaktoren sind eventuelle rechtliche Restriktionen, die aktuelle Unternehmenssituation und die Psychologie (Verhandlungstaktik, Charakter der involvierten Personen).[126]

Die Kaufpreisermittlung im Rahmen der Akquisition ist in der Regel mit erheblichen Problemen behaftet. Der Interessenkonflikt zwischen Käufer (niedriger Kaufpreis) und Verkäufer (hoher Kaufpreis) ist vorprogrammiert. Nicht nur der „Stand-alone-Wert" (Untergrenze Kaufpreis) ist relevant, ganz wesentlich ist auch der zusätzlich geschaffene Wert.

Obergrenze des Kaufpreises
=Stand-alone-Wert+Restrukturierung+PositiveSynergien–Restrukturierungskosten

Der geschaffene Wert ergibt sich aus dem Wert des gekauften Unternehmens minus Verkaufspreis plus Synergien minus Transaktionskosten.[127] Aufgrund der dargelegten Zusammenhange ist offensichtlich, dass die Bewertung und Festlegung des Kaufpreises für das Akquisitionsobjekt ein ganz wesentlicher Schritt im Rahmen des M&A-Prozesses ist.[128] Zwischen Ober- und Untergrenze des Kaufpreises liegt der Verhandlungsspielraum. Davon abhängig, ob der erzielte Kaufpreis näher an der Ober- oder Untergrenze des Verhandlungsspielraums liegt, können sich die Anteilseigner des Verkäufer- oder des Käuferunternehmens die Wertsteigerungspotentiale aneignen, die sie durch den Unternehmenszusammenschluss erhofft haben. Bei Aktienunternehmen hat dies fast immer Auswirkungen auf die Aktienkurse der betroffenen Unternehmen.[129]

17.3.2 Multiplikatormethoden

„Beim Multiplikatorverfahren wird der Unternehmenswert des zu bewertenden Unternehmens (Bewertungsobjekt) entweder aus dem Marktpreis vergleichbarer, börsennotierter Unternehmen, der sogenannten Peer Group, abgeleitet oder auf Basis von Preisen ermittelt, die im Rahmen von Transaktionen mit vergleichbaren Unternehmen gezahlt wurden".[130]

---

[126] vgl. Wirtz, B. W. (2003), S. 202ff

[127] vgl. ebd.

[128] vgl. ebd.

[129] vgl. Wirtz, B. W. (2003), S. 203

[130] Nestler, A. / Kraus, P. (2003), S. 248

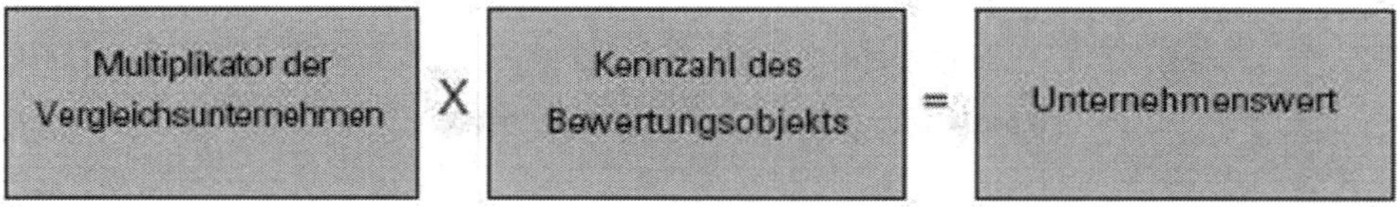

Abb. 17.1 Unternehmensbewertung mittels Multiplikator[131]

Aus dem Produkt eines aus den Vergleichsunternehmen abgeleiteten Multiplikators und der Kennzahl des Bewertungsobjekts (z.B. Gewinn vor Steuern) errechnet sich der Unternehmenswert des Bewertungsobjekts (vgl. Abb.17.1).

Der Multiplikatoransatz geht davon aus, dass man Rückschlüsse auf den Wert des betreffenden Unternehmens ziehen kann, wenn man die Marktpreise vergleichbarer Unternehmen beobachtet. Ausschlaggebend für die Aussagefähigkeit der Bewertung ist also die bestmögliche Vergleichbarkeit der Unternehmen der Peer Group (Gruppe der „Ebenbürtigen") mit dem Bewertungsobjekt. Im Anschluss werden Multiplikatoren abgeleitet und berechnet, die als Grundlage für die Wertermittlung herangezogen werden.[132] Man verwendet folgende aussagekräftige Multiplikatoren: Das Kurs-/Gewinn-Verhältnis (KGV), das Kurs-/Umsatz-Verhältnis (KUV), das Kurs-/Cashflow-Verhältnis (KCV), das Kurs-/Buchwert-Verhältnis (KBV) und die Marktkapitalisierung/Kundenzahl (z.B. gemessen an Website-Klicks). Letzter Multiplikator wird bei der Bewertung von Internet-Unternehmen oder Finanzdienstleistern verwendet. Meistbeachteter und wichtigster Multiplikator ist das Kurs-Gewinn-Verhältnis (KGV). Dieses stellt dar, mit welchem Vielfachen der Jahresüberschuss (= Nettogewinn) bewertet wird. Der Multiplikatoransatz ist in der Praxis vor allem im Rahmen von Verhandlungen von Transaktionen weit verbreitet. Für die möglichst zuverlässige Bewertung von Unternehmen wird dem Multiplikatoransatz jedoch eine begrenzte Anwendung zugesprochen.[133]

17.3.3 Diskontierungsmethoden

Unter den Diskontierungsmethoden sind gegenwärtig die Discounted-Cashflow-Methoden (DCF-Methoden) am stärksten verbreitet. Der Unternehmenswert (=Marktwert des Eigenkapitals) wird durch Prognose und Diskontierung von Cashflows ermittelt. Dieser Vorgehensweise liegt die Überlegung zugrunde, dass sich der Wert eines Unternehmens, ebenso wie der Wert anderer Investitionsobjekte, aus seinen zukünftigen Rückflüssen ergibt. Die DCF-Methode ist eine fundamentale Bewertungsmethode. Sie versucht, den künftigen EK-Strom des Investors vorherzusagen und dessen Vorteilhaftigkeit an einer

[131] ebd.

[132] vgl. Nestler, A. / Kraus, P. (2003), S. 248

[133] vgl. Wirtz, B. W. (2003), S. 203

laufzeit- und risikoadäquaten Alternativinvestition zu messen.[134] Das Verfahren basiert auf dem Barwertkonzept. Das bedeutet, die zukünftigen Einzahlungsüberschüsse („Cashflows") werden mit risikoadjustiertem Zins auf den Bewertungsstichtag diskontiert. Der Vorteil dabei ist, dass der Cashflow eine Größe darstellt, welche unabhängig von Bilanzierungs- und Bewertungsmaßnahmen ist.[135] Die DCF-Methode (teil-)neutralisiert damit die Wirkung bilanzpolitischer Maßnahmen. Die Diskontierung der Cashflows erfolgt mithilfe eines Zinssatzes, der die gewichteten durchschnittlichen Kapitalkosten (Weighted Average Cost of Capital =„WACC") eines Unternehmens widerspiegelt. Die höchste Praxisrelevanz hat die DCF-Methode in Kombination mit dem WACC-Ansatz.[136] Hierzu müssen zuerst bewertungsrelevante Cashflows definiert bzw. geplant werden. Der Detailplanungszeitraum beträgt dabei 5-10 Jahre. Dann werden die durchschnittlichen Kapitalkosten für das betrachtete Unternehmen berechnet. Die geschätzten Cashflows werden anschließend mit dem WACC diskontiert, um den Gesamtunternehmenswert zu ermitteln. Nach dem Ende des Detailplanungszeitraums nimmt man an, dass das Wachstum des freien Cashflows konstant bleibt (Fortführungswert, ewige Rente). Am Ende wird die Summe der Barwerte der Cashflows aus der Detailplanungsperiode plus nach der Detailplanungsperiode gebildet (beinhaltet prognostizierte Wachstumsrate). Das Eigenkapital (EK) lässt sich schließlich über Differenz von Unternehmens-Gesamtwert und Marktwert des Fremdkapitals (FK) berechnen.[137]

17.3.4 Liquidations- und Substanzwert

Der Liquidationswert stellt immer eine absolute Wertuntergrenze dar, unabhängig vom Bewertungsergebnis bzw. von der Bewertungsmethode. Er stellt den potenziellen Marktpreis bei Unternehmenszerschlagung dar. Diese Perspektive ist eher auf den Verkäufer bezogen, weniger auf den Käufer. Im Liquidationswertverfahren wird also unterstellt, dass das Unternehmen aufgelöst wird. Die Endwertermittlung erfolgt durch Addition der Verkaufserlöse der einzelnen Wirtschaftgüter, abzüglich der Schulden und der Kosten der Liquidation (z.B. Honorar für den Liquidator). Der Nachteil ist, dass immaterielle Werte nicht berücksichtigt werden. Für viele Wertgegenstände lässt sich nicht ohne weiteres ein Marktpreis herleiten. Die realisierbaren Preise sind abhängig vom zur Verfügung stehenden Zeitrahmen. Die Brauchbarkeit der Methode ist daher in der Praxis stark eingeschränkt.[138]

Beim Substanzwertverfahren (auch Reproduktionswertverfahren) stellt sich die Frage, was es kosten würde, ein Unternehmen mit der gleichen Leistungsfähigkeit „auf der grünen

---

[134] vgl. Wirtz, B. W. (2003), S. 211 und Hommel, U. / Grass, G. (2008), S. 376ff

[135] vgl. Wirtz, B. W. (2003), S. 212

[136] vgl. Wirtz, B. W. (2003), S. 213ff

[137] Siehe im Detail mit entsprechenden Formeln bei Wirtz, B. W. (2003), S.217ff und Hommel, U. / Grass, G. (2008), S. 385ff

[138] vgl. Wirtz, B. W. (2003), S. 231f

Wiese“ am selben Standort komplett funktionsfähig mit Anlage- und Umlaufvermögen, Kundenstamm und Firmen-Know-how neu zu errichten. Diese Perspektive ist eher auf den Käufer bezogen, weniger auf den Verkäufer. Zur Berechnung des Substanzwertes geht man von den Anschaffungs- oder Herstellungskosten aus, zieht bislang auf diese Kosten angefallene Abschreibungen und das Fremdkapital ab und addiert den geschätzten Wert der immateriellen Güter (Patente, Lizenzen, Rechte) hinzu. Dieses Verfahren basiert also auf einer stichtagsbezogenen Bewertung der realen Unternehmensbestandteile. Kombinationseffekte, die sich aus dem Zusammenwirken einzelner Unternehmensteile ergeben, bleiben unberücksichtigt.[139]

17.4 Zusammenfassung

Fusionen und Akquisitionen sind hauptsächlich ein Instrument zu Gestaltung der Unternehmens- und Konzernstruktur. Die M&A-Aktivitäten werden daher fast immer unter strategischen Gesichtspunkten betrachtet. Gerade bei der Entwicklung von Auslandsstrategien ist die Beachtung der Grundregeln und Vorgehensweisen im Bereich M&A von großer Bedeutung.

Zunächst muss eine passende Strategie entwickelt werden. Die strategischen Ziele, die in der Regel mit einer M&A-Transaktion verbunden sind, reichen von der Nachfolgeregelung bis zur internationalen Expansionsstrategie, um den eigenen Marktanteil zu verbessern oder neue Märkte zu erschließen. Als strategischer Hintergrund für die beabsichtigte Unternehmenstransaktion beobachtet man in letzter Zeit zunehmend einen gewünschten „Kompetenzzuwachs“. Die Akquisition von gut ausgebildetem Personal steht hier im strategischen Fokus. Eine M&A-Transaktion startet in der Regel mit einer sorgfältigen Statusbestimmung, sowie mit einer Recherche und Identifizierung möglicher Zielunternehmen. Von entscheidender Bedeutung ist dabei die Auswertung von bestehenden Branchenkontakten.

Die unausweichlichen Informationsasymmetrien zwischen den Verhandlungsparteien müssen ausgeglichen werden. Hierbei schafft die Durchführung einer Due-Diligence-Prüfung bestmögliche Transparenz. Es besteht immer die Gefahr, dass nach einer Transaktion der erwartete strategische Befreiungsschlag nicht eintritt und möglicherweise geplante Umsatz- und Ergebniseffekte sowie Synergien ausbleiben. Diesem Risiko wirkt eine Due Diligence erheblich entgegen. Schon im Vorfeld der Vertragsverhandlungen sollten Chancen und Risiken identifiziert werden, damit man bei den konkreten Kaufpreisverhandlungen, sowie der Planung der Unternehmensintegration erfolgreich bleibt. Umfassende Kenntnisse der Unternehmensbewertung und der dafür üblichen Verfahren sind unabdingbar. Der Einsatz von externen Beratern kann positiv zur Effizienz und zum letztlichen Erfolg der geplanten Akquisition beitragen.

---

[139] vgl. Hommel, U. / Grass, G. (2008), S. 394f

Literatur

Anding, T. (2001): Quantifizierung der Personalfunktionen bei Mergers & Acquisitions. In: M&A Mergers & Acquisitions 12/2001, S. 563 - 571.

Aldering, C. / Högemann, B. (2008): Human Resources Due Diligence. In: Berens, W. u.a. (Hrsg): Due Diligence bei Unternehmensakquisitionen, Stuttgart 2008, S. 497 - 521

Bartels, E. / Cosak, S. (2008): Integrationsmanagement. In: Picot, G. (Hrsg.): Handbuch Mergers & Acquisitions. Planung – Durchführung – Integration. Stuttgart 2008, S.450-470.

Berens, W. u.a. (Hrsg.)(2008): Due Diligence bei Unternehmensakquisitionen, 5. Aufl., Stuttgart 2008.

Betko, H. u.a. (2008): Environmental Due Diligence. In: Berens W. u.a. (Hrsg.): Due Diligence bei Unternehmensakquisitionen. Stuttgart 2008, S. 549- 567

Beyer H.M. / Brüseken S. (2011): Akquisitionsstrategie „Buy-and-Build" – Konzeptionelle Aspekte zu Strategie und Screeningprozess. In: Rennhak, C. & Nufer, G. (Hrsg.): Reutlinger Diskussionsbeiträge zu Marketing & Management. Nr. 2011-1, Reutlingen 2011.

Bredy, J. / Strack, V. (2008): Financial Due Diligence I: Vermögen, Ertrag und Cash Flow. In: Berens W. u.a. (Hrsg.): Due Diligence bei Unternehmensakquisitionen. Stuttgart 2008, S. 359 - 382

Fikentscher, W. / Heinemann, A. (2006): Schuldrecht. Berlin 2006.

Fritsche, M. / Stalmann, D. (2008): Legal Due Diligence. In: Berens W. u.a. (Hrsg.): Due Diligence bei Unternehmensakquisitionen. Stuttgart 2008, S. 447 - 475

Högemann, B. (2008): Cultural Due Diligence. In: Berens W. u.a. (Hrsg.): Due Diligence bei Unternehmensakquisitionen. Stuttgart 2008, S. 523 – 547

Hommel, U. / Grass, G. (2008): Unternehmensbewertung. In: Picot, G. (Hrsg.): Handbuch Mergers & Acquisitions. Planung – Durchführung – Integration. Stuttgart 2008, S. 374 – 339

Jansen, S.A. (2001): Mergers & Acquisitions: Unternehmensakquisitionen und –kooperationen – Eine strategische, organisatorische und kapitalmarkttheoretische Einführung. Wiesbaden 2001.

Koch, A. / Menke J.P. (2008): IT Due Diligence. In: Berens W. u.a. (Hrsg.): Due Diligence bei Unternehmensakquisitionen. Stuttgart 2008, S. 599 - 630

Meyer, M.L. (2011): Erfolgsfaktoren bei Mergers & Acquisitions. Eine empirische Untersuchung externer Einflussfaktoren auf den Transaktionserfolg aus Käufersicht. (Diss.) Wuppertal 2011.

Nestler, A. / Kraus, P. (2003): Die Bewertung von Unternehmen anhand der Multiplikatormethode. In: Betriebswirtschaftliche Mandantenbetreuung. Ausgabe 09/2003 S. 248. Würzburg 2003. http://www.iww.de/bbp/archiv/unternehmensbewertung-die-bewertung-von-unternehmen-anhand-der-multiplikatormethode-f34596. Aufruf vom 20.01.2014.

Picot, G. (2008a): Das vorvertragliche Verhandlungsstadium bei der Durchführung von Mergers & Acquisitions. In: Picot, G. (Hrsg.): Handbuch Mergers & Acquisitions. Planung – Durchführung – Integration. Stuttgart 2008, S. 156 - 205

Picot, G. (2008b): Due Diligence und privatrechtliches Haftungssystem. In: Berens, W. u.a. (Hrsg.): Due Diligence bei Unternehmensakquisitionen, Stuttgart 2008, S.299 - 334.

Picot, G. (2008c): Vertragliche Gestaltung des Unternehmenskaufs. In: Picot, G. (Hrsg.): Handbuch Mergers & Acquisitions. Planung – Durchführung – Integration. Stuttgart 2008, S. 206 - 269

Rockholtz C. (1999): Marktwertorientiertes Akquisitionsmanagement: Due Diligence-Konzeption zur Identifikation, Beurteilung und Realisation akquisitionsbedingter Synergiepotentiale. Frankfurt a.M. 1999.

Voss, I. / Müller-Stewens, G. (2006): Strategische M&A - Kompetenz im Rahmen von Akquisitionsstrategien – Komponenten, Erfolgsfaktoren und Aufbau. In: Keuper, F. u.a. (Hrsg.), M&A-Prozess 2006, S. 3 – 31.

Welbers, H. (2008): Tax Due Diligence. In: Berens W. u.a. (Hrsg.): Due Diligence bei Unternehmensakquisitionen. Stuttgart 2008, S. 421 - 445

Wirtz, B.W. (2003): Mergers & Acquisitions Management. Strategie und Organisation von Unternehmenszusammenschlüssen. Wiesbaden 2003.

Wirtz, B. W. (2006): Handbuch Mergers & Acquisitions Management. Wiesbaden 2006.

Die GmbH in China 18

Zheng Zhou

Die Gesellschaft mit beschränkter Haftung (nachfolgend „GmbH“) ist die in der Praxis am häufigsten gewählte Gesellschaftsform für ausländische Investitionen in China. Bei Gründung eines vollständig mit ausländischem Kapital gegründeten Unternehmens (Wholly Foreign-Owned Enterprise, nachfolgend „WFOE“) ist die GmbH als Rechtsform gesetzlich vorgeschrieben. Die wichtigste Rechtsquelle des GmbH-Rechts bildet das chinesische Gesellschaftsgesetz, das am 01.01.2006 in Kraft getreten ist. Am 01.03.2014 ist die aktuelle Novelle zum Gesellschaftsgesetz in Kraft getreten, die bedeutende Änderungen in Bezug auf die Kapitalisierung der Gesellschaft mit sich bringt.

Auf Auslandsinvestitionen (Foreign Investment Entprise, nachfolgend „FIE“) sind zudem spezielle Einzelgesetze und Verordnungen anwendbar. Gemeint sind vor allem das WFOE-Gesetz, die beiden Joint-Venture-Gesetze[1] und deren jeweilige Durchführungsverordnung. Durch die aktuelle Novelle des Gesellschaftsgesetzes beabsichtigt der Gesetzgeber einen weiteren Schritt zur Angleichung der speziellen Regelungen für FIE an das Gesellschaftsgesetz. Eine Anpassung - oder sogar Aufhebung - solcher gesonderten Regelungen ist daher in naher Zukunft absehbar.

18.1 Gründung einer GmbH

Die Errichtung einer GmbH ist von der Erfüllung folgender Voraussetzungen abhängig:

- Anzahl der Gesellschafter: höchstens 50 Gesellschafter;
- das im Gesellschaftsvertrag vorgesehene Stammkapital;
- Gesellschaftsvertrag;
- Name und Sitz der Gesellschaft;

[1] Gesetz über Wholly Foreign-Owned Enterprises, Gesetz über das Equity Joint Venture und Gesetz über Cooperative Joint Venture.

- Einrichtung der Gesellschaftsorgane.

Mit der Gesetzesänderung hebt der Gesetzgeber das Erfordernis eines Mindeststammkapitals auf. Nach der alten Rechtslage betrug dies bei einer klassischen GmbH mit mehreren Gesellschaftern 30.000,00 RMB. Ausgenommen sind allerdings die Fälle, in denen ein bestimmtes Mindeststammkapital gesetzlich zwingend vorgeschrieben ist.

Der Gesellschaftsvertrag muss insbesondere folgende Angaben enthalten:

- Bezeichnung, Sitz, Geschäftsbereich und Stammkapital der Gesellschaft;
- Namen der Gesellschafter;
- Kapitalaufbringung durch den Gesellschafter;
- Gesellschaftsorgane, deren Entstehung und Befugnisse;
- gesetzlicher Vertreter der Gesellschaft.

Zur Gründung einer GmbH sind der Antrag auf Registrierung der Gesellschaft, der Gesellschaftsvertrag und auf Anforderung gegebenenfalls weitere Unterlagen bei der staatlichen Verwaltung für Industrie und Handel (local Administration of Industry and Commerce, nachfolgend „AIC") einzureichen. Das bisherige geltende Erfordernis des Nachweises der Kapitalaufbringung - ausgestellt durch eine Wirtschaftsprüfgesellschaft - wurde durch die Gesetzesnovelle aufgehoben. Es ist auch nicht mehr notwendig, das eingezahlte Stammkapital bei der AIC registrieren zu lassen. Mit Ausstellung der Gewerbeberechtigung (Business Licence) gilt die GmbH als gegründet.

Nach der Gesellschaftsgründung muss die GmbH eine Gesellschafterliste erstellen, aus der Name, Wohnort, Kapitalanteil der Gesellschafter sowie die laufenden Nummern des entsprechenden Nachweises zu entnehmen sind. Eine in der Gesellschafterliste verzeichnete Person kann dann ihre Rechte als Gesellschafter ausüben.

Für FIE ist vor der Registrierung der Gesellschaft noch ein Genehmigungsverfahren bei der lokalen oder zentralen Genehmigungsbehörde (Ministry of Commerce, „MOFCOM") durchzuführen. Nach der Registrierung der Gesellschaft sind noch weitere Registrierungen bei den Devisenaufsichtsbehörden und den Steuerbehörden erforderlich.

18.2 Kapitalaufbringung

Ebenso abgeschafft wurden die gesetzlichen Regelungen über Einzahlung des Stammkapitals. Bislang durfte die erste Einzahlung nicht unter 20% (beziehungsweise 15% für FIE) des Stammkapitals liegen und musste das gesetzlich vorgeschriebene Mindeststammkapital erreichen. Der verbleibende Betrag war innerhalb von zwei Jahren (beziehungsweise fünf Jahre für Holding) nach Gründung der Gesellschaft zu zahlen. Nun können die Gesellschafter im Gesellschaftsvertrag den Zeitplan für die Einzahlung des Stammkapitals selbst festlegen.

Tab. 18.1 Mindeststammkapital

Gesamtinvestition	Mindeststammkapital
über USD 30 Mio.	1/3 der Gesamtinvestition (Bei einer Gesamtinvestition bis zu USD 36 Mio. darf das Mindeststammkapital nicht weniger als USD 12 Mio. betragen.)
USD 10 Mio. – USD 30 Mio.	40% der Gesamtinvestition (Bei einer Gesamtinvestition bis zu USD 12,5 Mio. darf das Mindeststammkapital nicht weniger als USD 5 Mio. betragen.)
USD 3 Mio. – USD 10 Mio.	50% der Gesamtinvestition (Bei einer Gesamtinvestition bis zu USD 4,2 Mio. darf das Mindeststammkapital nicht weniger als USD 2,1 Mio. betragen.)
bis zu USD 3 Mio.	70% der Gesamtinvestition

Für FIE gilt, wie oben dargestellt, eine Reihe von Sondervorschriften, die mit den Neuregelungen teilweise im Widerspruch stehen. In welchem Verhältnis diese Spezialvorschriften zum neuen Gesellschaftsrecht stehen werden, bleibt abzuwarten. Nach der bisher geltenden Rechtslage ist bei Gründung eines WFOE die Höhe des Stammkapitals von der Gesamtinvestition abhängig. Tab. 18.1 zeigt, welchen Prozentsatz der Gesamtinvestition das Mindeststammkapital ausmachen muss.

Das Kapital einer GmbH kann durch Bar- oder Sacheinlage erbracht werden. Mit der Gesetzesänderung ist es nun auch nicht mehr erforderlich, dass die Bareinlage mindestens 30% des Stammkapitals abdecken muss. Gegenstand einer Sacheinlage sind häufig Maschinen, Landnutzungsrechte und geistige Eigentumsrechte.

Das Gesellschaftsgesetz verbietet ausdrücklich den Kapitalentzug nach der Gründung einer GmbH. Vorgesehen ist eine verwaltungsrechtliche Sanktion mit einer Bußgeldzahlung in Höhe von 5% bis 15% des abgezogenen Kapitals.

18.3 Gesellschaftsorgane

Die gesetzlich vorgeschriebenen Organe einer GmbH sind die Gesellschafterversammlung, der Vorstand (Board of Directors) sowie der Aufsichtsrat.

18.3.1 Gesellschafterversammlung

Die Gesellschafterversammlung ist das oberste Organ einer GmbH und besteht aus allen Gesellschaftern. Sie hat insbesondere über folgende Angelegenheiten zu bestimmen:

- Entscheidung über den Geschäftskurs und den Investitionsplan;
- Bestellung und Abberufung von Vorstand und Aufsichtsrat;
- Prüfung und Genehmigung des Berichts des Vorstandes und des Aufsichtsrats;
- Feststellung der Planung für den Jahreshaushalt und den Jahresabschluss;
- Feststellung der Planung für die Gewinnverteilung und die Verlustdeckung der Gesellschaft;
- Entscheidung über Veränderungen des Stammkapitals;
- Entscheidung über Umwandlung und Auflösung der Gesellschaft sowie Änderung der Gesellschaftsform;
- Änderung des Gesellschaftsvertrages.

Es ist zwischen der ordentlichen und der außerordentlichen Gesellschafterversammlung zu unterscheiden. Während die ordentliche Gesellschafterversammlung nach dem Gesellschaftsvertrag durch den Vorstand einberufen wird, ist die außerordentliche Gesellschafterversammlung in den folgenden Fällen abzuhalten:

- auf Verlangen von mindestens 10% der stimmberechtigten Gesellschafter; oder
- auf Verlangen von mindestens 1/3 der Vorstandsmitglieder; oder
- auf Verlangen von Aufsichtsrat (oder Aufseher in einer Gesellschaft ohne Aufsichtsrat).

18.3.2 Vorstand

Der Vorstand besteht aus 3 bis 13 Mitgliedern. Das Amt der Vorstandsmitglieder dauert maximal 3 Jahre. Sie können aber wiedergewählt werden. Eine kleine GmbH, die eine geringe Anzahl an Gesellschaftern oder einen kleinen Geschäftsumfang hat, kann statt eines Vorstandes einen geschäftsführenden Direktor (Executive Director) bestellen. Der Vorstand ist für die Gesellschafterversammlung verantwortlich und für die Geschäftsführung zuständig. Ein vom Vorstand eingestellter Direktor ist ausschließlich Exekutivorgan des Vorstandes und führt das Alltagsgeschäft durch.

18.3.3 Aufsichtsrat

Weiteres Organ einer GmbH ist der Aufsichtsrat mit mindestens drei Mitgliedern. Eine kleine GmbH kann statt eines Aufsichtsrates einen oder zwei Aufsichtsführer bestellen. Der Aufsichtsrat besteht aus Gesellschafter- und Arbeitnehmervertretern. Vorstandsmitglieder oder leitende Manager dürfen nicht zugleich Aufsichtsratsmitglieder sein. Dem Aufsichtsrat stehen insbesondere folgende Befugnisse zu:

- Überprüfung der Finanzen der Gesellschaft;
- Überwachung der Amtshandlungen der Vorstandsmitglieder und leitender Manager; im bestimmten Fällen Vorschläge zur Abberufung der Vorstandsmitglieder und leitender Manager;
- Einberufung außerordentlicher Gesellschafterversammlungen;
- Klage gegen Vorstandsmitglieder und leitende Manager.

18.4 Gesetzliche Vertretung

Die GmbH kann durch den Vorstandsvorsitzender, den geschäftsführenden Direktor (Executive Director) oder durch den Geschäftsführer vertreten werden.

18.5 Rechte und Pflichten der Gesellschafter

Die Hauptpflicht eines Gesellschafters besteht darin, die nach dem Gesellschaftsvertrag festgelegten Kapitaleinlagen fristgemäß und vollständig einzuzahlen.

Jeder Gesellschafter hat Anspruch auf Einsichtnahme von Gesellschaftsvertrag, Protokolle der Gesellschafterversammlungen, Entscheidungen des Vorstandes und des Aufsichtsrats sowie Finanzberichte. Zudem steht ihm ein Anspruch auf Gewinnbeteiligung zu. Die Gewinnverteilung erfolgt nach dem Verhältnis der durch ihn tatsächlich geleisteten Einlagen. Das Stimmrecht eines Gesellschafters in der Gesellschafterversammlung richtet sich hingegen nach dem Verhältnis der von ihm übernommenen Geschäftsanteile. Darüber hinaus können die Gesellschafter untereinander ihre Gesellschaftsanteile übertragen. Die Übertragung der Anteile an Dritte setzt hingegen eine Zustimmung von mindestens der Hälfte der übrigen Gesellschafter voraus.

18.6 Haftung

Für die Verbindlichkeiten einer GmbH haftet grundsätzlich die Gesellschaft mit ihrem gesamten Vermögen. Die Haftung der Gesellschafter beschränkt sich in der Regel auf ihre Kapitaleinlage.

Die Gesellschafter haften ausnahmsweise auch für die Verbindlichkeiten der Gesellschaft als Gesamtschuldner (sog. Durchgriffshaftung), wenn sie die Stellung der GmbH als unabhängige juristische Person und die beschränkte Haftung der Gesellschafter dazu genutzt haben, um sich ihren Verbindlichkeiten zu entziehen und damit die Interessen der Gesellschaftsgläubiger erheblich schädigen. Weitere Fälle der Durchgriffshaftung sind zum

Beispiel Unterkapitalisierung der Gesellschaft und Vermischung der Gewinne/des Kapitals/der Geschäfte der Gesellschaft und des Gesellschafters.

18.7 Auflösung und Liquidation einer GmbH

Die Auflösungsgründe sind im Gesellschaftsgesetz abschließend aufgelistet:

- Ablauf der Betriebsdauer nach dem Gesellschaftsvertrag oder Eintritt eines anderen im Gesellschaftsvertrag bestimmten Auflösungsgrundes;
- Auflösung durch Beschluss der Gesellschafterversammlung;
- Auflösung aufgrund einer Fusion oder Spaltung der Gesellschaft;
- Auflösung wegen Entzugs der Geschäftslizenz, behördlich angeordneter Betriebsschließung oder Aufhebung der Registrierung der Gesellschaft;
- Zwangsauflösung durch Gerichtsurteil auf Auflösungsklage der Gesellschafter, die mindestens 10% der Stimmen halten. Die Auflösungsklage ist dann zu erheben, wenn große Schwierigkeiten bei der Geschäftsführung der GmbH auftreten, die Fortführung der Gesellschaft die Interessen der Gesellschafter erheblich schädigen kann und keine andere Lösung in Aussicht steht.

Innerhalb von 15 Tagen nach Eintritt eines Auflösungsgrundes muss ein Liquidationskomitee – bestehend aus Gesellschaftern - eingerichtet werden. Wenn das nicht der Fall ist, kann das Gericht auf Antrag der Gläubiger das Liquidationskomitee einsetzen. Die Gläubiger müssen innerhalb von 30 Tagen ab Erhalt der Aufforderung der Forderungsanmeldung durch das Komitee ihre Forderungen anmelden. Nach der Beendigung des Liquidationsverfahrens muss das Komitee einen Antrag auf Lösung der Gesellschaftsregistrierung bei der AIC stellen und die Beendigung der GmbH bekanntmachen.

18.8 Ein-Mann-GmbH

Als Ein-Mann-GmbH bezeichnet das Gesellschaftsgesetz eine GmbH mit nur einer natürlichen oder juristischen Person als Gesellschafter.

Durch die neueste Gesetzesnovelle wurden die gesetzlichen Regelungen über das Mindeststammkapital und die Einzahlung des Stammkapitals aufgehoben. Bislang betrug das Mindeststammkapital bei einer Ein-Mann-GmbH 100.000,00 RMB. Das Stammkapital musste bei der Gründung der Gesellschaft auf einmal erbracht werden.

Die Ein-Mann-GmbH hat keine Gesellschafterversammlung und ihr Finanzbericht muss durch externe Wirtschaftsprüfer geprüft werden. Die Haftung des Gesellschafters ist in der Regel auf seine Einlage beschränkt. Allerdings kann er sich nicht auf diese Haftungsbeschränkung berufen, wenn ihm der Beweis nicht gelingt, dass sein privates Vermögen vom Gesellschaftsvermögen getrennt ist.

18.9 Zusammenfassung

Wenn gesetzlich kein Joint-Venture-Zwang besteht, ist in der Regel eine 100-prozentige Tochtergesellschaft in Form einer GmbH einem Joint Venture vorzuziehen, da die Kontrolle über die Geschäftsführung vollständig bei den ausländischen Investoren bleibt. Die aktuelle Novelle zum chinesischen Gesellschaftsgesetz bringt erhebliche Erleichterungen für die Unternehmensgründung mit sich. Allerding bleibt abzuwarten, wie der Gesetzgeber die speziellen Regelungen für FIE an die jüngsten Änderungen des Gesellschaftsgesetzes anpassen wird.

Personalauswahl im Zielland 19

Marion Käser Seitz

19.1 Voraussetzungen für den Aufbau am Beispiel der Vereinigten Arabischen Emirate (VAE)

Viele Mittelstandsunternehmen möchten ihre Geschäftstätigkeiten ins Ausland erweitern und dies insbesondere in die lukrativen Märkte der VAE. Dafür sind jedoch einige zwingende Voraussetzungen erforderlich, auf die ich anhand eigener Erfahrungen eingehen möchte.

19.1.1 Qualitativ

Um mit einer eigenen Niederlassung in den VAE erfolgreich zu sein, sind nachfolgende Punkte sehr wichtig:

- Exzellente Fachkenntnis von Aufgabenfeld und Branche
- Fester Kundenstamm in erfolgreicher Zusammenarbeit im Heimatmarkt
- Breites Netzwerk in Deutschland
- Bestehende Kunden, die einen Sitz in den VAE oder anderen Golfstaaten haben
- Landeskenntnisse
- Prozesskenntnisse der Geschäftsabwicklung
- Marktkenntnisse
- Kontaktperson vor Ort

19.1.2 Quantitativ

Eine Firmengründung in den VAE erfordert in erster Linie nicht unerhebliche finanzielle Mittel. Es sollte jedem bewusst sein, dass eine lange Aufbauphase notwendig ist und in dieser Zeit keine planbaren Einnahmen zu erwarten sind. Um einen ungefähren Rahmen zu nennen – es sollte die Möglichkeit bestehen, dass im ersten Jahr ohne jegliche Einnahmen sämtliche Kosten getragen werden können.

Ein weiterer, nicht zu unterschätzender Faktor ist der zeitliche Aufwand. Einerseits für die Gründungsphase und zum anderen für den Aufbau der Geschäftstätigkeiten.

So ist es keine Seltenheit, täglich zwischen 12 und 14 Stunden zu arbeiten. Da die Wochenendtage zu Deutschland differieren (Freitag/Samstag) kommt es vor, dass eine 6 Tage Woche keine Ausnahme ist. Auch die Termingestaltung wird sehr flexibel gehandhabt. Wenn ein Geschäftspartner am Wochenende Zeit für ein Gespräch hat, so sollte dies auch wahrgenommen werden.

In der Aufbauphase und im ersten Jahr der Geschäftsaufnahme kann ein längerer Urlaub nicht eingeplant werden. Ständige persönliche Präsenz ist sehr wichtig.

19.2 Erste Schritte

19.2.1 Auswahl Standort

In den VAE – Beispiel Dubai- ist sehr wichtig, den Standort der Niederlassung nach umfassender Prüfung auszuwählen.

Dazu gehören unter anderem:

- Welche Art des Geschäftes möchte ich machen und in welcher Free Zone wird dafür eine Lizenz erteilt?
- Wo sind entsprechende Firmen mit gleicher Ausrichtung angesiedelt?
- Wo sind potentielle Kunden in der Nähe?
- zentrale Lage, Fahrwege zum Wohnort beachten
- Parkplatzsituation, für Kundenbesuche sehr wichtig
- Banksicherheiten für Lizenzerteilung ist sehr unterschiedlich

19.2.2 Auswahl der Rechtsform

Von den verschiedenen Rechtsformen kamen für mich letztendlich nur zwei für die Gründung einer eigenen Firma in den VAE in Frage.

a) Gründung einer Zweigniederlassung – sog. Branch:
Bei einer Branch handelt es sich um eine unselbständige Zweigniederlassung, die jedoch keine eigene Rechtspersönlichkeit hat und somit nur zu Repräsentationszwecken dient. Voraussetzung einer solchen Gründung ist, dass die Muttergesellschaft bereits seit mindestens zwei Jahren besteht.
b) Gründung einer Free Zone Limited Liability Company (FZ-LLC):
Um aktive Geschäftstätigkeiten zu betreiben, ist eine Gründung einer FZ-LLC empfehlenswert. Die FZ LLC ist größtenteils ähnlich einer GmbH in Deutschland, jedoch mit gewissen Einschränkungen.
Ich habe mich für die Gründung einer FZ-LLC entschieden. Einige meiner Kunden aus Deutschland sind bereits in den VAE ansässig und können nur mit einer ebenfalls lokal agierenden Firma Geschäftstätigkeiten aufnehmen.
Zu beachten ist auf jeden Fall, dass nur innerhalb der jeweilig ausgewählten Free Zone die Tätigkeiten ausgeübt werden dürfen, entsprechend der in der Lizenz vorgegebenen Bedingungen. Eine FZ-LLC kann auch uneingeschränkt im benachbarten Ausland tätig werden.

19.3 Rechtliche Gründung der Auslandsniederlassung

Die Firmengründung in den VAE (hier speziell in Dubai) ist sehr langwierig und erfordert eine Vielzahl von Dokumenten.

Als Zeitrahmen sollten bis zu 9 Monaten eingeplant werden.

Die Dokumente müssen teilweise von einem, am jeweiligen Landesgericht zugelassenen, Dolmetscher übersetzt werden, vom Gericht beglaubigt und mit einer Apostille versehen werden. Anschließend werden diese an die Botschaft der Vereinigten Arabischen Emirate in Berlin gesandt. Dort erfolgt dann die Legalisierung der Dokumente, die für die Firmengründung in Dubai notwendig ist.

Zu beachten ist, dass die verschiedenen Free Zones unterschiedliche Anforderungen haben.

Es gibt zwei Wege, eine Firmengründung zu voranzutreiben. Die erste Möglichkeit ist aus Deutschland heraus. Das ist mitunter praktisch kaum machbar, da sehr oft ein persönliches Erscheinen erforderlich ist.

Zudem ist es per Telefon und E-Mail äußerst mühsam, alle Erklärungen und Bestätigungen auszufüllen und Fragen zu klären.

Die zweite, und nach meiner Erfahrung die eindeutig bessere Vorgehensweise ist, die Registrierung vor Ort selbst zu begleiten.

Die persönliche Präsenz beschleunigt mitunter den Prozess der Bearbeitung und vereinfacht vieles. Gleichzeitig lernt man die Behörden kennen, deren Arbeitsweise und Mentalität, insbesondere wird man selbst als zukünftige/r Geschäftsmann/-frau angesehen.

19.4 Geschäftsaufnahme in den VAE

19.4.1 Erste Aktivitäten

Nach erfolgreicher Firmengründung mit Bezug der Büroräume sind nun die ersten Grundlagen einer Geschäftsaufnahme geschaffen.

Es ist ratsam, immer aktuelle Visitenkarten dabei zu haben, da man sehr schnell auf interessante Menschen trifft.

Dementsprechend muss auch die Homepage aktuell gehalten werden. Ein Firmenstempel ist ebenfalls gefordert und auch unabdingbar – er gehört zu einer Firma einfach dazu.

Zum Start einer mittelständischen Firma in Dubai ist es unerlässlich, soviel als möglich in Eigenregie und Eigenleistung zu erledigen, ehe Personal vor Ort eingestellt wird. Ich gehe später noch näher darauf ein.

19.4.2 Kunden und Neukunden

Es ist alles vorbereitet und alle Voraussetzungen zum Start sind gegeben.

Wie bereits unter dem Abschnitt 19.1.1 erwähnt, ist es von Vorteil Bestandskunden zu haben, die ebenfalls in den VAE tätig sind. Auch wenn diese Gesellschaften ebenfalls eigenständige Niederlassungen oder ähnliches sind – eine Referenz aus Deutschland ist vorzeigbar und macht den Einstieg leichter.

Zum Aufbau von Neukunden sind persönliche Netzwerke Voraussetzung. Neugeschäft zu generieren ist vielmals nur über Empfehlungen oder Referenzen möglich.

Eine persönliche Präsenz auf Business-Veranstaltungen muss regelmäßig gegeben sein.

19.5 Personalauswahl

19.5.1 Demografie und Einwohnerstruktur in den VAE

Kommen wir jetzt zum sehr umfassenden Teil – der Personalsuche, Personalauswahl und Vorbereitung auf deren Einsatz in den VAE.

Beginnen möchte ich mit einigen Statistiken, die aufzeigen, wie sich die Bevölkerung in den VAE und in ausgewählten Städten zusammenstellt und welche Besonderheiten daraus abgeleitet werden können.

Um erfolgreich im neuen Umfeld sowohl als Personalberater, als auch als Jobsuchender zu arbeiten, ist es besonders wichtig, dass dieses Umfeld bekannt und bewusst ist (vgl. Abb. 19.1).

		davon	
	Gesamt:	Männer	Frauen
	8.200.000	6.120.000	2.080.000
darin Emirati:	930.000	470.000	460.000
darin Ausländer:	7.270.000	5.650.000	1.620.000

Bevölkerungsanteile VAE: 11% Emirati
5,5% Frauen
5,5% Männer
89% Ausländer
20% Frauen
69% Männer

Abb. 19.1 Einwohnerstatistik VAE (2009)(Quelle: National Bureau of Statistics VAE, Wikipedia, http://www.uaestatistics.gov.ae/EnglishHome/ReportDetailsEnglish/tabid/121/Default.aspx?ItemId=1914&PTID=104&MenuId=1, http://en.wikipedia.org/wiki/United_Arab_Emirates)

Durch die Vielzahl an Projekten und insbesondere Baustellen ist der Anteil männlicher ausländischer Arbeitnehmer überproportional hoch.

Dieses schwierige Arbeitsumfeld bietet kaum adäquate Arbeitsplätze für Frauen. In anderen Bereichen hingegen, wie z.B. im Vertrieb, Marketing, Verwaltung, Kundenberatung usw. gibt es mittlerweile einen sehr hohen Frauenanteil.

Trotz der Finanzkrise (2007/2008) ist das wirtschaftliche Wachstum und damit der Zuzug von ausländischen Arbeitskräften nach Dubai ungebrochen (vgl. Abb. 19.2). Neuen Schwung hat dieser Trend durch die Vergabe der Expo 2020, Ende November 2013, an Dubai erfahren.

		davon	
	Gesamt:	Männer	Frauen
2009	1.770.000	1.370.000	400.000
2013	2.100.000	1.650.000	450.000

Bevölkerungsanteile: 9% Emirati
91% Ausländer aus ca. 220 Ländern

Abb. 19.2 Einwohnerstatistik Dubai (Quelle: National Bureau of Statistics VAE, Wikipedia, http://www.uaestatistics.gov.ae/EnglishHome/ReportDetailsEnglish/tabid/121/Default.aspx?ItemId=1914&PTID=104&MenuId=1, http://en.wikipedia.org/wiki/Dubai)

Tab. 19.1 Herkunft der Gastarbeiter in den VAE (Auszug)(Quelle: Wikipedia, http://en.wikipedia.org/wiki/Expatriates_in_the_United_Arab_Emirates)

ca. Anzahl	Herkunftsland
9.000	Australien
600.000	Bangladesch
240.000	England
700.000	Philippinen
10.000	Deutschland
1.750.000	Indien
500.000	Iran
250.000	Jordanien
1.200.000	Pakistan
300.000	Sri Lanka

Dubai baut weiterhin intensiv seine Infrastruktur (Wohnungen, Büros, Hotels, Strom, Wasser) aus. Trotzdem bleibt nicht aus, dass in einigen Stadtteilen die Mieten wieder steigen.

Gerade in den vergangenen Jahren hat die Regierung der VAE ihr Bemühen intensiviert, Emirati-Arbeitskräfte – Frauen und Männer gleichermaßen – vermehrt für berufliche Tätigkeiten in der Privatwirtschaft (also in privatrechtlich geführte Unternehmen) zu begeistern. Spezielle Ausbildungsprogramme wurden etabliert, um dieses Bemühen kontinuierlich und nachhaltig zu unterstützen und den Erfolg der vielfältigen Maßnahmen sicher zu stellen – galten doch bisher die Arbeitsplätze bei den Behörden oder der Regierung als besonders lukrativ und sozial hoch anerkannt.

Traditionell kommen die ausländischen Arbeitnehmer überwiegend

1. aus den (mehr oder weniger) Nachbarstaaten der VAE (z.B. Indien, Pakistan, Iran) oder
2. arabischen Staaten (z.B. Ägypten, Jordanien) – meist sehr gut ausgebildete Fachleute (z.B. Ingenieure, Ärzte).

In den VAE arbeiten Menschen aus über 210 Ländern (vgl. Tab. 19.1). Dies bedeutet, dass es für jede offene Stelle eine hohe Anzahl von Bewerbern – aus der ganzen Welt – gibt, die über die entsprechende Qualifikation und Erfahrung verfügen.

Darüber hinaus haben diese Bewerber meist eine hohe Arbeitsmoral, große Einsatzbereitschaft und insbesondere eine hohe Motivation, ihren Lebensstandard deutlich zu verbessern.

Bewerber aus dem europäischen Raum haben dabei gute Chancen, da ihnen Fähigkeiten zugedacht werden, die in der Region sehr geschätzt sind, wie z.B. Zuverlässigkeit, Disziplin, Kompetenz.

Unabhängig davon, muss sich jeder Kandidat darüber im Klaren sein, dass eine hohe Qualifikation, ausgeprägte Einsatzbereitschaft und ständige Lernbereitschaft wichtige Voraussetzungen für eine erfolgreiche Tätigkeit im Ausland sind.

19.5.2 Eigenes Personal

Ich möchte hier aufgrund meiner Erfahrungen und Geschäftsausrichtung in den kommenden Abschnitten auf Auswahl von Personal für das eigene Unternehmen und für meine Kunden eingehen. Beide stehen in unmittelbaren Zusammenhang.

Bevor ein Unternehmen sich in den VAE niederlässt, sollten die gesetzlichen Regelungen bei der Einstellung von Mitarbeitern hinlänglich bekannt sein.

Für folgende Kosten müssen die Arbeitgeber aufkommen:

- Arbeitsvisum
- Kosten für die Unterkunft (Housing Allowance)
- Kosten für den Arbeitsweg (Transport Allowance)
- Ein Flug pro Jahr in das Heimatland des Arbeitnehmers (auch für die Familie)

Bei der Auswahl des eigenen Personals habe ich auf mein geschäftliches Umfeld geachtet. Da ich in VAE für europäische Firmen tätig bin, sollten meine Mitarbeiter im engeren Führungskreis ebenfalls aus dieser Region kommen. Dies ist erforderlich, damit das tägliche Business in Bezug auf

- Verständigung
- Arbeitsweise
- Verständnis der Belange der Kunden

reibungslos und effizient ablaufen kann.

Die Arbeitstage sind in der Regel von Sonntag bis Donnerstag, wobei die Arbeitszeiten, ebenfalls wie in Deutschland, sehr flexibel zu regeln sind.

Das Arbeiten von zu Hause aus ist gesetzlich untersagt.

In den VAE werden vor allem Mitarbeiter benötigt, die sehr viel Einsatzbereitschaft und Umsicht zeigen. Der Markt ist sehr umkämpft und eine Vielzahl von Firmen ringen um Aufträge.

Somit ist es durchaus keine Seltenheit, dass Termine am Freitag oder Samstag wahrzunehmen sind.

Den Mitarbeitern muss verdeutlicht werden, dass in den VAE ein gewisses Maß an erforderlicher Mehrarbeit notwendig ist. Zuverlässigkeit, Flexibilität, Qualität und vor allem Fachkenntnis sind unabdingbare Eigenschaften, wenn man erfolgreich sein möchte.

Natürlich verliert man auch schnell sein bisher erworbenes Ansehen, wenn das aufgebaute und sehr wichtige Vertrauen missbraucht wird.

Genauso wie ein sehr gutes Netzwerk zum Erfolg beiträgt, kann es dann auch in die entgegengesetzte Richtung wirken.

Eine Empfehlung möchte ich an dieser Stelle aussprechen: Wer in Deutschland einen weiteren Firmensitz hat, sollte dort die potentiellen, lokalen Mitarbeiter für einen überschaubaren Zeitrahmen tätig werden lassen. Somit lernen diese Mitarbeiter die firmeneigenen Prozesse kennen und können sich dann auch in der Auslandsniederlassung schneller einfinden.

Natürlich müssen Mitarbeiter individuell auf das Land und die Gepflogenheiten vorbereitet werden.

Darauf gehe ich im nächsten Abschnitt ein, da dieser Punkt ebenfalls für die Mitarbeiter meiner Kunden Gültigkeit hat.

Eine grundlegende Voraussetzung, um in den VAE zu arbeiten, ist die Beherrschung der englischen Sprache in Wort und Schrift und die Fähigkeit der Eigenorganisation.

19.5.3 Personalauswahl für meine Kunden

Meine Expertise liegt im Bereich Executive Search in verschiedenen Branchen.

Ich arbeite in den VAE, wie bereits erwähnt, ausschließlich für europäische Kunden mit Fokus auf folgende Branchen und Bereiche:

- Bahn (Führungskräfte, Ingenieure)
- Bauwesen (Führungskräfte, Ingenieure)
- Medizinbereich (Fachärzte, medizinisches Fachpersonal)
- Rechtsberatung (Rechtsanwälte mit Erfahrungen im deutschen Recht und Landeserfahrung VAE)

Die Positionen sind zwar sehr unterschiedlich gelagert, jedoch wird ausschließlich hoch qualifiziertes und erfahrenes Personal benötigt.

Worauf muss besonders geachtet werden, was müssen die Mitarbeiter als Grundlagen mitbringen?

- Erfahrungen im Ausland notwendig
- Mindestens 10-15 Jahre Berufserfahrung im jeweiligen Fachgebiet
- ausgezeichnete Sprachkenntnisse
- interkulturelle Teamfähigkeit ist zwingende Voraussetzung

Die Vorgehensweise zur Auswahl der Mitarbeiter ist in den unterschiedlichen Branchen vollkommen verschieden. Dies ist auch teilweise durch die lokalen Gegebenheiten (Auftraggeber/Auftragnehmer) bedingt.

In den medizinischen Berufszweigen ist eine VAE-Lizenz zur Ausübung der Berufstätigkeit in den VAE erforderlich.

So ist der Zeitraum zur Erlangung dieser Lizenz im Bereich Fachärzte durchaus mit 4-6 Monaten anzusetzen.

Eine Eignungsprüfung vor Ort ist abschließend abzulegen. Erst dann darf ein Arzt in den VAE praktizieren.

Anhand dieses Beispiels wird schon verdeutlicht, dass es sich, je nach Berufszweig, um einen langfristigen Prozess handeln kann, ehe ein Arbeitsverhältnis zustande kommt.

Vollkommen anders verhält es sich im Bereich der Ingenieure.

Wenn der Mitarbeiter die notwendigen fachlichen Qualifikationen nachweisen kann sowie bereits langjährige Berufserfahrungen in der Region erlangt hat, wird sehr oft aufgrund der Entfernungen zum Heimatland oder momentanem Arbeitsort ein ausführliches Interview via Telefon oder Internet durchgeführt.

Anschließend wird der Kandidat noch vom Auftraggeber des jeweiligen Projektes geprüft und erst nach dessen Freigabe erhält der Kandidat einen Arbeitsvertrag.

Dies als Einblick in die sehr differenzierten Anforderungen und Vorgehensweisen bei der Suche nach Personal in VAE.

19.5.4 Schwerpunkte der Personalauswahl

Dieser Abschnitt stellt die gemeinsamen Faktoren und Gegebenheiten in den Vordergrund, die bei der Wahl des Personals sowohl für das eigene Unternehmen als auch für Firmen eine wichtige Rolle spielen.

Ein wesentlicher Punkt neben den unerlässlichen, fachlichen Qualifikationen ist die individuelle Vorbereitung der Kandidaten auf das Arbeiten und das tägliche Leben in den VAE.

Auf die ausländischen Mitarbeiter (sogenannte Expats) in den VAE warten sehr viele Veränderungen, sowohl im Berufsleben als auch und vor allem im Alltag.

Daher ist es sehr ratsam und meiner Ansicht nach auch sehr notwendig, im Vorfeld eine allumfassende Beratung durchzuführen.

Bei einer Tätigkeit in den VAE müssen nicht nur unbekannte bürokratische Hürden überwunden, sondern auch die ungewohnten kulturellen Unterschiede beachtet werden.

Neben den gesellschaftlichen Normen und Werten bestimmt auch die Religion des Islam das alltägliche Leben und sogar das Berufsleben.

Ein Beispiel soll dies verdeutlichen: Während des Fastenmonat Ramadan darf tagsüber in der Öffentlichkeit nicht gegessen, getrunken oder geraucht werden. Sich daran nicht zu halten, gilt als ausgesprochen unhöflich dem gastfreundlichem Land und seinen Menschen gegenüber.

Eine bewährte Methode um einen ersten Einblick in das „neue Land“ zu bekommen, sind sogenannte Einführungstage.

Einer meiner hier ansässigen Kunden führt zum Beispiel ein Zwei-Tages-Seminar vor Ort durch, bevor der Kandidat eingestellt wird.

In diesen zwei Tagen erfahren die potentiellen Mitarbeiter die grundlegenden Dinge der zukünftigen Tätigkeit und dem Umfeld.

Zum Programm gehört:

- Kennenlernen der Stadt
- Besichtigung der Arbeitsstätten
- Gespräche mit dem Management
- Weiterbildungsmöglichkeiten
- Gespräche mit den Mitarbeitern
- Möglichkeiten des „Wohnens“
- Freizeitgestaltung der Familie

Mit den gewonnen Eindrücken und ersten Einblicken ist schon ein wichtiger Schritt zur Entscheidungsfindung seitens des zukünftigen Mitarbeiters getan. Eine weitere Reise mit der Familie wird dann zu einem späteren Zeitpunkt erfolgen. Diese Vorgehensweise ist aus meiner Sicht sehr zu empfehlen.

Aufgabe des Personalvermittlers oder des Arbeitgebers sollte also sein, den zukünftigen Mitarbeiter für das Gastland zu sensibilisieren.

Ein interkulturelles Training wird zur Notwendigkeit, wenn Partner oder ganze Familien den Mitarbeiter begleiten.

Die familiäre Situation bereits im Vorfeld anzusprechen und in diese Vorbereitungen mit einzubeziehen, sollte selbstverständlich sein.

Es sind in diesem Zusammenhang nachfolgende grundlegende Szenarien zu klären und offen zu diskutieren:

- Wohnsituation
- Kinderbetreuung
- Schulen, Universitäten
- Medizinische Betreuung
- Weiterbildungsmöglichkeiten für Partner
- Sprachentraining
- Freizeitgestaltung
- Bestehende Netzwerke
- Interkulturelle Veranstaltungen
- Einkaufsmöglichkeiten

Dabei sind ganz einfache Dinge wie Internet, TV und Telefon sehr wichtig und selbst da müssen die Anlaufpunkte bekannt sein.

Abschließend möchte ich nochmals besonders hervorheben:
Bei der Auswahl von Fach- und Führungskräften für den Einsatz in den VAE reicht es aufgrund des komplexen beruflichen und gesellschaftlichen Umfeldes nicht aus, nur auf die üblichen Kompetenzprofile zu achten.

Neben

- sozialer Kompetenz
- Kommunikation
- Persönlichkeit
- Fachkompetenz
- Leistung
- Softskills

müssen auf Eigenschaften wie

- Lernfähigkeit
- Konzentration
- Kreativität
- Wahrnehmung
- interkulturelle Kompetenz, das heißt Toleranz anderen Kulturen gegenüber

besonders geachtet werden.

Eine ausführliche und offene Beratung der Mitarbeiter vor Ort ist für den Einsatz in den VAE unerlässlich.

19.6 Zusammenfassung

Für den Aufbau und Führung einer Auslandsniederlassung – hier speziell in den Vereinigten Arabischen Emiraten – sind eine gute Markt und Landeskenntnis fundamentale Voraussetzung. Darüber hinaus sind die Wettbewerbsfähigkeit und die Positionierung der eigenen Produkte und Dienstleistungen am Markt gründlich zu analysieren – welche Nischen sind besonders attraktiv und passend für ein eigenes Unternehmen.

Die rechtliche Gründung eines Unternehmens ist, wie in vielen andern Ländern auch, gut geregelt und die Behörden unterstützen den Gründungsprozess in all seinen Phasen.

Die Erfahrung jedoch zeigt, dass es unerlässlich ist, den Gründungsprozess vor Ort zu begleiten, um diesen somit zielgerichtet zum Abschluss zu bringen.

Eine weltweit einmalige Chance bietet in den Golfstaaten und insbesondere in den VAE die Vielfalt an Kulturen. Es arbeiten Menschen aus praktisch allen Ländern der Welt in den VAE, was aber auch bedeutet, es herrscht ein ausgeprägter Wettbewerb unter den Bewerbern, der nur mit sehr guter Ausbildung, hoher Kompetenz und stark ausgeprägter Einsatzbereitschaft bestanden werden kann.

Controlling internationaler Geschäftsaktivitäten

20

Ulrich Martin

20.1 Einleitung

Obgleich der Begriff des Controlling[1] seit Dekaden auch in der deutschen Literatur und Unternehmenspraxis fest etabliert ist, wird in der unternehmerischen Praxis gelegentlich die darin enthaltene Steuerungskomponente nicht voll erkannt und genutzt. Controlling verbindet – neben den Grundaufgaben „Planung" und „Informationsorganisation und -versorgung" – den Soll-Ist-Vergleich mit dem Soll-Wird-Vergleich und postuliert die Einrichtung und Nutzung eines unternehmerischen Zahlen-(bzw. Informations-)werkes, das dem Adressatenkreis (Unternehmensleitung, Bereichsleitung, Abteilungsleitung, Projektleitung etc.) mit Hilfe primär quantitativer Informationen eine früh- bzw. rechtzeitige Information über Zielerreichung und Abweichungsgefahren bereitstellt.

Vereinfacht formuliert beinhaltet Controlling die Funktion (und den Prozess), die richtigen Daten zu erheben, intelligent (d. h. abgeleitet von den Unternehmenszielen) in Beziehung zu setzen und zielgruppengerecht zu präsentieren, verbunden mit der Fähigkeit, die richtigen Fragen an die Geschäftsverantwortlichen zu stellen (häufig auch als Koordinations- und Rationalitätssicherungsaufgabe des Controlling bezeichnet[2]).

Ein zentraler Punkt in der Literatur ist die Hervorhebung der Wichtigkeit, unternehmerische Ziele zu definieren und deren Erreichung dann der professionellen Begleitung durch das Controlling zu überlassen. Sind keine Ziele (ausreichend präzise) definiert, bleiben jegliche Controlling-Aktivitäten ein „Stochern im Nebel".

---

[1] Diese Darstellung umfasst explizit nicht die bei weitem komplexere Funktion des Strategischen Controlling, vgl. hierzu Alter, 2011.

[2] Vgl. auch die Definition von Controlling durch Horvath als eine Funktion, „die durch die Koordination von Planung, Kontrolle sowie Informationsversorgung die Führungsfähigkeit von Organisationen verbessern hilft."; in: Horváth, 1996, S. 74.

20.2 Controlling als Unternehmensfunktion

Das Controlling wird gemeinhin dem Internen Rechnungswesen zugeordnet. In der Praxis finden sich hierfür unterschiedliche organisatorische Ausprägungen, vorwiegend in Abhängigkeit von der Größe und Aufbauorganisation sowie dem vorliegenden Geschäftsmodell und der Wertschöpfungsstruktur des jeweiligen Unternehmens.

Regelmäßig stehen im Internen Rechnungswesen Themen der Analyse, Kalkulation und Berichterstattung im Mittelpunkt, so z. B.

- Zurechenbarkeit von Kosten auf Kostenträger
- Bindungswirkung/Flexibilität von Kosten
- Verknüpfung von ergebnis- und zahlungsflussorientierten Größen
- Wirtschaftlichkeit des Rechnungswesens
- Definition und Nutzung von Ergebnisstufen und Kennzahlen-Systemen („Key Performance Indicators"/KPIs bis hin zu „Balanced Scorecards")

Während es Unternehmen frei steht, im Internen Rechnungswesen beliebige, ggf. andere Rechenmethodiken als in der Externen Rechnungslegung (handelsrechtlicher und steuerrechtlicher Jahresabschluss) anzuwenden[3], ist es aus Transparenz- und Effizienzgründen regelmäßig anzuraten, die Systematik der Externen Rechnungslegung als Grundlage zu verwenden und keine zu komplexen, dazu in Widerspruch stehenden „Schatten-Rechnungen" einzuführen und zu unterhalten.

Neben den obigen Aspekten ist es höchst empfehlenswert, das Controlling auf die Verantwortlichkeiten innerhalb der Aufbauorganisation abzustimmen. Mit anderen Worten: Es hat keinen Sinn, ein virtuelles (Zahlen-)Gebilde zu schaffen, für das keine klar funktional und personal zugeordnete Verantwortung festgelegt ist.

Diese Überlegung führt somit unmittelbar zu der Frage, in welcher aufbauorganisatorischen Form das International Business Development angelegt ist.

Folgende prinzipiellen Varianten sind denkbar:

- Stabsstelle an der Unternehmensleitung bzw. Kaufmännischen Leitung
- Stabsstelle an einer Bereichs- oder Spartenleitung
- Teil einer Regionalvertriebs-Funktion („Regional Sales")
- Mischformen

Unter dem Aspekt der Wirtschaftlichkeit des Rechnungswesens sind üblicherweise bestimmte Mindestkriterien (Kostenvolumen pro Jahr, Mitarbeiter etc.) für die Bildung von Kostenstellen festgelegt. Sollte eine Kostenstellenbildung für das jeweilige

---

[3] Hierbei werden häufig erweiterte, mehrstufige und schlüsselbasierte Hilfsrechnungen mit unternehmensspezifisch definierten Aussagegehalten wie „Durchgestochenes Ergebnis", „Länderspezialabschluss" etc. angewandt.

Auslandsvorhaben gemäß den Firmenrichtlinien nicht angemessen sein, empfiehlt sich dennoch die Einrichtung eines maschinellen „Kostensammlers“[4], wobei ganz generell das im Unternehmen eingesetzte ERP-System und dessen Funktionalitäten eine Limitierung darstellen können bzw. Anpassungsaufwand erfordern.

20.3 Controlling-Grundlagen im Internationalen Business Development

20.3.1 Betrachtungsobjekt

An dieser Stelle soll kein weit ausholender Abriss über verschiedenartige Controlling-Konzepte und Kostenrechnungssysteme gegeben werden, sondern vielmehr eine fokussierte Darstellung ausgewählter Spezifika des Controlling im Rahmen von Business-Development-Aktivitäten.

Sofern Einheiten im Ausland gegründet werden, die operatives Geschäft in eigenem Namen durchführen, gebieten alleine schon (inter)nationale Vorschriften der Rechnungslegung und des Steuerrechts (Stichworte „Fremdvergleichsgrundsatz“, „Arm's Lengths Principle“) ein Vorgehen innerhalb eines eng definierten Korridors, der unbedingt einzuhalten ist. Hintergrund ist das Postulat eines korrekten und nachvollziehbaren Ergebnisausweises jeder Gesellschaft, der internen und externen Prüfungen standhält.

Weiterhin ist die zentrale Frage zu beantworten, wie der Erfüllungsgrad von IBD-Aktivitäten definiert werden soll: Geht es „nur“ darum, eine Struktur zu schaffen (unter Einhaltung eines vorgegebenen Budgets) oder gibt es einen Wirtschaftlichkeitsansatz, der die im neu erschlossenen Markt erzielten Umsätze und Deckungsbeiträge mit den zur Markterschließung aufgewandten IBD-Aktivitäten in Beziehung setzt. Ist möglicherweise sogar an eine „klassische“ Wirtschaftlichkeitsrechnung gedacht, die eine „Rentabilität“ des IBD-Programms berechnet? Und wie fein soll eine solche Struktur sein, d. h. werden (Teil-) Segmente (Elemente in der Produkt-/Markt-Matrix) definiert oder geht es zunächst „nur“ um Länder bzw. Regionen?

Wiederholte Erfahrungen zeigen, dass diese grundsätzlichen Themen durch die (Kaufmännische) Unternehmensleitung so bald wie möglich geklärt werden sollten, da sonst im Nachhinein eine Ressourcen beanspruchende interne Diskussion um die Verrechnung von „Stützpunktkosten“ stattfinden kann, die nach dem „Linke-Tasche-rechte-Tasche-Prinzip“ keinen Nutzen stiftet.

---

[4] Eine dafür hervorragend geeignete Funktion stellt der „Innenauftrag“ im CO-Modul von SAP dar. Bei weniger entwickelten Rechnungswesen-Systemen kann es notwendig sein, manuelle Mitschriften (in EXCEL, ACCESS o.ä.) zu führen, was der der Alternative „Blindflug“ in jedem Fall vorzuziehen ist.

20.3.2 Planung

Die primäre unternehmerische Motivation für die Erschließung bzw. verstärkte Bearbeitung von Auslandsmärkten sind üblicherweise sich (auch) im Zahlenwerk des Unternehmens widerspiegelnde Ziele. Ebenso wird in den allermeisten Fällen eine Vorleistung in Form von zu tätigenden Investitionen und anfallenden Kosten zu erbringen sein.

Die Basis für die Untersuchung, ob ein unternehmerisches Engagement („Vorhaben", „Projekt") überhaupt erfolgversprechend ist, wird durch eine sog. Machbarkeitsstudie („Feasibility Study") gelegt. Hierbei werden die Umsetzung der Maßnahme und verschiedene mögliche Entwicklungsverläufe gedanklich antizipiert. Die Machbarkeitsstudie hat sowohl einen zahlenbezogenen Teil als auch einen Verbalteil, in dem beispielsweise erforderliche Voraussetzungen für das betreffende Vorhaben erkannt und im Detail aufgezeigt werden. Dem gegenüber gestellt wird die Prüfung, ob die entsprechende Voraussetzung bereits erfüllt ist, und wenn nein, welcher Einsatz und welche Zeitstrecken dafür anzusetzen sind. Unterschieden wird zwischen den sog. „harten K.o.-Kriterien" und den wünschenswerten („Soll"-) bzw. angenehmen („Nice-to-Have-")Kriterien. Im ersten Fall führt der (nicht kurzfristig abstellbare) Mangel der Voraussetzung zum unmittelbaren Schluss, das Vorhaben zumindest nicht zum geplanten Zeitpunkt und/oder in der geplanten Form umzusetzen, da (zumindest) eine wesentliche Voraussetzung nicht erfüllt ist. Im zweiten Fall obliegt es der unternehmerischen Abwägung, die Nichterfüllung und die – ggf. längere – Zeitstrecke bis zur Erfüllung zu bewerten und ggf. in Kauf zu nehmen und dem Vorhaben dennoch das „grüne Licht" zu erteilen oder das Projekt (zunächst) zu stoppen.

Nachdem ein Vorhaben als „machbar" anerkannt wurde, ist der nächste Schritt die Erstellung eines Business-Plans, der gleichsam die Zielvereinbarung zwischen Unternehmensleitung und den mit der Umsetzung der Maßnahme betrauten Führungskräften darstellt. Ein solcher Business-Plan kann unterschiedlich strukturiert und detailliert sein. Der Aufbau ist ähnlich wie die Machbarkeitsstudie, d. h. es werden die Aktivitäten, die dafür benötigten Ressourcen und die erwarteten Erfolge beschrieben und mit einem Zahlenwerk untermauert. Allerdings steht nun nicht mehr die Frage des „Ob oder ob nicht" und die Definition von „Muss-Kriterien" im Vordergrund, sondern die Schaffung der essentiellen Grundlage mit Wegweisungsfunktion („Roadmap") für die Durchführung des Vorhabens (vgl. Tab. 20.1).

Aus kaufmännischer Sicht unerlässlich sind, wie erwähnt, die Formulierung und Verabschiedung einer aussagekräftigen Zielbestimmung der Auslandsmarkterschließung und eine umfassende Budgeterstellung, die alle in Frage kommenden Aufwandsarten beinhaltet. Dies erfordert einen systematischen Austausch der betroffenen Fachabteilungen unter einer (Projekt-)Leitung, die letztlich dafür geradesteht, dass keine Positionen „vergessen" oder stark unterbewertet werden.

Ziele der Budgeterstellung sind die Fortschritts- und Aufwandsverfolgung und deren Inbezugsetzung, sowie – was in der Praxis leider viel zu selten anzutreffen ist – die Definition von Abbruch-(bzw. zumindest Eskalations-)Kriterien, mit deren Hilfe ein (vergleichsweise) rechtzeitiger Ausstieg aus einem Markterschließungsvorhaben vorbereitet bzw. nahegelegt wird, so dass sich das Engagement nicht zum „Fass ohne Boden“ entwickelt.[5]

Tab. 20.1 Typische Struktur eines Geschäftsplans („Business-Plan“)

[1]	**Prämissen für Business-Plan definieren**
	- Geschäftsart (Produkt-, System-, Anlagen-, Dienstleistungsgeschäft) - Wertschöpfungstiefe (nur Vertrieb, auch Planung/Projektierung, Fertigung, evtl. sogar Entwicklung) - Organisation - Zeithorizont - Break-Even-Zielsetzung
[2]	**Volumenplanung (abgeleitet aus Marktanalyse)**
	- Auftragseingang - Umsatz
[3]	**Gewinn- und Verlustrechnung**

	- Einzelkosten (i.d.R. variable Kosten; hoher Anteil daran: Transferpreise von Muttergesellschaft
	- Gemeinkosten (hoher Anteil fixer Kosten)
	  - Personal
	  - Miete
	  - Werbung
	  - IT/Kommunikation
	  - Abschreibung, Zinsen
	  - Reisekosten
	  - Sonstige Aufwendungen

[4]	**Personalplanung**
	- (zumindest) Management, Vertrieb, Finanzen/Controlling, Assistenz
[5]	**Investitions- und Abschreibungsplan**
[6]	**Liquiditätsplan (Cashflow)**
[7]	**Kapitalbedarf**

[5] Vgl. hierzu die Fallbeispiele bei Anterist, P.: Das Budget auf dem Bierdeckel, sowie Alle gehen nach China, wir gehen mit, in: local global, online im Internet, http://localglobal.de/zehn-moglichkeiten-im-ausland-geld-zu-verbrennen-teil-5/ sowie http://localglobal.de/zehn-moglichkeiten-im-ausland-geld-zu-verbrennen-teil-9/vom 6. November 2012, Abfrage vom 01.01.2014.

20.4 Controlling-Prozess

20.4.1 Praktische Anwendung

Professionelle Kaufmännische Führungsgrundsätze dürfen nicht bei eventuell als solche klassifizierten „Lieblingsprojekten“ oder „Spielwiesen“ der Leitung oder Einzelner außer Acht gelassen werden. Das Controlling leistet einen wesentlichen Teil dieser unternehmerischen Überwachungs- und Eskalationsaufgabe. Seine Funktion entspricht dem Wirkungsmodell eines Regelkreises, in dem in einem permanentem dynamischen Plan-, Ist- und Wird-Informationsverarbeitungs- und Reporting-Prozess der „Betriebszustand“ des Vorhabens gemessen und an die Adressaten kommuniziert wird. Dies schließt explizit die Formulierung von Vorschlägen für Korrekturmaßnahmen („Gegensteuern“) ein, jedoch nicht deren Beschluss und Umsetzung.

Ohne hier auf Einzelheiten einzugehen empfiehlt es sich, zusammen mit den Geschäftsverantwortlichen eine Reporting-Struktur festzulegen, die sich an den vorhandenen Rechenwerken (insbesondere Aufbau der Gewinn- und Verlustrechnung) orientiert, sowie ausgewählte andere Kriterien wie Komponenten der Vermögensrechnung (z. B. Bestände und Forderungen) enthält. Des Weiteren gilt es, eine überschaubare Anzahl problemadäquater und aussagefähiger Kennzahlen zu definieren und zu berichten (z. B. Umsatz pro Mitarbeiter, Umsatz pro Vertriebsmitarbeiter usw.).

Bezüglich der zeitlichen Struktur empfiehlt sich die Verwendung von „Ist“, „Plan“ und „Wird“ (gängige Begriffe für „Wird“ sind „Forecast“ und „V-Ist“ als Abkürzung für „Voraussichtliches Ist“). Zwischensummen wie Werte des aufgelaufenen Geschäftsjahres („Year To Date“), quartalsweise Summierung und prozentuale Inbezugsetzung erleichtern die Analyse, ebenso wie die üblichen prozentualen (Vor-)jahresvergleiche verschiedener Zeitstrecken („Year Over Year“); mit einem gewissen Vorbehalt sei auf die Verwendung des durchschnittlichen geometrischen Wachstumswertes „CAGR“ (=Compound Annual Growth Rate) verwiesen: Während dieser üblicherweise mathematisch korrekt ausgewiesen wird, suggeriert seine Anwendung die Fiktion gleichhoher Wachstumsraten über einen mehrjährigen Zeitraum – in der Praxis ist ein solcher Verlauf so gut wie nie anzutreffen.

Als „Kür“ gegenüber der in der Vergangenheit häufig praktizierten linearen Betrachtung innerhalb eines Geschäftsjahres (Monats-Planwerte entsprechen einem Zwölftel der Jahresplanzahl) hat sich in den letzten Jahren nachhaltig das Prinzip der Saisonalen Budgetierung durchgesetzt, d. h. die Jahresplanung wird bewusst basierend auf spezifischen Faktoren quartals- oder gar monatsweise erstellt und im Reporting als Vergleichsgrundlage dargestellt[6].

Des Weiteren, sei noch – anknüpfend an das Gedankengut der Prozesskostenrechnung („Activity Based Costing“) – die Einbeziehung von nicht-monetären (Prozess-)Größen wie Durchlaufzeiten von Vorgängen erwähnt; in Fachkreisen besteht allerdings keine

---

[6] Vgl. zum gesamten Themenkomplex das sehr anwendungsorientiert gehaltene Werk Rieg, 2008.

durchgängige Übereinstimmung in der Bewertung, inwieweit diese Berichtsgrößen noch dem (eigentlichen) Controlling zuzuordnen sind.

Bezüglich der bestmöglichen Nutzung der Controlling-Erkenntnisse ist eine Mindestanforderung, dass regelmäßige, strukturierte Geschäftsdurchsprachen („Reviews") - bzw. solange der Geschäftsaufbau noch Projektcharakter hat - Projektstatussitzungen vorbereitet und durchgeführt werden. Dabei kommt den Geschäftsverantwortlichen - neben dem unbedingten Bestreben, alle relevanten Aspekte „auf den Tisch zu bringen" - die Vorgabe von Maßnahmen („Action Items") mit Zeitvorgaben und Nennung von Verantwortlichen zu; zur strukturierten Maßnahmenverfolgung sei auf die Ausführungen in Kapitel 20.5.1 verwiesen.

Eine wesentliche Gefahr in diesem Zusammenhang ist die Anwendung von (übertriebenem) Zweckoptimismus bei solchen Vorhaben. Dieser wird insbesondere erkennbar, wenn in den Durchsprachen auch nach längeren Phasen mangelnder Zielerreichung weiterhin die Einhaltung der Gesamtziele am Ende des definierten Zeitraums vehement vertreten wird. Solche „Hockey Stick"- bzw. „Wishful Thinking" Planungen platzen regelmäßig und führen zu großen Schäden, die bei rechtzeitiger Zielkorrektur und Einleitung von Gegenmaßnahmen zu verhindern gewesen wären. Auch dieser Aspekt spricht klar für die Anwendung bewährter methodischer Verfahren (z. B. Meilenstein-Trend-Analyse) zur Projektverfolgung.

Neben der Ressource „Geld" spielt auch die Ressource „Zeit" eine wesentliche Rolle bei der Begründung von Auslandsaktivitäten. Ebenso wie bei den Überlegungen zum (Finanz-)Budget sind auch bei der zeitlichen Planung ein „zu kurz" und „zu lange" schädlich. Während Fälle dogmatischen, ausschließlich auf im Heimatmarkt gemachten Erfahrungen basierenden Vorgehens zu einem verfrühten Projektabbruch führen können, kann ein zu langer Atem auch dazu führen, dass über Jahre versucht wird, ein „totes Pferd zu reiten" und Ressourcen ohne realistische Aussicht auf Ertrag zu verschwenden.

Auch hier gilt es, realistisch zu planen, Puffer vorzusehen, aber auch Änderungen der Prämissen frühzeitig zu erkennen und bei „Hopeless Cases" Konsequenzen zu ziehen.

Bereits frühzeitig sollten Szenarien (klassisch: Best Case - Worst Case - Middle Case - Most Realistic Case) erarbeitet werden, um bei Vorliegen der Ist-Daten bereits über „fertige" Handlungsoptionen verfügen zu können. Dies schließt Reserven für ungeplante Mehrkosten („Contingencies") ein.

20.4.2 Risikomanagement

Anknüpfend an das vorstehend Ausgeführte ist dringend anzuraten, den Controlling-Prozess um einen Risikomanagement-Prozess zu erweitern. Dieses Instrument ist für manche Unternehmen gesetzlich vorgeschrieben (Aktiengesellschaften) bzw. - durch Rechtsprechung entwickelt - faktisch zwingend[7], ist aber auch allen anderen Unternehmen,

---

[7] Vgl. Altweger, 2009

unabhängig von Rechtform, Betriebsgröße und Geschäftsinhalt anzuraten. Die sorgfältige Einführung eines adäquaten Risikomanagement-Systems und eine ernsthafte Nutzung stellen eine wesentliche Grundlage für eine rechtzeitige Erkennung und Entgegnung von Risiken sowie Nutzung von Chancen dar.

Hierbei ist es wichtig, ein auf das Unternehmen zugeschnittenes Instrument und eine Systematik zu schaffen, die zum einen den Anspruch auf ein Höchstmaß an Vollständigkeit, zum anderen aber auf Effizienz und Handhabbarkeit erfüllt[8]. Dazu ist es unbedingt geboten, für diese Maßnahme Mitarbeiter aus verschiedenen Funktionen und Organisationsebenen einzubinden, um kein Risiko des Lücken-Lassens („Blinder Fleck") einzugehen und verschiedenartige Ansätze der Risikoentgegnung bzw. Chancennutzung zu erarbeiten.

Auf das Auslandsgeschäft bezogene Risikoarten können sein:

- Markt-/Branchenrisiken
  (z. B. Konjunktur/Marktschwankung, Entwicklung Marktpreisniveau und Kunden-/Wettbewerberverhalten, Kundenstruktur, Wettbewerbsfähigkeit)
- Management-Risiken
  (z. B. Strategien und Marketingkonzepte, Distributionskanäle, Standorte, Organisationsstruktur)
- Finanzielle Risiken
  (z. B. Währungs-, Zins-, Kredit- und Länderrisiken)
- Einkaufsrisiken
  (z. B. Lieferantenverfügbarkeit und -abhängigkeit, Einkaufspreise)
- IT-Risiken
  (z. B. Datenverlust, Datenmissbrauch, Verfügbarkeit anforderungsgerechter DV-Systeme)
- Personalrisiken
  (z. B. Mitarbeiter-Verfügbarkeit, Abhängigkeit von Schlüssel-Mitarbeitern, Vergütungsniveau)
- Rechtliche Risiken
  (insbesondere Änderungen im Landesrecht)

Das Risiko-Management-System sollte eine vollständige Identifikation und Bewertung aller wesentlichen Risiken sicherstellen und – ähnlich dem Controlling – eine adressatengerechte Kommunikationssystematik („Risikoberichterstattung") aufweisen.

Auf Einzelheiten zur Handhabung der für das International Business Development relevantesten Risikoarten „Kundenrisiken" und „Marktrisiken" wird in Kapitel 4 des vorliegenden Werkes „Risikoanalyse und Sicherungsinstrumente" eingegangen.

---

[8] Insbesondere sollten Wertgrenzen der zu berichtenden und zu kommentierenden Risiken bewusst gesetzt und ggf. angepasst werden.

20.4.3 Interne Revision

Die Revision ist ein Instrument der Leitung und unterstützt diese als eine unabhängige Überwachungs- und Kontrollfunktion im Rahmen der Wahrnehmung ihrer Aufgabe auf folgenden Gebieten:

- Erhaltung und Weiterentwicklung der wirtschaftlichen Leistungs- und Handlungsfähigkeit
- Abwehr bzw. Minimierung unternehmerischer und wirtschaftlicher Risiken und der damit verbundenen Schäden
- Objektivierung von Entscheidungsgrundlagen

Der Funktionsumfang der Revision erstreckt sich im Wesentlichen auf:

- Prüfungen durchführen und dabei Risiken/Chancen sowie Schwächen/Stärken feststellen
- Empfehlungen erarbeiten und kommunizieren
- Umsetzung von Maßnahmen überwachen
- Mitwirkung beim Risikomanagement und in Internen Kontrollsystemen (IKS)
- Kommunikation von Erkenntnissen mittels Know-how-Transfer/Best Practice Sharing

Eine Revisionsfunktion ermöglicht es, frühzeitig Schwachstellen zu erkennen, deren Wirkung zu diesem Zeitpunkt noch nicht klar erkennbar ist.

Zur Sicherstellung von Transparenz und Sicherheit insbesondere für die Leitungsebene empfiehlt es sich, Prüfungen im Rahmen von Mindestrevisionsprogrammen („Standard Audit Catalogues") regelmäßig durchzuführen, d.h. durchführen zu lassen; daraus werden notwendige Maßnahmen erkannt und initiiert.

20.5 Ausgewählte Teilelemente des Controlling im Internationalen Business Development

20.5.1 Maßnahmenverfolgung

Zur Sicherstellung einer lückenlosen Umsetzung werden, abgeleitet von den Vorgaben des Geschäftsplans, Einzelmaßnahmen festgelegt, die in einem strukturierten Projektplan zusammengefasst werden. Hierbei werden insbesondere Ressourcen- und Zeitbedarfe sowie logische Abhängigkeiten erfasst.

Die Überwachung der Umsetzung der Einzelmaßnahmen wird wiederum einem Maßnahmencontrolling unterworfen, das die einzelnen Implementierungsgrade erfasst und den Sollzuständen gegenüberstellt. Um den Umsetzungsgrad des Gesamtvorhabens rasch in einheitlicher Weise erfassen und summarisch darstellen zu können, werden hierbei einheitliche Standards angewandt, insbesondere die Härtegradmethodik[9] („Degree of Implementation") und visualisierte Darstellungen (Ampel-Systematik, „Traffic Light System")[10].

Die Härtegradmethodik zwingt die mit dem Maßnahmencontrolling befasste Stelle, den Umsetzungsgrad bei dem Umsetzungsverantwortlichen zu erfragen, diese zu verifizieren und sie in ein vorgegebenes Schema einzuordnen. In der Praxis üblich sind Härtegrad-Methodiken, die eine 4– oder 5-fache (selten auch 6-fache) Aufteilung vorsehen (vgl. Abb. 20.1).

20.5.2 Vertriebssystematik

Der oben beschriebene Anspruch des Controlling als dynamischer Vorgang mit kybernetischem Charakter bedingt, dass es nicht nur bezüglich der Umsetzung von Maßnahmen nicht ausreicht, die Dinge „laufen zu lassen", sondern auch bezüglich der Entwicklung des Geschäftes. Während das Rechnungswesen (hier im Sinne von „Buchhaltung") primär Vergangenheitswerte („Ist") bereitstellt, hat das Controlling den Anspruch, Entwicklungen im Vornherein zu erkennen und zu antizipieren sowie mittels Modell- und Szenario-Rechnungen auf Ungleichgewichte und den daraus folgenden Handlungsbedarf hinzuweisen.

Dies bedeutet auch, dass der Vertriebserfolg der organisatorischen Einheiten möglichst genau zu verfolgen und zu prognostizieren ist. Das – insbesondere im Projektgeschäft – übliche Verfahren hierfür ist die sog. Vertriebssystematik[11]. Diese hat primär zwei Aufgaben:

- Zielgerichtete Ausrichtung und Steuerung des Vertriebes (z. B. Ermittlung von Kundenwertigkeiten, Festlegung von Besuchsplanungen)
- Qualifizierte Ermittlung von Planungs- und Prognosezahlenerstellung

Die Führung und Pflege der Vertriebssystematik obliegt üblicherweise der Vertriebsfunktion, häufig als Stabsstelle der Vertriebsleitung, kann aber auch dem Vertriebscontrolling zugeordnet sein.

Während die erstgenannte Funktion „Vertriebsausrichtung und -steuerung" primär ein Instrument für den Vertriebsleiter darstellt, ist die zweite Funktion wichtig für die kurz- und mittelfristige Geschäftsplanung und -führung.

Der Aufbau der Vertriebssystematik – häufig als Teil eines übergreifenden CRM (Customer Relationship Management)-Systems, das die systematische und standardisierte

---

[9] Vgl. z. B. Hartel, 2009, S. 127.

[10] Vgl. z. B. Angermeier, 2014.

[11] Hier soll primär das planungsbezogene Element der Vertriebssystematik („Sales Funnel") erörtert werden. Zur Vertriebssystematik im Ganzen gehören noch weitere Elemente wie Vertriebsgebiets- und -bezirksfestlegung, ABC-Kundenanalyse, operative Außendienststeuerung/Besuchsfolgeplanung, Cross-Selling-Aktivitäten u. a. mit dem Ziel der Steigerung des „Share of Wallet".

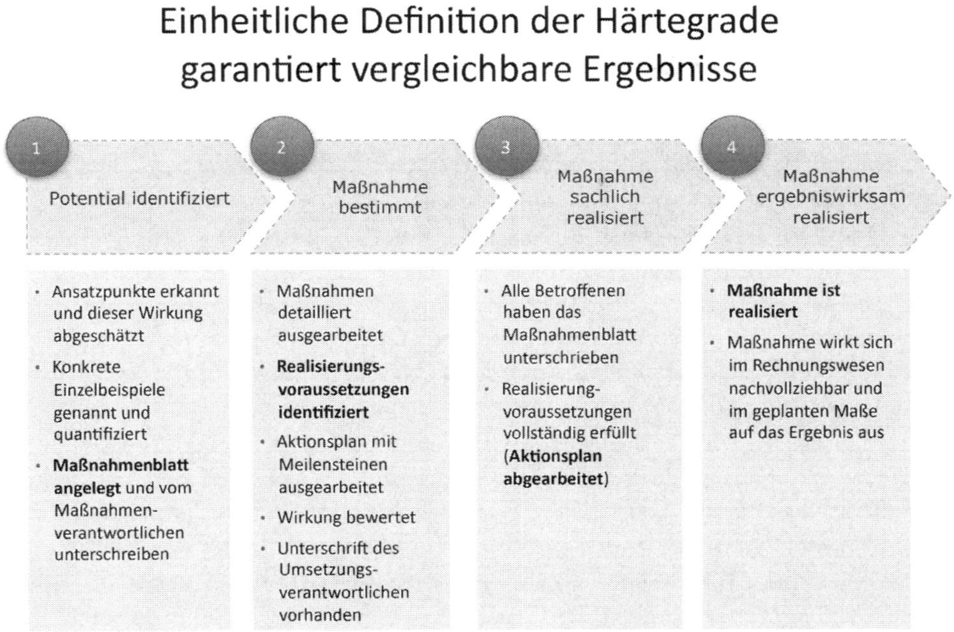

Abb. 20.1 Definition der Härtegrade

Erfassung und Pflege von geschäftsbezogenen Informationen über Kunden sowie die transparente Darstellung von Geschäftsaktivitäten umfasst – orientiert sich an den dem jeweiligen Geschäft innewohnenden Vertriebs- und Vergabeprozess, d. h. er dokumentiert alle Schritte vom (möglichen) Entstehen eines Projektes bis zu dessen endgültigen Gewinn (Auftrag) oder Verlust. Im einfachsten Fall bildet es den bewerteten Verlauf des sogenannten „Sales Funnel" ab:

Projektvolumen x Realisierungswahrscheinlichkeit x Auftragswahrscheinlichkeit = Erwartungswert

Zur Verdeutlichung sei folgendes Rechenbeispiel angenommen: Ein Projekt möge 1 Mio. € geschätzten Auftragswert aufweisen, die Realisierungswahrscheinlichkeit (dass das Projekt überhaupt vergeben wird) sei 90% und die Auftragswahrscheinlichkeit (Erhalt gegen Mitbewerb) sei 40%: Der Erwartungswert dieses Projekt beträgt 360.000 €.

Addiert man die Summe der Erwartungswerte aller identifizierten Projekte, ergibt sich die statistisch wahrscheinliche Auftragssumme in einem definierten Zeitraum.

Dies ist freilich nur eine erste approximative Herangehensweise, die nach Durchrechnung der endgültigen Bewertung durch die Leitung („Management Judgement")

unterworfen werden muss. Es ist, in Abhängigkeit von der Anzahl der Mitbewerber, durchaus möglich, dass kein Auftrag erhalten wird (theoretisch führen, wenn nur ein Mitbewerber am Markt tätig ist, Auftragswahrscheinlichkeiten von unter 50% zu null Aufträgen); in diesem Fall hätte das Unternehmen aber ein grundsätzlicheres, strategisches Problem, da eine erfolgreiche Positionierung im Markt offensichtlich nicht gegeben ist.

Das beschriebene Schema ist eine praxiserprobte Maßnahme, um den Vertrieb zu zwingen, „Farbe zu bekennen" und die erwartete Geschäftsentwicklung im betrachteten Zeitraum transparent zu machen. Neben der Nutzung für die Planung dient die Berechnung auch der Erkennung von Schwächen im Vertrieb und der Sensibilisierung der Leitung für unternehmerisch sinnvolle bzw. notwendige Maßnahmen wie die Anpassung von Ressourcen.

Wie erwähnt, ist der aufgezeigte Ansatz sehr stark im Projektgeschäft (geringe Anzahl an Aufträgen, hohe Auftragswerte) verankert; hier werden auch die Größen „Auftragseingang" und „Umsatz" unterschieden, da, je nach angewandter Rechnungslegungsmethode, erhebliche Zeitunterschiede zwischen beiden Ereignissen bestehen können. Im Produktgeschäft, bei dem diese Unterscheidung weniger üblich und bedeutsam ist, ist die Anwendung stärker differenzierter statistischer Verfahren geboten, die auch an Frühindikatoren – bei mehrstufigem Vertrieb auch aus nachgelagerten (Distributions-)Stufen – anknüpfen.

Für das Vertriebscontrolling des Geschäftes mit technischen Dienstleistungen und „Service" (Montage, Inbetriebsetzung, Reparatur, Kalibrierung, Wartung, Inspektion) empfiehlt sich insbesondere eine konsequente Führung von Datenbanken des (zu „servicenden") Installierten Volumens (anderer üblicher Begriff: „Installierte Basis") – bezüglich des eigenen Fabrikates als auch von Fremdfabrikaten. Mittels Kennzahlen wie Wartungsvertragsabdeckungsquoten lässt sich das zu erwartende Geschäftsvolumen im Service abschätzen, sowohl den Arbeitsanteil als auch das Ersatzteilgeschäft.

Obwohl die vorgenannte Darstellung zunächst nur die (zu Umsatz führenden) Auftragswerte erfasst, gelten die Ausführungen selbstverständlich auch für die weiteren in Zusammenhang stehenden Positionen der Bilanz, der Gewinn- und Verlust- sowie der Kapitalflussrechnung, d. h. Spanne, Ergebnis und Cashflow.

Eine regelmäßige Aktualisierung der kurzfristigen Planungswerte in enger Abstimmung mit dem bzw. durch das Controlling zur Durchführung von Prognoserechnungen („Forecasts") und Szenarien („Cases") ist unabdingbar.

Als darauf aufsetzende, die Planungsverantwortlichen „disziplinierende" Maßnahme empfiehlt sich weiterhin, die Planungsgenauigkeit („Forecast Accuracy"), d. h. die Abweichungen zwischen Plan- bzw. Forecast-Zahlen und den dann tatsächlich eingetretene Werten zu erfassen und in geeigneter Weise zu berichten, ggf. auch als variablen Vergütungsanteil heranzuziehen.

20.5.3 Besonderheit im Forderungsmanagement

An dieser Stelle soll exemplarisch auf den kaufmännischen Themenkomplex „Forderungsmanagement" hingewiesen werden, der bei Aufbau und Durchführung von Auslandsgeschäft regelmäßig unterschätzt wird und der unter Umständen gravierende Schieflagen, ggf. sogar im Mutterunternehmen, verursachen kann.

Während in Nord- und Mitteleuropa, Nordamerika und in den voll entwickelten Ländern Asiens, auch unterstützt durch das formell bestehende und in der Praxis angewandte Handelsrecht, das Zahlungsverhalten in der geschäftlichen Praxis cum grano salis kein großes erwähnenswertes Problem darstellt, ist dies in weiten Teilen der Welt anders. Dort stellt die Prozesskette von der Angebotserstellung über die Auftragserteilung und -erfüllung über die Fakturierung bis hin zum vollständigen Geldeingang einen äußerst kritischen Erfolgsfaktor dar, den es sensibel zu durchdringen und robust zu beherrschen gilt.

Als Fallbeispiel sollen an dieser Stelle Erfahrungen des Autors aus dem arabischen Raum wiedergegeben werden. Stichworte sind:

- Nur „dumme" Kunden zahlen pünktlich und vollständig
- Forderungen (für ihn Verbindlichkeiten aus Lieferungen und Leistungen) stellen für den Kunden eine „Waffe" dar
- Der Rechtsweg stellt keine erwägenswerte Option dar (kein Eigentumsvorbehalt, hohe Prozessrisiken und -kosten, sehr lange Prozesslaufzeiten)
- Nur Verhandlungen führen zum Ziel"

In einem Rechtssystem, in dem ein „vollstreckbarer Titel" entweder schwer zu erlangen oder sogar als Begriff nicht bekannt ist, mangelt es an systemimmanentem Bedrohungspotential für nicht vertragsgemäßes Verhalten. Gründe bzw. Motive, diesen Status auszunutzen sind entweder Ignoranz/Schlamperei (häufig bei öffentlichen Auftraggebern) und/oder Überlegungen zur Liquiditätsoptimierung (häufig bei privaten Auftraggebern) und/oder die Gelegenheit zur Erzielung von (nicht vertragsgemäßen, „ungerechtfertigten") Vorteilen (durchgängig beobachtbar).

Im Wissen darum, dass ein gutgläubiger Lieferant, der seine Forderungen – aus den verschiedensten Gründen – nicht besichert hat, auf die Aufrichtigkeit und den Goodwill des Kunden zur Begleichung der Rechnungen angewiesen ist, erschließt sich für diesen die Möglichkeit, seine „Terms of Trade" ex post zu verbessern.

Häufig wird dies seitens des Kunden versucht auszunutzen, indem

- dem Vertrieb zu verstehen gegeben wird, dass eine allzu hartnäckige Forderungsverfolgung schädlich für zu erwartende Folgeaufträge sein wird (häufig verbrämt mit substanzlosen, aber psychologisch angereicherten, die Langfristigkeit der Geschäftsbeziehung beschwörenden Phrasen wie „ (Strategic) Partnership", „Special Relationship", „Mutual Interests" etc.)

- angebliche – bisher nicht vorgebrachte und belegte – Mängel der erhaltenen Lieferungen und Leistungen und/oder noch ausstehende Teilleistungen als Grund für den Zahlungsverzug genannt werden
- nachträgliche Geschenke für die Kundeninstitution („Donations") erbeten werden
- (häufig ganz direkt und unverblümt) persönliche Vorteile für am Genehmigungs- und Zahlungsvorgang beteiligte Mitarbeiter der Kundenorganisation gefordert werden

In einem solchen geschäftlichen Umfeld – um nicht zu sagen „Minenfeld" – ist es sowohl vonnöten, sich dessen vorher bewusst zu sein und – sollte der oben erwähnte Fall der ungesicherten[12] Forderungsentstehung bereits eingetreten sein – über Mittel und Wege zu verfügen, die über die – häufig geradezu hilflos anmutende – Aussendung von Mahnungen und (Bettel- bis Droh-)Briefen hinausgehen.

In üblicherweise langwierigen Verhandlungen muss es zunächst das Ziel sein, in kreativer Weise „Win-Win-Situationen" zu schaffen und mittels geschickter Vertragsgestaltung zu fixieren.

Weiterhin, und das ist ein dem westlichen Denken üblicherweise weniger naheliegender Ansatz, gilt es, einen bewussten Aufbau und die dauerhafte Beibehaltung von Druck- und Drohpotential sicherzustellen. Dies fällt umso leichter, je stärker der Kunde auf die Funktionsbereitschaft des Produktes angewiesen ist und regelmäßig nicht alleine über die technischen und logistischen Mittel verfügt, Wartungs- und Reparaturarbeiten durchzuführen.

In organisatorischer Hinsicht ist es unerlässlich, der Funktion „Money Collection und Credit Control" erhebliche Bedeutung beizumessen und diese mit organisatorischer Macht[13] und – aus westlicher Sicht geradezu verschwenderischen – Ressourcen (Kopfzahl, Sach- und Dienstleistungskosten) auszustatten. Ebenso sind die internen Vorgaben und Richtlinien so zu gestalten, dass keine „schlechten", d. h. unbesicherten und/oder nicht mit Drohpotential unterlegten Forderungen entstehen.

So liegt es auch im ureigenen Interesse des Unternehmens, relevante Prozessschwächen auf Kundenseite, insbesondere öffentlicher Auftraggeber, durch die nicht zu verrechnende Erbringung von Ersatzleistungen zu kompensieren – eine höchst empfehlenswerte Maßnahme, um den administrativen Prozess im Fluss und den unerlässlichen sehr engen Kontakt zu verschiedensten Ebenen und Funktionen der Kundenorganisation auf konstant hohem Niveau zu halten.

Der Aufbau und Betrieb der Funktion „Fakturierung und Forderungseintreibung" bedingt genaueste Kenntnisse der lokalen Rechtssituation, der Geschäftsgepflogenheiten im Land und der beim Kunden angewandten administrativen Prozesse. Ebenso ist eine zutreffende Bewertung der Wichtigkeit der eigenen Produkte und Leistungen für die

---

12 Vs. Besicherung z. B. durch bestätigtes, unwiderrufliches Akkreditiv („Letter of Credit", „L/C").

13 Hierzu zählt insbesondere, dass diese Funktion niemals dem Vertrieb unterstehen darf, sondern möglichst direkt an den CFO berichten muss; siehe auch: http://www.forderungsmanagement.com/wie-sollte-unser-forderungsmanagement-organisiert-sein, abgerufen am 01.01.2014.

Durchführung der Kernprozesse des Kunden essentiell, um einen wesentlichen Anhaltspunkt für den Grad des – als Ultima Ratio einzusetzenden – Drohpotentials zu erhalten.

Nur eine klare Bewertung und Anwendung davon abgeleiteter Zahlungsbedingungen („Payment Terms") sowie eine funktionsstarke „Credit Control and Collection" - Funktion wird zur Einhaltung von akzeptablen Geldeingangszyklen führen[14].

20.6 Zusammenfassung

Das Controlling jedweder Business-Development-Aktivitäten ist eine zur Sicherstellung der Unternehmensstabilität unerlässliche Funktion. Hierbei sind folgende Leitsätze zu beachten:

Die Einbindung hat zu frühestmöglichen Zeitpunkt zu erfolgen, d. h. zu Beginn der ersten Überlegungen zur Machbarkeit des Vorhabens. Das Controlling ist durchgängig während des gesamten Prozesses des Geschäftsaufbaus, des Betriebs (ggf. bis zur Rückabwicklung) einzubinden.

Das Controlling liefert adressatengerechte Informationen und Maßnahmenvorschläge, ist jedoch nicht für deren Verabschiedung und Umsetzung verantwortlich. Dies bleibt Aufgabe der beauftragten Führungsebene.

Die Controlling-Funktion darf nicht als Gegner der Vertriebsfunktion positioniert und verstanden werden. Innerbetriebliche Transparenz auch bei heiklen Themen ist sicherzustellen.

Auch für mittelständische Unternehmen sind die Funktionen Risikomanagement und Interne Revision – in welcher Form auch immer aufgesetzt – unerlässlich.

Die Nichtbeachtung länder- bzw. regionsspezifischer Usancen (aufgezeigt am Beispiel Forderungsmanagement) können gravierende wirtschaftliche Folgen haben.

[14] Der Autor hat im Rahmen eines Sanierungsmandates mit Schwerpunkt Forderungseintreibung gute Erfahrungen mit der plakativen Benennung einer hierfür neu eingesetzten organisatorischen Funktion gemacht, in diesem Fall „Debt Recovery Force" (="Schuldeneintreibtruppe"). Neben der reinen Schaffung einer solchen Einheit gilt es ein ganzes Bündel aufeinander abgestimmter Maßnahmen zu gestalten, so z. B. detaillierte Funktions- und Prozessfestlegungen, Vergütungsmodelle, Führungsprinzipien und Messpunkte.

Literatur

Alter, Roland (2011): Strategisches Controlling – Unterstützung des Strategischen Managements, 1. Auflage, München

Altweger, Ernst (2009): Krisen-Management und Krisen-Früherkennung im Unternehmen (Risiko-Management) in: Mittelstandsdialog, Dresden, online im Internet, http://www.mittelstandsdialog.de/Startseite/Krisen-Management-und-Krisen-Frueherkennung-im-Unternehmen-Risiko-Management-42d143.html, Abfrage vom 01.01.2014.

Angermeier, Georg (2014): Ampelfunktion, in: ProjektMagazin – Das Fachportal für Projektmanagement, online im Internet, https://www.projektmagazin.de/glossarterm/ampelfunktion, Abfrage vom 01.01.2014.

Hartel, Dirk H. (2009): Consulting und Projektmanagement in Industrieunternehmen: Praxisleitfaden mit Fallstudien, 1. Auflage, München

Horváth, Peter (1996): Controlling, 6. Auflage, München

Rieg, Robert (2008): Planung und Budgetierung – Was wirklich funktioniert, 1. Auflage, Wiesbaden

21 Die häufigsten Fehler beim Aufbau von Auslandsgeschäften

Hatto Brenner, Rainer Hornschild & Cecilia Misu

Die wirtschaftlichen Bestrebungen vieler Unternehmen aller Größenklassen im Europäischen Wirtschaftsraum sind zunehmend geprägt durch die Expansion in internationale Märkte.

Die mit dieser unternehmerischen Internationalisierung einhergehenden Besonderheiten bieten auf der einen Seite große Chancen, auf der anderen Seite führen sie auch zu unzähligen Fallstricken, die es rechtzeitig zu erkennen und zu beseitigen gilt. Würden diese nicht umfassend und direkt angegangen, könnte dies u.U. zur Vollabschreibung von Investitionen führen.

Die anschließenden Beiträge befassen sich mit einer Reihe von Fehlerquellen und unternehmerischen Fallen im Zusammenhang mit dem Aufbau von Auslandsgeschäften.

21.1 Fehlerquellen im Export

21.1.1 Fehler bei Marketing und Vertrieb

Die hier beschriebenen Fehlerquellen sind auf die Arbeit im Export abgestimmt. Voraussetzung ist es natürlich, dass hauptsächlich Vertriebsabteilungen, aber auch alle anderen Gewerke in einem Unternehmen service- und kundenorientiert organisiert sind. Grundsätzliche Fehler, die sich daraus ergeben, wenn gar nicht oder nicht genügend auf Marktveränderungen reagiert wird, Kundenbedürfnisse und Anforderungen aus gesetzlichen Notwendigkeiten nicht beachtet, oder ethnische Besonderheiten nicht berücksichtigt werden, sollen hier nicht weiter beleuchtet werden.

Natürlich sind vor allem Landes- und Sprachkenntnisse bei Mitarbeitern im Innendienst, welche Kundenkontakte im operativen Bereich vornehmen, immer hilfreich für eine gute Exportarbeit.

21.1.2 Fehlerquellen im Vertrieb

Fehlerquellen können ihre Ursache durch die Interaktion von den drei gegenüber stehenden Elemente haben:

Intern: Organisation, Abläufe, Prioritäten sind nicht an die Anforderungen der Kunden oder Firmenstrategie angepasst.

Extern: Dienstleister (Speditionen, Abwickler), Zulieferer (Montagefirmen) sind nicht ausreichend informiert und eingewiesen und erfüllen daher nicht die Anforderungen des Kunden.

Interlateral: Beide Seiten sind nicht genug auf die Geschäftsabläufe oder Mentalitäten eingestellt.

Interne Fehler lassen sich durch eine gute und vorausschauende Schulung des eigenen Personals vermeiden. Vor allem sollte der Kommunikationsfluss zwischen Innen- und Außendienst optimal ablaufen. Hierzu gehören vor allem gute und detaillierte Besuchsberichte, die auch Nebensächlichkeiten beinhalten (z.B. zweite Ebene beherrscht Englisch nur rudimentär, oder schlechtes Klima zwischen Einkauf und Produktion etc.). Mit guter Informationsfülle kann der Innendienst besser, und oft gelassener, auf Missverständnisse oder Anfragen reagieren. Es wird gerade am Anfang einer neuen Geschäftsbeziehung empfohlen, dass besonders die Führungskräfte die Besuchsberichte intensiv studieren und auf ihre Verwertbarkeit für den Innendienst achten.

Sehr hilfreich ist es, wenn Innendienstpersonal auch bei Messen die Möglichkeit bekommt, dem Kunden persönlich vorgestellt zu werden, damit lässt sich oft eine persönlichere Umgangsform generieren und vorhandene Aggressionen abbauen.

Eine weitere Problematik ist oft der unterschiedliche Stellenwert eines Geschäftsaufbaus zwischen Geschäftsführung (strategisch orientiert) zu der operativen Ebene (aufwandsorientiert). Hier sollte schon zu Beginn Tragweite und Bedeutung des neuen Partners kommuniziert werden. Ebenso muss man darauf achten, dass die Akteure Mentalitäten einschätzen können und ausreichend Sprachkenntnisse im Innendienst für eine gute Kommunikation sichergestellt ist (ggfs. Mitarbeiter mit Landessprache der Abwicklung zuordnen).

Extern ist es wichtig, auch Zulieferer und Dienstleister rechtzeitig ins Boot zu holen. Hier werden oft Fehler gemacht, indem Vor- und Nachlaufzeiten (z.B. Transport, Quarantäne, Zollabwicklung, Prüfzeiten etc.) unterschätzt oder nicht eingeplant werden. Oder Zulieferer bekommen keine oder falsche Informationen, welche für die besonderen gesetzlichen Bedingungen für die Einfuhr in das Zielland notwendig sind (Basis DIN, BS; NF – Normen versus Konformitäten, z.B. CE).

So gibt es z.B. besondere Bedingungen bei der Zulassung von Elektrogeräten, die unterschiedlichsten Zertifizierungsbedingungen unterliegen. Ein Zulieferteil mit falscher Zertifizierung kann eine ganze Lieferung in Frage stellen. Auch bei Nahrungsmitteln gibt es solche „Fallen", z.B. Aromen, die zwar zugelassen sind, aber in Ländern unterschiedlichen Herstellverfahren unterliegen müssen (Aromen auf Basis Ölextraktion vs. Aromen auf Basis Lösungsmittelextraktion u.v.a.).

Vorteilhaft ist es auch u.U. Erstexporte in einem Projektmanagement zu organisieren. Dies gilt gerade, wenn viele Dinge im Unternehmen gleichzeitig koordiniert werden müssen, z.B.

- Produktveränderung wegen landesspezifischer Anforderungen (Rezepturen, Bauteile etc = F&E)
- Anpassungen an Verpackung, Bedruckung (Produktion)
- Gestaltungsänderungen (Produktmanagement)
- Rechtliche Vorschriften (Vertrieb)

Daher empfiehlt sich dieser Weg: Betroffene Abteilungen werden in ein Team zusammengeführt, welches die Anforderungen umsetzt, bis der Exportablauf gesichert ist.[1]

21.1.3 Marketing, F&E, Qualitätsmanagement

Oft sind besonders Produktmanagement und auch Marketing von Veränderungswünschen und auch Bedürfnissen besonders im Export angesprochen. Nicht gründlich recherchierte rechtliche, ethnische, kulturelle und strukturelle Gegebenheiten, auch aus der jeweiligen Landes-Mentalität heraus, können später den Misserfolg erzeugen. Viele Fehler passieren hier aus Nichtbeachtung oder Ignoranz. Viele Länder haben in ihrem (verbraucherrechtlichen) Sicherheitsdenken andere Ansätze und diese müssen akzeptiert werden.

Es ist vor allem Aufgabe des Außendienstmitarbeiters, auf solche Themen zu achten und die Mitarbeiter des Innendienstes mit diesen Informationen zu versorgen. Es hilft oft auch, Fotos oder Konkurrenzprodukte aus dem Zielland mitzubringen und diese zu Hause gemeinsam auszuwerten.

Ein Beispiel: Bei einem Unternehmen, welches Lebensmittelprodukte mit EU-Bio-Siegel produziert, hatten alle Produkte eine europäische Zulassung. Daher ging man davon aus, dass diese Produkte auch im „organic market“ in den USA und Kanada verkäuflich sind. Nun lässt die dort gültige NOP-Vorschrift nicht alle Zusatzstoffe als „Bio“ zu (hier: Gelatine). Dieser Tatbestand wurde nicht recherchiert bzw. nicht beachtet. Der Lebensmittel-Container musste daher wieder zurückgeholt werden. Folge war eine komplette Überarbeitung der Produkte: angefangen von der Rezeptur, die in der Produktion erst ausgetestet werden musste, Produktverkostung bis hin zur Neugestaltung der Verpackung auf Grund neuer Auslobungen.

Ähnliche Ignoranz entsteht, wenn im Unternehmen Veränderungen oder Vorteile der Konkurrenzprodukte negiert oder bagatellisiert werden: z.B. haben westliche Automobilhersteller die Vorteile japanischer Autos in puncto kostenlose Extras und Sicherheitsverbesserungen negiert bzw. damit abgetan, dass man diese Technik ja beherrscht und der

[1] Die besten Management-Tools 1: Strategie und Marketing, Campus Verlag 2005, S.148 ff

Kunde Extras gesondert dazu kaufen kann. Der Markt hat jedoch diese „Inklusive"-Extras sofort aufgenommen und hat somit den japanischen Herstellern enorme Marktvorteile verschafft.[2]

21.1.4 Kalkulation

Schwerwiegende Fehler können besonders bei der Fehlkalkulation entstehen. Einfache Fehler, wie die Nichtberücksichtigung erhöhter Kosten in der Produktion (Umetikettieren, doppelte Verpackung, zusätzliche Produktionsschritte etc.), sind meist noch verkraftbar bzw. können bei wachsendem Geschäft und damit größeren Losgrößen oft ausgeglichen werden. Schwerwiegender sind dann schon Fehler auf Grund falscher Zollsätze oder Abschöpfungen in den Zielländern. Diese sind nicht durch interne Maßnahmen reduzierbar und machen dann ein neues Geschäft zu einem Desaster.

Empfehlenswert sind daher auch Nachfragen bei Verbänden, Außenhandelskammern oder auch Zollämtern und Auswertung von Fachzeitschriften, ob die betreffenden Produkte und deren Märkte einer besonderen Stellung zukommen.

Man beachte dazu Abschöpfungsgebote oder Importverbote für bestimmte Produkte oder auch für dezidiert auf bestimmte Unternehmen bezogen (z.B. Importbehinderung wegen Dumpings für Vanillin, Zitronensäure in die EU aus China, hier werden Verbote für Firmen oder Branchen ausgesprochen).

Ähnliche Erlasse kennen wir für Fleisch in die Russische Republik, Wein aus der EU nach China etc., die zeitweise oder mit hohem Abschöpfungszoll verordnet werden.

Auch hier muss der Außendienst besonders gut recherchieren und sollte sich nicht nur auf Aussagen der Geschäftspartner verlassen. Auch sollten bestimmte Entwicklungen im Zielland beobachtet werden, die auf Importgesetzveränderungen hinweisen, die die eigenen Produkte betreffen können.

21.1.5 Rechtssituation

Verbunden mit Fehlern bei der Kalkulation sind oft auch unterschiedliche rechtliche Inhalte aus dem Vertragsrecht heraus. Abgesehen von Basisfehlern bei unterschiedlichen Incoterms-Konditionen können auch Fehler aus komplexen Rechtsfolgen (Vertragsrecht, Haftungsrecht, Wettbewerbsrecht etc.) entstehen bzw. sind mit einzukalkulieren. Selbst bei vereinbarten Gerichtsständen kann in manchen Ländern das übergestellte Recht diese Vereinbarung zunichtemachen (z.B. China V.R., hier gilt grundsätzlich chinesischer Gerichtsstand, auch wenn anders vereinbart wurde).

---

2 Das Boston Consulting Group Strategie-Buch, B.v.Oetinger, ECON Verlag, 1993, S.191

21.1.6 Ethische Kategorie

Wenig im Mittelpunkt steht der ethische oder moralische Aspekt, welcher sich aus der Unternehmensphilosophie oder auch dem Handeln ergibt[3]. Ein exportierendes Unternehmen sollte sich auch immer als Botschafter aus dem Ursprungsland verstehen, besonders wenn es sich um Markenprodukte handelt. Bei den heutigen globalen und umfassenden Informationstechnologien kommen Informationen aus dem Ursprungsland auch schnell in das Zielland. Daher sollte geprüft werden, ob die (eigene) Grundhaltung oder Unternehmenskultur zum Zielland passt.

Themen, wie Umweltbewusstsein, Diskriminierung, Kinderarbeit u.v.a. stehen im unterschiedlichen Fokus und werden in Kulturen auch unterschiedlich gewertet. Auswirkungen können dann Auslistungen, Ignorieren der Produkte, „Shitstorms" im Internet sein – Maßnahmen, die oft hohe Publikumswirksamkeit haben und enormen Schaden hervorrufen.

Bei einem strategisch vorgesehen Eintritt in ein Zielland sollte gerade auch die Unternehmensphilosophie und -kultur einer auf das Zielland abgestellten Prüfung unterzogen werden.

21.1.7 Zeitmanagement

Wettbewerb heißt auch Zeitwettbewerb. Der Eintritt in einen neuen Markt ist nicht nur Betreten eines neuen Umfeldes, sondern auch einer neuen und anderen Wettbewerbsstruktur. Dabei soll auch die langfristige Entwicklung eines Marktes untersucht werden (schnelle und impulsive Märkte wie China stehen diagonal ruhigeren und konservativen Märkten wie z.B. Skandinavien gegenüber). Beide brauchen unterschiedliche Strategien des Zeitwettbewerbs. Bei den Erstgenannten müssen Produktwechsel und Innovationen schnell erfolgen; bei anderen Märkten wird lange Verfügbarkeit eines Produktes und dessen ebenso langjährige Nutzung in den Vordergrund gestellt werden.

Daher ist es umso wichtiger, das eigene Leistungssystem flexibel und reaktionsfreudig zu trimmen und eigene Zeitvorteile gegenüber Konkurrenten zu nützen. Optimal ist es natürlich, wenn man sich dadurch in einem Zielland zum Innovations- und/oder Kostenführer entwickeln kann[4].

In vielen Fällen wird diese Thematik unterschätzt und in der eigenen Organisation verlieren Marktimpulse im Exportgeschäft, das per se lange Vorlaufwege kennt, an Kraft. Es ist daher unumgänglich, schon von Beginn auf ein Zeitmanagement für die Entwicklung bis zur Markteinführung zu setzen und dieses zu verfolgen.

---

[3] Die besten Management-Tools 1: Strategie und Marketing, Campus Verlag 2005, S.181 ff

[4] Das Boston Consulting Group Strategie-Buch, B.v.Oetinger, ECON Verlag, 1993, S.582 ff

21.2 Praktische Beispiele

Geschäftsaufbau/innerbetriebliche Voraussetzungen:

Ein auf die Herstellung von medizinischen Geräten spezialisiertes mittelständisches deutsches Unternehmen zeigt Interesse, das Produktprogramm auch im US-Markt einzuführen.

Anlässlich eines USA-Aufenthaltes nimmt der Firmeninhaber Kontakt zu einem interessierten und geeignet erscheinenden Vertriebspartner auf. Nach Abschluss eines Vertrages und einer einwöchigen Schulung in Deutschland startet der Vertriebspartner mit der Akquisition geeignet erscheinender Kunden.

Nach kurzer Zeit stellt die deutsche Firma fest, dass die in den USA gültigen Zertifizierungsvorschriften nur mit einem erheblichen zeitlichen und finanziellen Aufwand erfüllt werden können. Außerdem stellt das deutsche Unternehmen fest, dass der US-Vertriebspartner nicht über die angegebenen und erforderlichen Kundenkontakte verfügt.

Innerhalb von zwei Jahren haben die mit dem „US-Geschäft" verbundenen Aktivitäten Kosten von ca. 500.000 € verursacht. Der Vertrag mit dem Vertriebspartner wurde nach zwei Jahren gekündigt.

Folgende Fehler waren dem Inhaber des mittelständischen deutschen Unternehmens unterlaufen:

- Die für einen erfolgreichen Markteinstieg benötigten Informationen (wie z. B. Zertifizierungsvorschriften, rechtliche Rahmenbedingungen, Wettbewerbssituation, besondere Geschäftsgepflogenheiten usw.) waren nicht bzw. nur oberflächlich beschafft worden.
- Ein erforderlicher systematischer Aufbau des Auslandsgeschäftes gem. Abschn. 2.4 war nicht durchgeführt worden, insbesondere wurde der Vertriebspartner nicht regelmäßig betreut, eine gemeinsame Zielabstimmung war nicht erfolgt.
- Eine erforderliche Produktanpassung wurde zu spät vorgenommen.
- Bei der Auswahl eines geeigneten Vertriebspartners war die andersartige Mentalität nicht berücksichtigt worden.

Folgende Vorgehensweise ist erforderlich:

- Die erforderlichen Marktinformationen sind rechtzeitig zu beschaffen und auszuwerten.
- Eine systematische nahezu bis zu drei Jahren dauernde Aufbauphase ist zu berücksichtigen und zu finanzieren.
- Export ist Chefsache – die gesamten Ressourcen eines Unternehmens sollten für den Aufbau von Auslandsgeschäften verfügbar sein.

Absicherung/Bonitätsprüfung:

Ein Hersteller von Spezialmotoren gewinnt einen Distributor in der Schweiz. Nach einer ersten erfolgreichen Zusammenarbeit gewährte man dem Vertriebspartner in der Schweiz ein Zahlungsziel von drei Monaten. Nach einer weiteren Lieferung im Werte von 500.000 €

meldete ein Schweizer Konkursverwalter dem deutschen Lieferanten, dass die Schweizer Firma Konkurs angemeldet habe. Der deutsche Lieferant versuchte die Ware vor dem Hintergrund seines vereinbarten Eigentumsvorbehaltes zurück zu erhalten. Er stellte jedoch fest, dass für die Absicherung der Lieferung in der Schweiz andere Regelungen gelten als in Deutschland.

Diese Punkte sollten beachtet werden:

- Drum prüfe, wer sich ewig bindet!
- Lieber kein Geschäft als ein unsicheres Geschäft.
- Rechtzeitig und laufend Bonitätsauskünfte über Exportkreditversicherungen oder Wirtschaftsauskunfteien einholen.
- Andersartige rechtliche Rahmenbedingungen des ausländischen Marktes erkennen.
- Sichere Zahlungsbedingungen vereinbaren, die Möglichkeiten von Bankgarantien nutzen.

Zahlungsbedingungen und -sicherungen:

Ein indischer Importeur bestellte bei einem deutschen Hersteller Waren im Wert von ca. 300.000 €. Als Zahlungsbedingung bot der Importeur „Kasse gegen Dokumente" an. Der deutsche Hersteller lieferte unter Verweis auf seine Allgemeinen Geschäftsbedingungen (AGB). Nachdem die Ware versandt war, verweigerte der indische Importeur die Bezahlung der Ware, die am Zolllager in Bombay gelagert war. Es gelang dem indischen Importeur die Ware aus dem Zolllager auszulösen, ohne zuvor die Zahlung getätigt zu haben. Die Klage des deutschen Exporteurs vor einem deutschen Gericht verlief für den Exporteur erfolgreich – leider wurde jedoch das Urteil des deutschen Gerichtes in Indien nicht vollstreckt.

Die folgenden Fehler sollten vermieden werden:

- Eine Bonitätsprüfung des ausländischen Kunden bei Start der Zusammenarbeit sollte ebenso durchgeführt werden, wie eine regelmäßige Bonitätsüberwachung.
- Als Zahlungsbedingung ist „Kasse gegen Dokumente" unter Sicherheitsgesichtspunkten wenig geeignet.
- Die für das Exportgeschäft geschaffene Zahlungsbedingung ist das Dokumentenakkreditiv. Diese sollte – wenn sich Vorauskasse nicht durchsetzen lässt – immer verwendet werden.
- Bei der Zahlungsbedingung „Dokumentenakkreditiv" ist die Bezahlung durch die eingeschaltete Bank an bestimmte Dokumente, wie z. B. Versanddokumente gebunden. Daher Vorsicht: Bei der Kombination von Akkreditiv + Lieferbedingungen EXW oder FCA oder FOB hat es der Importeur in der Hand, ob die notwendigen Frachtdokumente rechtzeitig zur Verfügung gestellt werden.[5]

[5] Vgl. Brenner/Fuchs/Langenhagen/Sefrin: Export für Einsteiger, Bundesanzeiger Verlag, Köln

21.3 Kaufmännisch-juristische Fehlerquellen bei grenzüberschreitenden Tätigkeiten

Die Expansion in Auslandsmärkte muss sorgfältig geplant werden. Ein zentraler Punkt dabei ist die Gestaltung der grenzüberschreitenden Rechtsbeziehungen, die Unternehmen im Rahmen der Erschließung ausländischer Märkte eingehen. Insbesondere ist strengstens darauf zu achten, dass im Inlandsgeschäft bereits seit langem bewährte Vertragsmuster und Vertragsbedingungen nicht ungeprüft zur Anwendung gelangen. Denn gerade ein widersprüchlicher unpräziser Vertragstext erhöht das Risiko eines Rechtstreits, wenn es im Verlauf der Unternehmung zu Auseinandersetzungen zwischen den Geschäftspartnern kommt. Praxisrelevant ist aber auch die Einhaltung von gesetzlichen Bestimmungen in den Zielmärkten. Wer derartige Vorschriften nicht einhält, läuft Gefahr, den wirtschaftlichen Erfolg seiner Unternehmung empfindlich zu beeinträchtigen.

Die folgenden Erläuterungen sind dazu bestimmt, dem Leser eine Orientierungshilfe zu bieten bzgl. rechtlicher Fallstricke, die typischerweise im Auslandsgeschäft vorkommen.

21.3.1 Geistiges Eigentum

Innovative Produkte und Verfahren, die in der heutigen Geschäftswelt einen wesentlichen Teil der Vermögenswerte eines Unternehmens darstellen, werden in erster Linie durch geistige Eigentumsrechte vor unerwünschten Nachahmungen geschützt. Diese Rechte sind territorial, d.h. sie gelten ausschließlich für den Staat, für den sie erteilt wurden. Dementsprechend es ist für internationalisierende Unternehmen ratsam – vor oder begleitend zur Auslandsexpansion – ihre Warenkennzeichnungen, Logos, Designs und ihr Know-how durch solche Instrumente wie Marken-, Geschmacksmusterrechte und Patente in den jeweiligen Zielmärkten zu schützen, weil ohne angemessenen Schutz des geistigen Eigentums jeder, der am grenzüberschreitenden Geschäft beteiligt ist, die Produkte nachfertigen könnte.

Für die Meldung von schutzfähigen Immaterialgütern gibt es folgende Möglichkeiten:

- Einzelregistrierung in den jeweiligen Zielländern,
- Internationale Registrierung mit Wirkung auf ausgewählte Länder, z.B. beim Europäischen Patentamt, um Erfindungen in allen EU-Mitgliedstaaten zu schützen, oder beim Harmonisierungsamt für den Binnenmarkt, um den Schutzbereich einer Marke auf den gesamten EWR auszuweiten[6],
- Registrierungsverfahren der Weltorganisation für Geistiges Eigentum (WIPO), die Patent- oder Markenschutz in mehr als 140 Staaten ermöglichen.[7]

[6] Europäisches Patentamt (EPO) siehe http://www.epo.org/index_de.html, Harmonisierungsamt für den Binnenmarkt (HABM) siehe https://oami.europa.eu/ohimportal/de/law, Stand: 01.03.2014.

[7] WIPO siehe http://www.wipo.int/portal/en/index.html Stand:01.01.2014.

Die Gebühren sind je nach Zahl der einbezogenen Länder beträchtlich, deswegen empfiehlt es sich gut zu überlegen, für welches Gebiet der Schutz beantragt werden soll.

Ebenso es ist wichtig, dass bestehende eingetragene geistige Eigentumsrechte effektiv verwaltet werden, damit die Fristen zur Verlängerung dieser Schutzrechte eingehalten sowie diese Rechte gegenüber Verletzern durchgesetzt werden.

Allerdings sind nicht nur die eigenen geistigen Eigentumsrechte schutzwürdig. So müssen Unternehmen dafür Sorge tragen, dass die eigenen Produkte keine vorhandenen Eigentumsrechte Dritter verletzen. Z.B. könnte ein Hersteller von Piqué-Polo-Shirts, der eine Eidechse auf seiner neuesten Kollektion abbildet, den Markenschutz von Lacoste verletzen. Eine Nichtbeachtung kann wettbewerbsrechtliche, markenrechtliche und sogar handelsrechtliche Ansprüche nach sich ziehen. Das in seinen Rechten verletzte Unternehmen hat die Möglichkeit, von dem Verletzer neben einem Unterlassungsanspruch des Gebrauchs des Logos möglicherweise einen Anspruch auf Schadensersatz und Anwaltskosten zu erlangen.

Um das Risiko einer Auseinandersetzung möglichst gering zu halten, empfiehlt es sich, vor dem Eintritt in die jeweiligen Zielmärkte eine Recherche durchzuführen, um zu überprüfen,

- ob das eigene Produkt im Schutzumfang von Patenten Dritter liegt,
- ob Logo, Produkt- oder Firmenname vorhandene Markenrechte verletzen, oder
- ob Mitbewerber verwechselbare Designs registriert haben.

Kostenlose Datenbanken zur Durchführung solcher Recherchen finden sich in den Internetportalen des Harmonisierungsamtes für den Binnenmarkt[8], der WIPO Marken- und Geschmacksmuster- Anmeldungen[9], des Patent- und Markenamtes der Vereinigten Staaten (USP-TO)[10] sowie des britischen Amtes für geistiges Eigentum (UKIPO).[11]

21.3.2 Produkthaftung im internationalen Kontext

Bei zunehmenden außenwirtschaftlichen Tätigkeiten mit Auslandsbezug wächst das Bedürfnis der Beteiligten nach größerer Sicherheit und einheitlichen Standards.

Für international tätige Unternehmen, die Produkte auf Märkten anbieten, die strengere Gesetze oder Gerichtsverfahren haben als der heimische Markt, wie z.B. die Vereinigten Staaten, ist Kenntnis des regulatorischen Rahmens zur Zulassung von Produkten, der gesetzgeberischen Anforderungen an die Produktsicherheit einzelner Produkte in den jeweiligen Märkten sowie der Produkthaftungsrisiken auf Grund fehlerhafter Produkte

---

[8] http://oami.europa.eu/ows/rw/pages/ Stand: 01.03.2014.

[9] http://www.wipo.int/portal/en/ Stand: 01.01.2014.

[10] www.uspto.gov Stand: 01.01.2014.

[11] http://www.ipo.gov.uk/types/tm/t-os/t-fi nd.htm Stand: 01.01.2014.

von entscheidender Bedeutung. Zu beachten ist jedoch, dass bei Produktfehlern nicht nur Kapital, sondern auch die Unternehmensreputation auf dem Spiel steht.

Als Beispiel sei das Inverkehrbringen von Produkten in den USA erwähnt. Unabhängig von der Art, wie Produkte von europäischen Herstellern[12] in den US-Markt gelangen (durch direkten/indirekten Export oder durch eigene Produktion vor Ort), unterliegen sie den dort herrschenden Regeln und Gesetzen und können dadurch der amerikanischen Gerichtsbarkeit unterliegen und in den USA verklagt werden (u.a. die Koordination von Schadensersatzansprüchen von verschiedenen Geschädigten in Sammelklagen).[13] Üblicherweise basieren derartige Produkthaftungsklagen auf Fahrlässigkeits-, Garantiehaftung und/oder verschuldensunabhängiger Haftung des Herstellers.

Eine empfohlene Vorsorgestrategie, um die Risiken aus der US-Produkthaftung einzudämmen, ist es, zusätzlich zur Erfüllung von Sicherheitsstandards, sorgfältige, klar verständliche produktbegleitende Gebrauchsanleitungen sowie Warnhinweise auszuarbeiten, die neben dem Hinweis auf die Gefahrenquelle explizit die Folgen einer Missachtung der Warnung angeben, sowie detaillierte Gebrauchsanleitungen.

Aber nicht nur in den USA stehen die Produktsicherheit und -haftung wegen des enormen Schadenspotentials im Blickpunkt. In diesem Zusammenhang ist es von entscheidender Bedeutung, dass international tätige Unternehmen über die lokalen Vorschriften am Zielmarkt ausreichend informiert sind, um effektive Strategien zur Risikovorbeugung sowie Eingrenzung von Gefahrenpotenzialen erarbeiten können. Zusätzlich zur Beiziehung eines Rechtsbeistandes mit Kenntnissen im jeweiligen ausländischen Recht, empfiehlt es sich für ausreichende Produkthaftungsversicherungsdeckung für die Haftpflichtrisiken zu sorgen.

Allerdings sind nicht nur exportierende Unternehmen betroffen, Importeure[14] sollen vor dem Import von Produkten zum Zwecke des Verkaufs oder des Vertriebs mit wirtschaftlichem Zweck sorgfältig prüfen, ob die Waren auf Grund ihrer Beschaffenheit (Inhaltsstoffe, Etikettierung, Sicherheitsstandards etc.) in der EU überhaupt in den Verkehr gebracht werden können.

---

[12] Die amerikanische Rechtsprechung hat in einigen Fällen die Produkthaftung auch auf Lizenzgeber ausgedehnt, die zwar das fehlerhafte Produkt nicht selbst herstellen, jedoch den Herstellungsprozess jederzeit steuern und beeinflussen können.

[13] Nach dem Prozessrecht der meisten US-Bundesstaaten können ausländische Hersteller und Exporteure in den USA verklagt werden, wenn sie durch den Produktvertrieb in einem der Bundesstaaten geschäftlich tätig geworden sind. Die Errichtung einer lokalen Tochtergesellschaft schützt i.d.R. nicht davor, dass die produzierende europäische Muttergesellschaft in einen Produkthaftungsprozess hineingezogen wird und haftbar gemacht werden kann.

[14] Importeur im Sinne der § 4 Absatz 2 ProdHaftG ist nur derjenige, welcher (Re-)Importe aus sogenannten Drittstaaten (= Staaten außerhalb des Europäischen Wirtschaftsraumes, für die der EWG-Vertrag bzw. der EWR-Vertrag nicht gilt) tätigt. Grund für die Haftung des Importeurs ist der Verbraucherschutz. Da die Rechtsverfolgung in überseeische Drittstaaten gegen den Hersteller für den Verbraucher unzumutbar ist, haftet ein Importeur neben dem Hersteller.

21.3.3 Zahlungsbedingungen in der Außenwirtschaft

Der Eigentumsvorbehalt wird außerhalb Deutschlands häufig nicht oder nur unter ganz besonderen Voraussetzungen anerkannt (siehe dazu Abschnitt 6.2.1.3). In diesem Zusammenhang erfüllt das Akkreditiv eine wichtige Funktion als Zahlungs- und Sicherungsinstrument im grenzüberschreitenden Warenverkehr.

Bei Einigkeit zwischen den Handelspartnern über die Geschäftsabwicklung wird in dem Vertrag u. a. auch die Akkreditivabwicklung geregelt. Vereinbart wird, wie im unterem Beispiel, welche Dokumente der Exporteur einreichen muss und welcher Partner die Akkreditivkosten im In- und Ausland trägt.

Der Begünstigte hat den Vorteil, bereits nach Anzeige der Akkreditiveröffnung abgesichert zu sein, die vereinbarte Zahlung in vollem Umfang und rechtzeitig von der Bank zu erhalten. Die Abwicklung erfolgt so, dass die Bank des Importeurs/Auftraggebers gegen Vorlage der akkreditivkonformen zahlungsauslösenden Dokumente[15] und bei gleichzeitiger Erfüllung aller ansonsten im Akkreditiv erwähnten Bedingungen, eine unwiderrufliche Zahlung entsprechend dem Gegenwert der Dokumente leisten muss. Voraussetzung dafür ist, dass nach der streng formellen Prüfung der eingereichten Dokumente die Bank keinen berechtigten Grund zur Beanstandung der eingereichten Dokumente hat, die auf Grund Art. 16 der Einheitlichen Richtlinien und Gebräuche für Dokumenten-Akkreditive (ERA 600) zu deren Zurückweisung führen kann. Gleichzeitig ist der Importeur abgesichert, dass eine Zahlung nur erfolgt, wenn der begünstigte Exporteur vertragsgerecht geliefert und die erforderlichen Belege und die Ware zum Importeur gesandt hat.

Angesichts der begrenzten Gültigkeit von Akkreditiven wird dem Exporteur dringend empfohlen, frühzeitig eine Prüfung des Akkreditivs auf seine objektive Erfüllbarkeit sowie der Stimmigkeit der vereinbarten Termine (Versanddatum und -bereitschaft, Lieferzeitpunkt, Eröffnung des Akkreditivs, Übergabe zahlungsauslösender Dokumente etc.) durchzuführen. Sind die Akkreditivbedingungen unvollständig, unklar oder nicht erfüllbar, müssen dem Importeur/Akkreditiv-Auftraggeber die erforderlichen Änderungen im Akkreditiv gemeldet werden.

Es ist ferner ratsam, die Dokumente vorab mit der Bank, und falls möglich mit dem Spediteur, abzustimmen.

Das nachfolgende Beispiel aus einem Liefervertrag mit einem chinesischen Partner[16] verdeutlicht die Relevanz einer rechtzeitigen Prüfung der Akkreditivbestimmungen:

---

[15] Mögliche Dokumente sind u.a. die Handelsrechnung, Frachtrechnung, Ursprungszeugnis, Frachtbrief, Qualitätszeugnisse etc.

[16] Misu, C: „Kommentierung eines Originalliefervertrages für Lieferungen nach China". Export Plus, Bundesanzeiger Verlag, 2013.

4. TOTAL AMOUNT: CIF NINGBO € XXXXX
5. TIME OF SHIPMENT: END OF MARCH, 2014
9 PAYMENT:
The Buyers, upon receipt from the Sellers of the shipment advice specified in Clause 12 hereof, shall 30 days prior to the date of shipment, open an irrevocable letter of credit, with the Buyer's Bank in favor of the Sellers, for the total value of the shipment. The credit shall be available against Seller's draft(s) at sight on the opening bank for 100 % invoice value accompanied by the shipping documents specified in Clause 10 (1) hereof. Payment shall be effected by the opening bank (by telegraphic transfer/airmail transfer) against presentation to them of the aforesaid draft(s) and documents. The Letter of Credit shall be valid until the 15th day after the shipment is effected.

10 DOCUMENTS:
(1.)
a. Sea-freight: 2/3 set (i.e. two originals) of clean on board ocean bills of lading marked „Freight Prepaid" …
b. Invoice in 4 copies indicating contract number and shipping mark (in case of more than one shipping mark, the invoice shall be issued separately), made out in details as per the relative contract.
c. Packing list in 2 copies issued by the manufacturers.
d. Certificate of Quality and Quantity issued by the manufacturers.

12 SHIPMENT ADVICE:
The Sellers shall, immediately upon the completion of the krading of the commodity advise by telex/fax the Buyers of the contract no., commodity, quantity, trade term, invoiced value, gross weight, name of vessel, and date of sailing etc.

Das Datum zur Akkreditiveröffnung ist 30 Tage vor dem Verladedatum (s. Art. 5 des Liefervertrages). Das letztmögliche Verschiffungsdatum ist der 31.03.2014 (s. Art. 9 des Liefervertrages), somit sollte der Importeur spätestens am 1. März 2014 (Sonntag!) die Akkreditiveröffnung bei seiner Bank beantragen, vorausgesetzt, dass die Meldung der Versandbereitschaft der Ware einschl. Stückzahlen, Gewichten, Versanddaten, Warennummer etc. vorliegt (s. Art. 12 des Liefervertrages).

Eine Dokumentenvorlagefrist wurde vertraglich nicht vereinbart, allerdings verfällt das Akkreditiv 15 Tage nach dem Verladedatum (s. Art. 9, letzter Satz). Dementsprechend dürfen sämtliche Exportdokumente einschließlich der geforderten Sichttratte bis zu diesem Verfallstag bei derjenigen Bank in China eingetroffen sein, bei der das Akkreditiv verfügbar ist.

Im Liefervertrag ist keine formelle Anforderung bzgl. Sprache der Dokumente vereinbart. Wenn bei einer Anforderung der Akkreditivbank die Versanddokumentation ausschließlich auf Mandarin-Chinesisch eingereicht wird, läuft der Exporteur Gefahr, dass die Dokumente nicht innerhalb der Gültigkeit des Akkreditivs bei der Akkreditivbank ankommen, somit würde das Akkreditiv verfallen und die Bank wäre von ihrer Zahlungsverpflichtung befreit.

21.4 Zusammenfassung

Die Qualität der eigenen Produkte und eine sorgfältige Vertragsgestaltung stehen bei der Auslandsexpansion von Unternehmen im Vordergrund. Dabei ist ein juristisches Risikomanagement zur Beachtung der maßgeblichen nationalen und internationalen Bestimmungen und Vorschriften unerlässlich für internationalisierende Unternehmen, damit sie sinnvolle Maßnahmen ergreifen können, um den Risiken Rechnung zu tragen, die sich aus den Anforderungen des Rechts in den jeweiligen Zielmärkten ergeben.

Literatur

Hatto Brenner/Burkhart Fuchs/Anita Langenhagen/Matthias Sefrin (2013): Export für Einsteiger, Bundesanzeiger Verlag, Köln

Handelsblatt (2005): Die besten Management-Tools 1: Strategie und Marketing, Campus Verlag

Cecilia Misu (2013): „Kommentierung eines Originalliefervertrages für Lieferungen nach China", Export Plus, Bundesanzeiger Verlag

Bolko von Oetinger (1993): Das Boston Consulting Group Strategie-Buch, ECON Verlag

Herausgeber- und Autorenverzeichnis

Die Herausgeber

Herr Dipl.-Wirtsch.-Ing. Hatto Brenner verfügt über langjährige Erfahrungen in leitenden Positionen international tätiger Unternehmen.

Als selbständiger Berater, Seminaranbieter und Buchautor hat er sich spezialisiert auf den Themenbereich „Internationales Business Development".

Mit seinem international verankerten Dienstleistungsangebot unterstützt er vorwiegend mittelständische Unternehmen beim Aufbau und bei der Abwicklung internationaler Geschäftsaktivitäten.

Als Präsidiumsmitglied international orientierter Unternehmerverbände fördert er grenzüberschreitende Geschäftsaktivitäten der Mitgliedsunternehmen.

Cecilia Misu ist Inhaberin und Geschäftsführerin der CMSQUARE UG (haftungsbeschränkt) in Erlangen, ein Spezialberatungsunternehmen im internationalen Contract und Dispute Management (www.cmsquare.de). Ferner ist sie in einem weltweit führenden Großunternehmen der Elektrobranche tätig und betreut als Senior Contract Manager internationale Anlagebauprojekte.

Cecilia Misu hat einen Masterabschluss in Ingenieurwissenschaften (Elektrotechnik-Regelungstechnik) und besitzt weitere Masterabschlüsse in Wirtschaftsrecht und im internationalen Baurecht sowie in der Schiedsgerichtsbarkeit. Sie ist Mitglied des Institute of World Business Law der Internationalen Handelskammer (ICC) und internationaler Schiedsrichter der CIArb in London.

Cecilia Misu hat langjährige Erfahrung als Seminarleiterin bei der Vermittlung ihres Expertenwissens im Nachtrags- und vertraglichen Risiko- und Änderungsmanagement im nationalen und internationalen Umfeld.

Die Autoren

Prof. Dr. Franz Benker
FOM Hochschule für Oekonomie & Management,
Studienzentrum Nürnberg
Professor für allgemeine Betriebswirtschaftslehre,
insbes. Finanzwirtschaft
E-Mail: franz.benker@fom.de

Prof. Dr. rer. pol. Franz Benker studierte Wirtschaftsgeographie, Betriebswirtschaftslehre, Volkswirtschaftslehre und Physik in Bayreuth, Erlangen und München. Die Promotion erfolgte im Bereich Wirtschaftstheorie an der Universität der Bundeswehr München. Von 2000 bis 2010 war Franz Benker an der Technischen Hochschule Deggendorf, Fakultät für Betriebswirtschaft und Wirtschaftsinformatik als Dozent mit den Schwerpunkten Finanzierung und Investition, sowie VWL tätig. Seit 2011 ist Franz Benker Professor für allgemeine Betriebswirtschaftslehre, insbes. Finanzwirtschaft an der FOM Hochschule für Oekonomie & Management, Standort Nürnberg. Er ist assoziiertes Mitglied des „AWT Institut für Ökonomische Systemtheorie" München und forscht dort in den Bereichen Raumwirtschaftstheorie, Geldtheorie und Demographie der Unternehmen. Vor seiner wissenschaftlichen Laufbahn war Franz Benker im Innenvertrieb der Generali Holding tätig. Er verfügt über langjährige Erfahrungen im Bereich Management von Finanzdienstleistungen. Franz Benker war auch im Bereich Unternehmensberatung für KMU tätig und verfügt über Kenntnisse im Business Coaching. Zu seinen Forschungsschwerpunkten sind bereits mehrere Artikel in wirtschaftswissenschaftlichen Fachzeitschriften erschienen.

Michael Berger, MBA
Justitiar
Leitung des Bereichs Corporate Development
E-Mail: berger.michael@gmx.de

Tätigkeit als Justitiar in einem Energieunternehmen, Studium der Rechtswissenschaften sowie Master in Wirtschaftswissenschaften - Executive MBA, langjährige Erfahrung im Beratungsmanagement international tätiger Unternehmen. Darüber hinaus freier Dozent und Seminarleiter für praxisbezogene Seminare im In- und Ausland, insbesondere in den Bereichen Vertriebs- und Exportmanagement, Außenwirtschaft, Internationales Vertragsmanagement, Governance und Unternehmensführung sowie Finanzmanagement. Co-Autor praxisbezogener Fachbücher und Business Guides.

Dr. Maximilian Burger-Scheidlin
Geschäftsführer
ICC Austria – Internationale Handelskammer
E-Mail: m.burger-scheidlin@icc-austria.org

Burger-Scheidlin ist seit 1993 Geschäftsführer von ICC Austria. Schwerpunkte sind die Beratung von international aktiven Unternehmen, Banken und Rechtsanwälten bei den Themen Prävention von Korruption, Produktfälschungen, Wirtschaftskriminalität, Streitvermeidung, Streitbeilegung und Schiedsgerichtsbarkeit, Import-Exportverträge, abgesicherte internationale Finanzierung, internationale Verhandlungsstrategien, etc. Burger-Scheidlin lebte 15 Jahre in Afrika, dem Mittleren Osten und Asien; machte Geschäftsreisen in 87 (vielfach schwierige) Länder; ist Ko-Autor von 11 Büchern, Lektor an fünf Universitäten und Vortragender bei Seminaren u.a. in Ost- und Westeuropa, Asien, dem Mittleren Osten.

Dipl.-Wirtsch.-Ing. (FH) Helene Dörksen
Unternehmensberaterin
E-Mail: helene.doerksen@aol.com

Helene Dörksen Dipl.-Wirtsch.-Ing. (FH) ist Fachexpertin für internationalen Geschäftsaufbau mit Kompetenzschwerpunkten in den Bereichen Strategieentwicklung, Aufbau effizienter Vertriebsstrukturen, operative Markterschliessung sowie nachhaltige Sicherung der Marktpräsenz. Ihren umfangreichen praktischen Erfahrungsschatz sammelte sie als Vertriebsleiterin, Regionale Direktorin und Geschäftsführerin sowohl bei mittelständischen deutschen Unternehmen als auch bei den führenden europäischen und US-amerikanischen Großkonzernen wie AREVA und General Electric. Im Rahmen mehrerer langjähriger Auslandsaufenthalte gründete sie neue sowie optimierte und transformierte bestehende Vertriebsstrukturen und leitete selbstständig Auslandsvertriebsgesellschaften, vorrangig in Zentral- und Osteuropa sowie in Russland. Interkulturelles Management und Personalentwicklung zählen ebenso zu den Kernkompetenzen von Helene Dörksen wie das technische Projektmanagement (Branchenfokus Anlagenbau, Energie, Elektro) sowie das vertriebliche Risikomanagement und operative Compliance. Sie ist auch als Referentin in den genannten Themenbereichen tätig.

Dipl.-Ing. Rainer W. Hornschild
Haushofer GmbH
E-Mail: info@hornschild-rainer.de

Rainer W. Hornschild, Jahrgang 1955, Dipl-Ing., ist seit 1980 in der Rohstoff- und Lebensmittelindustrie als Geschäftsführer national und international für Vertrieb, Produktion und Organisation tätig. Internationale Projekte wurden in Polen, Russische Republik, Spanien, USA, China V.R. und Tschechische Republik durchgeführt. Im Vordergrund standen Aufbau von Organisation und Kundennetzwerk in der Konsumgüter- und Dienstleistungsindustrie im In- und Ausland. Beratungs- und Planungsprojekte in Russland, China V.R., Moldawien und neuen Bundesländer haben seinen Schwerpunkt auf die Reformländer Osteuropas und Asiens gesetzt. Seit 2009 ist er als selbständiger Unternehmensberater für Unternehmensplanung und Standortsuche, sowie M&A Projekten tätig. In zahlreichen Funktionen in Verbänden und Fachgremien kommen von ihm Beiträge in Fachzeitschriften und praxisorientierte Vorträge.

Dipl. BW (FH) Marion Käser Seitz
Geschäftsführende Gesellschafterin
QRC Engineering und Technology Consulting GmbH, Fürth
MKS Consultancy FZ LLC, Dubai (UAE)
Partner der QRC Group
marion.kaeser-seitz@qrc-group.com

Marion Käser Seitz ist seit 2008 im Bereich Personalberatung und Personalvermittlung tätig. Seit Februar 2012 ist sie Partner der QRC Group am Standort Fürth mit Spezialisierung in den Bereichen Engineering, IT, Telekommunikation, Banken und Medien. Im September 2013 etablierte sie in Dubai/UAE eine weitere eigene Firma innerhalb der QRC Group, wo sie seither auch wohnhaft ist. Von dort aus koordiniert sie die QRC Aktivitäten im Mittleren Osten bzw. in den Golf Staaten. Neben ihrem betriebswirtschaftlichen Studium blickt Frau Käser Seitz auf eine 30-jährige Berufs- und Führungserfahrung, davon 18 Jahre im Bereich Vertrieb und Marketing, zurück.

Ruth Lorenz
EM Group Holding AG
ruth_lorenz@em-group.de

Ruth Lorenz ist seit über 10 Jahren bei der EM Group Holding AG tätig, einem internationalen Versandhandelsunternehmen in der Gastronomie- und Hotelleriebranche. Schwerpunkt ihrer Tätigkeit ist seit diesen Jahren der Bereich Business Development. Der Aufbau neuer Niederlassungen im Ausland zählt ebenso zu ihren Tätigkeiten, wie auch die Entwicklung neuer Geschäftsfelder in Deutschland oder die Interimsgeschäftsführerschaft im Ausland. Seit mehreren Jahren ist sie zusätzlich für den Bereich Interne Revision und Risk-Management des Unternehmens verantwortlich. Als Kommunikationstrainer widmet sie sich insbesondere der interkulturellen sowie der Marketing-Kommunikation. Ruth Lorenz ist Vizepräsident im Verband „Internationales Business Development".

Dipl.-Kfm. Ulrich Martin
SieMa Consulting
Klaus Siegerth und Ulrich Martin GbR
Geschäftsführender Gesellschafter
E-Mail: u.martin@siema-consulting.de

Dipl.-Kfm. Ulrich Martin ist Geschäftsführender Gesellschafter der SieMa Consulting, Klaus Siegerth und Ulrich Martin GbR mit Sitz in Erlangen. In dieser Funktion berät er Unternehmen des B2B-Bereichs in Fragen des internationalen Vertriebes, der Aufbau- und Ablauforganisation, ausgewählter kaufmännischer Aspekte sowie grundsätzlichen Führungsthemen. Hierbei stehen die Anwendung praxiserprobter Methoden und die direkte Umsetzbarkeit von Maßnahmen im Vordergrund. Aufgrund seiner vorherigen Laufbahn insbesondere bei der Siemens AG und deren ausländischen Tochtergesellschaften liegt Ulrich Martins regionaler Schwerpunkt auf dem Arabischen Raum. Zusätzlich zu seiner Projektarbeit unterstützt er Unternehmen mit Seminaren zur Sensibilisierung für kritische Themen des Auslandsgeschäftes.

Birgit Pommert
Consultant für internationales kaufmännisches Management
kaufmännische Angestellte
Email: birgit.pommert@web.de

Birgit Pommert ist in der Exportabteilung eines mittelständischen Pharmaunternehmens tätig. Nebenberuflich berät und unterstützt sie Firmen, die ihr internationales Engagement erweitern wollen. Ihre Schwerpunkte liegen dabei im internationalen Vertragsrecht, im Projektmanagement, sowie im Bereich der Exportfinanzierung und Zahlungssicherung. Zuvor war sie viele Jahre im kaufmännisch-vertrieblichen Bereich eines internationalen Konzerns tätig und leitete unter anderem komplexe Anlagenprojekte in Lateinamerika, dem Mittleren Osten und Indien. Frau Pommert vereint kaufmännische Kompetenz, internationale Erfahrung sowie sprachliche und interkulturelle Fähigkeiten zu praxisorientiertem Wissen im internationalen Geschäftsleben.

Karmen Vranchev, M.Sc.
E-Mail: karmen.vranchev@abv.bg

Karmen Vranchev hat an der Universität für Volks- und Weltwirtschaft in Sofia studiert. Er ist Bachelor in Internationalen Beziehungen mit Schwerpunkten Theorie der Internationalen Beziehungen, Außenpolitik, Diplomatie, Konfliktprävention und Krisenmanagement und Master in Europäischer Integration mit Schwerpunkten Geschichte und Entwicklung der EU, EU-Politiken und Außenwirtschaft. Seit 2007 ist er in mehreren Projekten vom Deutschen Industrie- und Handelskammertag (DIHK) und regionalen Einrichtungen auf dem Balkan tätig. Aufgrund seiner Erfahrung im Rahmen von internationalen Projekten wirkt Karmen Vranchev als Berater mit umfassenden Kompetenzen in den folgenden Bereichen: EU-Projektmanagement, Beratung, Außen- und Intraregionalhandel, regionale Zusammenarbeit und Entwicklung, wirtschaftliche Zusammenarbeit und Vernetzung, KMU-Förderung.

Zheng Zhou
Rechtsanwältin (Deutschland)
Juristin (China)
IT-Consultant
E-Mail: zheng.zhou@gmx.net

Zheng Zhou ist seit 2010 als deutsche Rechtsanwältin und chinesische Juristin tätig. Zuvor absolvierte sie ihr Referendariat in Düsseldorf und Beijing. Sie studierte Rechtswissenschaften an der Universität Ningbo/ China (Chinesischer Abschluss in Rechtswissenschaften) und an der Universität Bielefeld (Diplom-Juristin). Schwerpunkt ihrer Tätigkeit ist die Beratung grenzüberschreitend tätiger Unternehmen im Bereich des nationalen und internationalen Wirtschaftsrechts (insbesondere Handels- und Gesellschaftsrecht sowie IT- Recht). Dabei gehören die mehrsprachige Vertragsgestaltung und –prüfung, die Projektbegleitung in Bezug auf Unternehmenskauf und Gründung von Tochtergesellschaften und Joint Venture, das Gerichts- und Schiedsverfahren im In- und Ausland sowie diverse Publikationen und Vorträge zu ihren Aufgaben. Von September 2010 bis März 2014 war sie bei einer internationalen Wirtschaftskanzlei in Hannover tätig. Seit April 2014 arbeitet sie in IT- Projekten eines führenden Automobilherstellers mit dem Schwerpunkt digitale Fahrzeug-Vernetzung und absolviert zugleich den Fachanwaltslehrgang Informationstechnologierecht (IT-Recht).

Druck:
Canon Deutschland Business Services GmbH
im Auftrag der KNV-Gruppe
Ferdinand-Jühlke-Str. 7
99095 Erfurt